生命科学辅导丛书之名师点拨系列

植物生理学

主　编　张蜀秋
副主编　韩玉珍
参　编　李颖章　刘　新　吴晓岚
　　　　李　云　王红利

科 学 出 版 社
北　京

内 容 简 介

本书是“生命科学辅导丛书之名师点拨系列”中的一本。本学习辅导书与普通高等教育“十一五”国家级规划教材《植物生理学》（第二版）（武维华主编）配套，同时兼顾国内广泛使用的植物生理学教材和实验教材，以及国外目前流行的相关教材。全书的前16章与配套教材各章同步。每章包括重点提示、核心概念、知识要点、试题精选和参考答案五个部分。其中也包括相关实验的知识和研究思路的介绍。为了帮助学生对整体内容进行综合归纳，本书第十七章列出综合性思考题及其答案解析。最后还附有自测试题及其答案要点。

本书可作为高等院校生命科学相关专业本科生学习辅导资料和教师教学参考。也可供相关硕士研究生和自学人员参考。考虑到将逐渐推行中英文双语教学，书中将专业术语标注了英文，并组织了三套英文试卷供参考。

图书在版编目（CIP）数据

植物生理学/张蜀秋主编. —北京：科学出版社，2011.3
（生命科学辅导丛书·名师点拨系列）
ISBN 978-7-03-030271-7

Ⅰ.①植… Ⅱ.①张… Ⅲ.①植物生理学-高等学校-教学参考资料 Ⅳ.①Q945

中国版本图书馆CIP数据核字（2011）第022095号

责任编辑：席 慧 王国栋 景艳霞/责任校对：郭瑞芝
责任印制：赵 博/封面设计：耕者设计工作室

科学出版社出版
北京东黄城根北街16号
邮政编码：100717
http://www.sciencep.com
北京厚诚则铭印刷科技有限公司印刷
科学出版社发行 各地新华书店经销
*
2011年3月第 一 版 开本：B5（720×1000）
2025年1月第六次印刷 印张：19 1/4
字数：385 000

定价：69.00 元

（如有印装质量问题，我社负责调换）

前　　言

植物生理学是生命科学各学科、各专业的基础课。21 世纪的植物生理学将逐步发展成为围绕植物生命活动的功能实现及其调控机理、在植物功能基因组水平上全面探讨植物生长发育的分子机理的全新学科。植物生理学内容日趋丰富，与其他学科交叉，学习难度加大；由于课时有限，不少知识需要学生自己学习消化。所以编写本书的指导思想是：引导学生学习，帮助掌握学习方法；注意知识的连贯性和章节间的联系，加强知识的综合应用；使学生既能打好基础，又能融会贯通，综合思考，并能应用于实际，提高对实践问题的分析能力。依据新版的植物生理学教材，本书在介绍基本内容的基础上，提炼各部分的重点内容，并对较难理解的内容进行分析，特别注重各部分内容间的联系，相关知识的综合分析，并与农业生产应用相结合。希望本书能够帮助大家有效地掌握各章节的重点、难点，加深对植物功能及其调控机理的理解，逐步对各部分知识进行归纳和综合，在认识重要基础理论问题的同时，开阔思路，联系植物生物技术、农作物栽培、作物和经济植物新品种的培育、植物生态与环境保护、植物药物生产和食品加工储藏等应用学科，灵活运用于实践。

本书共分 17 章，前 16 章与武维华主编的《植物生理学》（第二版）同步，包括：植物细胞、植物水分关系、植物对离子的吸收和矿质营养、植物的光合作用和呼吸作用、植物次生代谢物、植物韧皮部运输与同化物分配、植物生长物质、植物的生长与分化、植物成花诱导生理、植物有性生殖生理、植物的成熟与衰老生理和植物逆境生理等内容，既有理论知识，又有相关实验。第 17 章是综合题及其答案要点，给出了解题的思路，希望学习者能充分运用自己所掌握的知识进行发挥。在附录中列出了由不同题型组合的 9 套试卷，可用于自我检测学习效果；另外，附 3 套英文试卷，为双语教学学习、检测提供参考。

参与本书编写的人员均是在植物生理学教学中有多年经验的老师，书中注入了我们的体会和经验，虽然力求做到内容全、知识新、概念准、叙述严谨，但不足之处在所难免，恳请读者对书中存在的疏漏和不妥之处提出批评意见。

编　者

2010 年 10 月

目　录

绪　论

重点提示：植物生理学概念，植物生理学研究的主要内容，植物生理学与生产实践的关系以及21世纪植物生理学的发展前景。

【核心概念】

植物生理学（plant physiology）——植物生理学是研究植物生命活动规律、揭示植物生命现象本质的科学。其核心内容是在分子和细胞水平上、组织和器官水平至个体和群体水平上研究和探讨植物生命活动的功能及其调控机理。

【知识要点】

植物生理学研究和探讨的核心内容是构成植物的各部分乃至整体在植物生命活动过程中的功能及其调控机理。研究植物生命活动、功能可以是在较为宏观的组织、器官或个体水平上，也可以是在细胞和分子水平上。植物生理学是一门基础学科，但其研究对象和研究内容决定了其与以植物生产力为基础的生产实践之间的关系密切。

21世纪的植物生理学将逐步发展成为围绕植物生命活动过程的功能实现及其调控机理、在植物功能基因组的水平上全面探讨植物生长发育分子机理的全新学科。植物生理学将在研究和阐明一些植物科学领域的重要基础理论问题的同时，不断地为植物生物技术、农作物耕作栽培、作物和经济植物新品种的培育、生态与环境保护、以植物为材料或对象的药物与材料生产和食品加工储藏等应用科学研究提供强大的理论指导和技术支撑。

【试题精选】

1. 植物生理学的主要研究内容是什么？如何理解植物生理学与分子生物学等学科的关系？

2. 植物生理学的发展大致经历了哪些阶段？其发展与科学技术整体发展水平的关系如何？

3. 植物生理学与生产实践的关系主要表现在哪些方面？举例说明植物生理学的理论研究成果对生产实践的指导作用。

4. 讨论21世纪植物生理学的发展前景。

5. 如何学好植物生理学？

【参考答案】

1. 植物生理学以学习和研究构成植物的各部分乃至整体的功能及其调控机理为主要内容，通过了解其功能实现过程及其调控的机理来不断深入地阐明植物生命活动的规律和本质。包括植物根组织细胞如何自土壤或水体中吸收无机营养和水分、叶片组织中叶肉细胞的叶绿体如何自大气环境中固定二氧化碳、植物体内的无机物和有机物如何通过维管束被转运、植物各部分的活细胞如何感受并传递环境刺激信号、植物如何适应恶劣的自然环境等功能实现过程的机理以及不同功能过程之间的相互协调和作用机理等。主要内容可分为生长发育与形态建成、物质与能量代谢、信息传递和信号转导三个大的方面。

研究植物生命活动功能的过程可以是在较为宏观的组织、器官或个体水平上，也可以是在细胞和分子水平上。随着分子生物学的迅猛发展和深入，许多植物生理学的传统研究工作逐步与分子生物学的研究交叉融合。从分子遗传学的概念来讲，植物的各种性状是由基因的表达及其调控来控制的，而从基因表达到性状表达的过程是依赖多种生理生化过程（功能实现过程）及其调控来实现的，植物生理学与分子生物学等学科不可截然分开，分子生物学的研究技术在植物生理学研究中广泛应用，二者是相辅相成的。

2. 植物生理学的发展阶段：①以凡·海尔蒙特的柳枝实验开始的植物生理学的孕育阶段。17～19 世纪的 200 年中，矿质营养学说被创立，并初步建立了植物光合作用的概念。②植物生理学的诞生、成长阶段。以萨克斯和费弗尔撰写的两部植物生理学专著为标志，逐渐完善了植物生理学的主要内容，成为一门新兴的独立学科。③植物生理学的发展阶段。20 世纪以来，植物生理学的研究取得突破性进展。

从植物生理学的发展过程可以看出，多种基础理论和相关技术的发展促进了植物生理学的发展，而植物生理学与细胞生物学、生物物理学、分子生物学等相关学科的交叉、融合以及相互影响也会促进所有学科的共同发展。植物生理学作为一个学科或领域，只有当它与其他学科达到水乳交融的状况，其自身才有可能得到不断发展与壮大。

3. （1）植物生理学理论研究成果对农作物生产的影响。例如，矿质营养学说对农业生产的指导与促进；植物激素的理论研究与生长调节剂的应用等大大提高了农作物的产量与质量。

（2）植物生理学与食品储藏加工。在 20 世纪中期以后广泛采用的农产品收获或采摘后的储藏保鲜技术，就是依据植物呼吸过程的调控原理建立起来的。随着植物功能基因组学的迅速发展以及各种代谢途径调控机理和植物抗病机理的阐明，人们将有可能更有效地实现对谷物、蔬菜和水果的长期保质和保鲜。基因工程的普遍应用给食品工业带来许多更为直接的影响，如使各种农产品中直接含有对人体有益的营养成分等。

（3）植物生理学与生态环境保护。植物是维系自然生态环境平衡最重要的部分，植物在维持水分平衡、气体交换等方面具有不可替代的重要性。从植物生理学的角度研究植物适应干旱、盐碱的内在机理将有助于最大限度地挖掘植物自身在抗旱、抗盐碱方面的遗传潜能，从而为利用基因工程技术培育适合在各种恶劣环境下种植的植物提供理论和技术支撑。保护和营造人工植被、有效地保护濒危植物种类、保护和利用植物的多样性等很多方面，都是植物生理学迫切需要研究的科学问题。

（4）植物生理学与医药工业。除药用植物的人工栽培外，利用植物生物技术使植物作为“生物反应器”来生产药物已成为可能。

改造植物的物质代谢过程，还有可能生产出有药用功能的农产品，如富含各种维生素或含有各种预防疾病的免疫物质的蔬菜和水果等。

4. 21世纪是生命科学极大发展的世纪，与其他学科一样，植物生理学在不断发展。随着拟南芥、水稻等模式植物基因组全序列测序工作的完成，植物科学的整体研究工作的重点将逐步转向“功能基因组”的研究，从学科间的相互关系上分析，植物生理学的研究正是基因水平的研究与性状表达研究之间的“桥梁”。21世纪的植物生理学将逐步发展成为围绕植物生命活动过程的功能实现及其调控机理、在植物功能基因组的水平上全面探讨植物生长发育分子机理的全新学科。同时，植物生理学将在研究和阐明一些植物科学领域的重要基础理论问题的同时，不断地为植物生物技术、农作物耕作栽培、作物和经济植物新品种的培育、生态与环境保护、植物性药物与材料生产和食品加工储藏等应用科学研究提供强大的理论指导和技术支撑。

5.（1）植物的生命活动是一种高级的物质运动形式的表现，其内部的复杂性和所处环境的多样化、多变性，要求我们用辩证的观点、进化发展的观点来分析问题。

（2）重点掌握生理机制和规律：高等植物体内的各种生理过程的机制；生理过程与形态结构的关系；生理过程与环境条件的关系。具体包括结构和功能的关系、物质的转变过程及其相互关系、能量的转换、形态建成、信息传递与控制、理论与农业生产的联系等。

（3）注意观察、注重实践和思考：植物生理学既是一门理论学科，又是一门实验学科，应注意思考如何用观察到的现象和实验来证实相关的理论并能用于指导实践。

第一章　植物细胞

重点提示： 植物细胞的特点、基本结构、细胞的动态变化（了解）；生物膜与内膜系统的概念和功能（掌握）；细胞核基本结构、功能以及与细胞质间的物质信息交流（掌握）；中央大液泡的功能（了解）；细胞壁的结构与功能、细胞骨架组成及功能（掌握）；细胞信号转导概念、过程与第二信使主要成员（掌握）。

【核心概念】

1. 生物膜（biomembrane）—— 构成细胞的所有膜的总称。主要由脂类和蛋白质构成，具有特定的结构和生理功能。按其所处的位置可分为质膜和内膜系统。

2. 内膜系统（endomembrane）——是那些处在细胞基质中，在结构上连续、功能上相关、由膜组成的细胞器的总称。包括核膜、内质网、高尔基体以及高尔基体小泡和液泡等。

3. 细胞骨架（cytoskeleton）——真核细胞中由蛋白质聚合而成的三维纤维状网架体系，包括微管、微丝和中间纤维。在细胞分裂、生长，物质运输，细胞壁合成等生命活动中具有重要作用。

4. 微管列阵（microtubule array）——微管在植物细胞中按一定的规律排列，组成列阵。随细胞发育时期变化，而具有相应于所在时期的独特功能。各个时期的微管列阵都是高度动态的。

5. 胞间连丝（plasmodesma）——相邻细胞间穿过细胞壁的细胞质丝，是由质膜和内质网构成复杂结构的管状延伸。细胞间通过胞间连丝进行物质与信息交流。

6. 流动镶嵌模型（fluid mosaic model）—— 由 Singer 和 Nicolson 在 1972 年提出的生物膜结构的模型，细胞膜由液态的脂类双分子层中镶嵌着可移动的蛋白质构成，膜具有不对称性和流动性。

7. 细胞壁（cell wall）——植物细胞质膜外围的一层结构，为植物细胞所特有。主要由多种多聚糖构成网状结构，典型的细胞壁由胞间层、初生壁以及次生壁组成。细胞壁具有界定细胞的形状，控制细胞生长，机械支持，膨压形成，细胞运动和信号传递等功能。

8. 纤维素合酶（cellulose synthase）——构成细胞壁的纤维素由细胞质膜上的一种蛋白复合体合成，这个蛋白复合体包含多个纤维素合酶单元。纤维素合酶将葡萄糖供体 UDPG 上的葡萄糖基以 β（1，4）D-葡聚糖为重复单位转移到延长的纤维素链上。

9. 伸展蛋白（extensin）——是细胞壁中一种富含羟脯氨酸的糖蛋白，通过肽键交联构成独立的网状结构，增加了细胞壁的强度和刚性。还与植物细胞抵抗逆境以及次生壁的形成有关。

10. 扩张蛋白（expansin）——存在于细胞壁上的一类调节蛋白，可以可逆地结合在细胞壁上纤维素微纤丝与交联多糖结合的交叉处，催化纤维素微纤丝与交联多糖间的氢键断裂，解除细胞壁中多糖对纤维素的制约，使细胞壁松弛。

11. 核孔复合体（nuclear pore complex）——细胞核的内、外核膜在一定部位彼此融合，形成的环状开口，称之为核孔，是核和细胞质间的重要通道。核孔是多蛋白复合体，在其内、外膜侧各有 8 个蛋白质亚基组成的胞质环和核质环，从核孔的中央有蛋白亚基伸出到核周隙，将核孔复合体锚定到核膜上。胞质环向细胞质发出胞质纤丝；核质环向核内伸出核内纤丝，并在其末端形成小环，组成核篮。复合体控制核与胞质间的物质交换。

12. 信号转导（signal transduction）——指偶联各种信号（包括各种内、外源信号）与其所引起的特定生理效应之间的一系列反应机制，包括细胞感受、传导及放大各种刺激信号的过程，以及经传导和放大后的次级信号（第二信使）调控细胞生理生化活动的分子机理等。

13. 第二信使系统（secondary messenger ）—— 一般将胞外刺激信号称为第一信使。由胞外信号激活或抑制、具有生理调节活性的细胞内因子称为第二信使。植物细胞中的第二信使包括 Ca^{2+}/CaM、IP_3/DAG、ROS 等，总称为第二信使系统。

14. 受体（receptor）——是能够特异识别生物活性分子并与之结合，进而引起生物学效应的特殊蛋白质（个别是糖脂）。大多数受体位于质膜上，称为膜受体；而有一些受体则位于细胞质或细胞中的其他部位称为胞内受体。

15. GTP 结合调节蛋白（GTP-binding regulatory protein，G 蛋白）——是细胞中的一类具有重要生理调节功能的蛋白质，其生理调节功能有赖于与三磷酸鸟苷（GTP）的结合并具有 GTP 水解酶的活性。G 蛋白参与光和激素信号转导，在植物细胞跨膜离子运输、植物组织和器官的形态建成的细胞信号转导中有重要调节作用。

16. 磷脂酰信号途径（phosphatidylinositol signal pathway）——当细胞膜上受体分子接收特定信号时，与信号分子结合，激活磷脂酶 C 将质膜上的磷脂酰肌醇二磷酸分解为二酰甘油（DAG）和肌醇三磷酸（IP_3）两个第二信使。IP_3 可以动员细胞钙库释放钙离子，引起下游一系列的反应；而 DAG 则激活蛋白激酶 C 引起一系列的级联反应。

17. 寡糖素（oligosaccharin）——植物细胞初生壁多糖降解物碎片中有一定生物活性的分子，在植物体防御反应中起重要作用。

【知识要点】

细胞是一切生物体结构、功能、生长发育、遗传进化等的基本单位，因此各种植物生理活动的最终解释和阐明都需要以植物细胞为基础。植物细胞具有一些特殊的细胞结构，包括具有进行光合作用的叶绿体，大多数植物细胞具有中央大液泡和坚韧的细胞壁等。这些细胞结构在植物的生理活动中起着极为重要的作用（表 1.1）。在以前所学、基本了解细胞的基础上，重点掌握各细胞器的生理功能及其结构基础，特别如细胞壁、细胞骨架、细胞核等。进一步思考细胞中多种结构的动态变化及其与生命活动的关系。

表 1.1　植物细胞的结构及其功能

基本结构		结构特征	功能
细胞壁与胞间连丝		初生壁、次生壁；可控的胞间连丝	保护，骨架，物质运输，信号传递
膜系统	包围原生质体的质膜	脂质双分子层中不对称镶嵌蛋白质、糖和胆固醇	保护，分界，物质交换，识别与信息传递
	内膜系统：高尔基体，内质网，液泡，核膜	结构、发生和功能连续，遍布细胞内的膜系统	物质合成、运输，分解，蛋白质合成、加工分类与包装
叶绿体		双层的被膜，类囊体垛叠的基粒和间质片层，基质	光合作用，将日光能转换为化学能、无机物转化为有机物
线粒体		双层膜，内膜折叠形成嵴，基质	呼吸作用，将储存的化学能转换为 ATP 用于细胞生命活动
细胞骨架	微管	两种微管蛋白为单位组成二聚体再聚合而成，具极性和动态变化	胞内骨架；细胞壁纤维素微纤丝排列；微管列阵与细胞发育有关
	微丝	肌动蛋白聚合而成，具极性，不断地聚合和解聚	胞内骨架；胞质流动与物质运输；细胞顶端生长；细胞运动
	中间纤维 马达蛋白	了解较少，可水解 ATP	将水解 ATP 的化学能转变为运动的机械能
细胞核	核膜，核孔，染色质，核仁	双层核膜，具复杂的核孔复合体，染色质/染色体变化	遗传复制，基因表达；核、质间的控制的物质、信息交换
中央大液泡		膜包围液体，多种酶、代谢物、信号物质	代谢、排泄；物质储藏；水分平衡；细胞生长；信号物质库；消化自溶
细胞基质		原生质胶体，悬浮细胞器	代谢场所、物质运输；信号转导；缓冲系统

植物细胞必须不断地感受、接收各种外界环境信号以及来自相邻细胞的各种化学的或物理的信号，在细胞内经过复杂的信号转导网络处理，做出适当的生理反应以维持其生命活动的进行并且调控其生长和发育的进程。本章需要掌握细胞信号转导、第二信使系统等基本概念和重要成员，认识细胞中的信号网络、信号转导的复杂性；还需了解研究植物细胞的相关技术，包括形态结构观察、生化分析与生理检测、细胞组分的分级分离，判断植物细胞生活状态的方法以及对植物细胞进行活体观察的技术。

【试题精选】

一、填空题

1. 细胞是研究生物体生命活动的起点，因为细胞是________、________、________、________和________的基本单位。

2. 植物细胞原生质是________胶体，维持其稳定的两种主要因素是________与________。

3. 原生质胶体存在________和________状态，温度降低时，由________转变为________。

4. 植物细胞中水分可分为________和________。植物细胞中自由水与束缚水之间的比率增加时，原生质胶体的黏性________，代谢活性________，抗逆性________。

5. 水既是细胞生命活动的介质，也是细胞的________。

6. 生物膜中，________的含量影响膜的流动性和生物的抗寒能力。

7. 细胞壁中的蛋白质包括________和________两大类。

8. 细胞壁中的多糖物质包括________、________和________等。

9. 构成细胞壁的物质在________、________和________等部位合成。

10. 生物膜中的蛋白质按照其与脂分子结合、镶嵌的方式，可分为________和________两大类。

11. 细胞中糖蛋白的糖化在________和________中进行。

12. 植物细胞含有的脂类主要有________、________和________等。

13. 微体是________层膜构成的细胞器，植物细胞中的微体主要包括________和________两类。

14. 植物细胞微管列阵主要包括________、________、________和________。

15. 细胞核与细胞质联系的通道是________________。

16. 细胞信号转导过程从________接受刺激开始，经过膜上________的转换，再经过胞内________的转导，引起生理效应。

17. 目前已知植物细胞受体有________、________和________等。

18. 受体与配体结合的特点是________、________、________和________。

19. 细胞内的许多功能蛋白靠磷酸化和去磷酸化调控活性，由胞内的____________和____________控制。

20. 检验植物细胞死活的简易方法有________、________和________。

21. 分离植物细胞原生质体时，需加入________酶和________酶，以离析细胞壁。

22. 观察细胞骨架的方法有________、________和________等。

二、选择题（包括单项和多项选择）

1. 一个典型的植物细胞包括(　　)。

A. 细胞膜和细胞质　　B. 细胞壁、细胞质和细胞核

C. 细胞壁和原生质体　　D. 细胞壁、原生质体和细胞膜

2. 纤维素合酶位于(　　)。

A. 细胞质　　B. 高尔基体　　C. 质膜　　D. 细胞壁

3. 制备植物细胞原生质体时，常用的酶是（　　）。

A. 纤维素酶和蛋白水解酶　　B. 纤维素酶和果胶酶

C. 果胶酶和蛋白水解酶　　D. 蛋白水解酶和脂肪酶

4. 细胞壁中纤维素酶的主要底物是(　　)。

A. 纤维素　　B. 果胶　　C. 木葡聚糖　　D. 木聚糖

5. 果胶分子中的基本结构单位是(　　)。

A. 半乳糖醛酸　　B. 葡萄糖　　C. 蔗糖　　D. 果糖

6. 植物细胞壁中含量大的矿质元素是(　　)。

A. 铁　　B. 镁　　C. 锌　　D. 钙

7. 细胞核与细胞质之间的通道是(　　)。

A. 核膜　　B. 胞间连丝　　C. 核孔复合体　　D. 外连丝

8. 与细胞质流动有关的细胞器是(　　)。

A. 高尔基体　　B. 微丝与微管　　C. 过氧化物体　　D. 溶酶体

9. 细胞生长时，细胞壁表现出一定的(　　)。

A. 可逆性　　B. 可塑性　　C. 弹性　　D. 刚性

10. 细胞壁中的伸展蛋白富含(　　)。

A. 亮氨酸　　B. 精氨酸　　C. 色氨酸　　D. 羟脯氨酸

11. 下列属于糖蛋白的是(　　)。

A. 伸展蛋白　　B. 扩张蛋白　　C. 钙调蛋白　　D. G 蛋白

12. 高等植物细胞中，细胞基质的 pH 一般为(　　)。

A. 4.0～5.0　　B. 5.0～6.0

C. 6.0～8.0　　D. 8.0～9.0

13. 生活细胞液泡内 pH 与细胞质基质的 pH 比较，一般(　　)。

A. 液泡液高于细胞基质　　B. 液泡液低于细胞基质

C. 液泡液等于细胞基质　　D. 不一定

14. 植物初生细胞壁中的多糖包括(　　)。

A. 纤维素、半纤维素和果胶　　B. 纤维素和胶原

C. 果胶、半纤维素和木质素　　D. 淀粉、纤维素和角质

15. 细胞膜中影响膜脂流动性和植物抗寒能力的成分是(　　)。

A. 蛋白质含量　　B. 磷脂含量

C. 不饱和脂肪酸含量　　D. 糖脂含量

16. 一般说来，功能越复杂的生物膜，其中相应增多的成分是(　　)。

A. 蛋白质　　B. 脂类　　C. 糖类　　D. 核酸

17. 下列细胞器中，没有膜包被的是(　　)。

A. 高尔基体　　B. 过氧化物体　　C. 乙醛酸体　　D. 核糖体

18. 与细胞壁的纤维素微纤丝排列方向与沉积有关的细胞器是(　　)。

A. 微管　　B. 高尔基体　　C. 内质网　　D. 线粒体

19. 植物细胞初生壁的重要成分有(　　)。

A. 角质和纤维素　　B. 纤维素、半纤维素、果胶和蛋白质

C. 果胶、原果胶和蛋白质　　D. 木质素、纤维素和半纤维素

20. 染色质的主要成分是(　　)。

A. DNA 和蛋白质　　B. DNA 和 RNA

C. DNA 和核糖体　　D. DNA 和磷脂

21. 下列细胞结构中，不具双层膜结构的是(　　)。

A. 叶绿体　　B. 线粒体　　C. 细胞核　　D. 液泡

22. 染色体的基本结构单位是(　　)。

A. 染色质　　B. 染色小体　　C. 组蛋白　　D. 细胞核

23. 原生质黏性增强时，细胞与环境交换物质能力减弱，则(　　)。

A. 代谢降低，因而抗性降低　　B. 代谢降低，因而抗性增强

C. 代谢增强，因而抗性降低　　D. 代谢增强，因而抗性增强

24. G 蛋白生理功能的调节有赖于结合并水解(　　)。

A. ATP　　B. ADP　　C. GTP　　D. UTP

25. 下列可直接观察细胞内钙信号变化的方法是（　　）。

A. 分光光度计比色法　　B. 酶反应法

C. 电导仪法　　D. 荧光探针法

26. 植物细胞内具半自主性细胞器有(　　)。

A. 内质网　　B. 线粒体　　C. 细胞核　　D. 叶绿体

27. 下列属于高等植物细胞壁中广泛存在的多糖是(　　)。

A. 淀粉　　B. 半纤维素　　C. 纤维素　　D. 果胶

28. 植物细胞液泡中含有(　　)。

A. 水解酶　　B. 次生代谢物　　C. 钙　　D. P 蛋白

29. 一般在光学显微镜下可看到的植物细胞的细胞器有(　　)。

A. 细胞核　　B. 核糖体　　C. 叶绿体　　D. 内质网

30. 组成微管的蛋白亚基包括(　　)。

A. α-微管蛋白　　B. 肌球蛋白

C. β-微管蛋白　　D. 肌动蛋白

31. 下列蛋白中属于微管马达蛋白的是(　　)。

A. 肌球蛋白　　B. 动蛋白　　C. 力蛋白　　D. P 蛋白

32. 下列属于程序性细胞死亡的过程是(　　)。

A. 导管形成　　B. 花粉败育　　C. 叶片受冻死亡　　D. 形成病斑

33. 含有 DNA 的细胞器有(　　)。

A. 叶绿体　　B. 线粒体　　C. 高尔基体　　D. 细胞核

34. 真核细胞内能产生 ATP 的细胞器有(　　)。

A. 叶绿体　　B. 线粒体　　C. 细胞核　　D. 高尔基体

35. 植物细胞中，时刻动态变化的细胞器有(　　)。

A. 内质网　　B. 微管　　C. 微丝　　D. 高尔基体

36. 磷脂酶 C 水解质膜上的磷脂酰肌醇二磷酸，形成的第二信使有(　　)。

A. 肌醇二磷酸　　B. 肌醇三磷酸　　C. 二酰甘油　　D. 三酰甘油

37. 在细胞基质中可作为细胞信号转导的第二信使成员有(　　)。

A. 受体　　B. Ca^{2+}　　C. IP_3　　D. G 蛋白

38. 细胞内的钙库有(　　)。

A. 内质网　　B. 线粒体　　C. 液泡　　D. 细胞核

三、简答题

1. 简述植物细胞与动物细胞的主要结构区别及其对于植物的重要性。
2. 质膜有哪些重要的组分？这些组分是如何形成质膜的基本结构的？
3. 为什么说细胞的膜结构是动态的？
4. 蛋白质的合成和修饰与哪些细胞器有关，其过程如何？
5. 简要叙述植物细胞内膜系统的特点和重要功能。
6. 高等植物细胞的中央大液泡有何重要功能？
7. 简述植物细胞的细胞骨架及其主要功能。
8. 植物细胞初生壁的基本组分有哪些，它们各起什么作用？
9. 简要说明细胞壁中各类蛋白的作用。
10. 简述细胞壁中的结构蛋白的形成过程。

11. 植物细胞壁中的微纤丝是如何形成和排列的？它们与植物细胞的形态有何关系？

12. 试分析细胞壁的基本结构特点及与其功能的关系。

13. 胞间连丝有哪些类型？胞间连丝是如何控制细胞间的物质运输的？

14. 简述植物细胞基质（cytosol）的作用。

15. 简述细胞原生质运动及其生理意义。

16. 简述细胞信号转导的特点、基本过程以及其重要性。

17. 简要叙述植物细胞钙信使系统的存在及意义。

18. 举出判断植物细胞死活的三种方法及其基本原理。

19. 简述当前研究细胞结构与功能的主要方法。

四、分析论述题

1. 从质膜的组成与结构来分析质膜的功能。

2. 怎样理解植物细胞内部的分室化（compartmentation）及其重要性？举例说明细胞器间的相互分工协作关系。

3. 试分析细胞水分和原生质胶体状态变化与植物生命活动的关系。

4. 怎样认识蛋白质与生命活动的关系？

5. 举例说明植物细胞骨架与植物细胞生长的关系。

6. 描述细胞核的基本结构。大分子物质如何通过核膜在细胞核内外间进行运输？

7. 从细胞壁中蛋白质的存在，讨论细胞壁的生理功能。

8. 通过本章学习，你如何理解细胞的动态性及其与生命活动的关系？

【参考答案】

一、填空题

1. 生命起源和进化，生物的基本结构，生命的基本功能，生物体生长发育，生物遗传。

2. 亲水，双电层，水合膜。

3. 溶胶，凝胶，溶胶，凝胶。

4. 自由水，束缚水，降低，上升，下降。

5. 结构成分。

6. 不饱和脂肪酸。

7. 结构蛋白，功能蛋白。

8. 纤维素，半纤维素，果胶质。

9. 内质网，高尔基体，质膜。

10. 内在蛋白，外在蛋白。

11. 糙面内质网，高尔基体。

12. 磷脂，糖脂，胆固醇。

13. 单，过氧化物酶体，乙醛酸循环体。

14. 间期周质微管列阵，早前期微管带，纺锤体微管列阵，成膜体微管列阵。

15. 核孔复合体。

16. 受体，G 蛋白或其他效应器，第二信使。

17. 光信号受体，激素受体，受体样激酶。

18. 专一性，高亲和性，饱和性，可逆性。

19. 蛋白激酶，蛋白磷酸酶。

20. 质壁分离与复原，活体染色，观察原生质环流。

21. 纤维素，果胶。

22. 荧光染色法，免疫荧光标记法，电镜法。

二、选择题

1. C；	2. C；	3. B；	4. C；
5. A；	6. D；	7. C；	8. B；
9. B；	10. D；	11. A；	12. C；
13. B；	14. A	15. C；	16. A；
17. D；	18. A；	19. B；	20. A；
21. D；	22. B；	23. B；	24. C；

25. D；	26. B，D；
27. B，C，D；	28. A，B，C；
29. A，C；	30. A，C；
31. B，C；	32. A，D；
33. A，B，D；	34. A，B；
35. A，B，C，D；	36. B，C；
37. B，C；	38. A，B，C。

三、简答题

1. 植物细胞区别于动物细胞的结构是具有细胞壁、叶绿体和中央大液泡。

(1) 细胞壁：保护，支撑，质外体物质吸收，离子库，信息交流等。

(2) 叶绿体：在叶绿体中完成光合作用，具自养性；进行其他重要代谢，如硝酸盐同化、激素合成等。

(3) 中央大液泡：渗透吸水、细胞生长，储存物质，调节平衡，代谢消化等。

2. 质膜的组分：脂类（磷脂，糖脂和胆固醇）、蛋白质（外在蛋白和内在蛋白）和糖等。

根据膜结构的流动镶嵌模型：由脂类构成双分子层，亲水端向两侧，亲脂链相向居中；膜蛋白镶嵌在脂双层中；少量的糖与蛋白质结合；膜蛋白跨膜结构域的两端携带正电荷的氨基酸残基与磷脂分子带负电的极性头部形成离子键，带负电的氨基酸残基通过 Ca^{2+}、Mg^{2+} 等阳离子与带负电的磷脂极性头部相连。

3. 细胞膜结构的流动镶嵌模型强调两点：①膜的流动性，膜蛋白和膜脂均可侧向移动。膜脂的其他运动方式还有膜脂分子的自旋，膜脂尾部的摆动，双层膜脂间脂分子的翻转移动等。②膜蛋白分布的不对称性，且膜蛋白的种类和分布也是随发育和环境而变化的。膜的动态性使膜有很大的柔韧性，有利于对细胞的保护；利于物质的跨膜运输与信息传递。

4. 在细胞核中进行蛋白质模板 mRNA 和 tRNA 的转录，以及核糖体的合成；在细胞质中，在核糖体上进行翻译，合成蛋白质多肽链；由内质网进行蛋白质的高级结构加工。(蛋白质合成详细过程见生物化学)

5. 内膜系统：细胞中在结构上连续、功能上相关、由膜组成的细胞器的总称。包括核膜、内质网、高尔基体以及高尔基体小泡和液泡等。

简要叙述各部分的功能。

6. 中央大液泡是成熟植物细胞的重要特征。含多种水解酶，起消化和自溶作用；储存积累各种离子、有机酸、次生代谢物等；构成细胞渗透系统，调节细胞水分平衡，维持膨压，促进细胞生长；细胞的代谢场所如蔗糖转化等；维持细胞基质中离子和 pH 的稳态，保障正常代谢进行；液泡储存大量 Ca^{2+}，是重要的胞内信使库。

7. 植物细胞骨架包括微管、微丝和中间纤维。细胞骨架在细胞分裂、细胞生长、细胞物质运输、细胞壁合成等许多生命活动中都具有非常重要的作用。目前对植物的中间纤维了解不多。

微管由 α-微管蛋白和 β-微管蛋白组成的微管蛋白异二聚体聚合成原丝，由 13 条原丝平行排列而成片后再卷成管状，细胞中微管始终处于不断地聚合与解聚的过程当中。微管与细胞分裂时染色体运动和新细胞壁形成有关；微管列阵与细胞生长时细胞壁纤维素微纤丝沉积方向有关，因而影响细胞生长的方向，也与细胞内物质运输相关。

微丝是由肌动蛋白聚合而成的丝状结构，微丝动态的聚合或解聚，使微丝形成不同结构和特定排列方向的微丝束或微丝网络，连接微丝与其他细胞结构等。微丝与细胞的扩张和极性生长、胞质运动、高尔基囊泡运送壁物质和细胞器运动等相关。

8. 初生细胞壁的组分包括纤维素、半纤维素、果胶、蛋白质、钙离子和凝集素等。

纤维素分子链组成纤维素微纤丝使壁有很强的张力强度，以及水不溶性不易被化学物质或酶所破坏等特性，因此起保护作用。纤维素微纤丝的排列也决定了细胞的生长方向。

半纤维素是由不同种类的糖聚合而成的异质多聚糖，帮助纤维素微纤丝组成网状结构。

果胶分子可以形成亲水的凝胶，是中胶层的主要成分；同时，可以影响细胞壁中离子的浓度并影响细胞壁中酶的活性。

细胞壁中存在许多种蛋白质，包括参与细胞壁结构的蛋白质，与细胞壁组建或与调节细胞壁特性有关的酶类，细胞壁的调节蛋白等。

钙有固化细胞壁的作用，同时，钙离子也起重要的信使作用。

凝集素是一类能够凝集细胞或使含糖大分子发生沉淀的蛋白质，在植物的防御反应中起重要作用。

9. (1) 结构蛋白（伸展蛋白）：在初生壁中，纤维素微纤丝穿过伸展蛋白网络，交织在一起形成网状结构，伸展蛋白增加了细胞壁的强度和刚性。

(2) 阿拉伯半乳聚糖蛋白：其基因表达有组织和细胞的特异性，它可能在细胞间的黏合和信号转导方面起作用。

(3) 细胞壁中的多种酶：在细胞壁中起重要作用，如木葡聚糖内转糖基酶（XET）、糖苷酶、果胶甲酯酶、过氧化物酶等，增加细胞壁的刚性，调节细胞的生长。

(4) 扩张蛋白：在生长迅速的细胞的细胞壁中，可逆地结合在细胞壁中纤维素微纤丝和基质多糖结合的交叉处，使其非共价键断裂，从而促进聚合物间的滑动，使细胞壁松弛，因而与细胞生长有关。

10. 细胞壁结构蛋白主要指伸展蛋白。它的肽链在粗糙内质网中合成，然后进入高尔基体中进行糖基化，再由高尔基囊泡运输到膜外。刚从细胞分泌出来时的蛋白质是可溶的，但是随细胞壁的逐渐成熟，这些蛋白质的某些基团被氧化交联，变得难以溶解。当受到伤害、病理破坏或者其他非生物逆境时，诱导结构蛋白基因的表达，从而改变结构蛋白的含量。细胞壁结构蛋白的分布有细胞类型和组织特异性。

11. 纤维素是在细胞质膜的纤维素合酶蛋白复合体上合成的。它将葡萄糖供体UDPG上的葡萄糖基加到葡萄糖链上，纤维素链延伸时以二聚糖β（1，4）D-葡聚糖为重复单位。纤维素微纤丝在细胞壁中的排列方向由质膜下的周质微管控制。在初生壁中，纤维素微纤丝穿过伸展蛋白网络，交织在一起形成网状结构，并悬浮在亲水的果胶、半纤维素胶体中。

纤维素微纤丝的排列方向对细胞的生长以及细胞的形态建成具有决定性的作用。当微纤丝随机排列时，细胞多为圆形或不规则形，如愈伤组织细胞；而许多细胞的微纤丝与细胞伸长方向垂直排列，细胞得以伸长成为长柱形。

12. 植物细胞初生壁中纤维素成束、定向、分层排列，使壁结构坚固，有较强的保护能力。半纤维素使微纤丝束交联成网状，使细胞壁具有一定的弹性和可塑性，有利于细胞水分交换和细胞生长调控。

壁中的果胶物质与水亲和，水分子渗入到壁结构中，小分子物质易于通过。利于细胞对物质的吸收与排出；壁区也是一个离子库，具储藏作用和物质运输作用。

细胞壁中的蛋白质起重要作用：结构蛋白加固壁，起防病抗逆作用。多种酶，有活跃的代谢作用。凝集素、钙调素等起识别和信号传递作用。

植物细胞次生壁高度特化，木质素与纤维素紧密交联，阻止细胞伸长，增加了细胞壁的机械强度及对病原物的抵抗能力。

13. 胞间连丝是植物细胞间质膜的管状延伸，直径 40～50nm，具有非常复杂的亚显微结构，是相邻细胞间穿通细胞壁的细胞质通路，包括初生胞间连丝和次生胞间连丝。

胞间连丝有一定的通透性，可随细胞的发育而发生改变。小分子物质扩散；大分子通过胞间连丝是可以调控的，涉及分子的识别以及胞间连丝的打开等调节过程。在植物体中存在运动蛋白，这些蛋白可以通过调节胞间连丝的通透性帮助大分子在细胞间进行运输。

14. 细胞基质（cytosol），是富含蛋白质（包括许多酶）、具有一定黏度、能流动的、半透明的胶状物质。它是细胞重要的组分，主要有以下功能。

很多代谢反应如糖酵解、磷酸戊糖途径、脂肪酸合成、蔗糖的合成等都在细胞质基质中进行，这些反应所需的底物与能量也都由细胞基质提供。

维持细胞器的结构与功能：细胞质基质不仅为细胞器的实体完整性提供所需要的环境，供给细胞器行使功能所必需的底物与能量，而且流动的细胞基质十分有利于各细胞器与基质间进行物质与能量的交换。

15. 生活细胞原生质在质膜和中央液泡间不断穿流、运动。原生质运动可促使细胞中物质的交换与运输，有利于细胞的新陈代谢和生长，与创伤的恢复也有一定关系，是生命活动的重要标志。细胞中的第二信使物质也随原生质运动而传递。根据对原生质运动的观察也可初步判断细胞的死活。

16. 细胞信号转导：指偶联各种胞外信号（包括各种内、外源信号）与其所引起的特定生理效应之间的一系列分子反应机制。

其特点为对特定信号有特异转导过程，依赖于构成信号转导过程的分子机制特异性；一个信号转导组分可以激活下游多个靶分子，信号在转导过程中逐级放大；各种信号及其转导途径间存在相互交叉（cross talk）；完成信号转导过程后，有灭活的机制。

其基本过程是：刺激→膜上受体接收信号→膜上信号转换→通过一系列胞内第二信使信号转导→蛋白质可逆磷酸化→转录因子→基因表达→生理响应。

重要性：植物细胞必须不断地感受、接收各种外界环境信号以及来自相邻细胞的各种化学或物理信号，并做出适当的生理反应以维持其生命活动的进行并调控其生长发育的进程。

17. 植物细胞内的 Ca^{2+} 是植物细胞信号转导过程中的重要第二信使之一。几乎所有不同的胞外刺激信号都能引起胞内游离 Ca^{2+} 浓度的变化，如光照、重力、温度等各种物理刺激和各种植物激素、病原菌诱导因子等化学因子，而植物细胞内游离 Ca^{2+} 浓度的微小变化可能显著影响细胞的生理生化活动。胞内 Ca^{2+} 信号的特异性有可能通过 Ca^{2+} 浓度变化的不同频率、时间变化和区域特异性来体现，进而与细胞的特异生理功能相联系。

18. ①质壁分离及其复原：根据生活细胞膜的选择透性及生活细胞与外界溶液构成渗透系统。②原生质运动观察：生活细胞的原生质川流不息地运动。③活体染色：如中性红，低浓度染料透过生活细胞膜，积累于生活细胞液泡内，显示均匀的樱桃红色。

19. 细胞化学技术：显微镜与化学分析结合，如荧光染色观察。

电子显微镜技术：包括放射自显影与免疫化学技术。

细胞内含物的分级分离技术等。

四、分析论述题

1. 质膜是细胞原生质的界膜。组成质膜的脂类双分子层对大多数大分子物质和极性分子是没有透性的，形成了屏障。脂类双分子层的流动性使质膜具有一定的韧性；其中不饱和脂肪酸的含量的动态变化，使植物更好地适应环境。因此，质膜的存在使细胞有一个相对稳定的，有利于细胞生命活动进行的内部环境。

质膜上的膜蛋白赋予细胞膜非常重要的生物学功能。例如，接收外界信号分子的受体蛋白、进行物质运输的载体蛋白和通道蛋白、催化各种反应的酶蛋白等，使生活细胞与其外界环境不断地进行有序的、特异的、有控制的信息和物质的交流。

从进化的角度看，细胞膜的产生也是原始细胞产生的最初事件。

2. 在植物细胞内部由膜包围形成多种细胞器，这种分隔使各区域内的pH、电位、离子强度、酶系和反应物等均不同，并使细胞的代谢活动“按室进行”，各自执行不同的功能。

同一细胞内的分室化使多种生理生化反应能同时进行，保证生命活动的高效性；不同生理生化过程分区域进行，体现生命活动的有序性；同时由于内膜系统的存在又将多种细胞器联系起来，各细胞器之间能协调地进行物质、能量与信息传递，各种生理生化过程间相互协调，保持生命活动的完整性。

高度分化的细胞，有各种执行特殊生理功能的细胞器，既分工又协作，完成复杂的生命活动。例如，蛋白质合成：由核基因转录，核糖体翻译，线粒体提供能量；光呼吸：在叶绿体、过氧化物体、线粒体中共同完成；细胞壁形成：核基因的信息，在高尔基体中合成主要的壁物质，囊泡运输，质膜上合成纤维素、微管和纤维素纤维丝定向。

3. 生活细胞原生质是亲水胶体，水膜存在是其稳定的重要因素之一，原生质胶体的稳定是生命活动的保证。原生质胶体有溶胶和凝胶两种状态可逆变化，这是调节生命活动适应环境变化的基础。原生质的水分以自由水和束缚水两种形式存在并动态变化，其比值对原生质胶体状态和细胞生理生化活性具有决定性作用。原生质胶体含自由水高时为溶胶状态，保证生命活动旺盛、有序进行。自由水减少，处于凝胶状态时，降低细胞生理活性，增强抵抗逆境的能力，但过度脱水会危及生命活力。例如，植物种子的休眠和萌发是由原生质水分的变化导致原生质胶体状态变化来调节的。

4. 蛋白质是原生质的主要成分，含量最高，是细胞的重要生命物质。

(1) 蛋白质异质性：20种氨基酸可形成无限多的异质性蛋白质分子，为生命在结构和功能上的千差万别提供了可能。

(2) 蛋白质分子构象：有特殊的空间结构，有活性的变化，有特殊的结合、催化作用。

(3) 结合蛋白质：与核酸、色素、糖等结合形成具特殊生物功能的结合蛋白，执行储存和传递遗传信息，吸收、传递、转换能量，生物氧化，识别和信息转录等生命功能。

5. 细胞骨架是真核细胞中由蛋白质聚合而成的三维的纤维状网架体系。植物细胞骨架主要包括微丝、微管、中间纤维。它们在细胞分裂、细胞生长、细胞物质运输、细胞壁合成等许多生命活动中起着重要作用。植物细胞生长是极性生长，分为扩散性生长（生长发生在细胞表面各部位）和顶端生长（生长仅发生在一个很小的部位，顶端）。微丝与植物细胞生长密切相关，首先，微丝列阵的重排对极性建立是非常重要的；其次，生长过程中，合成新的质膜和细胞壁所需物质由高尔基囊泡通过微丝系统运送到生长部位。微管与植物细胞生长也密切相关，周质微管通过控制细胞壁微纤丝的沉积方向控制细胞生长的方向。细胞生长速度也与周质微管排列有关。细胞快速伸长时，周质微管平行排列并与细胞伸长方向垂直时，生长减慢或停止时，周质微管排列方向呈斜向或纵向，随机排列。

6. 基本结构：具有核孔复合体的双层膜的核膜；核基质，染色质和核仁悬浮其中，也是进行核内信号转导的场所；由 DNA、组蛋白、非组蛋白及少量 RNA 组成的染色质，在细胞有丝分裂或减数分裂过程中，由染色质聚缩而成染色体。

核膜上的核孔蛋白复合体，是一亲水通道，离子和水溶性小分子穿梭于核质之间，进行自由扩散。但大分子物质的运输通常具有选择性，是需能的主动运输过程，涉及信号识别和载体介导。核孔复合体的有效直径可随运输颗粒的大小进行调节。

含有特殊信号序列的特定核转运蛋白，指导蛋白质通过核孔复合体向核内运输并定位于细胞核。运输中还需要一类 GTP 结合蛋白（Ran 蛋白），调控运载物与核转运蛋白复合体的组装或解体，以及选择性运输。由细胞核输出的大分子物质同样有信号识别的过程。成熟的 RNA 在核仁内装配成核糖核蛋白（RNP）颗粒后转运到细胞质中，其上也有核输出信号，形成 RNP-exportin-Ran-GTP 复合体，输出细胞核。

7. 人们曾经认为细胞壁起被动的防御作用。随着大量蛋白质尤其是酶蛋白在细胞壁中的发现，人们对细胞壁的生理功能有了更深入的认识。

（1）细胞的保护屏障，维持细胞形状，控制细胞生长，如伸展蛋白和扩张蛋白在细胞壁结构和细胞壁伸展中的不同作用。

（2）物质运输与信息传递。离子、多糖等小分子能自由通过细胞壁，所以细胞壁对细胞间物质的运输具有调节作用。同时，细胞壁也是化学信号（激素等）、物理信号（电波、压力等）传递的通路。

（3）代谢：细胞壁中各种酶类广泛参与细胞壁高分子的合成、转移与水解等生化反应。

（4）防御与抗性。细胞壁是细胞防御外来病原体入侵的结构屏障，在受到感染和创伤时，能积极参与防御反应。①细胞壁中的酶水解真菌病原体细胞壁的多糖，其中的活性成分诱导植物抗毒素合成酶基因的表达。②病原体在入侵植物时，水解植物细胞壁中的结构多糖，其降解产物中也有类似的活性成分；细胞壁中存在的抑制物质可抑制病原体释放的酶活性。③在植物受伤时，水解酶降解细胞壁，诱导防御反应及修复伤口。例如，产生寡糖素，诱导植物抗毒素的形成；或诱导产生蛋白酶抑制剂，抑制病原菌蛋白酶，减轻外来的侵害；使植物细胞产生过敏性死亡，使病原物不能扩散。④细胞壁中的伸展蛋白也有防御和抗病、抗逆的功能。

（5）识别反应。例如，豆科植物细胞与根瘤菌之间的识别；花粉外壁中的糖蛋白与柱头表面蛋白质参与授粉受精过程的识别；细胞壁中的多聚半乳糖醛酸酶和凝集素参与嫁接过程中接穗与砧木的识别反应等。

8. 生命在于运动，作为生命活动的基本单位，细胞内各种细胞器都是动态变化的。例如，细胞骨架的动态与细胞生长的关系；膜系统的动态与物质合成运输和分泌的关系；细胞水分含量及原生质胶体的动态变化与发育的关系以及对环境变化的适应；细胞壁的可塑性与细胞的生长等。（选择其中一方面加以详细阐述。）

第二章　水与植物细胞

重点提示：水的物理化学特性及其生理作用（了解）；水分子运动的方式（了解）；水势的概念和植物细胞水势的组分以及植物细胞水分关系（重点掌握）；水势的测定方法（了解）。

【核心概念】

1. 氢键（hydrogen bond）——一个水分子上的带部分负电荷的氧原子会吸引另一个水分子上的带部分正电荷的氢原子，这种水分子间微弱的静电引力称之为氢键。

2. 束缚水（bound water）——是指紧密吸附在胶体颗粒或大分子表面不能移动的水，因此它不能再起溶剂的作用。

3. 自由水（free water）——是指不被细胞组分吸附、可以自由移动的水，起溶剂的作用，参与代谢反应。

4. 比热（specific heat）——是指提高单位数量的某物质的单位温度所需要的热量。由于水分子间存在氢键，因此水比其他溶剂具有较高的比热。

5. 蒸发潜热（latent heat of vaporization）——是指在恒定温度下，使某物质由液相转变为气相所需要的热量。水的蒸发潜热高，使植物叶片通过水分蒸发消耗部分吸收的光能转化的热，从而避免温度升高对细胞造成伤害。

6. 表面张力（surface tension）——水总是倾向于维持最小的水和空气间的界面，这样在水和空气间的界面产生一种力称为表面张力。在导管的水分运输中，表面张力维持水流的连续性。

7. 内聚力（cohesion）——指水分子间的氢键使水分子间存在的相互吸引力。

8. 附着力（adhesion）——指水分子与固相，如与植物导管壁表面分子之间的吸引力。

9. 毛细现象（capillarity）——水的表面张力、内聚力和附着力的共同作用使水可以在较小直径的毛细管中上升到一定的高度的现象。

10. 水势（water potential）——每偏摩尔体积的水的化学势差，以 Ψ_w 表示，即等温等压条件下，每偏摩尔体积的水与纯水的化学势差。

11. 溶质势（solute potential）或渗透势（osmotic potential）——表示溶质存在对水势的作用，溶质通过“稀释”水而降低水的自由能，以 Ψ_s 表示。

12. 压力势（pressure potential）——由于溶液存在静水压所增加的溶液的

水势，以 Ψ_p 表示。在植物细胞中，这个压力常称为膨压（turgor pressure），植物细胞的膨压是由于细胞吸水后相对较为刚性的细胞壁对细胞体积的限制所造成的。

13. 基质势（matric potential）——也称为衬质势，由于亲水的衬质（如细胞壁、细胞中的亲水蛋白或土壤颗粒）与水分子的相互作用使水的自由能降低的那部分水势。以 Ψ_m 表示。

14. 重力势（gravity potential）——由于重力的存在而使体系水势增加的数值以 Ψ_g 表示。

15. 扩散（diffusion）——由热力学运动或随机的动力学活性引起的分子（气体分子、水分子或溶质分子）从一点到另一点的运动。

16. 集流（bulk flow）——由于压力差的存在而形成的大量分子集体的运动。

17. 渗透（osmosis）——指当溶液被半透膜分隔为两个部分，溶质无法跨膜运动时，溶剂的跨膜扩散运动。

18. 水通道（water channel）——细胞膜上存在水孔蛋白（aquaporin，AQP）组成的对水具有特异通透性的孔道。被水孔蛋白的磷酸化所调节，促进水的跨膜运动，但不改变水运动的方向。

19. 水导率（hydraulic conductance）——是水流通过某系统难易程度的量度，是系统对水流阻力的倒数，可以类比于表示某系统通过电流难易程度的电导率。

20. 质壁分离（plasmolysis）——具有液泡的细胞在水势较低的环境中时，细胞失水，原生质收缩成团，与细胞壁分离的现象。

21. 初始质壁分离（initial plasmolysis）——是当细胞原生质刚开始在细胞角隅处与细胞壁发生分离时的现象。

22. 质壁分离复原（deplasmolysis）——如果将已发生质壁分离的细胞重新放入水势较高的溶液或纯水中，水又会重新进入细胞，原生质体随之扩大，又重新紧贴细胞壁的现象。

23. 膨压（turgor pressure）——有液泡的活细胞吸水时，由于液泡吸水体积增加而产生的对细胞壁的压力。

24. 等渗溶液（isotonic solution ）——渗透势相等但成分可能不同的溶液。通常是指某溶液的渗透势与植物细胞或组织的水势相等。

25. 吸涨作用（imbibition）——指细胞中亲水物质如蛋白质、淀粉或纤维素等对水的吸收和吸附作用，如种子萌发初期的吸水主要是吸涨作用。

【知识要点】

水的物理化学性质及其生理作用：水是生命的源泉。水分子氢键的存在是许多水的物理特性产生的原因，使水具有独特的热力学特性，具有较高的比热和蒸发潜热。水分子具有极性，这种极性使得水成为生命活动中最重要的溶剂和生命活动最好的介质。水也直接参加许多生化反应，特别是光合作用的原料。水为植物生长和所有生理活动所必需。

在生物体内，水常以束缚水和自由水两种状态存在。这两部分水的含量和比例的大小随生命活动和环境变化而变化，并决定细胞的生理活动。

水势：水在不同体系中的内能状况可以用每偏摩尔体积的水的化学势差，或者体系中的水与纯水之间每单位体积的自由能差，即水势的概念来表示。水总是从水势高的区域向水势低的区域转移。溶液中水势的组分可由下式表示：$\Psi_w = \Psi_s + \Psi_p + \Psi_g$。一般来说，植物细胞中的水势由溶质势、压力势和基质势组成。

溶质势或称渗透势（Ψ_s）：表示溶质对水势的作用，溶质通过“稀释”水而降低水的自由能。压力势（Ψ_p）是由于溶液的静水压所增加的溶液的水势。溶液的静水压也可以是负值。在植物细胞中，这个压力常称为膨压（turgor pressure）。基质势（Ψ_m）是由于亲水的衬质与水分子的相互作用使水的自由能降低的那部分水势。重力势（Ψ_g）是由于重力的存在，体系水势增加的数值。

水势的测定方法：植物组织和细胞水势的主要测定方法见下表。

植物细胞水势的测定方法

方法	原理	优缺点
干湿球湿度计	当水溶液的水势降低时水的蒸汽压就会降低，这是稀溶液的依数性特性之一，而水从一个表面的蒸发会降低这个表面的温度	可用于对分离组织或整株水势的测量，也可以测定溶液水势。对温度的变化非常敏感，测量装置必须严格控制恒温条件
压力室法	在测量条件下木质部溶液的水势是和植物组织的水势相近的，根据计算得到木质部溶液的水势即可得到植物组织的水势	由于压力室法可以快速地对水势进行测量，并不需要严格控制测量条件，因此，在田间测量中得到广泛应用
冰点下降法	当溶液中溶质浓度上升时，溶液的冰点下降，因此，可以通过测量溶液的冰点来测量溶液的渗透势	用冰点渗透压计可以测量小至 1nL（10^{-9}L）体积的溶液的冰点。有可能对单个细胞的细胞液进行测量
压力探针	将一尖端尖细、充满硅油的玻璃毛细管刺入细胞，细胞液会由于膨压而进入毛细管，在显微镜下看清细胞液和硅油的界面后推动活塞，增加压力使细胞液退回细胞。细胞液刚好完全返回细胞时的压力即与细胞的膨压相等的平衡压力。平衡压力由装置中的压力传感器来测定	已经用于对许多类型高等植物细胞的膨压进行测量，但是对于许多体积较小的植物细胞的膨压仍然难以进行测量

水分的运动：水的运动包括扩散、集流和渗透。扩散是分子从较高化学势向较低化学势的随机的但是累进的运动，通常导致扩散分子的均匀分布。由于压力

差的存在而形成的大量分子集体的运动称为集流。集流是植物进行长距离运输的重要方式。在植物体中最常见的溶液的集流是木质部导管和韧皮部筛管中溶液的流动。渗透是水跨过半透膜的特殊的扩散运动，包括水分子跨膜的扩散以及水通过膜上蛋白通道的运动，水经水通道快速跨膜运输，运输的能力可以通过通道蛋白磷酸化所调节。

水分运输的速率取决于水势驱动力和水导率。水势梯度是水跨细胞膜运动的动力并决定水跨膜运动的方向。当植物细胞的水势低于外界溶液的水势时，水向细胞内运动；当植物细胞的水势高于外界溶液的水势时，水向细胞外转移。如果将植物细胞放置在水势低于细胞水势的溶液中，细胞内的水分会向外渗透，细胞的体积将逐渐缩小，如果细胞持续失水，由于细胞壁的相对刚性而无法随之缩小，因此细胞原生质体将与细胞壁分离。当细胞原生质刚开始在细胞角隅处与细胞壁发生分离时，称为初始质壁分离。如果细胞进一步失水，原生质收缩成团，与细胞壁完全分离，这一现象称为质壁分离。如果将已发生质壁分离的细胞重新放入水势较高的溶液或纯水，水又会重新进入细胞，原生质体随之扩大，最后又重新紧贴细胞壁，这种现象称为质壁分离复原。

【试题精选】

一、填空题

1. 决定水分子溶解特性的因素是________和________。

2. 一般来说，植物细胞中的水势由________、________和________组成。

3. 水的运动包括________和________两种主要形式。

4. 水跨细胞膜运动的动力是________。

5. 由于________的存在而引起体系水势降低的数值称为溶质势，又可称为________。稀溶液的溶质势可按范特霍夫公式 $\Psi_s=\Psi_\pi=$________来计算。

6. 具有液泡的细胞的水势 $\Psi_w=$________。干种子细胞的水势主要为________。

7. 在标准状况下，纯水的水势为________。加入溶质后其水势________，溶液越浓其水势越________。

8. 种子萌发初期主要靠________作用吸水，形成液泡的细胞主要靠________作用吸水。

9. 植物细胞处于初始质壁分离时，压力势为________，细胞的水势等于其________。当吸水达到饱和时，细胞的水势等于________。

10. 设甲、乙两个相邻细胞，甲细胞的渗透势为－1.7MPa，压力势为0.8MPa，乙细胞的渗透势为－1.3MPa，压力势为0.9MPa，甲细胞的水势是________，乙细胞的水势是________，水从________细胞流向________细胞。

11. 利用细胞质壁分离现象，可以判断细胞________，测定细胞的________。

12. 与纯水比较，含有溶质的水溶液的蒸汽压________，沸点________，冰点________，渗透势________。

13. 将一植物细胞放入 $\Psi_s = -0.9$MPa 的溶液（体积相对细胞很大）中，吸水达到平衡时测得细胞的 $\Psi_s = -1.05$MPa，则该细胞的 Ψ_p 为________，Ψ_w 为________。

14. 有一细胞的 $\Psi_s = -1.7$MPa，$\Psi_p = 1.5$MPa 将其放入装有纯水的烧杯中，当达到水分平衡时，如细胞体积增加可忽略不计，此时细胞的 Ψ_s 为________，Ψ_p 为________，Ψ_w 为________。

15. 茎叶的水势比根的水势________；在同一根部，根内侧细胞的水势比外侧细胞的水势________。

16. 小液流法测定植物组织的水势，如果小液滴向上，表明组织的水势________于外界溶液水势。

二、选择题（包括单项选择和多项选择）

1. 在 20℃温度时，0.1mol 的葡萄糖和 0.1mol 的 NaCl 分别溶于 1L 水后，其渗透势分别为（　　）。

A. －0.244MPa，－0.488MPa　　B. 0.244MPa，0.488MPa

C. －0.244MPa，－0.244MPa　　D. －0.488MPa，0.244MPa

2. 形成液泡的植物细胞，其水势组成为（　　）。

A. $\Psi_m + \Psi_p$　　B. $\Psi_s + \Psi_p + \Psi_m$　　C. $\Psi_s + \Psi_p$　　D. $\Psi_s + \Psi_m$

3. 将一植物细胞放入纯水中，吸水达到平衡时该细胞的（　　）。

A. $\Psi_s = -\Psi_p$　　B. $\Psi_w = \Psi_p$　　C. $\Psi_w = \Psi_m$　　D. $\Psi_w = \Psi_s$

4. 风干种子细胞的水势主要为（　　）。

A. $\Psi_w = \Psi_s$　　B. $\Psi_w = \Psi_m$　　C. $\Psi_w = \Psi_p$　　D. $\Psi_w = \Psi_s + \Psi_p$

5. 一细胞的 $\Psi_w = -0.3$MPa，$\Psi_p = 0.1$MPa，将其放入 $\Psi_s = -0.6$MPa 溶液中，达到平衡时细胞的（　　）。

A. Ψ_p变大　　B. Ψ_p 变小

C. Ψ_p不变　　D. $\Psi_w = -0.45$MPa

6. 一植物细胞的 $\Psi_s = -0.37$MPa，$\Psi_p = 0.13$MPa，将其放入 $\Psi_s = -0.42$ MPa 的溶液（很大体积）中，平衡时该细胞的水势为（　　）。

A. －0.5MPa　　B. －0.24MPa　　C. －0.33MPa　　D. －0.42MPa

7. 植物的下列器官中，含水量最高的是（　　）。

A. 种子　　B. 根尖和茎尖　　C. 叶片　　D. 衰老叶片

8. 生长在岩石上的一片干地衣和生长在地里的一株萎蔫棉花，阵雨后，两者的吸水方式（　　）。

A. 分别是吸涨作用和渗透作用　　B. 都是吸涨作用

C. 分别是渗透作用和吸涨作用　　D. 都是渗透作用

9. 将 Ψ_p 为 0.2MPa 的细胞放入等渗蔗糖溶液中，其体积(　　)。

A. 不变　　B. 增大　　C. 减少　　D. 不一定

10. 植物分生组织细胞的吸水依靠(　　)。

A. 吸涨吸水　　B. 渗透性吸水　　C. 代谢性吸水　　D. 降压吸水

11. 在干旱地区正常生长的植物，从理论上推测，植物细胞液渗透势最低的部位是(　　)。

A. 根毛区细胞　　B. 茎皮层细胞　　C. 导管细胞　　D. 叶肉细胞

12. 将一个充分膨胀的植物细胞放在与其细胞液浓度相等的溶液中，则(　　)。

A. 细胞与溶液达到水分平衡　　B. 细胞从溶液中吸水

C. 细胞水分流出　　D. 都不可能

13. 将一细胞放入与其渗透势相等的糖溶液中，则(　　)。

A. 细胞吸水　　B. 细胞既不吸水也不失水

C. 细胞失水　　D. 细胞可能失水或保持水分动态平衡

14. 将细胞 $\Psi_w = -1$MPa 的洋葱表皮置于溶液中，会出现质壁分离现象的溶液是(　　)。

A. －1MPa NaCl 溶液　　B. －0.9MPa 甘油溶液

C. －0.8MPa 葡萄糖溶液　　D. －1.5MPa 蔗糖溶液

15. 设有甲、乙二相邻的植物活细胞，甲细胞的 $\Psi_s = -1$MPa，$\Psi_p = 0.6$MPa；乙细胞的 $\Psi_s = -0.9$MPa，$\Psi_p = 0.6$MPa，水分的流向应该是(　　)。

A. 甲→乙　　B. 乙→甲　　C. 水分平衡　　D. 无法判断

16. 如果外液的水势高于植物细胞的水势，这种溶液称为(　　)。

A. 等渗溶液　　B. 低渗溶液　　C. 平衡溶液　　D. 高渗溶液

17. 在生物体内水的存在状态有(　　)。

A. 束缚水　　B. 磁化水　　C. 自由水　　D. 离子水

18. 水具有独特的热力学特性包括(　　)。

A. 高比热　　B. 高汽化热　　C. 水蒸发潜热高　　D. 低比热

19. 植物体内水分能够连续不断向上运输的原因是(　　)。

A. 水具有表面张力　　B. 水具有内聚力

C. 水具有高比热　　D. 水的附着力

20. 植物细胞吸水时共同起到半透膜作用的是(　　)。

A. 细胞壁　　B. 细胞质膜　　C. 细胞质　　D. 液泡膜

三、简答题

1. 简述水对植物生命活动的作用。

2. 水分子的氢键对水的物理化学性质有何重要影响？

3. 什么是水势？水势的基本组成有哪些？

4. 水的基本运动形式有哪些？它们各自是如何被驱动的？

5. 植物细胞的水势有哪些基本组成？它们对水的进出细胞有何影响？

6. 细胞膜和细胞壁在水分进出细胞过程中的作用是什么？

7. 测定植物水势、渗透势和膨压的方法有哪些？它们各自有何优缺点？

8. 说明植物细胞成为一渗透系统的证据。

9. 一植物细胞的 $\Psi_w = -1.0\text{MPa}$，$\Psi_p = 0.9\text{MPa}$，将其放入装有纯水的烧杯中，当达到水分平衡时，细胞体积增加了 30%，此时细胞的 Ψ_s，Ψ_p，Ψ_w 各为多少？

10. 简要说明小液流法测定植物组织水势的原理和注意事项。

四、分析论述题

1. 将一植物细胞放入纯水中，其水势、渗透势、压力势和体积将分别发生什么变化？

2. 测定植物组织水势的方法主要有哪几类？各方法的基本原理是什么？

3. 试述植物水孔蛋白的种类和功能特点。

【参考答案】

一、填空题

1. 水分子的体积小，水分子的极性。
2. 溶质势，压力势，基质势。
3. 扩散，集流。
4. 水势梯度。
5. 溶质颗粒，渗透势，$-iCRT$。
6. $\Psi_s + \Psi_p$，Ψ_m。
7. 0，下降，低。
8. 吸涨，渗透。
9. 0，溶质势，0。
10. －0.9MPa，－0.4MPa，乙，甲。
11. 死活，渗透势。
12. 下降，升高，下降，下降。
13. 0.15MPa，－0.9MPa。
14. －1.7MPa，1.7MPa，0。
15. 低，低。
16. 高。

二、选择题

1. A；2. C；3. A；4. B；
5. B；6. D；7. B；8. A；
9. A；10. B；11. D；12. C；
13. D；14. D；15. B；16. B；
17. A，C；18. A，B，C；
19. A，B，D；20. B，C，D。

三、简答题

1. 水是植物细胞原生质的主要组成成分，水分子具极性，具有稳定原生质胶体的作用。水是良好的溶剂，是代谢反应的介质；水参与植物体内代谢过程，如水是光合作用的原料，参与呼吸代谢过程以及有机物质的合成与分解。水分子间有很大的内聚力和表面张力，有利于水和溶于水的物质吸收和运转。水使细胞保持膨压，使植物体保持挺立姿态，这是维持正常生命活动必需的条件，所以水分与植物生长有关。水有很高的比热和汽化热，有利于调节体温，适应环境。水能吸收红外光，而对可见光吸收少，有利于光合作用和生态作用。

2. 一个水分子上的部分带负电荷的氧原子会吸引另一个水分子上的部分带正电荷的氢原子，这种水分子间微弱的静电引力称之为氢键。由于水分子氢键的存在，水具有独特的热力学特性，具有较高的比热和蒸发潜热，因而有利于调节植物体温，适应环境。同时水分子间存在很强的内聚力，使水流有强的抗张力，能保持毛细管中水柱的连续性。

3. 水势是每偏摩尔体积的水的化学势差。

溶液中水势的组分可由下式表示：$\Psi_w = \Psi_s + \Psi_p + \Psi_g$，其中，$\Psi_w$ 代表水势；Ψ_s、Ψ_p 和 Ψ_g 分别表示溶质浓度、压力和重力对水的自由能的影响。水势的高低决定了水的移动趋势。

4. 水的运动主要包括扩散和集流，而渗透是水跨半透膜的一种特殊的扩散运动。水势梯度是水跨细胞膜运动的动力。在没有压力势、电势等影响的情况下，扩散分子是从高浓度部位向低浓度进行。集流由压力差推动水分子集体流动。

5. 植物细胞水势的组分：$\Psi_w = \Psi_s + \Psi_p + \Psi_g + \Psi_m$。$\Psi_s$、$\Psi_g$ 和 Ψ_m 增加时促进水分进入细胞，而 Ψ_p 增加时阻止水分的进入。一般在同水平位置时，不考虑重力势。而具有中央大液泡的成熟细胞的基质势可以忽略，所以细胞的水势由渗透势和压力势组成。当细胞的渗透势和压力势绝对值相等时，细胞水势为零，达到充分饱和状态，细胞与周围细胞或环境间的水分运动处于动态平衡。

6. 成熟的植物细胞中的液泡膜、原生质和细胞膜，允许水分子的通过但其他分子则较难或不能通过，因而可以认为是细胞的半透膜，而细胞以外有细胞外溶液，这样就会发生渗透现象。由细胞溶质的积累形成的细胞内外的渗透势梯度是水分进出细胞的驱动力。

水分子可以扩散的方式通过膜的磷脂双分子层进入细胞，但该过程受到的阻力大，速度慢。细胞膜上存在由水孔蛋白组成的对水具有特异通透性的孔道，称为水通道。水通道大大促进了水的跨膜运动。植物细胞壁的纤维素微纤丝间的空隙允许水分子自由通过；但较为坚硬的细胞壁具有刚性和弹性，因此，很小的细胞体积和水势的变化会引起细胞膨压很大的变化。当细胞吸水时水势的增加主要是由于膨压增加所致，随之对水分进入细胞增加了阻力。

7.

方法	优缺点
小液流法	可作为验证性或一般性测定实验，简单易行，但不够准确
干湿球湿度计	准确，对温度的变化非常敏感，测量装置必须放置在严格控制的恒温条件下
压力室法	可以快速地对水势进行测量，在田间测量中得到广泛应用
冰点下降法	精确、快速，液滴与控温平台的温度能够迅速地达到平衡。可测量单个细胞的细胞液渗透势
压力探针	对于许多体积较小的植物细胞的膨压难以进行测量

8. 细胞的质膜和液泡膜属于半透性膜，而夹在中间的原生质很薄，是亲水胶体，三者合在一起可以看成一半透膜，液泡中含有一定溶质的泡液，使细胞与外液构成对水的渗透系统。植物细胞的质壁分离和质壁分离复原现象是细胞为渗透系统的实验证据。

9. 先计算细胞的 $\Psi_s = -1.9\text{MPa}$；将其放入纯水中，平衡时 Ψ_w = 纯水的水势 = 0；因为体积增加了30%，所以细胞内溶质浓度发生相应变化，根据公式 $C_1V_1 = C_2V_2$，可以计算出吸水后细胞的渗透势：$\Psi_{s_2} = -1.9/1.3 = -1.46\text{MPa}$；$\Psi_{p_2} = 1.46\text{MPa}$。

所以，平衡时细胞的 Ψ_s，Ψ_p，Ψ_w 分别为 −1.46 MPa，1.46 MPa 和 0。

10. 小液流法属于液体交换法。基本原理是把植物的组织放入一系列已知不同浓度的溶液中（溶质通常为蔗糖、甘露醇等），经过一段时间的水分交换后，观察小液滴在同浓度溶液中的浮动，找出相对密度与原液相同的溶液，在这种溶液中，组织与溶液间的水分交换为动态平衡，即二者的水势相等。因溶液的压力势为零，其水势就等于渗透势，故可利用计算渗透压的公式 $\Psi_s = -iCRT$ 计算出溶液的渗透势，即水势。

注意事项：植物组织要放在一定量且量少（1mL）的溶液中进行水分交换达到平衡。溶液中的溶质基本上不可透过细胞膜。用于指示的小液滴染料尽量少，液滴小。释放液滴动作要轻，避免带动液滴。

四、分析论述题

1. 除充分饱和细胞外，其他细胞水势都小于纯水的水势（0），在纯水中细胞吸水，其体积增大，水势、渗透势、压力势随之增高，最终达到水势平衡，即为零。

如果该细胞原处在质壁分离状态下，因其压力势为零，其水势等于渗透势，将该细胞放入纯水，水分就会不断进入细胞，原生质体逐渐恢复原状，质壁分离逐渐复原。

细胞质壁分离复原后，随着水分的内渗，原生质体对细胞壁产生膨压，即细胞产生了压力势，随细胞吸水，压力势逐渐增大，由于细胞体积增大，细胞液稀释，细胞渗透势也逐渐增大，水势随之增大，当增大到细胞水势等于外液水势时，细胞停止吸水，此时细胞水势则为零。总之，细胞在吸水过程中，体积、水势、压力势、渗透势是同时增大的，直至饱和时，细胞体积达最大，各组分不再变化。

2. 测定植物水势方法的一般原理是，当植物组织的水势与其环境的水势（已知）相等时，在组织与环境间的水分迁移达到动态平衡。这样就可以利用环境的已知水势来反映植物组织的水势。

常用的测定植物水势的方法有以下几种。

（1）液体交换法。包括小液流法、称重法、组织体积法、折射仪法等。其基本原理：把植物的组织放入一系列已知不同浓度的溶液中（溶质通常为蔗糖、甘露醇等），经过一段时间后，通过相对密度、组织重量或体积变化等找出相对密度或折射率与原液相同的溶液，在这种溶液中，组织与溶液间没有水分的净交换，即二者的水势相等。因溶液的压力势为零，其水势就等于渗透势，故可利用计算渗透压的公式计算出溶液的渗透势，即水势。

（2）蒸汽压法。包括热电耦、热敏电阻干湿球湿度计、露点热电耦湿度计等方法。其基本方法：把植物组织样品封入小室中，小室内装有作为温度传感器的热电耦，热电耦上带一滴水或一定浓度的水溶液。开始时，水分同时从组织和液滴蒸发，使小室内的湿度升高，直至小室中空气被水蒸气饱和或接近饱和。此时，如果植物组织与液滴的水势相同，则在组织与液滴间没有水分的净迁移，液滴的温度将与环境温度相同；相反，则发生水分的迁移，液滴温度也发生变化。改变液滴溶液浓度，有可能找到一个与组织水势相同的溶液，从而使液滴温度不变。

（3）压力室法。压力室法适合快速测定枝条、完整叶片的水势。其基本原理和操作方法：将欲测定的器官从植株上取下，密封于钢制压力室中，使茎的切割端或叶柄伸出压力室。在切取前，木质部中的水柱处于一定的张力（拉力）作用下，水柱被切断后会从切面上被拉入导管分子中，切面由于失水而变得无光泽。测定时向压力室通入压缩空气（或氮气），直至水分恰好重新回到切面上，这时可以观察到切面变得有光泽。使水分重新回到切面所需的压力称为平衡压，可由仪器的压力表显示。平衡压与植物材料被切割前存在于木质部中的负压力大小相等，符号相反。

3. 细胞膜上存在水孔蛋白（aquaporin，AQP），组成对水具有特异通透性的水通道（water channel）。根据 AQP 的亚细胞定位，结合序列同源性，可分为质膜上的 PIP（plasma membrane intrinsic protein）、液泡膜上的 TIP（tonoplast intrinsic protein）及 NLM（nodulin26 like MIP）三大类。

AQP 的功能特点：①负责水分的快速跨膜转运，可能参与细胞胞间水分流动，以及液泡与胞质间、胞质与质外体间的渗透调节，有专一性、高效性、可调控性和活性差异性。②AQP 的组织特异性分布可产生不同效应，分别与叶的生长、根尖伸长及实生苗发育等生理过程有关。③AQP 与根的水分吸收密切相关，AQP 可降低细胞到细胞途径的水分传导阻力，还可能具有缓冲渗透振荡、防止渗透伤害的功能，还可阻止干旱条件下的水分丢失。④维持木质部薄壁细胞与蒸腾流间的水势平衡，即使在轻度水分胁迫下木质部导管中水分也大多运送到地上部分，但如导管蒸腾流水势高于薄壁细胞时，水分就可通过虹吸作用储存于液泡中，木质部薄壁细胞起储水库的作用。⑤AQP 还参与栓塞的修复，木质部导管中栓塞的形成会显著降低导管水导率，水分张力增大，进而可诱导气孔关闭。当 AQP 被木质部薄壁细胞质中高浓度 Ca^{2+} 激活开启后，水分就可从薄壁细胞流入导管。⑥水孔蛋白基因在保卫细胞的特异表达，可能参与气孔运动调控。

水分胁迫信号能诱导水通道的数量增加或表达新的水孔蛋白来对胁迫做出响应。

第三章　植物整体水分平衡

重点提示： 根系吸水的方式和动力（掌握）；水分进入植物体的途径以及在植物体内运输的过程（了解）；植物蒸腾作用的方式和测定指标以及测定方法（了解）；气孔运动的机制和影响因素（重点掌握）。

【核心概念】

1. 土壤田间持水量（field capacity）——是指使土壤水分饱和然后再让重力水流失之后的土壤水分含量。表示该土壤所能持有的最高水分含量。

2. 永久萎蔫点（permanent wilting point）——当土壤的水势低于某一数值时，发生萎蔫的植物在减少水的散失后仍然不能恢复水分平衡，即植物发生永久萎蔫，这时的土壤水势称为永久萎蔫点。

3. 共质体（symplast）——细胞间由于胞间连丝的存在使细胞的原生质相互连接起来，形成一个原生质的连续体，称为共质体。

4. 质外体（apoplast）——质外体指水和溶质可以自由扩散移动的自由空间，包括植物细胞壁、细胞间隙以及木质部导管等组成的体系。

5. 伤流（bleeding）——将幼苗在靠近地面的茎基部位切断，在切面的木质部会有液体流出成滴，液流可持续数小时或更久的现象。其液流称为伤流液。

6. 根压（root pressure）——将幼苗茎基部靠近地面的切断部位用橡皮管连接到一个压力计，可以测量到一定的正压力，压力值可以达到0.05～0.5MPa，称之为根压。

7. 吐水（guttation）——植物常表现出在其叶片的边缘有水滴渗出的现象。这是木质部中的水经位于叶缘维管束末端的管胞处的排水孔渗出的。

8. 主动吸水（active absorption of water）——由根系代谢活动而引起的植物从环境中吸水的过程。

9. 内聚力-张力学说（cohesion-tension theory）——植物地上部的蒸腾作用会产生很大的负静水压，这个负压可以将导管的水柱向上拖动，加之水分子间的内聚力，形成水分在导管中的向上运输。这一假说称为内聚力-张力学说。

10. 空穴化（cavitation）——空气进入导管或管胞中，形成空穴或小气泡的现象。

11. 蒸腾作用（transpiration）——水从植物地上部分以水蒸气状态向外界散失的过程。

12. 角质层蒸腾（cuticular transpiration）——植物叶片表皮细胞的表面通

常有一层角质层，通过角质层缝隙进行的蒸腾称为角质层蒸腾，一般发生于幼嫩叶片。

13. 气孔蒸腾（stomatal transpiration）——指水分通过气孔进行的蒸腾，气孔蒸腾是植物蒸腾的主要方式。

14. 蒸腾速率（transpiration rate）——指植物在单位时间内单位面积通过蒸腾作用所散失的水量，也可称为蒸腾强度，一般用 $g/(m^2 \cdot h)$ 表示。

15. 蒸腾比率（transpiration ratio）——指植物光合作用固定每摩尔 CO_2 所需蒸腾散失的水的摩尔数。

16. 水蒸气压亏缺（water vapor pressure deficit）——水蒸气浓度差是叶片气孔下腔的水蒸气浓度与大气中水蒸气浓度的差值，也可以用水蒸气压表示，称为水蒸气压亏缺。

17. 反比定律（reciprocity law）——蓝光所引起的气孔孔径大小变化的反应取决于总光量的大小，而不是仅仅取决于光强度或光照时间的长度。

18. 被动脱水关闭（hydropassive closure）——当空气干燥，气孔蒸腾过快，而水分的运输不足以补充其水分的散失时，气孔保卫细胞就会被动关闭。

19. 主动脱水关闭（hydroactive closure）——当整个叶片或根缺水时，保卫细胞可以通过其代谢过程减少细胞内的溶质来提高细胞水势，水分因而流出保卫细胞，气孔主动调节关闭的机制。

20. 被动吸水（passive absorption of water）——由蒸腾拉力引起的根系吸水，与根系的生理活动无关。

21. 水分临界期（critical period of water）——指植物对水分缺乏非常敏感的时期。作物的水分临界期一般都是从营养生长转向生殖生长的时期。

22. 相对含水量（relative water content，RWC）——叶片实际含水量占水分饱和时含水量的百分率。通常为85％～95％。

【知识要点】

水分的吸收：水分的吸收和散失是植物体极为重要的生理活动。土壤的水分状况直接影响植物的水分吸收。根系是植物吸收水的主要器官。水的吸收主要发生在根毛区和伸长区，特别是根毛区。水进入植物体内部的途径包括质外体和共质体的途径，也可以通过两种途径交替进行。根系吸水可以是根压推动的主动吸收和由蒸腾作用拉动的被动吸收，归根结底是水势梯度的作用。影响根系吸水的土壤因素包括土壤水势和土壤水导、土壤温度和通气状况等。

水在植物体内的运输：植物根系吸收的水通过木质部向上运输到植物体地上各部分，水在木质部中运动的速率取决于植物的种类和植物蒸腾的速率，可以达到相当快的程度。

水在导管中的运输是靠导管两端的压力差驱动的，即根压和蒸腾压力。根压是木质部中的正压力，伤流和吐水现象证明根压的存在。根吸收的水主要通过蒸腾形成的植物体地上部负压将其拉动向上运输，而根压只有在蒸腾很小，运输高度不高的情况下才有一定的作用。植物在顶部的蒸腾作用会产生很大的负静水压，这个负压可以将导管的水柱向上拖动形成水分的向上运输。这一假说也称为内聚力-张力学说。

在自然界形成了水分在土壤-植物-大气的连续系统（soil-plant-atmosphere continuum system）的循环，水总是从高水势区向低水势区移动。

水分的散失：植物地上部分以水蒸气状态向外界散失水的过程称为蒸腾作用。植物的蒸腾主要是叶的蒸腾，其中通过叶表面角质层进行的蒸腾称为角质层蒸腾；通过茎、枝上的皮孔进行皮孔蒸腾；但主要是通过气孔进行的蒸腾，称为气孔蒸腾。

气孔蒸腾：植物叶片表皮上的气孔由成对的保卫细胞组成，与紧邻的副卫细胞或表皮细胞以及气孔下腔形成气孔复合体。由于保卫细胞的特殊结构和生理生化特性，可进行灵敏的渗透势调节，保卫细胞膨压变化，而发生气孔的开闭运动。植物通过对气孔运动的调控协调 CO_2 吸收和水分散失之间的关系。

气孔运动涉及众多的信号转导途径。钙离子、活性氧、磷酸肌醇、G 蛋白、磷脂酶、蛋白激酶以及钙调素等都与气孔的运动有关。外界信号在经过一系列的信号转导途径后，最终对气孔运动进行调控。渗透调节是导致气孔运动的基本机理，其中最重要的渗透调节物质是钾离子、蔗糖，有氯离子和苹果酸参与，此外也存在渗透调节之外的气孔调节机理。

气孔的运动受到各种环境因素的影响。光照是影响气孔运动的主要环境因素，大多数植物的气孔在光照下张开，在黑暗下关闭。气孔对光的反应是两个不同系统的综合效果，一个依赖于保卫细胞的光合作用，另一个则是被蓝光所推动，蓝光信号系统是气孔运动的重要光调控系统。除光照之外，对气孔运动影响最大的外界因素是水分状况，而植物激素 ABA 则是引起气孔对水分状况进行反应的最重要化学信号。此外，低浓度 CO_2 可以导致大多数植物气孔张开。

测定蒸腾的主要指标

蒸腾的指标	含 义	影响因素
蒸腾速率 /[g/(m^2 · h)]	植物在单位时间内单位面积通过蒸腾作用所散失的水量	气孔下腔与大气中的水蒸气之间的浓度差，水蒸气扩散途径的阻力
蒸腾比率	植物光合作用固定每摩尔 CO_2 所需蒸腾散失的水的摩尔数	植物的类型不同，蒸腾比率不同

【试题精选】

一、填空题

1. 土壤水势主要由________和________组成。土壤的溶质势的数值常为________；在盐碱土壤中，溶质势可达________；在湿润的土壤中，土壤水的基质势________。

2. 在非盐碱土壤以及土壤接近饱和水的条件下，土壤的水势________纯水的水势。

3. 水在土壤中的运动主要是以________的形式沿________梯度进行。

4. 水从土壤进入植物体内部的途径主要有________和________途径，及其两者的交叉。

5. 水在土壤和植物体中的运动方式是________，而从叶片向大气运动时则以________的方式。

6. 根系吸水的部位主要在根的尖端，其中以________区的吸水能力为最强。

7. 根中的质外体常常是不连续的，它被内皮层的________分隔成内外两个区域。

8. 共质体途径是指水分从一个细胞的细胞质经过________进入另一个细胞的移动过程，水分运输阻力较________。

9. 水在导管中运输的驱动力是________和________，通过________向上运输到植物体地上各部分。由于________，保证水柱的连续性而使水分不断上升。这一学说在植物生理学上被称为________。

10. 蒸腾速率主要是由叶片气孔下腔的________和大气中________之间的差以及________的阻力所决定的。

11. 气孔下腔与大气间的水蒸气浓度差是________的驱动力，可以水蒸气压表示，称为________。

12. 植物调节降低蒸腾的主要方式有________、________和________等。

13. 植物蒸腾作用的方式包括：________、________和________等，其中以________为主。

14. 引起气孔运动的直接原因是________发生改变。

15. 气孔运动的重要光调控系统包括________和________。

16. 蓝光所引起的气孔孔径大小变化的反应遵循________，因此气孔作为叶片的“光感受器”来感知到达叶面的________。

17. 蓝光的照射会引起蚕豆保卫细胞原生质体的________，因而细胞外溶液发生________。

18. 关于保卫细胞蓝光受体的玉米黄素假说认为气孔响应蓝光的信号传导是从________开始的。气孔对蓝光反应的强度取决于保卫细胞中________

和________。

19. 对气孔运动的调节过程中，在保卫细胞________中的________接受蓝光信号，通过________的信号转导，最终激活质膜上的________。

20. 水分通过细胞膜的运输有两种途径：一是通过________的自由扩散；二是由________介导的集流运输。两者最主要的区别是：后者为________抑制，而________等巯基试剂可消除其抑制作用；前者则不被药物抑制。

21. 参与调节保卫细胞水势变化的主要无机离子是________和________等。

22. 通常认为在引起气孔开启的效应中________光和________光起主要作用。

23. 低浓度 CO_2 促进气孔________，高浓度 CO_2 能使气孔迅速________。

24. 影响气孔开闭的最主要环境因素有________、________、________和________等。

25. 适当降低蒸腾的途径有：减少________、降低________及使用________等。

26. 消除永久萎蔫可采用________，消除暂时萎蔫常用________的方法。

27. 保卫细胞内 CO_2 含量________，pH ________，K^+ 浓度________，或水分________等，都能导致气孔关闭。

二、选择题（包括单项选择和多项选择）

1. 能够更好地说明土壤中可供植物吸收的水分状况的指标是土壤的(　　)。

A. 水势　B. 水分含量　C. 自由水含量　D. 束缚水含量

2. 在土壤田间持水量与永久萎蔫点之间的土壤中水的含量被认为是(　　)。

A. 有效水的含量　B. 无效水的含量

C. 对任何植物是相同的　D. 无法计算的

3. 植物在单位时间内单位面积通过蒸腾作用所散失的水量被称为(　　)。

A. 蒸腾系数　B. 蒸腾效率　C. 蒸腾比率　D. 蒸腾速率

4. 植物通过初干来调节蒸腾作用的方式是(　　)。

A. 非气孔调节　B. 气孔调节

C. 皮孔调节　D. 主动调节

5. 引起气孔对水分状况进行反应的最重要因素是(　　)。

A. 光强　B. ABA　C. CTK　D. 钾离子

6. 微风促进蒸腾，主要原因是(　　)。

A. 降低气孔阻力　B. 降低空气湿度

C. 降低扩散层阻力　D. 降低叶温

7. 气孔在叶面所占的面积小，但气孔蒸腾速率高，原因是气孔扩散遵循(　　)。

A. 小孔率　　B. 反比定律　　C. 比尔定律　　D. 水势梯度

8. 证明气孔对光的反应是由两个完全不同的系统推动的实验是(　　)。

A. 红降现象　　B. 双光增益效应　C. 双光实验　　D. 闪光实验

9. 保卫细胞中，与气孔关闭无直接关系的物质是(　　)。

A. 氯离子　　B. 苹果酸　　C. 钠离子　　D. 钾离子

10. 保卫细胞内能促使气孔开放的变化因素是(　　)。

A. CO_2 量、pH、K^+ 和水分含量下降

B. CO_2 和水分含量下降，pH 和 K^+ 含量提高

C. CO_2 量上升，pH、K^+ 和水分含量提高

D. CO_2 量下降，pH、K^+ 和水分含量提高

11. 吐水是由于高温高湿环境下(　　)。

A. 空气中水分含量大于土壤水分含量　　B. 蒸腾拉力引起的

C. 土壤水分含量大于空气中水分含量　　D. 根系生理活动的结果

12. 植物中水分向上运输的通道主要是(　　)。

A. 筛管和伴胞　　B. 胞间连丝

C. 转移细胞　　D. 导管和管胞

13. 在同一枝条上，一般上部叶片的水势要比下部叶片的水势(　　)。

A. 更低　　B. 更高　　C. 相等　　D. 无一定变化规律

14. 植物水分亏缺时，叶片水分参数的变化是(　　)。

A. 叶片含水量降低，水势降低，气孔阻力增大

B. 叶片含水量升高，水势升高，气孔阻力减小

C. 叶片含水量降低，水势升高，气孔阻力增大

D. 叶片含水量降低，水势降低，气孔阻力不变

15. 某植物制造 100g 干物质消耗了 75kg 水，其蒸腾系数为(　　)。

A. 75　　B. 750　　C. 0.75　　D. 1.33

16. 可克服植物暂时萎蔫的措施是(　　)。

A. 灌水　　B. 施肥　　C. 遮阴　　D. 增加光照

17. 影响蒸腾作用的主要环境因素是(　　)。

A. 光，风，O_2　　B. 光，温，O_2

C. 光，湿，O_2　　D. 光，温，湿

18. 根系吸水能力最强的区域是(　　)。

A. 伸长区　　B. 分生区　　C. 根毛区　　D. 根冠

19. 当土壤水分充足、天气晴朗时，影响根系吸水量的首要因素是(　　)。

A. 根系活力　　B. 土温

C. 叶子的蒸腾量　　D. 土壤含氧量

20. 植物的水分临界期是指(　　)。

A. 植物对水分缺乏最敏感的时期　　B. 植物对水分利用率最高的时期
C. 植物需水量最多的时期　　D. 植物对水分需求由低到高的转折时期

21. 与风干种子吸水量有关的因素是(　　)。
A. 温度高低　　B. 氧气供应
C. 种子所含物质的性质　　D. 种子的死活

22. 在萌发条件下，苍耳的不休眠种子开始 4h 的吸水主要是属于(　　)。
A. 代谢性吸水　　B. 吸涨吸水
C. 渗透性吸水　　D. 上述三种吸水都存在

23. 下列植物中，种子的束缚水含量相对较高的是(　　)。
A. 水稻　　B. 小麦　　C. 大豆　　D. 油菜

24. 影响植物对水的吸收速率的主要因素是(　　)。
A. 土壤水势　　B. 土壤和植物根之间的水势差
C. 植物水势　　D. 水的运动速率

25. 水在土壤中的流动速率取决于土壤的(　　)。
A. 土壤基质势　　B. 水势梯度
C. 土壤的水导率　　D. 土壤颗粒大小

26. 证明木质部中存在正压力的实验证据有(　　)。
A. 伤流　　B. 吐水　　C. 空穴现象　　D. 栓塞现象

27. 气孔复合体的组成包括(　　)。
A. 保卫细胞　　B. 副卫细胞
C. 保卫细胞中间的孔　　D. 表皮细胞

28. 控制水分散失的主要因素是(　　)。
A. 叶片水势　　B. 水蒸气的扩散阻力
C. 水蒸气的浓度差　　D. 叶片的温度

29. 能够诱导气孔关闭的因素是 (　　)。
A. 低浓度 CO_2　　B. ABA
C. 高浓度 CO_2　　D. 黑暗

30. 目前认为参与气孔运动调节的因素包括(　　)。
A. 钾离子的渗透调节　　B. 细胞骨架调控
C. 液泡动态变化调控　　D. 蔗糖的渗透调节

31. 渗透调节是导致气孔运动的基本机制，保卫细胞中最重要的渗透调节物质是(　　)。
A. 脯氨酸　　B. 钾离子　　C. 蔗糖　　D. 甜菜碱

32. 证实根压存在的生理证据有(　　)。
A. 萎蔫现象　　B. 吐水现象　　C. 伤流现象　　D. 蒸腾作用

33. 植物体内水分沿导管上升的动力有(　　)。

A. 蒸腾拉力　　B. 根压　　C. 水压　　D. 大气压力

34. 土壤温度过低使植物根系吸水困难的原因有(　　)。

A. 根系呼吸减弱，影响主动吸水

B. 水的黏性增大，扩散减慢

C. 原生质黏性增大，吸收阻力增大

D. 根系生长减慢，降低吸收面积

35. 与根系被动吸水量有直接关系的因素是(　　)。

A. 叶的蒸腾作用　　B. 土壤温度

C. 根的呼吸　　D. 土壤有效水

36. 合理灌溉的生理指标主要有(　　)。

A. 叶片的颜色　　B. 细胞汁液的浓度

C. 叶片的水势　　D. 气孔的开度

三、简答题

1. 土壤中水分状况如何影响植物根的水分吸收?

2. 水是如何通过植物的根进入植物体的?

3. 水是通过什么机制经木质部向上运输的?

4. 什么是根压? 根压是怎样产生的? 其在植物水分代谢中有何作用?

5. 木质部有哪些类型的细胞，它们的结构特征及其与水分运输的关系是什么?

6. 何谓蒸腾作用? 蒸腾作用有哪些方式? 蒸腾作用有何生理意义?

7. 什么是气孔复合体? 它有哪些类型? 气孔如何控制叶片的气体交换?

8. 举例说明保卫细胞是如何感知外界条件的变化而调控气孔运动的?

9. 试设计实验证明气孔对光的反应是由两个完全不同的系统推动的。

10. 简述保卫细胞的蓝光受体理论。

11. 简述影响气孔运动的环境因素。

12. 简要说明气孔运动的非渗透调节。

13. 简要分析钾和蔗糖在气孔运动调节中作用。

14. 简要分析叶片是如何协调水分的散失与 CO_2 的吸收的。

15. 不同植物气孔运动的方式有何差异?

16. 列举实验证据证明 ABA 参与气孔运动调控。

17. 分析低温和高温对根系吸水的影响。

18. 请设计简单实验证明根部能够感知水分状况并向地上部传递化学信号。

19. 试解释农谚“旱耪土，涝浇园”的生理依据。

20. 试解释以下措施：①夏季中午不能用冷水浇地；②在移栽植物时，剪掉部分叶片且根部带土；③给植物施肥时常伴随灌水。

21. 试述正常和干热天气条件下，气孔开闭的日变化特点。

22. 孤立于群体之外的单棵树木与茂密森林中的树木相比，哪个蒸腾失水更快？为什么？

23. 说明合理灌溉在节水农业中的意义，如何进行合理灌溉？

24. 合理灌溉为什么可以增产和改善农产品品质？

25. 高大树木导管中的水柱何以连续不断？假如某部分导管中水柱中断了，树木顶部叶片还能不能得到水分？为什么？

26. 在培养正常生长的植株的溶液中加入一定浓度蔗糖，植株暂时萎蔫后又恢复紧张状态，解释为什么。

四、论述题

1. 试分析气孔保卫细胞的结构和代谢与功能的统一。

2. 保卫细胞中参与气孔运动调控的信号组分有哪些，它们是如何协调以控制气孔运动的？

3. 试述解释气孔运动调控的假说。它们都有哪些研究的证据？

4. 试分析影响植物根系水分导度的因素。

5. 对在缓冲液中的蚕豆叶片表皮进行各种处理，2h 后在显微镜下观察、测定气孔孔径，结果列表如下，请对每一项进行分析。

处理	孔径/μm	分析
照蓝光 2h	10±0.2	
黑暗中 8h	4±0.2	
散射光下，加 200mmol/L K^+	9±0.5	
在密闭容器中置于 NaOH 溶液小杯和有表皮的小杯	14±0.1	
人工干旱 2h	2±0.2	
散射光下，加 10^{-5} mol/L IAA	8±0.4	
散射光下，加 10^{-5} mol/L ABA	3±0.1	
加 1mmol/L Ca^{2+}	4±0.3	
10^{-5} mol/L ABA +2mmol/L EGTA	7±0.3	

【参考答案】

一、填空题

1. 溶质势，基质势，−0.02MPa，−0.2MPa，接近零。

2. 接近。

3. 集流 ，水势。

4. 共质体，质外体 。

5. 集流 ，扩散。

6. 根毛。

7. 凯氏带。

8. 胞间连丝，大。

9. 根压，蒸腾拉力，木质部，水分子间内聚力大于水柱张力，内聚力-张力学说。

10. 水蒸气浓度，水蒸气浓度，水蒸气扩散途径。

11. 水分散失，水蒸气压亏缺。

12. 气孔关闭，初干，暂时萎蔫。

13. 角质层蒸腾，气孔蒸腾，皮孔蒸腾，气孔蒸腾。

14. 保卫细胞的膨压。

15. 红光信号系统，蓝光信号系统。

16. 反比定律 ，光量。

17. 质子外流 ，酸化。

18. 玉米黄素被蓝光激发，玉米黄素的含量，入射的蓝光总量。

19. 叶绿体，玉米黄素，第二信使，H^+-ATPase。

20. 脂类双分子层 ，水孔蛋白，Hg^+，DTT。

21. K^+，Cl^-。

22. 蓝，红。

23. 张开，关闭。

24. 光，温度，水，CO_2。

25. 蒸腾面积，蒸腾速率，抗蒸腾剂。

26. 灌溉，降低蒸腾。

27. 减少，下降，降低，流失。

二、选择题

1. A；　2. A；　3. D；　4. A；
5. B；　6. C；　7. A；　8. C；
9. C；　10. B；　11. D；　12. D；
13. A；　14. A；　15. B；　16. C；
17. D；　18. C；　19. C；　20. A；
21. C；　22. B；　23. C；　24. B，D；
25. B，C，D；　26. A，B；
27. A，B，C；　28. B，C；
29. B，C，D；　30. A，B，C，D
31. B，C；　32. B，C；
33. A，B；　34. A，B，C，D；
35. A，D；　36. B，C，D。

三、简答题

1. 土壤水分状况直接影响植物对水的吸收，土壤中的含水量决定可供植物吸收的水量。不同土壤保持水分能力不同，一般用土壤田间持水量表示土壤所能持有的最高水分含量。植物从土壤中吸水也遵循沿水势梯度转移的规律，即土壤中水势要高于植物根系水势，植物才能从土壤中吸水。一般土壤水中溶质含量很低，基质势接近零，所以水势较高，根系可从土壤中吸水。而黏土由于其基质势低，其中水的水势较低，不易为根系吸收。盐碱土中虽含大量水，但由于其溶质势低，也不能被根系吸收。

土壤中水是否有利于植物利用还与土壤中水的运动有关，即土壤的水导率。土壤水导率取决于土壤类型，沙壤土丰富的毛细管有较高的水导率；黏土颗粒间空隙小，基质势低，水导率大大降低；在干旱土壤中，土壤水势等于或低于植物根系水势时，植物无法从土壤中吸水，叶片水分散失大于吸收，植物发生永久萎蔫。在土壤田间持水量与永久萎蔫点之间的土壤水的含量才是对植物有效的水。

2. 水的吸收主要发生在根毛区和伸长区，特别是根毛区。因为：①根毛的生长不仅扩大了根吸收水分的面积，而且使根能够更紧密地接触土壤颗粒，有利于水分的吸收；②根毛区的输导组织已初步形成，这样根顶端吸收的水就能通过这些输导组织向植物的地上部分顺利运送出去。

水通过两种途径进入植物体内部：质外

体途径——通过细胞壁和细胞间隙扩散进入植物体内部；共质体途径——通过胞间连丝经逐个细胞运动进入植物体内部；当然水也可以通过两种途径交替进入。

3. 木质部是植物体内进行水分运输的主要途径。水在导管中的运输是靠导管两端的压力差所驱动的。一是由在根部产生的正压力，即根压推动水向上运动；二是由植物顶端产生的负压力，即蒸腾拉力拉动水向上运动；根据内聚力-张力学说，由于水分子之间的内聚力大于张力，能保持导管中水柱的连续性，使水源源不断地向地上部运输。

4. 根压是指由根系自身的生理代谢活动引起的吸收并推动水向上移动的力量。

根压的产生与根系的结构密切相关。在根部，水分可以通过共质体和质外体两条途径径向运输到导管。由于根部内皮层上有凯氏带而将质外体分成不连续的内外两个部分。在内皮层以外，水分和矿质离子可通过质外体自由向内扩散，到达内皮层时，水分和矿质离子必须进入内皮层细胞共质体才能进入中柱。内皮层对离子的进出有一定的限制作用，可以看做是一种选择透性膜，其与内皮层以内的质外体溶液及内皮层以外的质外体溶液和土壤溶液形成一渗透系统。根细胞主动吸收土壤溶液，不断运送到导管，使导管液溶质浓度增大，水势降低，水分通过内皮层渗透进入导管，溶液沿导管向上流动，表现出根内具有使溶液上升的压力——静水压力，即根压。

根压是植物主动吸水的动力，在蒸腾作用微弱时，由根压驱动的水分上升对幼小植物和早春未展叶的树木等地上部分的水分供应具有积极的作用。但一般植物的根压较小(不超过 0.1MPa)，高大的植物体仅靠根压是不够的，在蒸腾旺盛时维持植物体水分运转的主要动力是蒸腾拉力。

5. 木质部是水分运输的主要通道。木质部通常包括管胞、导管分子、木质部薄壁细胞以及纤维四种细胞，其中只有木质部薄壁细胞是生活细胞，管胞和导管分子是输导细胞。

管胞是伸长的纺锤形的细胞，其侧壁有许多纹孔，两相邻管胞间的纹孔常成对形成，因此也称为纹孔对。纹孔对是相邻管胞间水分转移的低阻通道，其间包括两层初生壁以及中间的一薄层纹孔膜。裸子植物管胞的纹孔膜中央常有一加厚部位称为纹孔塞。纹孔塞如同一个阀门，当其插入边缘加厚的圆形或椭圆形的纹孔中就会导致纹孔关闭，防止气泡的进入，保证水分的运输。

导管分子的侧壁上也有纹孔，导管分子之间也可以通过纹孔进行交流。导管分子一个个连接起来就形成导管，植物中的导管可长达数米，非常利于水分的长距离运输。

6. 水从植物地上部分以水蒸气状态向外界散失的生理过程称为蒸腾作用。

植物的蒸腾主要是通过叶片的蒸腾。有角质层蒸腾和气孔蒸腾两种方式，幼嫩叶片可经角质层缝隙散失水分；成熟叶片以气孔蒸腾为主，是随环境变化而能调控的生理过程。此外，植物通过茎、枝上的皮孔也可以进行蒸腾，称为皮孔蒸腾。

蒸腾作用是植物吸收和运输水的主要动力；同时促进植物体对矿质元素和部分有机物的吸收与运输；通过水分散失带走大量热能，降低叶片温度，可避免高温对叶片的灼伤。

7. 保卫细胞、副卫细胞或邻近细胞以及保卫细胞中间的小孔合在一起称为气孔复合体。气孔的小孔是由一对特化的表皮细胞围绕而成，这对特化的细胞称为保卫细胞。保卫细胞虽然在结构上有相当大的变异，但是总体而言可以分为肾形和哑铃形两大类。在两个保卫细胞的外侧各有一个分化的表皮细胞，称为副卫细胞，帮助保卫细胞控制小孔。

气孔是叶片与环境进行水汽、CO_2 和 O_2 等气体交换的通道。气孔通过保卫细胞接收和转导环境信号，调节气孔的开闭运动而控制叶片的气体交换。

8. 外界条件通过改变保卫细胞的膨压而影响气孔运动。光和水分胁迫是主要因素。

光：气孔对光的反应是两个不同系统的综合效果，一个依赖于保卫细胞的光合作用，另一个则是被蓝光所推动的，保卫细胞对蓝光非常敏感。Zeiger 等提出的叶黄素循环假说认为保卫细胞中的类胡萝卜素-玉米黄素可能是蓝光受体。玉米黄素接受蓝光信号并发生变构，而后通过活化叶绿体膜的 Ca^{2+}-ATPase，使细胞质中的钙被泵入叶绿体，胞质钙浓度降低，进而激活质膜的 H^+-ATPase，膜电位变化导致钾离子通道开启，降低细胞的溶质势，水分进入，膨压增加，引起气孔开放。

水分胁迫：当植物受到干旱胁迫时，最先感受水分发生亏缺的器官是根。土壤中水分亏缺时，根中合成大量激素 ABA，并随蒸腾流向上运输，最终到达保卫细胞，经保卫细胞的 ABA 受体接受后，引起下游的一系列信号转导过程，调控离子通道，影响保卫细胞膨压，最终使气孔关闭。

9. 红光和蓝光能诱导气孔开放，但其机制不同。

气孔依赖红光的反应与光合作用有关，用光合电子传递的抑制剂二氯苯基二甲脲（DCMU）处理叶片，气孔对光的反应被部分抑制。

被蓝光诱导的反应用双光实验证明：如果用蓝光照射保卫细胞的原生质体，保卫细胞原生质体会发生膨胀，说明这种蓝光反应是发生在保卫细胞中的。当植物叶片用红光饱和时，蓝光的照射会引起蚕豆保卫细胞原生质体的质子外流，细胞外溶液酸化，说明蓝光的酸化效应是通过细胞质膜上的 H^+-ATPase 将细胞内的质子泵出细胞所致。在红光的饱和效应完成以后再加以蓝光照射，结果蓝光引起气孔明显地进一步开张，而增加红光并不能引起相同的效应。对这种气孔开张效应的作用光谱的研究结果也说明，这是典型的蓝光反应。说明存在一个蓝光激发的参与气孔开张的控制系统。

10. Quinones 和 Zeiger 等认为保卫细胞中的类胡萝卜素-玉米黄素可能是蓝光受体。

保卫细胞中具有典型的玉米黄素的组成和叶黄素循环。蓝光信号在叶绿体中，通过第二信使（如钙信使）跨叶绿体膜将信息传递到细胞质中，最终激活质膜上的 H^+-ATPase。玉米黄素循环假说认为气孔对蓝光的反应信号传导是从玉米黄素被蓝光激发开始的。气孔对蓝光反应的强度取决于保卫细胞中玉米黄素的含量和入射的蓝光总量。

玉米黄素的浓度取决于类胡萝卜素库的大小和叶黄素循环的调节。类胡萝卜素库的大小与保卫细胞的生长环境有关，如上表皮的保卫细胞比下表皮的保卫细胞具有较大的类胡萝卜素库，而使保卫细胞具有较强的蓝光反应以适应较强的光照。在光合过程中，当质子在类囊体腔累积，腔内 pH 降低时，会加速玉米黄素的生成；反之，当类囊体腔的质子浓度减小，pH 升高时，玉米黄素则向紫黄素转化。任何改变保卫细胞叶绿体中光合电子传递和碳固定速率的环境因素都会影响类囊体腔的 pH，因而改变玉米黄素的浓度，也就改变了保卫细胞对蓝光反应的敏感性。

11. 气孔的运动受到各种环境因素的影响。主要有光照、CO_2、空气湿度、温度、风等。

(1) 光照。光照是引起气孔运动的主要环境因素。大多数植物的气孔在光照下张开，而在黑暗下关闭。

(2) CO_2。低浓度 CO_2 可以导致多数植物气孔张开，高浓度的 CO_2 处理则会使气孔部分关闭。对气孔运动起作用的主要是气孔下腔的 CO_2 浓度。

(3) 空气湿度。当空气干燥，空气中水蒸气压和气孔下腔水蒸气压之间的差值达到一定阈值时，气孔就会关闭。当发生水分亏缺时，无论其他有关气孔运动的因素如何，气孔都会发生关闭。

(4) 温度。高温（30～35℃）会导致气孔关闭。但是也有一些植物在高温条件下，气孔反而会张开，结果蒸腾速率加快有助于降低叶温。

(5) 风。风可以降低气孔的气体扩散阻力，因而使叶内 CO_2 浓度增加；风也会加速水的散失，结果导致气孔的关闭。

虽然气孔的运动受到各种环境信号的控制，但是气孔运动有其自身的内在节律。如果将植物置于黑暗中，气孔昼开夜闭的 24h 周期节律仍然可以维持一段时间。

12. 气孔运动的调控是一个非常复杂的过程。虽然保卫细胞的渗透调节是决定气孔运动的主要机理，但是气孔运动过程还有一些其他生理机制的参与。

(1) 细胞骨架：保卫细胞微管骨架常由腹壁向背壁呈辐射状排列，决定了细胞壁中的微纤丝排列的方式，是与保卫细胞在气孔运动过程中的细胞形变相适应的。有实验证明，保卫细胞的钾通道活性亦受到微丝骨架的调控。

(2) 液泡的动态：保卫细胞中液泡随气孔的开闭而动态变化。一般气孔处于关闭状态时，保卫细胞中液泡以小而多的状态存在；而当气孔处于开张状态时，保卫细胞中多为大的液泡。在气孔运动的过程中液泡的融合以及分散的过程，亦可能与微丝骨架有关。

此外，气孔的运动还与保卫细胞周围的表皮细胞有关，如二者间的膨压平衡等。

13. 钾离子和蔗糖在气孔运动中起重要的作用。当气孔在上午逐渐张开时伴随着保卫细胞钾含量的增加，但是下午较早时候当气孔孔径仍然在增加时，钾离子浓度却已经开始下降。在光照下，由于光合作用，保卫细胞蔗糖浓度在上午缓慢增加逐渐成为主要的渗透溶质，当气孔在较晚时候关闭时蔗糖的浓度亦随之下降。这表明，气孔最初的张开与钾离子的吸收有关，而气孔的关闭可能与蔗糖浓度的下降有关。因此在气孔的运动中可能有不同的渗透调节阶段：在日出时光照引起的气孔张开阶段，保卫细胞对钾离子的吸收是主要的渗透调节机制；在日出以后保卫细胞的蔗糖浓度逐渐提高成为主要的渗透物质，维持气孔的开放。保卫细胞中调节其膨压的蔗糖可能来自不同的途径，如淀粉水解转化为蔗糖、保卫细胞叶绿体光合作用生产的蔗糖，以及从质外体中吸收在叶肉细胞中生产的蔗糖。

14. 植物既要从大气中获取 CO_2 进行光合作用，又要防止水分的过度散失，而大气和叶片内 CO_2 的浓度差比起两者间水蒸气浓度差要小得多，因此 CO_2 扩散进入叶内比起水蒸气扩散出叶片也要慢得多。叶片表面的角质层有效地防止了水分的散失避免了叶片干燥，但是同时也使 CO_2 的进入更加困难。气孔正是植物在进化过程中产生的解决这个矛盾的重要结构。气孔可以通过调节其孔径的大小来控制气体进出叶片。当夜晚植物停止光合作用无需从空气中获取 CO_2 时，气孔关闭从而避免了水分的散失；当阳光普照、水源充足，植物进行光合作用需要大量 CO_2 时，气孔又会张开以满足光合作用对 CO_2 的需要，这时水分的供应可以充分满足蒸腾的需要，而蒸腾也给叶带来光合作用所需的矿质元素。在土壤水分发生亏缺时，气孔会维持较小的孔径甚至完全关闭，以避免脱水的伤害。

15. 大多数植物的气孔在白天张开，使大气中 CO_2 扩散进入叶内用于光合作用，而在夜晚光合作用停止时，气孔关闭以减少水分的散失。但是一些在沙漠条件下生长的植物，如仙人掌科及凤梨科植物具有景天酸代谢途径（CAM 途径），它们的气孔运动与其他植物不同，是白天关闭，以防止高温干旱条件下过多水分的丢失；而夜间开放，以进入大量CO_2进行光合作用的最初碳固定。

16. 大量实验证明ABA作为干旱胁迫的化学信号调节气孔快速关闭。①土壤干旱时，随植物水分含量减少，根系、导管汁液、叶片中ABA含量迅速增加，叶片蒸腾速率下降；②离体叶片萎蔫时，叶片、表皮、保卫细胞中ABA增加，气孔快速关闭；③外源ABA喷施诱导叶片气孔关闭，叶片表皮浸入一定浓度ABA溶液，在光照下也诱导气孔关闭，并阻止关闭的气孔开张。

17. 低温降低根系吸水速度的原因：①水本身的黏度增大，扩散速度降低；②原生质黏度增加，吸水阻力加大；③根细胞呼吸作用减弱，影响根压产生使主动吸水减小；④根系生长缓慢，限制根吸收表面积的增加。

高温也不利于根系吸水：①土温过高会提高根的木质化程度，加速根的老化；②使根细胞中的各种酶蛋白变性失活，影响主动吸水。

18. 分根实验：将一株植物的根系分开置于两个容器中用营养液进行培养，如果将一个容器中的溶液抽去，结果发现植物的气孔发生部分关闭，而此时由于仍有另一半根系可以进行水的吸收，因此叶中的细胞并不曾发生水分的亏缺。由此可以认为，在植物的根系中有感知水分状况的系统，当发生水分亏缺时，可以通过信息传递调节地上部气孔的运动，以适应根系的水分吸收状况，维持体内水分平衡。进一步的研究发现，植物根部合成的ABA可以随木质部液流向地上部转移。在上述的分根实验中，发现去掉溶液的那部分根中的ABA合成量增加、导管汁液中ABA含量增加；而叶中ABA的增加与气孔的关闭程度密切相关。由此说明根系感知缺水时合成ABA并向地上部运输，作为化学信号被保卫细胞接收，参与调控气孔关闭。

19. 干旱时耪土，可以切断土壤毛细管，减少表层土壤水分蒸发，保持一定的水分供应，防止植物体发生剧烈的水分亏缺，并且由于浅表根系受伤而促进根系下扎，有利于吸收较深层土壤水分。土壤发生水涝时，造成土壤通气不良，氧气供应不足，植物根细胞进行无氧呼吸，不能正常吸水而叶片萎蔫，并因积累乙醇等使植株中毒，或影响蔬果的品质。所以在涝后及时排水并用新鲜水浇园可以冲淡有害物质、补充氧气，避免植物受害。

20. (1) 夏天中午气温较高，蒸腾作用旺盛，失水较多，如果用冷水浇地会引起土壤温度急剧降低，导致根系代谢活动减弱，主动吸水减少。同时由于在低温下原生质黏性增大，根吸水阻力增大，水分子运动减慢，渗透作用降低等，都会使根系的吸水速率明显减慢。根系的吸水速率远不能补偿地上的失水速率，导致体内水分严重亏缺，发生萎蔫。所以，夏季一般在早晚进行浇地。

(2) 在移栽植物时根会受到一定损伤，吸水能力下降，剪掉部分叶片可以减少水分散失，根部带土主要是防止根受损，适当保持水分。

(3) 矿质养分必须溶解于水才能被作物吸收，土壤缺水时，施入土壤的肥料不能充分溶解，植物就不能有效地吸收利用，并且施肥造成土壤水势的降低，使根系吸水困难，甚至由于局部肥料过多而产生“烧苗”，因此，施肥常需同时灌水。

21. 在正常天气条件下气孔开闭的日变化呈单峰曲线，早晨开始随光照增强，气温升高，气孔开度逐渐增大，下午随光照减弱，气温下降，气孔开度逐渐减小；干热的天气条件下，气孔开闭的日变化呈双峰曲线，中午气孔开度减小，因为干热的天气条件下，中午蒸腾失水多，而土壤水分供应不足，为了维持体内水分代谢的平衡，中午气孔开度减小或关闭，以减少水分散失。

22. 孤立于群体之外的单棵树木蒸腾失水更快。因为：茂密森林中的树木所处的环境与单棵树木相比，由于蒸腾和树木的相互遮蔽，林中的温度低、湿度大、光照弱、空气流动性小，这些都是影响蒸腾作用的直接因素，因而使茂密森林中树木的蒸腾作用明显低于群体之外的单棵树。

23. 水是农业生产的最基本条件，全球的水资源正在急剧减少，我国人均水资源占有量约为世界平均数的 1/4，而灌溉用水偏多，水的利用率偏低。因此，节约用水、发展节水农业，具有非常重要的意义。合理灌溉就是依据作物需水规律和水源情况进行科学、适时、适量灌溉，用少量的水取得最大经济效益。

要做到合理灌溉，就需要掌握作物的需水规律，反映作物需水规律的参数主要有需水量和水分临界期。合理灌溉则要以作物需水量和水分临界期为依据，参照生理和形态等指标制定灌溉方案，采用先进的灌溉方法及时地进行灌溉。首先要了解植物的需水规律。①不同作物对水分的需要量不同，一般可根据蒸腾系数的大小来估计其对水分的需要量。②同一植物不同的生育期中的需水情况不同。一般苗期叶面积小，对水分的吸收也少，随着植物生长，叶面积增大，对水分的需求量也增大，开花结实期，对水的需求达到高峰，以后随植株衰老，根吸水减少。③植物对水分缺乏最敏感的时期为水分临界期，植物的水分临界期一般在生殖生长期，要满足作物水分的需要。

采取科学有效的灌溉方法，如滴灌、喷灌等。

24. 作物要获得高产优质，就必须生长发育良好，水是植物生长的必需条件之一。而合理灌溉是适时、适量科学灌溉。既能在水分供应上满足作物的生理需水和生态需水，促使植物生长发育良好，使光合面积增大，叶片寿命延长，光合效率提高，根系活力增强，促进肥料的吸收和运转，并能促进光合产物向经济器官运送与转化，使产量和品质都得以提高，又因为适当控制水分而能提高作物的抗旱抗倒伏能力。

25. 蒸腾作用产生的强大拉力把导管中的水往上拉，导管中的水柱可以克服重力的影响而不中断，通常用“内聚力-张力学说”来解释，即水分子的内聚力大于张力，从而能保证水分在植物体内的向上运输。水分子的内聚力很大，可达几十兆帕。植物叶片蒸腾失水的向上拉力和重力共同作用于导管，水柱上就会产生张力，其张力可达 −3.0MPa,但由于水分子内聚力远大于水柱张力，同时，水分子与导管或管胞壁的纤维素分子间还有附着力，因而维持了输导组织中水柱的连续性，使得水不断上升。

导管水溶液中有溶解的气体，当水柱张力增大时，溶解的气体会从水中逸出形成气泡。在张力的作用下，气泡不断扩大，产生气穴现象。然而，植物可通过某些方式消除气穴造成的影响，保持对叶片的水分供应。例如，气泡在某些导管中形成后会被导管分子相连处的纹孔阻挡，而被局限在一条管道中。水分也可以横向进入相邻的导管分子而绕过气泡，形成一条旁路，从而保持水柱的连续性。即使在导管内大水柱中断的情况下，水流仍可通过微孔以小水柱的形式上升。同时，只需部分木质部的输导组织畅通即可保持水分上升。

26. 这是因为生长在溶液中的植株原来与外界溶液达到吸水平衡，植物体水分充足，保持紧张性而不萎蔫，当外界加入一定的蔗糖时，外界溶液的水势下降到低于植物根系的水势，根系失水，水势下降导致一开始地上部失水而萎蔫。但植物细胞膜是选择透性膜，水溶液中的糖可以被根系吸收，当其浓度合适时，不会造成细胞死亡，反过来糖被细胞吸收，使根和地上部组织水势下降，而溶液水势提高。根的吸水能力加强，植物体内水分重新达到平衡，植株紧张度上升，萎蔫消除。

四、论述题

1. 气孔的主要功能是通过其有规律的开闭调控植物与环境间的水分和气体交换，保障光合作用、呼吸作用和蒸腾作用的正常进行。由一对保卫细胞和副卫细胞或周围表皮细胞以及气孔下腔组成的气孔复合体有与其功能适应的特殊结构和代谢。

气孔的数目和大小：气孔数目多、分布广。气孔的面积小，但蒸腾速率高。保卫细胞体积小，渗透势易发生变化，易于调节。成熟的保卫细胞与周围细胞间没有胞间连丝存在，便于独立控制。

细胞壁：保卫细胞的一个重要特征是其部分细胞壁明显加厚。肾形保卫细胞的细胞壁是不均等加厚的，它们具有较薄的外侧壁，称为背壁（dorsal wall）以及很厚的内侧壁，称为腹壁（ventral wall）。在腹壁靠大气的一侧细胞壁加厚，形成小孔。保卫细胞壁的纤维素微纤丝的排列方式也具有重要的特征。肾形保卫细胞细胞壁的纤维素微纤丝从小孔向外辐射状排列，这样的排列不仅加固了保卫细胞的外围，又不会影响气孔打开时保卫细胞的弯曲。哑铃形保卫细胞细胞壁的纤维素微纤丝则像射线从气孔的缝隙向两端辐射，这样在气孔打开和关闭的过程中就像扇子的骨架一样开合而不至阻碍气孔的运动。

叶绿体：保卫细胞具有叶绿体而表皮细胞不具备叶绿体。保卫细胞的叶绿体中含有丰富的淀粉体，黑暗时淀粉积累，而光照时淀粉减少，这与正常光合细胞中的情况恰好相反。光照时，保卫细胞叶绿体能产生 ATP 和糖，以供气孔运动所需。

线粒体：保卫细胞中的线粒体异常丰富，每个保卫细胞里线粒体的数目在同一体积上为叶肉细胞的 5～10 倍。说明气孔的开闭运动是需能的过程。

液泡：保卫细胞中液泡的数量随气孔的开关而变化，气孔关闭时具有多个小液泡，气孔开张时液泡变大或合并为一个，这样可以方便水分的进出调节。

保卫细胞的膜蛋白：有许多离子通道，如 K^+ 通道、Cl^- 通道等，调控离子出入；有一些受体，对胞内 CO_2 敏感，对激素、环境刺激等都非常敏感。

酶：保卫细胞含有 PEPC、能量代谢酶系。一般表皮细胞中不含淀粉磷酸化酶，而保卫细胞中淀粉磷酸化酶和 PEPC 活性较高，因此保卫细胞能有效同化 CO_2，形成大量苹果酸，参与渗透势的调节。

2. 气孔运动涉及的信号传导组分：钙离子、活性氧、磷酸肌醇、G 蛋白、磷脂酶、蛋白激酶以及钙调素等。

（1）钙离子：钙离子是调节气孔运动的重要信使。当胞质钙浓度增加时，细胞膜去极化，刺激外向阴离子通道和外向 K^+ 通道的活性，并抑制内向 K^+ 通道的活性，离子外流，细胞水势升高而水外流，保卫细胞膨压下降，气孔关闭。

（2）活性氧（ROS）：内向钙通道的激活与 NADPH 氧化酶介导的活性氧有关，这些 ROS 作为第二信使诱导质膜钙通道的活化。另外，ABA 还可以激活保卫细胞内的硝酸还原酶，促进一氧化氮（NO）的合成，而 NO 可以通过 CADPR 促进液泡 Ca^{2+} 释放。

（3）磷酸肌醇：磷酸肌醇途径对细胞中的 Ca^{2+} 浓度有重要的调控作用。三磷酸肌醇 IP_3 通过 CADPR 诱导液泡或内质网内储存的 Ca^{2+} 释放到细胞质内。

（4）蛋白激酶和磷酸酶：蛋白质磷酸化/脱磷酸化是 ABA 信号传递重要机制之一。如钙依赖性的蛋白激酶（CDPK）可将质膜上的质子 ATP 酶磷酸化，从而调节跨质膜的质子运输，改变膜电位，进而调控离子通道。蛋白磷酸酶使蛋白质脱磷酸化，导致通道活性变化。

（5）离子通道：在气孔运动的调节方面，比较重要的离子通道是钾离子通道和钙离子通道。在大多数情况下，信号转导途径最终将作用于离子通道的调节。钾离子通道是钾离子进出保卫细胞的最重要途径。同样，保卫细胞中的钙离子也是通过钙离子通道进入细胞质的，而在细胞膜和其他细胞器的膜上都存在钙离子通道，因此钙可以从胞外或胞内钙库进入细胞质。

由于不同的刺激，这些组分连成各种信号链，依次转导信号，最终调控气孔运动。

3. 气孔运动是由于离子和有机物质进出保卫细胞使细胞的渗透势发生改变，引起细胞的水势变化而使水进出细胞，进而导致细胞膨压发生改变，气孔张开或关闭。气孔运动渗透调节的假说主要有钾离子泵-苹果酸学说和淀粉-糖转化学说。

(1) 钾离子泵-苹果酸学说：光下保卫细胞光合磷酸化合成 ATP，活化质膜上的 H^+-ATPase，质子被泵出，使保卫细胞质膜超极化，膜上的内向钾离子通道开启，钾离子进入保卫细胞，还有氯离子进入以平衡电荷，细胞渗透势下降；同时，保卫细胞 PEPC 活跃，催化固定 CO_2 形成苹果酸，一方面参与渗透势调节，另一方面提供 H^+，并参与平衡电荷，由于钾离子、氯离子和苹果酸使细胞渗透势下降而周围细胞水进入保卫细胞，膨压增加，气孔张开。

研究证据：① 保卫细胞质膜上存在大量钾离子通道；在气孔开张时保卫细胞中钾含量增加；而当气孔关闭时则减少。气孔关闭时保卫细胞钾浓度约 100mmol/L，而在开张的气孔中保卫细胞的钾浓度可以达到 400～800mmol/L。② 在保卫细胞叶绿体中含有许多淀粉，这些淀粉在气孔张开时会消失。蓝光促进 PEPC 活化，形成苹果酸。苹果酸在气孔关闭时含量减少。

(2) 蔗糖-淀粉假说：在光下保卫细胞叶绿体中淀粉磷酸化酶催化淀粉水解为蔗糖，使细胞渗透势下降，水进入使细胞膨压增加，气孔张开。

研究证据：保卫细胞的叶绿体中有明显的淀粉大颗粒，当气孔张开时淀粉的含量下降而蔗糖含量增加，气孔关闭时则淀粉含量上升蔗糖含量减少。

4. 根系是陆地高等植物吸收和运输水分的主要器官，根系水分导度（Lpr）是表示根系吸收和运输水分能力的生理指标。Lpr 包括径向导度（LR）和轴向导度（ LA）两个分量。径向导度表示水分从根表面向木质部运输的能力，轴向导度表示水分沿木质部向上运输的能力。根轴向导度一般很大，因此根系水分运输的主要阻力来自径向运输。了解 Lpr 的内在变化规律及其受环境因素影响的规律，可以帮助我们进一步揭示根系吸收和运输水分的机制，对指导农业生产实践也有一定的积极作用。

根系的水导性随着物种、生长发育阶段和环境条件的改变而改变。如根龄、昼夜节律、pH 、ABA 、温度、营养胁迫、盐或干旱胁迫、低氧、重金属污染、病害等对根系 Lpr 均有影响。

(1) 内在因素。首先，Lpr 受到内在遗传基础的影响，如木本植物根系 Lpr 远小于草本植物。其次，植物或根系生理状况、发育阶段与 Lpr 有密切关系。一般而言，植物蒸腾速率高时，根中水势差明显，根系 Lpr 较高，水分运输以质外体为主；而当气孔关闭时，Lpr 降低，水分运输以细胞-细胞途径为主。根中内皮层细胞壁加厚成为水分径向运输的主要障碍。

(2) 环境因素。植物根系的 Lpr 受昼夜变化的影响，水分供应、离子浓度、温度变化等均影响植物 Lpr。土壤干旱使多种植物根系水分导度减小，缺水加快根皮层细胞的栓质化或木质化以及细胞壁凯氏带加厚，不仅会增加根系质外体的导水阻力，还影响细胞-细胞途径的水运输。根细胞质膜水孔蛋白活性的变化可能也是干旱引起根系 Lpr 变化的原因。干旱下产生的 ABA 也参与调节根系 Lpr，ABA 含量与单根 Lpr 呈正相关关系，而且外源 ABA 也可增加 Lpr。盐胁迫通过改变土壤和植物的渗透势以及离子毒害影响植物的生理代谢过程，最终影响植物的正常生长发育，表现为气孔导度和根水导度的减小。其他如根的营养状况、缺氧条件下根系呼吸速率下降、通气组织的出现以及 AQP 活性受抑制等都与根系 Lpr 降低有关。

5.

处理	孔径/μm	分析
照蓝光 2h	10±0.2	光诱导气孔开放，对蓝光特别敏感
黑暗中 8h	4±0.2	黑暗诱导气孔关闭
散射光下，加 200mmol/L K^+	9±0.5	钾参与保卫细胞渗透势调节，促进气孔开放
在密闭容器中置于 NaOH 溶液小杯和有表皮的小杯	14±0.1	保卫细胞对 CO_2 敏感，由于 NaOH 吸收了 CO_2，所以气孔开放
人工干旱 2h	2±0.2	缺水时，叶片细胞失去膨压，气孔关闭降低蒸腾
散射光下，加 10^{-5} mol/L IAA	8±0.4	植物激素参与气孔运动调节，生长素诱导其开放
散射光下，加 10^{-5} mol/L ABA	3±0.1	脱落酸是重要的干旱信号，诱导气孔快速关闭
加 1mmol/L Ca^{2+}	4±0.3	较高浓度钙促进气孔关闭
10^{-5} mol/L ABA +2mmol/L EGTA	7±0.3	钙参与 ABA 信号转导，钙被螯合后，阻断脱落酸的作用

第四章　植物细胞跨膜离子运输机制

重点提示： 生物膜的物理化学特性（了解）；细胞膜结构中离子跨膜运输蛋白的结构和功能特点（掌握）；植物细胞跨膜运输离子的方式与机理（掌握）；植物细胞膜上 H^+-ATP 酶的种类和特征（了解），植物细胞氮、磷、钾、钙的跨膜转运（了解）。

【核心概念】

1. 扩散电位（diffusion potential）——活细胞的膜电位。处于膜两侧的不均匀分布的任何一种离子都有自电化学势较高的一侧向电化学势较低的另一侧进行扩散运动的趋势。

2. 超极化（hyperpolarization）——指跨膜电位处于较原来的参照状态（如静息状态）下的跨膜电位更负（膜电位的绝对值更高）的状态，可表述为细胞膜发生了超极化。

3. 去极化（depolarization）——指跨膜电位处于较原来的参照状态下的跨膜电位更正（膜电位的绝对值较低）的状态，可表述为细胞膜发生了去极化。

4. 离子跨膜运输蛋白（ion transporter）——指镶嵌在生物膜中的大量功能蛋白中执行离子跨膜运输过程的蛋白质，包括离子通道、载体和离子泵。

5. 离子通道（ion channel）——由多肽链中的若干疏水性区段在膜的脂质双层结构中形成跨膜孔道结构的蛋白质。根据离子通道对离子的选择性、运送离子的方向、通道开放与关闭的调控机理等可将离子通道分为多种类型。

6. 载体（carrier）——是一类内在蛋白，由载体转运的物质首先与载体蛋白的活性部位结合，载体蛋白发生构象变化，将被转运物质释放到膜的另一侧。

7. 离子泵（ion pump）——膜上的运输蛋白，严格讲属于载体的一类。本身具有 ATP 水解酶的功能，并直接利用水解 ATP 的能量，逆电化学势梯度跨膜运输离子。根据对膜电位的影响，又可分为致电离子泵和中性离子泵。

8. 致电泵（electrogenic pump）——植物细胞中最典型的离子泵是 H^+-ATP 酶，将 H^+ 从膜的一侧运向另一侧，结果使膜两侧的电荷分布不均，因此也被称为致电泵。

9. 被动吸收（passive absorption）——植物细胞依靠扩散作用等而进行的不需要代谢提供能量、顺电化学势梯度吸收矿质的过程。

10. 主动吸收（active absorption）——植物细胞利用呼吸释放的能量逆电化学势梯度吸收矿质的过程。

11. 扩散作用（diffusion）—— 指分子或离子沿着化学势或电化学势梯度转移的现象。电化学势梯度包括化学势梯度和电势梯度两个方面，细胞内外的离子扩散取决于这两种梯度的大小；而分子的扩散取决于化学势梯度或浓度梯度。

12. 协助扩散（facilitated diffusion）——是小分子物质经膜转运蛋白顺浓度梯度或电化学势梯度跨膜的转运，不需要细胞提供能量。

13. 初始主动运输（primary active transport）——是指植物细胞膜上由 H^+-ATP 酶所执行的主动运输过程。

14. 次级主动运输（secondary active transport）——由 H^+-ATP 酶活动所建立的跨膜质子电化学势梯度所驱动的其他无机离子或小分子有机物质的跨膜运输过程。

15. 磷转运体（phosphate transporter）——是一类 Pi/H^+ 共转运体，负责植物细胞对 Pi 的跨膜转运。

16. 共运输（co-transport）——也称为协同运输。指两种溶质被同时运输过膜的机制，根据两种溶质被运输的方向，分为同向共运输（symport）和反向共运输（antiport）。

17. 共运输载体（co-transporter）——指执行共运输的膜蛋白，分为同向共运输载体（symporter）和反向共运输载体（antiporter）。

【知识要点】

离子跨膜运输蛋白：离子跨膜运输的过程由镶嵌在膜中的各种离子跨膜运输蛋白来执行。根据跨膜离子运输蛋白的结构及运送离子发生跨膜运输的方式，将跨膜离子运输蛋白分为离子通道、载体和离子泵。离子通道是由通道蛋白多肽链中的若干疏水性区段在膜脂双层结构中形成的跨膜孔道结构，而载体的跨膜区域并不形成明显的孔道结构。离子泵是一些具有 ATP 水解酶功能并能利用水解 ATP 的能量将离子逆着其电化学势梯度进行跨膜运输的膜蛋白。

离子跨膜运输的机制：离子跨膜运输的驱动力来自跨膜电化学势梯度或水解 ATP 所释放的能量。跨膜电化学势梯度包括跨膜化学势梯度和跨膜电位梯度。跨膜电位形成的本质是电荷在膜两侧的不均匀分布，而且膜对这些电荷载体（离子）有一定的通透性。处于膜两侧的任何一种离子都有自电化学势较高的一侧向电化学势较低的另一侧进行扩散运动的趋势。

不直接消耗水解 ATP 的能量，离子在电化学势的驱动下进行跨膜运输的方式称为离子的被动运输，包括简单扩散和协助扩散，其中协助扩散是需要通过载体进行的。被动运输过程的最大特点是离子顺着电化学势梯度的方向运输。与消耗水解 ATP 的能量相偶联的离子跨膜运输称为离子的主动运输，离子是逆着其跨膜电化学势梯度运输。离子通过离子泵的跨膜运输就是主动运输过程。植物细胞膜上由 H^+-ATP 酶所执行的主动运输过程又被称作初始主动运输，而由 H^+-

ATP酶活动所建立的跨膜质子电化学势梯度所驱动的其他无机离子或小分子有机物质经载体介导的跨膜运输过程被称为次级主动运输。

氮、磷、钾、钙的跨膜运输系统：NO_3^- 态氮是植物从土壤或其他介质中吸收利用的主要氮源形态，目前已知的植物细胞 NO_3^- 跨膜转运体包括 NNP（nitrate-nitrit porter，硝酸-亚硝酸转运体）和 PTR（peptide transporter）两个家族。$H_2PO_4^-$（Pi）是植物细胞吸收磷的主要形式。植物细胞对 Pi 的跨膜转运是通过膜上的磷转运体（phosphate transporter）进行的，磷转运体是一类 Pi/H^+ 共转运体。

质膜上存在两类不同的 K^+ 吸收系统，即高亲和性 K^+ 吸收系统和低亲和性 K^+ 吸收系统，前者主要在环境中钾浓度低于 0.2～0.5mmol/L 时执行钾吸收功能，是逆自身电化学势梯度进行运输，需要额外的能量来源。而后者则主要在环境中钾浓度高于 0.5mmol/L 时发挥作用，是 K^+ 顺自身电化学势梯度进行的运输，由植物细胞钾离子通道介导。

细胞质内的自由钙浓度主要依靠质膜和液泡膜上的钙离子通道和钙离子泵的协同作用来调控，膜上的各类钙离子通道和钙离子泵及 Ca^{2+}/H^+ 反向运转体等构成活细胞钙离子跨膜运输的复合系统。植物细胞中存在受张力、电压、配体、光照等各种不同刺激或信号调控的钙离子通道，各类型通道可能分别相应地参与不同的信号转导及生理调控过程。质膜上的 Ca^{2+} 通道，将胞外的 Ca^{2+} 运进细胞基质；而位于内膜系统上的 Ca^{2+} 通道，负责将胞内钙库中储存的 Ca^{2+} 释放进入细胞基质，亦称 Ca^{2+} 释放通道。在植物细胞质膜、液泡膜、内质网膜及叶绿体内被膜上均存在 Ca^{2+}-ATPase（Ca^{2+} 泵），其活性由钙调素的结合所调控。当胞质钙过高时，质膜和内膜系统上的 Ca^{2+} 泵或 Ca^{2+}/H^+ 反向运转体负责将多余的 Ca^{2+} 运出细胞质。

【试题精选】

一、填空题

1. 生物膜的基本化学组成包括________和________及少量________物质。

2. 构成膜的脂类物质中最主要的是________物质。

3. 甘油磷脂类物质具有典型的“两亲性”，即分子结构中有________的和________的基团。

4. 生物膜的基本结构是________双分子层和镶嵌的________。

5. 细胞膜的“超极化”和“去极化”是描述细胞膜或细胞生理状态的重要概念。一般情况而言，活细胞处于________状态时，细胞的整体生理活动较为活跃。

6. 离子载体可分为执行________的载体和执行________的载体两类。

7. 简单扩散是离子进出植物细胞的一种方式，其动力为跨膜________梯度；

离子跨膜扩散的方向取决于________和________的相对数值的大小。

8. 拟南芥细胞内向钾通道 AKT1 有________疏水区段，其活性受________的调控。

9. 植物的外向钾通道 KCO1 有________跨膜疏水区段和________孔道区域，是受________激活的通道。

10. 电压门控型钾离子通道，由带正电荷的氨基酸构成“门控结构”，门控结构在________的调控下控制通道蛋白的________而使通道开放或关闭。通道的________结构则使通道对被运送离子有选择性。

11. 根据离子泵活动对膜电位的影响可将其分为________和________，二者的区别在于是否________。

12. 植物细胞膜 P 型 H^+-ATPase 将 H^+ 自________泵至________，使质膜两侧的 H^+ 维持________个 pH 单位差值。

13. 植物细胞膜 V 型 H^+-ATPase 将 H^+ 自________泵至________，使________两侧的 H^+ 维持________个左右 pH 单位差值。

14. 在低磷胁迫条件下，植物对磷的吸收调节主要是通过________来实现的。

15. 对于不带电的中性分子或粒子来说，其化学势的高低取决于它的________高低。

16. 离子被动运输的方向取决于跨膜的________和________。

17. 植物生长发育所必需的各种矿质元素大部分是以________的形式被植物细胞所吸收。

18. 离子跨膜运输蛋白均为________，分别具有若干________跨膜区段。

19. 当离子通道处于开放状态时，相应的离子________梯度进行跨膜运动。

20. 离子通道对被运送离子具有________。

21. 一些受胞内 cAMP 或激素等调节因子调控的离子通道，调节因子特异性地与通道________相结合而调控通道的活性。

22. 植物吸收磷是一耗能过程，由________产生的跨膜质子电化学势梯度是 Pi 进行跨膜转运的能量来源。

23. Pi 在质子电化学势梯度的推动下与质子进行跨膜共运输，一般每运送一个 Pi 需________个质子。

24. 植物细胞膜上的 H^+-ATP 酶有三类，包括________型，________型和________型 H^+-ATPase。

25. 目前已知的植物细胞 NO_3^- 跨膜转运体包括________和________两个家族。

26. 植物细胞膜上的离子运输蛋白主要有________、________和________。

27. 矿质元素主动吸收过程中有载体参加，可从________和________得到证实。

二、选择题（包括单项选择和多项选择）

1. 可以分别顺着电化学势梯度或逆着电化学势梯度运输离子的蛋白是(　　)。

A. 离子载体　　B. 离子泵　　C. 离子通道　　D. 反向共转运体

2. 钙泵亦称为 Ca^{2+}-ATP 酶，其活性依赖于与 ATP 结合的离子是(　　)。

A. Cl^-　　B. K^+　　C. Mg^{2+}　　D. Fe^{2+}

3. 在高等植物细胞中，最普遍且最重要的致电泵是(　　)。

A. P 型 H^+-ATPase　　B. V 型 H^+-ATPase

C. F 型 H^+-ATPase　　D. N 型 H^+-ATPase

4. 受钙调素的结合所调控的离子泵是(　　)。

A. 钾泵　　B. 钙泵　　C. 质子泵　　D. 锰泵

5. 植物生命活动过程中的“主宰酶”是指(　　)。

A. H^+-焦磷酸酶　　B. H^+-ATP 酶

C. Ca^{2+}-ATP 酶　　D. K^+-ATP 酶

6. 用膜片钳技术研究的对象是(　　)。

A. 离子载体　　B. 离子通道

C. 离子泵　　D. 共转运体

7. 离子通道运输的特性包括(　　)。

A. 有选择性　　B. 无选择性　　C. 运输阳离子　　D. 不消耗能量

8. 离子顺着电化学势梯度进行的跨膜运输称为(　　)。

A. 被动运输　　B. 主动运输　　C. 同向转运　　D. 反向转运

9. 目前已知的质膜离子通道有(　　)离子通道。

A. K^+ 和 Ca^{2+}　　B. Cl^- 和 NO_3^-

C. Mg^{2+} 和 Fe^{3+}　　D. PO_4^{3-} 和 SO_4^{2-}

10. 植物细胞质膜上的已知离子泵主要有(　　)。

A. 钾泵　　B. 钙泵　　C. 锌泵　　D. 质子泵

11. 在植物内膜系统上已确认的离子泵是(　　)。

A. 钠泵　　B. 钾泵　　C. 钙泵　　D. H^+-焦磷酸酶

12. 在植物细胞液泡膜上已确认的离子泵包括(　　)。

A. 钾泵　　B. H^+-ATPase

C. Ca^{2+}-ATPase　　D. 铁泵

13. 影响带电粒子运动的主要因子有(　　)。

A. 化学势高低　　B. 不同体系（或区域）间电势高低

C. 质量大小　　D. 体系 pH 大小

14. 以下通过离子载体进行跨膜运输的物质有(　　)。

A. 水分子　　B. 无机离子
C. 呈离子状态的氨基酸　　D. 呈离子状态的有机酸

15. 膜电位形成的原因包括（　　）。
A. 膜对不同离子的选择透性不同　　B. 膜上存在离子泵
C. 膜上存在致电泵　　D. 膜上有水孔蛋白

16. 下列对离子泵运送离子的特征的描述正确的是（　　）。
A. 属于被动运转的一种形式　　B. 属于主动运转的一种形式
C. 具有 ATP 水解酶功能　　D. 离子逆着其电化学势梯度运输

17. 通过离子载体运送离子或溶质的过程所具有的特点是（　　）。
A. 载体能与被运送的离子或溶质结合
B. 其动力学符合米氏方程
C. 载体运送离子的速率表现出饱和效应
D. 具有选择性

三、简答题

1. 在正常情况下，植物细胞外侧环境中的钾离子浓度为 1～10mmol/L，而细胞膜内侧的钾离子浓度为 100mmol/L 左右，即细胞质内带正电荷的钾离子浓度远高于膜外侧，但据膜两侧之间钾离子浓度差由 Nernst 方程计算出的跨膜电位却为内负外正，请解释为什么？

2. 较为低等的海生植物能在钠盐较高的环境中生长，高等陆生植物则一般对钠盐较为敏感，而高等陆生植物一般被认为是自低等的海生植物进化而来。请用进化及分子生物学的观点解释高等陆生植物对钠盐敏感的原因。

3. 试述离子跨膜运输蛋白的种类和特点。

4. 简述植物细胞离子通道的特点。

5. 什么是“主宰酶”？简述植物细胞膜上的主宰酶的种类。

6. 何谓“膜电位”？解释膜的“超极化”和“去极化”现象。

7. 解释“初始主动运输”和“次级主动运输”，两者的差异为何？

8. 研究植物钙离子通道的方法有哪些？现已证明的主要钙离子通道有哪些类型？

9. 简述植物细胞钙离子泵的作用和分布。

10. 简述植物细胞钙浓度的调控机制。

四、分析论述题

1. 试述植物 H^+-ATPase 的种类，质膜 H^+-ATPase 的调节机制及其生理作用。

2. 试述植物根系吸收的矿质元素是如何从膜外转运到膜内的。

3. 讨论离子跨膜的被动、主动、协同运输机制，并简述这些不同机制间的相互关系。

4. 试述高等植物液泡膜上离子通道的种类和各自的特点。

5. 说明植物细胞质膜 H^+-ATPase 的生化特征和对必需矿质养分的适应性。

6. 试论述植物对钾离子的吸收和调控机制。

7. 讨论植物细胞膜对不同离子的选择性与植物对环境的适应性之间的关系。

【参考答案】

一、填空题

1. 脂类，蛋白质，糖类。

2. 甘油磷脂类。

3. 亲水，疏水。

4. 脂质，蛋白质。

5. 超极化。

6. 离子被动运输，离子主动运输。

7. 电化学势，化学势，电势。

8. 6 个，丝氨酸/苏氨酸蛋白激酶 CIPK23。

9. 4 个，2 个，Ca^{2+}。

10. 膜电位，构象变化，选择性过滤。

11. 致电离子泵，中性离子泵，导致净电荷的跨膜运动。

12. 细胞质，胞外，1 或 2。

13. 细胞质，液泡内，液泡膜，2。

14. 增加表达磷转运体。

15. 浓度。

16. 化学势梯度，电势梯度。

17. 离子。

18. 膜内在蛋白，疏水的。

19. 顺电化学势。

20. 选择性。

21. 调节亚基或特异性氨基酸序列。

22. 质膜上的 H^+-ATPase。

23. 2～4。

24. P，V，F。

25. NNP，PTR。

26. 载体，离子通道，离子泵。

27. 饱和效应，离子竞争。

二、选择题

1. A；　2. C；　3. A；　4. B；

5. B；　6. B；　7. A，D；8. A，B；

9. A，B；　10. B，D；　11. C，D；

12. B，C；　13. A，B，C，D；

14. B，C，D；　15. A，B，C；

16. B，C，D；　17. A，B，C，D。

三、简答题

1. 离子跨膜扩散时，不仅受膜两侧离子浓度（化学势）的影响，还受电势的影响。扩散平衡时，离子在膜两侧的电化学势达到平衡。Nernst 方程反映了离子跨膜扩散平衡时膜两侧电位差与离子浓度差的关系。就 K^+ 而言，因为在平衡时膜内侧 K^+ 浓度（化学势）高于膜外侧，而 K^+ 又带正电荷，那么膜内侧必定存在相对膜外侧更多的负电荷，这样才能维持 K^+ 在膜两侧电化学势的平衡。因此膜电位必定是内负外正。

2. 低等海生植物在长期适应较高钠盐环境过程中形成了一套耐盐机制，如通过离子选择性积累、盐分区域化、泌盐和拒盐等机制降低体内的盐分浓度，启动渗透调节基因，合成积累渗透调节物质来维持渗透平衡，还有一些特殊代谢等，因此可以在高钠盐下生长。在海生植物进化到陆生植物的过程中，由于陆地大多缺乏高盐环境，一些耐盐机制逐渐退化，一些基因关闭，如对离子吸收的特异性降低，盐分区域化能力下降等。因此当将陆生植物放到高钠盐环境下时，虽然在一定浓度范围内，仍然可以进行渗透调节，但总体而言很容易受盐害。

3. 镶嵌在生物膜中的大量功能蛋白中执行离子跨膜运输过程的功能蛋白统称为离子跨膜运输蛋白。根据离子跨膜运输蛋白的结构及运送离子发生跨膜运输的方式，一般将离子跨膜运输蛋白分为离子通道、载体、离子泵三类。

运输蛋白	种类	结构特点	运送离子的方式和特点
离子通道	根据对离子的选择性、运送离子的方向、通道开放与关闭的调控机制等可将离子通道分为多种类型	由多肽链中的若干疏水性区段在膜的脂质双层结构中形成的跨膜孔道结构	离子直接通过孔道结构进行跨膜运动
载体	根据是否直接利用水解 ATP 的能量，可分为执行离子被动运输的载体和执行离子主动运输的载体两大类	膜蛋白有若干疏水的跨膜结构区域，但离子载体蛋白的跨膜区域并不形成明显的孔道结构	与被运送的离子结合，通过载体蛋白的构象变化而将离子运至膜的另一侧。当离子浓度较高时，表现出饱和效应
离子泵	根据离子泵活动对膜电位的影响可将其分为致电离子泵和中性离子泵	膜蛋白有若干疏水的跨膜结构区域，但跨膜区域不形成明显的孔道结构	其运送离子的能量直接来源于水解 ATP，而且被运送离子是逆着其电化学势进行的

4. 离子通道是跨膜蛋白，每个蛋白质分子能以高达 10^8 个/s 的速度进行离子的被动跨膜运输，离子在跨膜电化学势梯度的作用下进行的运输，不需要加入任何的自由能。

离子通道具有两个显著特征：一是离子通道是门控的，即离子通道的活性由通道开或关两种构象所调节，并通过开关应答相应的信号。根据门控机制，离子通道可分为电压门控（voltage-gatedion channel）、配体门控（ligand-gatedion channel）、压力激活离子通道（stretch-gatedion channel）。二是通道对离子的选择性，离子通道对被转运离子的大小与电荷都有高度的选择性。根据通道可通过的不同离子，可将离子通道分为钾离子通道、钠离子通道、钙离子通道等。

5. 在植物细胞中，位于质膜和液泡膜上的质子泵依赖消耗水解 ATP 能量建立跨膜质子电化学势梯度，跨膜质子电化学势梯度是推动各种离子和小分子代谢产物进行跨膜运输的动力。换言之，如果这些 H^+-ATP 酶停止工作，则其他大部分离子跨膜运输过程都将会受阻。因此，可将植物细胞膜上的 H^+-ATP 酶称为主宰酶。

植物细胞膜上的 H^+-ATPase 有三类。①位于质膜上的 P 型 H^+-ATPase，它将 H^+ 自细胞质泵至胞外，使质膜两侧的 H^+ 维持 1 或 2 个数量级的浓度差。②主要存在于液泡膜上的 V 型 H^+-ATPase。它将 H^+ 自细胞质泵至液泡内等内膜系统，使液泡膜两侧的 H^+ 维持 2 个数量级左右的浓度差。因此，一般植物活细胞细胞质的 pH 在 7 左右，胞外质外体环境的 pH 为 5～6，而液泡内的 pH 则在 5 左右或更低。③存在于线粒体内膜和叶绿体类囊体膜上的 F 型 H^+-ATPase。

6. 跨膜电位形成的本质是电荷在膜两侧的分布不均匀。处于膜两侧的不均匀分布的任何一种离子都有自电化学势较高的一侧向电化学势较低的另一侧进行扩散运动的趋势，因此活细胞的膜电位有时也被称为扩散电位（diffusion potential）。对于活细胞而言，由于膜对不同离子的选择透性不同，因此在达到扩散平衡时就可能会出现一些离子在膜两侧的不均匀分布，这是膜电位形成的原因之一。

细胞膜的“超极化”和“去极化”是用膜电位为指标描述细胞膜或细胞生理状态的重要概念。所谓超极化是指跨膜电位处于较原来的参照状态（如静息状态）下的跨膜电位更负（膜电位的绝对值更高）的状态，如膜电位由－80mV变为－120mV，就可表述为细胞膜发生了超极化。去极化是指跨膜电位处于较原来的参照状态下的跨膜电位更正（膜电位的绝对值较低）的状态，如膜电位由－120mV变为－80mV，就可表述为细胞膜发生了去极化。

活细胞处于超极化状态时，细胞的整体生理活动较为活跃。例如，叶肉细胞在黑暗条件下，其跨膜电位大多在－100～60mV；但处于光照条件下后，光合代谢活动开始进行，细胞的跨膜电位迅速发生超极化而达到－160mV左右。处于旺盛生长发育状态的细胞的膜电位较已经成熟或完成分化的细胞膜电位更负一些，如根尖、茎尖分生组织细胞的膜电位多处于相对于静息状态的超极化状态。

7. 植物细胞膜上 H^+-ATP 酶所执行的主动运输过程又被称为初始主动运输（primary active transport）。由 H^+-ATP 酶活动所建立的跨膜质子电化学势梯度所驱动的其他无机离子或小分子有机物质的跨膜运输过程被称为次级主动运输（secondary active transport）。

初始主动运输与次级主动运输间的关系是，前者直接依赖水解 ATP 而获取所需能量，后者则依赖由前者所建立的跨膜质子电化学势梯度将某种溶质逆着电化学势梯度进行运输。

8. 用膜片钳技术首先记录到高等植物细胞质膜钙通道是对机械刺激敏感的（或称拉伸激活的）Ca^{2+} 通道，而近年来用同位素示踪和电生理方法亦证明了高等植物细胞质膜上存在电压门控的 Ca^{2+} 通道。

植物细胞存在受张力、电压、配体、光照等刺激激活的钙离子通道。迄今已报道的电压依赖性的植物细胞质膜 Ca^{2+} 通道多数是受膜电位去极化激活的。而在液泡膜上研究较多的则是两类配体门控的 Ca^{2+} 通道，即类似于动物细胞的由 IP_3 门控的 Ca^{2+} 通道和受 cADPR（cyclic ADP-ribose）门控的 Ca^{2+} 通道。此外也还发现在液泡膜、内质网膜、类囊体膜上存在电压依赖性的 Ca^{2+} 通道。

9. 钙离子泵指膜上存在的 Ca^{2+}-ATPase，负责钙离子的跨膜运输。当胞质钙过高时，质膜和内膜系统上的 Ca^{2+} 泵或 Ca^{2+}/H^+ 反向运转体负责将多余的 Ca^{2+} 运出细胞质，这些钙泵和运载体运送钙离子的方向总是自细胞质向“外”运输（包括向胞外和向内膜系统空间），降低胞质 Ca^{2+} 浓度。

在植物细胞质膜、液泡膜、内质网膜及叶绿体内被膜上均存在钙离子泵，这些 Ca^{2+}-ATPase 均为 P 型 ATPase，但它们的蛋白结构又彼此不同。与动物细胞类似，植物细胞质膜上和液泡膜上的 Ca^{2+}-ATPase 是由钙调素的结合所调控的。但与动物细胞所不同的是，植物细胞液泡膜上 Ca^{2+}-ATPase 的钙调素结合位点不是在该蛋白质的 C 端，而是在其 N 端。

10. 细胞质内的自由钙浓度主要依靠质膜和液泡膜上的钙离子通道和钙离子泵的协同作用来调控。植物细胞存在有受张力、电压、配体、光照等各种不同刺激或信号调控的钙离子通道，不同类型的通道可能分别相应地参与不同的信号转导及生理调控过程。

正常的活细胞内其钙离子浓度必须维持相对低浓度的稳定状态，即所谓的“钙稳态”。也就是说，当活细胞受到某种刺激作用其胞质钙离子浓度升高后，还必须有使胞质钙离子水平恢复到原来较低水平的机制，而质膜和液泡膜上的钙离子泵和 Ca^{2+}/H^+ 反向运转体的作用就在于不断将钙离子从胞质内泵至胞外或液泡内。因此，存在于质膜和液泡膜上的各类钙离子通道和钙离子泵及 Ca^{2+}/H^{+} 反向运转体等构成了活细胞钙离子跨膜运输的复合系统，该系统中的任一成员的活动都受系统内其他成员以及活细胞其他系统或过程的调控。

四、分析论述题

1. 植物的 H^{+}-ATPase 有三种类型：位于质膜上的 P 型（常被称为质子泵），位于液泡膜上的 V 型以及位于线粒体内膜和叶绿体类囊体膜上的 F 型。

质膜 H^{+}-ATPase 的活性受到自体抑制、蛋白激酶、激素等的调节。自体抑制的调节指在植物质膜 H^{+}-ATPase 的 C 端有一个自体抑制区域，这个自体抑制区的释放导致酶的活化。

蛋白激酶的调节：质膜 H^{+}- ATPase 中具有蛋白激酶的活性部位，蛋白激酶可活化 H^{+}- ATPase 。

激素调节：IAA、CTK 和油菜素内酯等对质膜 H^{+}-ATPase 起激活作用，而 ABA 则起抑制作用。

环境因子：蓝光通过调节细胞质膜 H^{+}-ATPase 的活性来调节气孔开放。渗透压的变化是调节质子泵活性的关键因子，膨压降低刺激 H^{+}-ATPase 活性，从而激活一系列与渗透调节有关的过程。其他如机械损伤、热、冷等刺激可减弱质膜 H^{+}- ATPase 的活性。

质膜 H^{+}-ATPase 在高等植物生命活动中有“主宰酶”之称。对植物生命活动的调控主要有以下几个方面。①调控细胞内环境 pH。质膜 H^{+}-ATPase 将细胞质内的 H^{+} 泵出膜外，从而使细胞质碱化，影响代谢过程。②产生跨膜质子电化学势梯度，提供离子和溶质次生跨膜转运的驱动力，促进离子及分子的运输。③控制细胞伸长生长。H^{+}-ATPase向细胞外分泌 H^{+}，降低细胞壁 pH，细胞壁中水解酶的活性升高，细胞壁伸展性增加，最终表现为细胞生长。④其他生理作用。通过控制细胞内 pH，控制种子萌发；影响气孔和叶柄活动；参与植物极性生长过程等。

2. 到达根系表面的矿质元素需要跨过细胞膜，可通过扩散或协助扩散（通过离子通道或载体）进行顺电化势梯度的被动转运及利用 ATP 酶水解释放的代谢能，进行原初主动运输或次级主动运输。

（1）分子或离子通过扩散作用顺着化学势或电化学势梯度转移。细胞内外的离子扩散取决于电化学势梯度的大小，而分子的扩散取决于化学势梯度。

（2）溶质通过协助扩散经膜转运蛋白顺浓度梯度或电化学梯度跨膜转运。膜转运蛋白可分为两类：一类是通道蛋白，另一类是载体蛋白。离子通道对所运转的离子有选择性，如有钾离子通道、阴离子通道等。由通道进行的转运是顺化学势或电化学势梯度进行的。由载体进行的转运可以是被动的（顺电化学势梯度），也可以是主动的（逆电化学势梯度）。载体蛋白的作用与酶促反应中酶与底物的结合及对产物的释放情况相似。

（3）通过离子泵的主动运输。ATP 酶将 ATP 水解释放的能量用于转运离子。H^{+} 是通过 H^{+}- ATPase 或质子泵转运的最主要的离子；Ca^{2+} 可以经 Ca^{2+}-ATPase 或钙泵转运。

（4）共运输（次级主动运输）。质膜 ATPase利用 ATP 水解产生的能量，把细胞质内的 H^{+} 向膜外泵出，产生跨膜的 H^{+} 浓度梯度和电位差，即产生了跨膜的 H^{+} 电化学势梯度，为其他溶质跨膜运输的动力。在质膜上存在协助溶质跨膜的转运体，包括同向、反向和单向转运体，经过同向转运体，阴离子或中性溶质如糖和氨基酸等可随着 H^{+} 一同进入膜内。H^{+} 经过反向转运体进入细胞的同时有阳离子如 Na^{+}、Ca^{2+} 的排出。膜电位的超极化，增加了膜内的负电位，这样阳离子如

K^+、NH_4^+ 逆着电势进入细胞，这是一种被动的单向转运。

3. 根据离子跨膜运输是否与能量的消耗相偶联以及发生跨膜运输的离子的运动方向与该种离子的电化学势梯度方向的关系，可将离子跨膜运输大致分为两大类，即被动运输和主动运输。又可将主动运输细分为初始主动运输和次级主动运输，协同运输属于次级主动运输。

离子跨膜运输	运输机制	运输方式
被动运输	离子的跨膜运输不直接消耗水解 ATP 的能量，离子运动的方向是顺着跨膜电化学势梯度进行的	简单扩散和协助扩散
主动运输	离子的跨膜运输与消耗水解 ATP 的能量相偶联，被运送离子运动的方向是逆着该离子的跨膜电化学势梯度进行的	初始主动运输和次级主动运输
协同运输	指两种溶质被同时运输过膜的机制，两者缺一则此过程不会发生	同向共运输和反向共运输。属于次级主动运输方式

离子不论以何种方式跨膜运输，均会引起膜电位的改变，进而影响其运输的形式。

初始主动运输与次级主动运输间的关系：前者直接依赖水解 ATP 而获取所需能量，后者则依赖由前者所建立的跨膜质子电化学势梯度将某种溶质逆着电化学势梯度进行运输。在同向共运输过程中，两种溶质跨膜运输的方向相同；而在反向共运输过程中，两种溶质跨膜运输的方向相反。

4. 成熟植物细胞的中央大液泡是细胞的储存库，许多离子和代谢物通过离子通道或离子泵跨液泡膜运送。按照运输的离子的性质，将液泡膜上的离子通道分为阳离子通道和阴离子通道。

(1) 阳离子通道。①慢液泡（SV）通道是高等植物液泡膜上普遍存在的通道。它对阳离子具有选择性，许多一价阳离子（K^+，Na^+，Cs^+）和二价阳离子（Ca^{2+}，Mg^{2+}，Ba^{2+}）都可通过此通道。②快液泡（FV）通道是一种瞬间激活以适应电压改变的通道，它具有电压依赖性，对阳离子具有选择性。③液泡钾（VK）通道，与 FV 通道类似，它是一种不连续的瞬间激活的通道。④内向整流 K^+ 通道，是一种具有慢的时间依赖性和电压依赖性的通道，当液泡膜电位为负值时，通道才被激活，通道对于 K^+ 的选择性极高。⑤电压激活的液泡钙（VVCa）通道，是一种电压依赖型的通道，当液泡膜电位处于负值时，通道被激活；通道为 Ca^{2+} 依赖性的，当外液中 Ca^{2+} 浓度大于 1μmol/ L 时，通道被抑制，而内液中 Ca^{2+} 浓度增大到毫摩尔浓度时，通道被激活。⑥肌醇 1，4，5-三磷酸（$InsP_3$）门控的钙通道，是一种配体门控的通道。当生理膜电位为负值时，$InsP_3$ 可激活通道，且该通道具有强烈的内向整流性质。它对 Ca^{2+} 具有极高的选择性。⑦cADPR 门控的液泡通道，类似于 $InsP_3$ 门控的钙通道，具有强烈的电压依赖性，它是一种瞬间激活的、具有强烈整流性质的内向通道。

(2) 阴离子通道。与液泡阳离子通道相比，人们对液泡阴离子通道的发现较晚，认识也较少。目前研究较多的阴离子通道主要有液泡苹果酸（VMAL）通道和液泡氯离子（VCl）通道。

5. 植物细胞质膜 H^+-ATPase（P 型质子泵），分子质量约为 100kDa，H^+-ATPase 的催化活性依赖于 Mg^{2+}，最适 pH 为 6.5～6.6，而质外体空间 pH 可低至 4～5，膜电位差－150～－200mV。原钒酸钠、DCCD（二环已碳二亚胺）等是该酶活性的专一性抑制剂。

植物细胞质膜 H^+-ATPase 在激活离子、代谢产物跨膜运输的次级运输方面起着重要的作用。离子和代谢产物逆其浓度梯度跨膜运输到细胞内的原初动力来自质子驱动势，即依赖于 H^+-ATPase 水解 ATP。细胞质膜 H^+-ATPase 适应不同矿质养分的调控机制主要有：①提高其水解活性或者质子泵活性；②基因转录水平上调；③蛋白水平上增加 H^+-ATPase 数量；④诱导 H^+-ATPase 同工酶基因表达。

细胞膜 H^+-ATPase 表现出植物品种间、矿质养分种类上的适应差异。①N 形态的影响：硝态氮与铵态氮是作物根系所能吸收的两种最主要的氮素形态。两种吸收形式都是氮素与 H^+ 共运输的，需要细胞质膜上的 H^+- ATPase 提供能量与质子。二者存在竞争，因此，N 形态变化必定会影响到细胞膜 H^+- ATPase 活性以及相关基因的表达调控。②K^+ 激活细胞膜 H^+-ATPase：在植物中存在低亲和性与高亲和性钾离子运输系统，分别是 K^+ 离子通道或 H^+/K^+ 共运输蛋白。它们都需要 ATP 水解以提供质子驱动力，因此，细胞膜 H^+- ATPase 在植物 K^+ 吸收中起着重要的作用。③H^+- ATPase 对缺 P 和缺 Fe 的适应：植物根系细胞膜上存在着高亲和性与低亲和性的磷酸盐转运系统，它们都是与 H^+ 共运输，所需能量与质子均来源于 H^+-ATPase。④激活根系中柱细胞膜质子泵是某些植物适应缺 Fe 的一种主要生理学机制。它们通过不断分泌质子，以酸化根际，增加土壤中 Fe 的生物有效性和空间有效性，以便植物从土壤中吸收微量的 Fe。⑤B 的跨膜运输依赖于细胞膜 H^+- ATPase 水解 ATP 产生的质子动力势；而它在维持细胞膜结构稳定和生理功能中又起着重要作用，并可能直接或者间接调节质子的跨膜运输。⑥Zn 降低细胞膜 H^+-ATPase 的活性：细胞膜 H^+-ATPase 活性受膜脂环境及巯基的影响。Zn 不仅易与巯基结合，还在蛋白质合成调节中起着重要的作用，从而通过稳定某些膜蛋白直接或间接影响着溶质的跨膜运输。

6. 植物体内存在两种不同类型的钾吸收系统，即在低钾浓度（低于 0.2～0.5mmol/L）条件下起作用的高亲和性钾吸收系统和高钾浓度（高于 0.5mmol/L）条件下起作用的低亲和性钾吸收系统。目前认为，高亲和性钾吸收系统主要是质膜上的钾转运体，而后者主要是质膜上的钾离子通道。

（1）钾转运体：植物中可能存在多种高亲和性钾转运体，包括 K^+-H^+ 交换 ATPase、K^+/H^+ 同向转运体、K^+-ATPase 和 Na^+/K^+ 同向转运体等，都属于次级主动运输过程。

（2）K^+ 通道。K^+ 通道是存在于植物细胞质膜或内膜上的跨膜蛋白。钾离子通道介导钾离子的跨膜流动不直接与 ATP 水解相偶联，属于被动运输过程。根据这些钾离子通道蛋白的序列和结构特征，将它们分为 3 个家族：Shaker 家族、TPK 家族和 Kir-like 家族。其中，Shaker 家族的成员被认为是介导植物钾营养吸收、转运和细胞钾离子动态平衡最为重要的功能蛋白。根据电压依赖性和钾离子跨膜运动方向，Shaker 钾离子通道又可被分为三大类。①质膜上的内向钾离子（K^+_{in}）通道。具有特殊的电势依赖性，在膜超极化时被激活，介导钾离子自胞外向胞内流动，为低亲和力 K^+ 吸收提供一条途径；调节膜传导性和感受细胞内外 K^+ 浓度梯度而影响膜电压的控制。②外向钾离子（K^+_{out}）通道。此类通道在膜电位去极化时被激活，介导钾离子自胞内向胞外流动。③弱整流内向钾离子通道，被超极化的膜电位激活。此类通道既可以介导钾离子内流，也可以介导钾离子外流，取决于当时的跨膜电化学势梯度及胞内外钾离子浓度。

植物中钾离子通道的活性受到多种蛋白质的调节，如蛋白激酶、磷脂酶、14-3-3 蛋白和G蛋白等。蛋白质的磷酸化与去磷酸化作用是调节钾离子通道活性的重要调控方式之一。

7. 植物细胞膜对离子的吸收具有选择性，这是由于植物细胞吸收离子主要是由载体蛋白和通道蛋白介导的。载体与它所运输的离子需要特异性结合，通道对离子的大小和电荷也有选择性，因此细胞膜上的载体和通道不同，选择吸收的离子也不同。通道对离子吸收的选择性是相对的，如K^+通道对其他一价离子如NH_4^+、Rb^+、Li^+、Na^+也有一定通透性。不同钾通道的选择性也有差异。钾通道对钠的通透性不同影响到植物的耐盐程度。选择性差的植物可能耐盐性差，对环境盐胁迫更为敏感。此外，植物利用不同的钾吸收系统，即高亲和性钾吸收系统和低亲和性钾吸收系统来适应外界不同的钾浓度环境，吸收和转运钾离子，这些膜蛋白的活性调控是植物钾营养效率调控的关键和基础。

第五章 植物的矿质营养和植物对氮、硫、磷的同化

重点提示： 植物的必需元素及其主要生理功能、缺素症状（掌握）；植物根系吸收矿质养分过程及环境因素的影响（了解）；植物对氮素的同化过程（掌握）；缺素症状的诊断方法及合理施肥的生理基础（了解）。

【核心概念】

1. 矿质元素（mineral element）——在 105℃下烘干的植物材料在 600℃下高温烘烤，剩余的不能挥发的灰白色残渣称为植物灰分，灰分中的元素为各种矿质的氧化物、硫酸盐、磷酸盐等，由于它们直接或间接地来自土壤矿质，故称为矿质元素。

2. 必需元素（essential element）——指植物正常生长发育必不可少的营养元素，目前包括 17 种。

3. 有益元素（beneficial element）——并非是所有植物都必需的元素，对植物的生长发育或对植物生长发育过程中的某些环节有积极影响的元素被称为植物的有益元素。

4. 稀土元素（rare earth element）——是元素周期表中原子序数从 57 至 71 的镧系元素以及化学性质与镧系相近的钪（Sc）和钇（Y）共 17 种元素的统称。土壤和植物体内普遍含有稀土元素。

5. 相对自由空间（relative free space，RFS）——植物根系活组织自由空间的体积大小可通过某种离子的扩散平衡实验来估算，这个估算值占根的总体积分数称为相对自由空间。

6. 叶面营养（foliar nutrition）——植物除了根系以外，地上部分（茎、叶等器官）也具有一定的吸收矿质元素的功能。将一些速效性肥料直接喷施于植物地上部分以供植物吸收，这种施肥方法又称为根外施肥。

7. 生理中性盐（physiologically neutral salt）——植物根系吸收某种盐的阴离子、阳离子的量相近，结果不改变环境溶液的 pH，如 NH_4NO_3 属此类盐。

8. 生理酸性盐（physiologically acid salt）——如果在土壤中长期施用某种化学肥料，或植物根系从溶液中选择吸收更多阳离子的结果引起介质溶液变为酸性，这种盐类被称为生理酸性盐，如硫酸铵等。

9. 生理碱性盐（physiologically alkaline salt）——如果在土壤中长期施用某种化学肥料，或由植物根系从溶液中选择吸收某盐的阴离子而引起介质溶液变为碱性，这种盐类被称为生理碱性盐，如硝酸钠等。

10. 平衡溶液（balanced solution）——指矿质元素的比例和浓度适当，使植物正常生长发育的溶液。

11. 单盐毒害（toxicity of single salt）——将植物培养在某单一盐溶液中，即使该离子为植物的必需元素，不久植株也会呈现不正常状态甚至枯死的现象。

12. 离子拮抗（ion antagonism）——若在单盐溶液中加入少量其他盐类，单盐毒害现象就会消除。这种不同离子间的相互作用被称为离子拮抗。

13. 生物固氮（biological nitrogen fixation）——微生物或其他生物将大气中的分子态氮同化为含氮化合物的过程。

14. 植物营养最大效率期（maximum efficiency period of nutrition）——对于某种栽培作物，施用肥料的营养效果最好的时期被称为植物营养最大效率期，许多作物的植物营养最大效率期在生殖生长时期。

15. 需肥临界期（critical period of nutrition）——作物对矿质元素缺乏最为敏感的生长发育时期称为需肥临界期，如禾本科作物的幼穗分化期，油菜、大豆、棉花的开花期等。一般来说，作物的营养最大效率期和需肥临界期基本是相同的。

16. 外连丝（ectodesmata）——是表皮细胞外壁与外界的通道，它从表皮细胞的质膜延伸到角质层的内表面。外连丝里充满表皮细胞原生质体的液体分泌物。

17. 诱导酶（induced enzyme）——指在特定的外来物诱导下才能产生的酶，这种特定的外来物也称诱导物，往往是酶的底物。如水稻幼苗培养在含硝酸盐的溶液中，幼苗被诱导合成硝酸还原酶。

18. 溶液培养法（solution culture method）——亦称水培法（water culture method），是在含有全部或部分营养元素的溶液中培养植物的方法。

19. 砂基培养法（sand culture method）——是用洗净的石英砂或其他基质，加入营养液来培养植物的方法。溶液培养和砂基培养不仅用于植物对矿质元素必需性的研究，而且已广泛地用于植物的无土栽培。

【知识要点】

植物体内的矿质元素种类很多，现已发现 70 种以上的元素存在于不同植物中。其中碳、氢、氧、氮、磷、钾、硫、钙、镁、铁、锰、硼、锌、铜、钼、镍、氯 17 种元素为植物的必需元素。其中碳、氢、氧是由 CO_2 和 H_2O 提供。其余 14 种主要由土壤提供，称为矿质元素。根据植物生长发育对各种矿质元素需要的量，将植物的必需元素分为大量元素和微量元素。

植物必需矿质元素可作为细胞结构物质的组成成分；参与代谢活动及生长发育的调节（如酶的辅基或活化剂）、细胞的渗透调节、细胞质的电化学平衡等多种生理生化过程。

根系吸收的氮主要是无机硝态氮，也可吸收少量铵态氮及一些有机态氮（如尿素、氨基酸等）。生理作用：①氮是蛋白质、核酸、磷脂等有机氮化合物的构成成分，是活细胞赖以生存的结构或功能成分，被称为“生命元素”。②氮是许多辅酶和辅基（如 NAD^+、$NADP^+$、FAD 等）、叶绿素、某些植物激素、维生素（如维生素 B_1、维生素 B_2、维生素 B_6、维生素 PP 等）分子结构的成分。缺氮症状：①蛋白质、核酸等物质的合成受阻、功能蛋白的活性降低、细胞的生长分裂减缓等，结果造成植物生长矮小，分枝、分蘖很少，叶片小而薄，花果少且易脱落。②缺氮影响叶绿素的合成，使枝叶变黄，叶片早衰甚至干枯，从而导致产量降低。③氮的移动性大，老叶中的氮化物分解后可运到幼嫩组织中被重复利用，所以缺氮时老叶先发黄。

磷的生理作用：①是核酸、核蛋白、磷脂等活细胞内多种功能性物质的重要成分，与活细胞的能量代谢、各种有机物的合成和分解代谢、细胞信号转导、基因表达调控等几乎所有的生命活动过程密切相关。②磷是 ADP 和 ATP、NAD^+、$NADP^+$等辅酶的成分，参与光合、呼吸过程。③磷与氮代谢和脂肪转化有关，参与植物体内碳水化合物的代谢和运输。缺磷症状：①影响细胞生长和分裂，使分蘖分枝减少，幼芽、幼叶生长停滞，茎、根纤细，植株矮小，花果脱落，成熟延迟。②缺磷时植物体内蛋白质合成下降、糖的运转受阻，从而使营养器官中糖的含量相对提高，促进了花青素的形成，故缺磷时叶子呈现不正常的暗绿色或紫红色的典型病症。③磷易移动和被重复利用，因此，植株缺磷的症状首先在老叶出现。

钾的生理作用：①钾离子调节许多酶如丙酮酸激酶、果糖激酶、苹果酸脱氢酶和功能蛋白的活性。②促进蛋白质合成。③钾与糖类的合成及运转密切相关。④是调节植物细胞渗透势的最重要组分，参与叶片气孔保卫细胞渗透势的调节。⑤钾离子有使原生质胶体膨胀的作用，故施钾肥能提高作物的抗旱性。⑥钾离子是植物细胞中最重要的电荷平衡成分。缺钾症状：缺钾植株茎秆柔弱、易倒伏，抗旱、抗寒性降低，叶片失水，蛋白质、叶绿素等物质被分解破坏，叶色变黄而叶组织逐渐坏死。钾也是易移动可被重复利用的元素，故缺素症状首先出现在较老的组织或器官。

钙的生理作用：①钙是植物细胞壁胞间层中果胶酸钙的重要成分，钙离子能作为磷脂中的磷酸与蛋白质的羧基间联结的桥梁，具有稳定膜结构的作用。②钙可与植物体内的草酸形成草酸钙结晶，消除过量草酸对植物的毒害。③钙对植物抵御病原菌的侵染有一定作用。④钙也是一些酶如 ATP 水解酶、磷脂水解酶等的活化剂。缺钙症状：①缺钙初期顶芽、幼叶呈淡绿色，随后坏死。②钙是不易被转运和重复利用的元素，故缺素症状首先表现在地上部幼茎、幼叶上。③钙离子是植物细胞信号转导过程重要的第二信使，几乎在植物细胞的所有信号转导途径中发挥重要作用。

镁的生理作用：①镁是叶绿素分子的构成成分，也是RuBP羧化酶、5-磷酸核酮糖激酶等参与光合碳代谢的酶的活化剂。②镁离子在叶绿体基质与类囊体基质之间起着电荷平衡的重要作用，镁离子还是ATP酶的激活剂，对光合作用、呼吸作用及能量代谢有至关重要的作用。③镁离子是葡萄糖激酶、果糖激酶、丙酮酸激酶等的活化剂，因而与糖代谢和氮代谢密切相关。④镁离子是核糖核酸聚合酶的活化剂，对DNA和RNA的合成有重要的调控作用，镁也能使核糖体的亚单位结合形成稳定的复合结构，参与蛋白质合成中氨基酸的活化过程。缺镁症状：镁离子供应短缺时导致叶片贫绿，其特点是首先从叶片边缘开始枯黄，而叶脉较多的叶中央仍可保持一定绿色，这是与缺氮症状的主要区别。严重缺镁时可引起叶片的早衰与脱落，最终导致植株枯黄、死亡。镁是可再利用元素，缺镁症状首先出现在老叶。

硫的生理作用：①含硫氨基酸是蛋白质的重要组成成分。②是硫氧还蛋白、铁硫蛋白与固氮酶的组分，在光合电子传递、豆科植物根瘤中根瘤菌的固氮作用过程中起重要作用。③硫元素在植物体内不易移动，缺硫时一般首先在幼叶表现缺绿症状，呈黄白色并易脱落。

铁的生理作用：①铁催化叶绿素合成酶中的几个酶的活化，为叶绿素合成所必需。②铁是不易被重复利用的元素，因而缺铁最明显的症状是幼芽幼叶首先缺绿发黄，甚至变为黄白色。

铜的生理作用：①铜作为多酚氧化酶、抗坏血酸氧化酶等的辅基起传递电子的作用，在呼吸作用的氧化还原反应中起重要作用。②铜也是质体蓝素的成分，参与光合电子传递。③铜具有提高马铃薯抗免疫病的能力。④植物缺铜时，叶片生长缓慢，呈现蓝绿色，幼叶缺绿，随之出现枯斑，最后死亡脱落。

硼的生理作用：①硼与花粉形成、花粉管萌发和受精有密切关系。②影响碳水化合物的运输。③促进植物根系发育，影响豆科植物根瘤的形成。④缺硼时，植株的有性生殖过程受阻而导致结实减少，如油菜出现的“花而不实”，棉花上出现的“蕾而不花”。

锌的生理作用：锌是色氨酸合成酶的必要成分，缺锌时植物体内的生长素合成过程受到抑制，从而导致植物生长受阻，出现通常所说的“小叶病”。

锰的生理作用：①锰是维持叶绿素正常结构的必需元素，缺锰时光合放氧受到抑制。②锰是许多酶的活化剂，是硝酸还原的辅助因素，锰与植物的光合、呼吸、叶绿素和蛋白质的合成等重要代谢过程密切相关。③缺锰时植物叶脉间失绿褪色，但叶脉仍保持绿色，叶片自叶缘开始枯黄，此为缺锰与缺铁的主要区别。

钼的生理作用：①钼是硝酸还原酶的组成成分，固氮酶由铁蛋白和铁钼蛋白组成的。②禾谷类作物在缺钼时籽粒皱缩或不能形成籽粒。

镍的生理作用：①镍是脲酶的必需辅基。②无镍时，尿素不能被及时分解而积累，结果造成叶片的尖端和边缘组织坏死，严重时叶片整体坏死而影响植物的正常生长发育。

氯的生理作用：① Cl^- 参与水的光解氧化过程，叶和根细胞的分裂也需要 Cl^- 的参与，Cl^- 是植物细胞内含量最高的无机阴离子，作为 K^+ 等阳离子的电荷平衡成分，在细胞的渗透调节和电荷平衡等方面起重要作用；②缺氯时，植株叶片萎蔫、失绿变褐，同时根系生长受阻、变粗，根尖变为棒状。

矿质元素只有溶解在水中才能被植物吸收。根系对同一溶液的不同离子或同种盐中阴阳离子的吸收速率不同，表明根系对矿质元素的吸收具有选择吸收的特性。根系吸收矿质元素受土壤条件如温度、通气、pH、微生物、离子间相互作用等影响。

根系吸收的氮素主要是硝酸盐和铵盐，前者被根系吸收后还原为氨。硝酸盐还原在根部和地上部都可进行。氨的同化过程主要是先合成谷氨酰胺和谷氨酸，然后再通过氨基转移酶的作用被用于其他氨基酸的合成。

施肥应根据作物的种类、不同生育期以及作物生产的目的等采取适当的相应措施，同时应特别注意各种养分间的平衡，做到合理施肥。根外施肥也是重要的措施。

【试题精选】

一、填空题

1. 第一位用实验方法探索植物营养来源的科学家是荷兰人________。

2. 1650 年，________ 认为水和硝酸盐是植物生长的基础。

3. 1840 年德国的________ 建立了矿质营养学说，确立了植物生长所需无机营养来自土壤的观点。

4. 经过大量研究，证明构成植物体的________、________、________是从空气和水中得来，而________是从土壤中得来。

5. 确定植物必需元素的标准是________、________ 和________ 。

6. 现已确定的植物必需矿质元素有________；植物自大气和水中摄取的非矿质必需元素为________ 。根据植物体内的含量，必需元素可分为________和________。

7. 作物栽培中的“肥料三要素”是指________、________、________。

8. 钾在土壤中以________ 等盐类形式存在，在土壤溶液或水中解离成________而被植物根系吸收。

9. 根系吸收的氮主要是________，也可吸收少量________ 及一些________。

10. 磷主要以________ 的形式被植物吸收。

11. 韧皮部汁液中含有较高浓度的________离子，约占韧皮部阳离子总量的 80%。

12. 钙元素以________的形式被植物吸收利用，进入植物体后一部分以

________存在，一部分形成________，还有一部分与________相结合。

13. 镁以________被吸收进入植物体，在体内一部分与________结合，另一部分仍以________存在。

14. 铁主要以________被吸收。铁进入植物体内之后就处于________的状态而不易被转运。

15. 硫元素主要以________的形式被植物吸收，进入植物体后，一部分以SO_4^{2-}的形式存在，大部分则被还原而同化为________。

16. 硼以________的形式被植物吸收。植株各器官间硼的含量以________中最高。

17. 在一定的 pH 范围内，一般阳离子的吸收速率随土壤 pH 升高而________，阴离子的吸收速率随土壤 pH 增高而________。

18. 用含有矿质营养元素的溶液喷施植物叶片后，营养元素可通过叶片________或茎表面的________进入植物体内，也可通过植株体表的________进入植物体内。

19. NO_3^- 进入细胞后被________和________催化还原成铵。在 NO_3^- 被还原的过程中，每形成一分子 NH_4^+ 要求供给________电子。

20. 硝酸还原酶是一种可溶性的钼黄素蛋白，它由________、________和________组成。在还原硝酸盐时的供氢体是________。

21. 亚硝酸还原酶其辅基包括一个________和一个________。亚硝酸还原酶的催化反应以________为电子供体。

22. 在叶片的叶肉细胞中，硝酸根被还原成亚硝酸根的过程在________中进行，亚硝酸根被还原为铵在________内进行。

23. 氨的同化最初主要是通过________进行的，在此循环中的两种重要的酶分别是________和________。

24. 氨同化的三种酶在细胞中的定位有所不同，在绿色组织中，________存在于叶绿体内，________在叶绿体和细胞质中都有存在。

25. 固氮酶由________和________两部分构成，任何一部分单独存在都不具有固氮酶的活性。

26. 生物固氮是一高耗能过程，固氮酶每固定 1 分子 N_2 要消耗________个电子和________分子的 ATP。

27. 谷氨酸合酶有两种形式，分别是以________为电子供体的________和以________为电子供体的________。

28. 氨被同化形成谷氨酸和谷氨酰胺后，通过________过程可合成其他氨基酸，催化此类反应的酶称为________。此酶以________为辅基。

29. 华北、西北地区果树小叶病是因为缺乏________元素所致；油菜“花而不实”、棉花“蕾而不花”由于缺________引起。

30. 豆科植物的共生固氮作用需要________、________和________三种元素参与。

31. $(NH_4)_2SO_4$ 属于生理________性盐，$NaNO_3$ 属于生理________性盐。

32. 从角质层内表面延伸到表皮细胞质膜，充满表皮细胞原生质的分泌物的通道是________。

33. 氨同化形成的第一个有机氮化合物主要是________。

34. 根外施肥时，喷在叶面的溶质进入叶细胞后，是通过________运输到植物其他部分。

35. 水稻等植物叶片中天冬酰胺的含量可作为诊断________供应状况的生理指标；水稻叶鞘中的________含量过高，表明氮供应不足。

36. 在植物的必需元素中，________元素与生长素合成有关，而________和________则与光合作用分解水，释放氧气有关。

37. 在植物的必需元素中，________、________和________与同化物运输关系密切。

38. 栽培番薯、马铃薯等作物，生长后期应多施些________、________肥，栽培叶类蔬菜应多施________肥。

39. 白菜的“干心病”、番茄“脐腐病”是由于缺________引起。

40. 植物叶片缺铁黄化和缺氮黄化的区别是，前者症状首先表现在________叶而后者则出现在________叶。

二、选择题（包括单项选择和多项选择）

1. 大量元素占植物体干重的百分比为(　　)。

A. 0.01%～0.1%　B. 0.1%～1%　C. 0.01%～10%　D. 10%～50%

2. 微量元素占植物体干重的百分比为(　　)。

A. 10^{-6}%～10^{-7}%　B. 10^{-5}%～10^{-3}%

C. 10^{-3}%～10^{-2}%　D. 10^{-3}%～10%

3. 在植物生命活动中起重要作用，被称为生命元素的是(　　)。

A. C　B. N　C. P　D. K

4. 能够导致吲哚乙酸合成减少，色氨酸合成受阻的元素是(　　)。

A. 锌　B. 铁　C. 锰　D. 钙

5. 钴和硒等元素属于(　　)。

A. 大量元素　B. 微量元素　C. 稀土元素　D. 有益元素

6. 植物体内磷元素向地上部分运输的主要形式是(　　)。

A. 正磷酸　B. ATP　C. 有机磷化物　D. 磷酰胆碱

7. 引起高等植物的嫩叶的叶脉间缺绿的大量元素是(　　)。

A. 镁　B. 氮　C. 硫　D. 铁

8. 在植物体内钙主要分布在(　　)。

A. 幼嫩组织　　B. 储藏在衰老器官

C. 根　　D. 果实

9. 钙在活细胞中的分布是不均匀的，其中分布较低的区域是(　　)。

A. 细胞质内　　B. 液泡中　　C. 叶绿体　　D. 细胞壁

10. 参与调控气孔运动，构成细胞渗透势的重要成分的元素是(　　)。

A. Ca　　B. Mg　　C. K　　D. N

11. 具有细胞第二信使作用的金属离子是(　　)。

A. Ca^{2+}　　B. Fe^{3+}　　C. K^{+}　　D. Mg^{2+}

12. 缺乏时会影响生殖器官发育、表现油菜“花而不实”的元素可能是(　　)。

A. Fe　　B. Mn　　C. B　　D. Cl

13. 果树发生小叶病或簇叶病是由于缺乏元素(　　)。

A. Zn　　B. Cl　　C. Mn　　D. Cu

14. 缺乏可以造成植物的碳酸酐酶和核酸酶活性降低的元素是(　　)。

A. Zn　　B. N　　C. Fe　　D. Mo

15. 某些元素缺乏使植物体内某些酶的活性变化，提高酸性磷酸酯酶活性的元素是(　　)。

A. Zn　　B. N　　C. P　　D. Mo

16. 植物氮代谢中属于底物诱导酶的是(　　)。

A. 亚硝酸还原酶　　B. 固氮酶

C. 硝酸还原酶　　D. 谷氨酸合酶

17. 在豆科植物共生固氮作用中不可缺少的元素是(　　)。

A. 硼、铁、钼　　B. 钼、锌、镁　　C. 铁、钼、钴　　D. 镍、钼、钴

18. 植物根部 NO_3^- 被吸收后(　　)。

A. 运输到地上部在叶片内还原　　B. 在根内全部还原

C. 运输到地上部在茎中还原　　D. 在根内和叶片内均可还原

19. 植物叶片的叶肉细胞中硝酸盐还原成亚硝酸盐的部位是(　　)。

A. 内质网　　B. 叶绿体　　C. 线粒体　　D. 细胞质

20. 植物根部吸收矿质养分最活跃的区域主要是(　　)。

A. 分生区　　B. 伸长区　　C. 根毛区　　D. 根冠

21. 下列属于生理酸性盐的是(　　)。

A. $NaNO_3$　　B. $MgSO_4$　　C. NH_4NO_3　　D. $(NH_4)_2SO_4$

22. 下列属于生理中性盐的是(　　)。

A. NH_4NO_3　　B. $NaNO_3$　　C. $Ca(NO_3)_2$　　D. $(NH_4)_2SO_4$

23. 根系吸收的无机离子向地上部分运输的主要途径是(　　)。

A. 韧皮部　　B. 薄壁组织细胞　C. 共质体　　D. 木质部

24. 一般认为水稻叶片中可作为施氮肥生理指标的物质是(　　)。

A. 天冬酰胺　　B. 苹果酸　　C. 天冬氨酸　　D. 草酰乙酸

25. 下列各物质中，不是硝酸还原酶辅基的是(　　)。

A. FAD　　B. Fe　　C. Cytb　　D. NAD

26. 影响豆科植物根瘤发育的元素是(　　)。

A. 锰　　B. 铜　　C. 钼　　D. 锌

27. 缺 Zn 元素，影响合成的物质是(　　)。

A. 丙氨酸　　B. 色氨酸　　C. 甲硫氨酸　　D. 脯氨酸

28. 与不育花粉相比，可育花粉内含量较高的元素是(　　)。

A. B　　B. Cu　　C. Mo　　D. Zn

29. 硝酸还原酶含有的矿质元素是(　　)。

A. Mg 和 Mo　　B. Fe 和 Mo　　C. Mn 和 Cu　　D. Mo 和 Zn

30. 高等植物的硝酸还原酶优先利用的电子供体是(　　)。

A. $FADH_2$　　B. $NADH_2$　　C. $FMNH_2$　　D. $NADPH_2$

31. 在禾本科植物中含量较高、可增强茎秆机械强度的元素是(　　)。

A. 硼　　B. 锌　　C. 钴　　D. 硅

32. 用植物燃烧后的灰分和蒸馏水配成溶液培养植物，幼苗出现缺素症，不能健康生长。如要使植物恢复生长，需在培养液中加入(　　)。

A. 磷酸盐　　B. 硫酸盐　　C. 硝酸盐　　D. 碳酸盐

33. 植物细胞中钙分布较多的区域是(　　)。

A. 细胞质内　　B. 液泡中　　C. 叶绿体　　D. 细胞壁

34. 以下元素中属于大量元素的是(　　)。

A. 磷　　B. 钾　　C. 硫　　D. 氮

35. 以下元素中属于微量元素的是(　　)。

A. 铁　　B. 氯　　C. 锌　　D. 氮

36. 以下元素中属于稀土元素的是(　　)。

A. 钪　　B. 钇　　C. 钠　　D. 钴

37. 以下元素中属于有益元素的是(　　)。

A. 锰　　B. 硅　　C. 铝　　D. 钴

38. 植物表现为叶片缺绿时，可能缺乏的元素是(　　)。

A. Fe，Cl　　B. Mg，Fe　　C. N，S　　D. P，Mn

39. 植物细胞中可以进行硝酸盐还原的部位是(　　)。

A. 内质网　　B. 叶绿体　　C. 线粒体　　D. 细胞质

40. 参与植物光合作用的水光解放氧的元素是(　　)。

A. Mn　　B. Ca　　C. Fe　　D. Cl

41. 组成生物固氮中的固氮酶的亚基有(　　)。

A. Mo-Fe 蛋白　　B. Fe-S 蛋白

C. Fd　　D. Fe 蛋白

42. 参与植物体内氨同化过程的主要酶是(　　)。

A. 氨甲酰磷酸合成酶　　B. 谷氨酸脱氢酶

C. 谷氨酰胺合成酶　　D. 谷氨酸合酶

三、简答题

1. 植物进行正常生命活动必需矿质元素有哪些？用什么方法、根据什么标准来确定某种元素是否为植物的必需元素？

2. 如何区分大量元素，微量元素和有益元素？

3. 矿质元素的主要生理作用可概括为哪几个方面？

4. 简述氮、磷、钾的吸收形式、生理功能及植物缺乏这些元素时的主要病症。

5. 下列化合物、酶蛋白或其他大分子物质中分别含有哪些植物的必需元素：叶绿素，碳酸酐酶，细胞色素，硝酸还原酶，多酚氧化酶，ATP，辅酶 A，甲硫氨酸，NAD，NADP，铁氧还蛋白，核酸。

6. 为什么植物缺素病症有的出现在顶端幼嫩枝叶上，有的出现在下部老叶上？举例加以说明。

7. 简述 Ca^{2+} 在植物体内的生理作用和缺乏时的主要症状。

8. 简述 Mg^{2+} 在植物体内的生理作用和缺乏时的主要症状。

9. 简述植物体内铁和锰的生理作用和缺乏时的主要症状。

10. 简述植物体内硫的吸收、生理作用和缺乏时的主要症状。

11. 植物根系吸收矿质有哪些特点？什么是生理酸性盐和生理碱性盐？

12. 比较白天和夜晚的不同条件下，植物体内还原硝酸盐的速率是否相同？为什么？

13. 简述硝酸还原酶和亚硝酸还原酶的结构和功能特点。

14. 什么是生物固氮？固氮酶有什么特点？

15. 为什么在叶菜类植物的栽培中常多施用氮肥，而栽培马铃薯和甘薯则需多施用钾肥？

16. 举例说明无土栽培的类型、定义、特点和发展前景。

17. 简要说明应用无土栽培过程中的注意事项。

18. 简述植物缺素诊断的方法、步骤和注意事项。

19. 简述根外施肥的特点和注意事项。

20. 简述根系吸收矿质的过程以及植物体内矿质元素的运输形式。

21. 简要分析气温对矿质吸收的影响以及土温较低条件下不宜施肥的主要

原因。

22. 光照对根系吸收矿质有何影响？

23. 为什么在石灰性土壤上施用 NH_4^+ 态氮时，作物的长势较施用 NO_3^- 态氮的好？肥料适当深施有什么好处？

24. 合理施肥增产的原因是什么？怎样才能做到合理施肥？

25. 解释以下现象：①对一些块根、块茎类作物施氮肥过多时，为何只长叶、不长块？②如何理解“麦浇芽”、“菜浇花”？③为何施肥后出现“烧苗”现象？

26. 为什么水稻秧苗在栽插后有一个叶色先落黄后返青的过程？

27. 请设计实验证明 Fe 是植物的必需元素。

28. 用实验证明植物根系吸收矿质元素存在着主动吸收和被动吸收。

29. 简述植物矿质营养吸收中离子间的相互作用。

四、分析论述题

1. 论述植物如何利用土壤中的氮素营养。

2. 举例说明作物的需肥特点及施肥原则。

3. 一大田作物出现叶片缺绿，试分析可能的原因以及相应的措施。

4. 试讨论钾在提高作物抗旱性中的作用。

5. 试分析矿质营养与碳氮化合物代谢及抗病性的关系。

【参考答案】

一、填空题

1. 凡·海尔蒙特。

2. 格劳勃。

3. 李比希。

4. 碳，氢，氧，矿质元素。

5. 必要性，不可代替性，作用的直接性。

6. 氮、磷、钾、钙、镁、硫、铁、铜、硼、锌、锰、钼、镍、氯，碳、氢、氧，大量元素，微量元素。

7. 氮，磷，钾。

8. KCl、K_2SO_4，K^+。

9. 无机硝态氮，铵态氮，有机态氮。

10. $H_2PO_4^-$ 或 HPO_4^{2-}。

11. 钾。

12. Ca^{2+}，离子状态，难溶的有机盐类，有机物。

13. 离子状态，有机物，游离的离子状态。

14. Fe^{2+} 的螯合物，较为固定。

15. SO_4^{2-}，含硫氨基酸。

16. H_3BO_3，花。

17. 增大，减小。

18. 气孔，皮孔，角质层缝隙。

19. 硝酸还原酶，亚硝酸还原酶，8 个。

20. FAD，血红素和钼复合蛋白。NADH。

21. 血红素，4Fe-4S 簇，铁氧还蛋白。

22. 细胞质，叶绿体。

23. 谷氨酸-谷氨酰胺循环，谷氨酰胺合成酶，谷氨酸合酶。

24. GOGAT，GS。

25. 钼铁蛋白，铁蛋白。

26. 8，16。

27. NAD(P)H，NAD(P)H-GOGAT，还原态 Fd，Fd-GOGAT。

28. 氨基转移，氨基转移酶，磷酸吡哆醛。

29. 锌，硼。

30. 钼，铁，钴。

31. 酸，碱。

32. 外连丝。

33. 谷氨酰胺。

34. 韧皮部。

35. 氮素，淀粉。

36. 锌，锰，氯。

37. 磷，钾，硼。

38. 磷，钾，氮。

39. 钙。

40. 幼，老。

二、选择题

1. C；	2. B；	3. B；	4. A；
5. C；	6. A；	7. A；	8. B；
9. A；	10. C；	11. A；	12. C；
13. A；	14. B；	15. C；	16. C；
17. A；	18. D；	19. D；	20. C；
21. D；	22. A；	23. D；	24. A；
25. D；	26. C；	27. B；	28. A；
29. B；	30. B；	31. D；	32. C；

33. B，C，D；	34. A，B，C，D；
35. A，B，C；	36. A，B，D；
37. B，D；	38. B，C；
39. B，D；	40. A，B，D；
41. A，D；	42. B，C，D。

三、简答题

1. 现已确定的植物必需营养元素有 17 种。其中必需的矿质元素（包括氮素）共有 14 种，它们是氮、磷、钾、钙、镁、硫、铁、铜、硼、锌、锰、钼、镍、氯。

判断某种元素是否为植物的必需元素有三条标准，即不可缺少性、不可替代性、作用直接性。所谓不可缺少性是指缺乏该元素时，植物生长发育明显受到抑制，以致不能完成生活史；不可替代性指缺少该元素所造成的营养缺乏症状只能通过加入该元素的方法预防或恢复，而加入其他任何元素均不能替代该元素的作用；作用直接性指该元素对植物生长发育的影响是由于该元素的直接作用而造成的，并不是由于该元素通过影响土壤的物理化学性质、微生物生长条件等原因而产生的间接效果。

在研究植物的必需矿质元素时，用溶液培养法进行检测。可在配制的营养液中除去或加入某一元素，以观察植物的生长发育情况及其变化。如果在培养液中除去某一元素导致植物生长发育不良，并出现特有的病症，而当加入该元素后症状又消失，则说明该元素为植物的必需元素。如果自营养液中除去某一元素对植物的生长发育无明显的不良影响，且植物也不表现明显的病症，则该元素不是植物的必需元素。

2. 根据必需元素各自约占植物体干重的比例来区分大量元素和微量元素。元素分别占植物体干重的 0.01%～10% 的为植物的大量必需元素，包括 C、H、O、N、P、K、Ca、Mg、S，共 9 种；必需元素各占植物体干重的 $1\times10^{-5}\%$ ～$1\times10^{-2}\%$ 为微量元素，包括 Cl、Fe、B、Mn、Zn、Cu、Ni、Mo，共 8 种。

有些元素并非是植物的必需元素，但这些元素对植物的生长发育或对植物生长发育过程中的某些环节有积极影响，被称为植物的有益元素，如钠、硅、硒、稀土元素等。

3. 必需元素在植物体内的生理功能，概括为以下几点。①细胞结构物质的组成成分，如 C、H、O、N 是构成植物体的有机物如碳水化合物、蛋白质、核酸等的重要组成成分。②作为能量转换过程中的电子载体，如铁离子和铜离子在呼吸和光合电子传递中作为不可或缺的电子载体的作用；促进有机物运输，如 P、B、K 等。③生命活动的调节者，如酶的成分或活化剂，参与酶反应，如 Fe、Cu、Zn、Mg 等；活细胞的重要渗透物质调节细胞的膨压，如钾离子、氯离子等。④起电化学平衡作用，即平衡离子浓度、稳定胶体和中和电荷等，在稳定细胞质的电荷平衡、维持适当的跨膜电位等方面有重要作用。⑤重要的细胞信号转导信使，如钙离子已被证明是细胞信号转导中重要的第二信使等。

4.

元素	吸收形式	生理功能	主要缺素病症
氮	主要是无机硝态氮，也可吸收少量铵态氮及一些有机态氮(如尿素、氨基酸等)	是蛋白质、核酸、磷脂等植物生长发育所必需的有机氮化合物的成分，被称为“生命元素”。许多辅酶（如 NAD^+、$NADP^+$、FAD 等)、叶绿素、某些植物激素、维生素、次生代谢中的中间产物分子的成分	可再利用元素，病症首先在老叶出现。缺氮植物生长矮小，分枝、分蘖少，叶片小而薄，花果少且易脱落。缺氮影响叶绿素的合成，使枝叶变黄，叶片早衰干枯，从而导致产量降低
磷	主要以 $H_2PO_4^-$ 或 HPO_4^{2-} 的形式被吸收。当土壤偏酸性时，植物吸收 $H_2PO_4^-$ 较多；而当土壤偏碱性时，植物吸收 HPO_4^{2-} 较多	核酸、核蛋白、磷脂等多种功能性物质的重要成分。许多辅酶如 NAD^+、$NADP^+$等的成分，参与光合、呼吸过程。植物体内能量转换的 ADP 和 ATP 中的磷酸高能键是大多数生化代谢反应所需能量的来源。通过磷酸化和去磷酸化调控许多功能蛋白的活性。与氮代谢、脂肪转化相关；参与植物体内碳水化合物的代谢和运输	可再利用元素，病症首先在老叶出现。缺磷会影响细胞生长和分裂，使分蘖分枝减少，幼芽、幼叶生长停滞，茎、根纤细，植株矮小，花果脱落，延迟成熟；缺磷时，植物体内蛋白质合成下降、糖的运转受阻，促进了花青素的形成，故缺磷时叶子呈现不正常的暗绿色或紫红色
钾	在土壤溶液中解离成 K^+ 而被植物根系吸收。植物细胞吸收钾离子是通过其细胞膜上的钾离子通道或载体进行的	促进蛋白质合成、提高活细胞中许多酶及功能蛋白的活性。与糖类的合成及运转密切相关，在碳水化合物代谢、呼吸作用及蛋白质代谢中起重要作用。K^+是调节植物细胞渗透势的最重要组分，参与调控气孔运动。K^+在维系活细胞正常生命活动所必需的跨膜电位中有不可替代的作用	可被重复利用的元素，缺素症状首先出现在较老的组织或器官。缺钾时，植株茎秆柔弱、易倒伏，抗逆性降低，叶片失水，蛋白质、叶绿素等被分解破坏，叶色变黄而叶组织逐渐坏死。缺钾时出现叶缘焦枯发生皱缩，生长缓慢等现象

5.

物质名称	叶绿素	碳酸酐酶	细胞色素	硝酸还原酶	多酚氧化酶	ATP
含有必需元素	N，Mg	N，Zn	N，Fe	N，Mo	N，Cu	N，P
物质名称	辅酶 A	甲硫氨酸	NAD	NADP	铁氧还蛋白	核酸
含有必需元素	N，P，S	N，S	N，P	N，P	N，Fe	N，P

6. N、P、K等是易移动可被重复利用的元素，缺乏时，从老叶运出供幼叶生长所需，故缺素症状首先出现在较老的组织或器官；而如Fe、Ca、Mn等是不能被重复利用的元素，不被调运，故缺素症状首先出现在较幼嫩的组织或器官。

7. 钙元素以Ca^{2+}的形式被植物吸收利用。钙离子进入植物体后一部分仍以离子状态存在，一部分形成难溶的有机盐类（如草酸钙等），还有一部分与有机物（如植酸、果胶酸、蛋白质）相结合。

①钙是植物细胞壁胞间层中果胶酸钙的重要成分，缺钙时，细胞分裂不能正常进行或不能完成。钙对植物抵御病原菌的侵染有一定作用。②钙离子能作为磷脂中的磷酸与蛋白质的羧基间联结的桥梁，具有稳定膜结构的作用。③钙可与植物体内的草酸形成草酸钙结晶，消除过量草酸对植物的毒害。④钙也是一些酶的活化剂，如由ATP水解酶、磷脂水解酶等酶催化的反应都需要钙离子的参与。⑤钙离子与其他离子的拮抗作用可使根系免受单盐毒害。⑥钙离子是植物活细胞信号转导过程的重要第二信使，通过许多种依赖钙的调节蛋白和功能蛋白，钙信使几乎在植物细胞的所有信号转导途径中发挥重要作用。

缺钙初期顶芽、幼叶呈淡绿色，继而叶尖出现典型的钩状，随后坏死。钙是不易被转运和重复利用的元素，故缺素症状首先表现在地上部幼茎、幼叶上，如大白菜缺钙的心腐病。

8. 镁以离子状态（Mg^{2+}）被吸收进入植物体，它在体内一部分与有机物结合，另一部分仍以游离的离子状态存在。

①镁是叶绿素分子的组成成分，又是RuBP羧化酶、5-磷酸核酮糖激酶等参与光合碳代谢的酶的活化剂；镁离子在叶绿体基质与类囊体基质之间起着电荷平衡的重要作用，镁离子还是ATP酶的激活剂，因此镁离子对光合作用、呼吸作用及能量代谢有至关重要的作用。②镁离子是葡萄糖激酶、果糖激酶、丙酮酸激酶、乙酰CoA合成酶、异柠檬酸脱氢酶、α-酮戊二酸脱氢酶、苹果酸合成酶、琥珀酰辅酶A合成酶等的活化剂，因而与碳水化合物的转化和降解以及氮代谢密切相关。③镁离子还是核糖核酸聚合酶的活化剂，对DNA和RNA的合成有重要调控作用。具有合成蛋白质能力的核糖体是由许多亚单位组成的，而镁能使这些亚单位结合形成稳定的复合结构。如果镁的浓度过低，则核糖体的复合结构解体，导致其丧失合成蛋白质的功能。此外，镁离子还参与蛋白质合成中氨基酸的活化过程。

镁离子供应短缺时导致叶绿素合成受阻，最终使叶片贫绿，其特点是首先从叶片边缘开始至脉间枯黄，而叶脉和叶中央仍可保持一定绿色，这是与缺氮症状的主要区别。严重缺镁时可引起叶片的早衰与脱落，最终导致植株枯黄、死亡。

9. 铁主要以Fe^{2+}的螯合物被吸收。铁进入植物体内之后就处于较为固定的状态而不易被转运。铁离子在植物体内以Fe^{2+}和Fe^{3+}两种形式存在，二者之间的转换构成了活细胞内最重要的氧化还原系统。①Fe^{2+}/Fe^{3+}是许多与氧化还原相关的酶的辅基，如细胞色素、细胞色素氧化酶、过氧化物酶和过氧化氢酶、豆科植物根瘤菌中的血红蛋白等。②Fe^{2+}/Fe^{3+}也是光合和呼吸电子传递链中的重要电子载体，如光合和呼吸电子传递链中的细胞色素、光合电子传递链中的铁硫蛋白和铁氧还蛋白等都是含铁蛋白。③催化叶绿素合成的酶中有几个酶的活性表达需要Fe^{2+}。铁是不易被重复利用的元素，缺铁最明显的症状是幼芽幼叶缺绿呈黄白色。一般情况下土壤中的含铁量能满足植物生长发育的需要，但在碱性或石灰质土壤中，铁易形成不溶性的化合物而使植物表现出缺铁症状。

锰主要以Mn^{2+}形式被植物吸收。由于锰离子可以以多种不同化合价的形式存在，因此是植物细胞中与氧化还原、电子传递等过程密切相关的元素。①锰是叶绿体中光合放氧复合体的重要组成元素，由于光合放氧复合体的不同氧化状态是由锰原子的不同氧化状态所决定的，因此缺锰时光合放氧受到抑制。锰也是维持叶绿素正常结构的必需元素。②锰是许多酶的活化剂，如一些转移磷酸的酶和三羧酸循环中的几种脱氢酶、柠檬酸合成酶等。锰还是硝酸还原的辅助因素，缺锰时硝酸被还原成氨的过程受到抑制，进而使氨基酸和蛋白质的合成受阻。总之，锰与植物的光合、呼吸、叶绿素和蛋白质的合成等重要代谢过程密切相关。缺锰时植物不能形成叶绿素，叶脉间失绿褪色，但叶脉仍保持绿色，叶片自叶缘开始枯黄，此为缺锰与缺铁的主要区别。

10. 硫元素主要以 SO_4^{2-} 的形式被植物吸收。SO_4^{2-} 进入植物体后，大部分被还原同化为含硫氨基酸（如胱氨酸、半胱氨酸和甲硫氨酸）。这些含硫氨基酸是蛋白质的重要组成成分，特别是这些含硫氨基酸残基往往是功能蛋白的活性中心所在。

①蛋白质中含硫氨基酸间的—SH 基与—S—S—的转换还具有调节植物体内的氧化还原反应、稳定蛋白质空间结构等作用。②辅酶 A 和硫胺素、生物素等维生素也含有硫，且辅酶 A 中的巯基（—SH）具有储藏能量的作用。③硫还是硫氧还蛋白、铁硫蛋白与固氮酶的组分，因而硫在光合电子传递、豆科植物根瘤中根瘤菌的固氮作用过程中起重要作用。

硫在植物体内不易移动，缺硫时在幼叶首先表现缺绿症状，新叶均衡失绿，呈黄白色并易脱落。在作物栽培实践中很少遇到缺硫的情况，因为土壤中有足够的硫满足植物需要。

11. 植物根系吸收矿质有 3 个主要特点。①植物对水分和矿质吸收的关系既相互联系、又相对独立。盐分溶于水中才能被根系吸收，并随水流进入、运输到植株各部分；矿质的吸收，降低了根细胞的渗透势，促进植物的吸水。但二者的吸收不成比例；吸收机理也不同，水分吸收主要是以蒸腾作用引起的被动吸水为主，而矿质吸收则是以消耗代谢能的主动吸收为主。②根系对离子吸收具有选择性。植物对同一溶液中不同离子或同一盐的阳离子和阴离子吸收的比例不同，从而引起外界溶液 pH 发生变化。③根系受单盐毒害，具有离子拮抗现象。

植物对离子的选择性吸收而使环境 pH 下降，称这种盐类为生理酸性盐。如 $(NH_4)_2SO_4$ 等硫酸盐类，因植物对其阳离子（NH_4^+）的吸收大于阴离子（SO_4^{2-}），同时伴随着根细胞向外释放 H^+ 以达到电荷平衡，因此在环境中积累 SO_4^{2-} 的同时也积累了 H^+，使得环境 pH 下降。植物对离子的选择性吸收而使环境 pH 升高的盐类，称为生理碱性盐，硝酸盐类（硝酸铵例外）一般均属生理碱性盐。

12. 通常在光照条件下、土壤环境中硝酸盐供应充足时，绿色组织（如叶片）中硝酸盐的还原比非绿色组织（如根组织）中更为活跃，这是由于：①这一过程需大量消耗还原态氢供体，因在光照条件下绿色组织内光合作用可直接为硝酸、亚硝酸还原和氨的同化提供还原力 NAD(P)H、Fd_{red} 和 ATP；②光合作用制造同化物，促进呼吸作用，间接为硝酸盐的还原提供能量，也为氮代谢提供碳骨架；③硝酸还原酶受光照和 NO_3^- 诱导合成，所以白天还原硝酸盐的速率较夜晚高。

13. 硝酸还原酶是一种可溶性的钼黄素蛋白，它由黄素腺嘌呤二核苷酸（FAD）、血红素（亚铁原卟啉）和钼复合蛋白（Mo-Co）组成，单体分子质量为 100kDa。高等植物中的硝酸还原酶结构为同源二聚体，分子质量为 200kDa。大部分硝酸还原酶在还原硝酸盐时的供氢体是 NADH，而在非绿色组织（如根）中的硝酸还原酶则可以以 NADH 或 NADPH 为氢的供体。硝酸还原酶是一种底物诱导酶。

NO_3^- 在根和叶中还原各占的比例则随不同植物及不同环境条件而有所不同。当植物吸收较少量的 NO_3^- 时，大部分在根中被还原；而当植物吸收大量 NO_3^- 时，则大部分被转运至叶片中被还原。另外，一般温带植物大多利用其根系还原 NO_3^-，而热带和亚热带植物则更多利用其绿色组织还原 NO_3^-。

亚硝酸还原酶为单条肽链，分子质量 63kDa。其辅基包括一个血红素和一个 4Fe-4S 簇。亚硝酸是活性很强、对植物有较强毒害作用的物质，植物体内的亚硝酸还原酶的数量大、活性高。因此在正常条件下，植物体内的亚硝酸盐迅速被还原，很少在植物体内积累。

14. 生物固氮是指微生物或其他生物将大气中的分子态氮同化为含氮化合物的过程。

生物固氮主要由两类原核微生物来完成。一类是自生固氮微生物，包括多种细菌和蓝绿藻等；另一类是与植物共生的微生物，如与豆科植物共生的根瘤菌、与非豆科植物共生的放线菌、与水生蕨类红萍共生的蓝藻等。

固氮酶由钼铁蛋白和铁蛋白构成，两者都是可溶性蛋白质，任何一部分单独存在都不具有固氮酶的活性。铁蛋白由两个相同亚基构成同源二聚体，分子质量为 30～72kDa。每一个铁蛋白组分含有一个 4Fe-4S 簇，负责固氮酶还原分子态氮过程中的电子传递。钼铁蛋白由 4 个亚基构成，其分子质量为 180～235kDa。钼铁蛋白含有两个钼原子和不同数量的 Fe-S 簇。固氮酶中的铁蛋白和钼铁蛋白的活性都能被氧抑制，其正常活性要求厌氧条件。固氮酶还能催化其他多种底物的还原以及 ATP 的水解。生物固氮是一高耗能过程，固氮酶每固定 1 分子 N_2 要消耗 8 个电子和 16 分子 ATP。

15. 不同作物的需肥情况不同，施肥时应根据栽培作物的种类合理搭配氮肥、磷肥、钾肥的施用量以提高产量和品质。叶菜类植物的经济产量主要是叶片部分，要多施氮肥，以保证叶片肥大、质地柔嫩；而薯类作物和甜菜需要更多的磷、钾以保证碳水化合物的运输及其在块根或块茎中的大量积累。

16. 植物无土栽培的类型如下表所示。

类型	定义和特点
水培（water culture）	植物根系浸没在营养液中的培养方法。如直接浸入法、营养膜技术、雾培法
沙培（sand culture）	植物根系生长在直径小于 3mm 的固体颗粒中。如将植物植于沙子、珍珠岩、塑料粒等固体无机物质中并淋浇营养液
沙砾栽培（gravel culture）	植物的根系生长在直径大于 3mm 的固体颗粒中。如将植物植于沙砾、火山渣、塑料粒及其他无机物质中并淋浇营养液
蛭石栽培（vermiculaponics）	植物根系生长在蛭石或蛭石与其他颗粒状无机物质的混合物中
岩棉栽培（rock wool culture）	植物根系生长在岩棉（石棉）、玻璃棉或其他同类物质中

除了传统的溶液培养方法外，现在工厂化育秧或蔬菜种植则多采用营养膜培养系统：利用水泵将营养液循环利用，使植物根部经常保持流动的营养液膜层；被循环利用的营养液的 pH 和营养成分可通过自动控制装置不断予以调节或补充。由植物的水培方法还发展出有氧溶液培养法或简称气培法或雾培法，即将植物根系置于营养液气雾中而不直接浸入营养液培养植物的方法。

无土栽培的优点：不受环境条件的限制；

无土栽培可采用柱式或多层式培养等立体式栽培方式，故可以大大提高土地使用效率；利用无土栽培生产的蔬菜、花卉等不仅产量高，而且品质往往优于一般土壤栽培的植物产品；无土栽培过程中较少存在杂草问题，因此避免了使用化学除草剂，而且进行无土栽培的温室、大棚内对病虫害的控制也较为容易，可减少甚至避免使用农药。因此，应用规范的无土栽培方法生产的蔬菜、瓜、果等属于低污染或无污染的绿色食品。无土栽培的另一重要特点是节约水肥，因无土栽培在相对封闭的环境中进行，水的蒸发量要少得多，流失或渗漏则几乎为零；另外，无土栽培方式还便于使种植业实现工厂化，因此无土栽培具有十分诱人的广阔发展前景。

17. 无土栽培方法分为两大类：一类为溶液培养方法（水培）；另一类为固体介质栽培方法。

营养液的矿质元素含量及比例、各种理化特性是无土栽培技术的关键。营养液中绝大部分是水，对水质的要求依进行无土栽培的目的而有所不同。例如，在研究营养液新配方或某些营养元素的缺乏病症时，需要使用纯度较高的水（如去离子水）来配置营养液，但对于一般蔬菜、花卉的栽培则可使用自来水、井水等。营养液中含有植物必需的大量元素和微量元素，各种元素的浓度和不同元素之间的比例应根据生理平衡和化学平衡原则来确定，同时也应考虑到所栽培植物的种类。对于易形成难溶性化合物的阳离子和阴离子应控制其阴离子、阳离子浓度或加以螯合，以避免形成沉淀。

pH是营养液的重要参数，一般应控制在5.5～6.5。而且，由于在植物生长过程中会对其生长环境介质的pH产生影响，所以在营养液的使用过程中还应注意经常监测并调节其pH。pH不仅直接影响植物根系的生长发育，而且还影响营养液中各种矿质营养的有效性。

在无土栽培过程中需不断对营养液补充溶氧。常用的方法有：①充分搅拌溶液；②向溶液通气；③保持营养液处于流动循环状态；④利用化学试剂增氧。

注意营养液的温度不要过高或过低，如夏季的液温应不超过28℃、冬季的液温应不低于15℃；另外，在有条件的情况下可调节营养液温度使其低于气温2～4℃，对于大多数植物而言，适当的根冠间的温差有利于植物的生长发育。还要注意保持根系处于黑暗环境下。

18. (1) 确定植物组织、器官在形态、颜色等方面发生变化的原因。首先应区分生理病害、病虫危害或其他环境条件不适而引起的病症。其次，根据症状归类分析以确定是由于缺乏何种元素导致的症状。然后，再对缺乏某种或某些元素的原因进行分析，如分析土壤（或培养介质）的理化性质及对施肥（或营养液成分）情况加以分析。土壤酸碱度对各种矿质元素的溶解度影响很大，当土壤的pH过高或过低时往往使某些元素呈现不溶解状态，使其不能被植物吸收利用。例如，磷在强酸性环境中，往往与水溶性的Fe^{3+}或Al^{3+}形成不溶性的磷酸铁或磷酸铝，以致不能被植物利用。

(2) 植物组织及土壤成分的测定：对某种或某些可能缺乏的元素进行植物组织或土壤（或其他介质）样品的测定。应该注意的是，植物体内或土壤、介质中即便不缺乏某种元素，也可能出现对应于该种元素的缺素症状。例如，即便是植物能够自环境中摄取足够的硝态氮，但由于植物体内缺乏还原物质的供应，则硝态氮的还原过程就可能受阻而使植株表现缺氮病症。因此，对于植株的缺素症状应进行综合分析。

(3) 补充营养元素（加入诊断法）：如能初步确定植株的病症是由于缺乏某种元素造成的，可通过施肥或在生长介质中补充加入该种元素的方法，以观察植株的恢复情况。

如缺素症状消失，则可判断是缺乏该元素。

19. 根外施肥具有肥料用量省、肥效快等特点。而在作物生长的特殊阶段或在特殊环境条件下，根外施肥更具有其不可替代的作用。如在作物生长后期根系活力降低、吸收能力衰退时，根外施肥对于提高作物产量有显著作用；又如在土壤缺少有效水分、土壤施肥难以发挥效益时，或因某些矿质元素在土壤施肥效果差时（如铁在碱性土壤中有效性很低），根外追肥可以收到明显效果。常用于作物叶面喷施的肥料有尿素、磷酸二氢钾及微量元素。在禾谷类作物生长后期喷施氮肥，可有效增加种子中的蛋白质含量。

根外施肥时营养物质进入植物体内的多少与多种因素有关，如幼嫩叶片较衰老叶片直接吸收利用营养元素的速率高、数量大，这是由于二者的表层结构差异和生理活性不同的缘故。凡影响液体蒸发的外界环境因素（如光照、风速、气温、大气湿度等）都会影响茎表、叶片对营养元素的吸收。

在进行叶面施肥时，多选择在凉爽、无风、相对湿度较高的气象条件下（如阴天、傍晚）进行；切忌喷施浓度过高，以免造成对叶片的直接伤害。

20. 植物根系吸收矿质的过程：①土壤溶液中多数以离子形式存在的矿质元素先被吸附在根组织表面；②经质外体或共质体途径进入根组织维管束的木质部导管；③进入木质部导管的矿质元素随木质部汁液在蒸腾拉力和根压的共同作用下上运至植物的地上部分。

根系吸收的氮素多数是硝酸根离子（NO_3^-）的形式。根系吸收的磷主要以磷酸根离子的形式向上运输，也有少量磷先被合成磷酰胆碱和 ATP、6-磷酸葡萄糖、6-磷酸果糖等有机化合物后再运往地上部。钾、钙、镁、铁、硫等元素则分别以其相应的离子形式运往地上部。

21. 气温的高低或变化影响植物对矿质的吸收。一方面大气温度通过影响土壤温度而影响根系的生理活动，另一方面气温直接影响植物地上部分的生理状况，如蒸腾强度、地上部分的生长状况等，间接影响根系对矿质的吸收。

在一定范围内，根系吸收矿质元素的速度随土壤温度的升高而加快，但当超过一定温度时，吸收速度反而下降。低温不宜施肥的主要原因有：①土温直接影响溶质的扩散速度，温度较低时溶质在溶液中的扩散速度较慢；②土温通过影响根系的呼吸作用而间接地影响根组织对矿质元素的主动吸收；③温度也影响各种酶的活性，在适宜的温度下，根组织的各种代谢活动加强，需要矿质元素的量增加，根组织吸收溶质的量也相应增多；④温度也通过影响原生质胶体状况而影响根系对矿质元素的吸收，低温下原生质胶体黏性增加，透性降低，吸收减少。

22. 光照影响光合作用，光合作用旺盛时，形成的光合产物多，向根系运输多，有利于根系生长，增加根系吸收面积，同时为呼吸作用提供呼吸基质，提高能量代谢，有利于根系主动吸收。根系呼吸产生 HCO_3^- 和 H^+ 供交换离子，有利于离子的吸附交换，促进被动吸收。

光照影响气温，提高地温，促进根系呼吸，促进根系生长，有利于根系吸收。光照影响气孔开放，进一步影响蒸腾作用，有利于矿质在体内分布，促进矿质的吸收。一般在光照下有利于矿质吸收，但光照过强时，因蒸腾失水过多，气孔关闭，影响光合作用后进一步影响矿质吸收。

23. 因为在石灰性土壤的高 pH 条件下，磷和大部分微量元素的有效性很低，而 NH_4^+ 一般为生理酸性盐，它可使根际的 pH 下降，增加磷等元素的有效性，而 NO_3^- 一般为生理碱性盐，它可使 pH 上升，使磷等微量元素的有效性降低，所以在石灰性土壤上施用 NH_4^+-N 时，作物的长势较施用 NO_3^--N

的好。

因为表层施肥，肥料氧化剧烈，且易于流失和挥发，NH_4^+-N肥尤其如此。所以，肥料适当深施可减少养分的流失、挥发和氧化，提高肥料的利用率。此外，植物根系生长具有趋肥性，所以肥料适当深施还可使作物根系深扎，有利于其吸收水分和矿质养分。

24. 施肥增产的原因：可提高植株的光合性能，如增加光合面积，提高叶片光合能力，延长光合时间，利于光合产物分配利用等，可见施肥增产的实质在于改善光合性能。另外，施肥还能改善栽培环境，特别是土壤条件。

合理施肥是根据不同植物的需肥特点适时适量施肥。①根据不同作物特点及收获物的不同而施肥。②作物不同生育期对矿质养分的需求量不同，一般植物的需肥量与生长量是一致的；要特别注意不同作物的需肥临界期。③可根据形态指标和生理指标对作物适时适量施肥。形态指标包括长势、叶色等，生理指标包括组织营养元素含量，酰胺含量及某些酶活性等。④科学的施肥方式以提高肥效。

25. ①因为氮肥供应过多，大量无机氮运到地上部分，在氮同化的过程中消耗大量碳水化合物，使对根的供应减少，而使块根的生长受到一定抑制，不能正常膨大。

(2) 在作物不同生育期施肥，营养效果不同，施肥营养效果最好的时期为最高生产效率期，小麦的最高生产效率期在幼穗形成期，而油菜和大豆等在开花期，所以有“麦浇芽”、“菜浇花”之农谚。

(3) 施肥要注意灌水，并要均匀。如果施肥不均，造成局部浓度过高，使苗脱水萎蔫，即“烧苗”。

26. 植物体内的叶绿素处于不断合成与分解的平衡中。水稻秧苗根系在栽插过程中受伤，吸收能力下降，影响对构成叶绿素的重要矿质元素N和Mg的吸收，使叶绿素的更新受到影响，而分解过程仍然进行。另外，N和Mg等矿质元素是可重复利用元素，根系受伤后，新叶生长所需的N和Mg等矿质元素依赖于老叶中叶绿素分解后的转运，即新叶向老叶争夺N和Mg等矿质元素，这就加速了老叶的落黄，因此水稻秧苗在栽插后有一个叶色落黄过程。当根系恢复生长后，新根能从土壤中吸收N、Mg等矿质元素，使叶绿素合成恢复正常。随着新叶的生长，植株的绿色部分增加，秧苗返青。

27. 植物的必需元素有三条标准：必要性、不可代替性和作用的直接性。确定必需元素可以采用溶液培养法。

用纯净的试剂配置完全营养液和缺铁的营养液，将玉米或其他幼苗分别培养于不同的溶液中进行培养。还要注意培养时的所有条件，如培养液的pH、保持对溶液通气、培养温度、根系不见光等。

几天后发现植株在缺铁营养液中生长发育不良，出现幼叶发黄等症状，但若把植株重新放回完全营养液，植株又恢复正常状态，证明铁元素的必要性。如果加入其他二价离子代替，缺素症状不会消失，说明铁的不可代替性。如果改变其他培养条件，不供应铁仍然会出现缺素症状，可证明其作用的直接性。由此可证明铁是植物的必需元素。

28. (1) 当植物根内部的溶质浓度较低，从外部溶液吸收溶质时，首先有一个溶质迅速进入根的第一阶段，然后有吸收溶质速度变慢且较平稳的第二阶段。在第一阶段溶质通过扩散作用进入质外体，在第二阶段溶质进入原生质及液泡。如果将实验材料从溶液中取出转入水中，进入组织的溶质只有很小一部分会很快地泄漏出来，这就是原来进入质外体中的部分。如果处于无氧、低温或用抑制剂来抑制呼吸作用时，则第一阶段的吸收基本上不受影响，但第二阶段的吸收被抑制。这说明，前者是由于扩散作用、不需要代谢提供能量而进行的吸收为被动吸收。后者要利用呼吸释放的能量才能逆电化学势梯度吸收矿质，这过程为主动吸收。

(2) 用放射性同位素（如^{32}P）饲喂根系，然后用呼吸抑制剂处理根系。在呼吸抑制剂处理前后测定地上部分^{32}P的含量，可知呼吸被抑制后^{32}P吸收的量减少，即表示存在主动吸收。

29. 离子间的相互作用影响植物对矿质元素的吸收。溶液中某些离子的存在会影响其他元素的有效性，有的表现出促进，如磷、钾促进植物对氮的吸收。这种一种离子的存在促进植物对另一种离子的吸收和利用称为协同作用（synergistic action）。有些离子的存在或过多会抑制植物对其他离子的吸收，如溴和碘会使氯的吸收减少，钾、铷、铯三者竞争，这与相似离子竞争载体上的结合位点有关。另外离子间还存在拮抗作用（ion antagonism），在单盐溶液中加入少量其他盐类，单盐毒害现象就会消除，对于植物的矿质营养起到一定的平衡作用。

四、分析论述题

1. 植物从土壤中吸收氮的形式主要有铵态氮和硝态氮。铵态氮被吸入后，直接进行氨同化；而硝态氮进入植物体后先经过还原为铵再经氨同化过程合成氨基酸。

(1) 硝酸盐的还原：在植物的根细胞和叶肉细胞中都存在还原硝酸根的酶系。NO_3^-进入叶肉细胞后在细胞质中利用 NADH 作为供氢体，被硝酸还原酶（NR）催化还原成亚硝酸根，而生成 NADH 时的氢供体为苹果酸，是经苹果酸脱氢酶催化将 NAD^+ 还原生成的；然后亚硝酸根被运至叶绿体内，其中的亚硝酸还原酶（NiR）利用光合反应生成的还原型 Fd 作为电子供体将 NO_2^- 还原为 NH_4^+。

硝酸盐在根中的还原与叶中基本相同，即硝酸盐经硝酸转运体进入细胞质，被 NR 还原为 NO_2^-，但电子供体 NADH（或 NADPH）来源于根细胞呼吸作用。而后 NO_2^- 被运至前质体被 NiR 还原为 NH_4^+。

(2) 氨的同化：氨在植物体内会被迅速用于氨基酸或酰胺的合成。氨的同化在根细胞和叶细胞中都可进行。氨的同化最初主要是通过谷氨酸-谷氨酰胺循环进行的，在此循环中的两种重要的酶分别是谷氨酰胺合成酶（GS）和谷氨酸合酶（GOGAT）。先形成谷氨酰胺，再与 α-酮戊二酸合成谷氨酸，继而可通过氨基转移形成其他氨基酸。

2. 首先，不同作物的需肥情况不同，施肥时应根据栽培作物的种类合理搭配氮肥、磷肥、钾肥的施用量。禾谷类作物如小麦、水稻、玉米等需要氮肥较多，同时又要供给足够的磷、钾，以使后期籽粒饱满；豆科作物如大豆、豌豆、花生等能固定空气中的氮素，故需磷、钾较多。叶菜类则要多施氮肥，以保证叶片肥大、质地柔嫩；薯类作物和甜菜需要更多的磷、钾以保证碳水化合物在块根或块茎中的大量积累。

其次，施肥时应注意不同作物对肥料类型的要求不同。施肥时应根据作物的种类和生产目的选择有利于作物生产的肥料种类。水稻宜施铵态氮而不宜施硝态氮，因为水稻体内硝酸还原酶的活性较低，难以同化利用硝态氮。烟草和马铃薯用草木灰等有机钾肥比氯化钾等无机钾肥效果好，因为氯可降低烟草的燃烧性和马铃薯的淀粉含量（氯有阻碍糖运输的作用）。

另外，施肥时还应特别注意的是同一作物在不同生育期需肥不同，处于不同生长发育阶段的植物对矿质营养的种类和数量的要求有所不同。如在种子萌发期间，因种子胚乳内储藏有丰富的包括各种矿质元素在内的营养物质，所以只需吸收水分即可萌发。在幼苗阶段，虽然植株逐步开始吸收一些矿质元素，但需要量较少；而随着幼苗的长大，植株吸收矿质元素的量会逐渐增加。对于一年生植物，当植物进入由营养生长向生殖生长转变的时期以及开花结实期，对矿质元素的吸收利用达到高峰；之后，随着植株生长的减缓并进入衰老期，吸收矿质元素的需求逐渐下降直至停止。另外，植物在营养生长阶段需氮肥量较大，但在进入生殖生长期则需磷、钾肥较多。

3.（1）首先考虑缺乏某些营养元素导致叶片失绿，包括氮、镁、硫、铁、锰、铜等。需要区别失绿叶片部位，如果在老的叶片，则可能是缺氮、镁、硫；如果出现在幼叶，则是缺乏铁、锰、铜等。经过具体测定确定后补充施肥。

（2）光照：由于叶绿素合成过程中，从原叶绿素酸酯转变为叶绿素酸酯需要光，光照不足，影响叶绿素合成，需要补充光照；光过强，叶绿素会受光氧化而破坏，需要适当遮阴。

（3）温度：叶绿素的生物合成是一系列酶促反应，温度影响很大，冬季需进行温室栽培。

（4）水：缺水不但影响叶绿素的生物合成，而且还促使原有叶绿素加快分解，干旱时及时补水。

（5）氧：缺氧能引起 Mg-原卟啉Ⅸ或 Mg-原卟啉甲酯的积累，影响叶绿素的合成。

（6）病虫害：遭病虫侵袭的叶片也会失绿变枯黄，应及时防治病虫害。

（7）遗传因子：如有缺乏叶绿体的白化苗。

4. 钾作为作物生长发育所必需的营养元素之一，它在作物体中含量较高，是作物体内分布最多的一种元素，一般占作物灰分的50%。从钾离子与植物水分代谢关系来说，它作为最主要的渗透物质，在作物水分关系调节中有着重要的作用。钾可以提高作物的水分利用率，促进植株对氮、磷的吸收和转运，降低叶水势，提高叶片持水能力。

（1）K^+是维持作物细胞渗透压的最主要离子。作为渗透物质，K^+有许多优点：①以离子态存在，不像其他大分子物质需合成、分解、转化后才能参与渗透调节；②分子质量小，相同体积下溶质数多，降低的渗透压绝对值大；③正常情况下植株含有大量K^+，而K^+对细胞无毒害作用；④可促进其他渗透调节物质如脯氨酸等的形成；⑤ K^+的离子半径小，水化膜大；⑥ K^+对酶及蛋白质有保护作用。

（2）K^+进出保卫细胞是气孔运动渗透调节理论的中心。大量K^+进出保卫细胞，改变渗透势而导致水分出入，引起气孔启闭。ABA 作为信号物质促进气孔关闭也是通过刺激K^+通道而起作用。

（3）钾的其他生理作用。①通过对细胞结构的影响提高抗旱性。钾营养好的植株有较厚的茎壁，机械抗性高，可增强细胞的“弹性调节能力”。有助于维持植株的伸展性和植株脱水时的细胞低水势，起一定的御旱作用。②通过对保护酶系的影响提高抗旱性。增施钾肥能影响 SOD、CAT、POD 活性，明显增强植物的抗衰老能力和保护酶活性。③钾对脯氨酸的累积有明显的促进作用，脯氨酸参与渗透调节；解毒作用，同时也可作为复水后直接利用的氮源；由于脯氨酸具有偶极性，生物大分子通过脯氨酸增加对水分的亲和力，防止脱水引起的变性作用。④改善营养条件增强抗旱性。促进氮的吸收和蛋白质的合成；促进豆科作物结瘤和固氮作用；减少NH_4^+对植物的毒害作用和减少旱地土壤的反硝化作用，从而提高氮的利用率；促进光合作用和同化产物在筛管中的输送。⑤刺激作物根系生长。大量侧根的形成会有效地增强作物对水分的吸收，提高水分利用率，同时也改善作物的营养状况，提高水分胁迫下膜的稳定性，从而增加抗旱性。

5. 一般而言，随着氮肥用量的增加，植物体内糖、淀粉含量下降，抗病能力减弱。可溶性氮含量高、蛋白氮含量低时作物易感病，反之则不易感病。氨基酸及其酰胺特别是谷氨酸、丙氨酸、天冬氨酸及其酰胺含量高容易致病。

钾能促进蛋白质的合成，促进糖、淀粉的合成和运输，协调碳氮代谢，进而减少体内可溶性氨基酸的含量，从而提高抗性。

磷能加强光合作用和碳水化合物的合成与运转，增加植株体内可溶性糖类（特别是在逆境条件下）含量，提高抗性。

钙对维持生物膜的稳定性具有重要意义，钙含量降低会使低分子化合物（主要为氨基酸、糖等）从原生质体进入质外体，有利于菌丝的生长。适量施镁使植株茎叶中含碳化合物增加，可溶性氮下降，在一定程度上能提高抗病性。

许多微量元素能促进蛋白质合成，减少体内游离氨基酸含量，从而提高植物抗性。微量元素铁、锰、铜、锌等对光合作用的正常进行是必不可少的，高分子碳水化合物的形成也离不开微量元素，因此，微量元素缺乏时，作物抗病性就减弱。

第六章　光合作用Ⅰ：植物对光能的吸收与转换

重点提示：叶绿体结构与功能的关系（掌握）；光合膜上的蛋白复合体及光合作用光反应过程（重点掌握）；水的光解氧化以及光合磷酸化（掌握）；光合作用中光能的分配调节和光保护机制（了解）。

【核心概念】

1. 光合作用（photosynthesis）——植物利用光能，同化二氧化碳和水，制造有机物质并释放氧气的生物过程。

2. 希尔反应（Hill reaction）——希尔发现在有适当的电子受体（如草酸铁）存在的条件下，离体叶绿体利用光使水光解放出氧气，这个反应称为希尔反应。其中的电子受体被称为希尔氧化剂。

3. 聚光色素（light harvesting pigment）——在光合作用中参与吸收和传递光能的色素分子，包括胡萝卜素、全部叶绿素 b 和多数叶绿素 a。

4. 反应中心色素（reaction center pigment）——位于光反应系统复合体上的特殊的叶绿素 a，它们吸收从其他天线色素传递过来的能量用于推动光化学反应的进行，起光反应中心的作用。

5. 荧光（fluorescence）与磷光（phosphorescence）——激发态的叶绿素分子回到基态时，以光子形式释放能量。处在第一单线态的叶绿素分子回至基态时所发出的光称为荧光，而处在三线态的叶绿素分子回至基态时所发出的光称为磷光。

6. 量子产率（quantum yield）——光合作用中光化学产物量与吸收光量子总量之比。也称为量子效率。

7. 量子需要量（quantum requirement）——是量子产率的倒数，表示每形成一分子光化学产物所需光量子数。

8. 共振传递（resonance transfer）——光能在色素分子间的传递不是以光的形式进行的，色素分子吸收光能被激发后，其中高能电子的振动会引起附近色素分子中电子的振动（共振），并依次传递，这种依靠电子振动在分子内传递能量的方式称为共振传递。色素分子蛋白复合体保持色素分子间适当的角度和距离，使这种能量传递得以高效率实现。

9. 红降现象与双光增益效应（red drop and enhancement effect）——Emerson 发现当用波长在 680nm 以上的光照射时，虽然该波长在叶绿素吸收的有效范围内，但光合作用的量子产率却急剧下降，因此，将其称为红降现象。如果在引起红降的光照（如700nm）的同时，再外加一个短波的光照（如680nm），则量子效率可以提高并且有增益，称之为双光增益 。红降和双光增益的现象说明了在光合系统中存在两个串联的光反应中心。

10. 反应中心（reaction center）——发生光合作用原初反应的最小单位，由反应中心色素分子、原初电子供体、原初电子受体，以及维持这些电子传递体的微环境所必需的蛋白质等组成。

11. 放氧复合体（oxygen evolving complex，OEC）——光系统Ⅱ复合体中靠近内囊体腔一侧的蛋白质，由三条多肽链加上锰聚集体组成的复合体，催化水的裂解，释放质子和氧气。

12. 原初反应（primary reaction）——是光合作用起始的光物理和光化学过程，包括光合色素分子对光能的吸收、传递与光化学反应，结果是反应中心发生电荷分离。

13. 光合链（photosynthetic chain）——在光合膜上排列着一系列电子传递体，由光驱动使 H_2O 或其他电子供体的激发电子按氧化还原电位传递，使 $NADP^+$ 还原，同时释放分子态氧，并在传递电子过程中偶联形成 ATP。按各组分的氧化还原电位排列，形成一条“Z”形电子传递轨道。

14. 光反应（light reaction）——在叶绿体类囊体上发生的光能吸收、传递与转换、电子传递和光合磷酸化等反应。

15. PQ 穿梭（PQ shuttle，或 Q 循环）——PQ 为质体醌，是光合链中含量最多的电子传递体。它在光合链中既可以传递电子，也可以传递质子；能在类囊体膜内移动，在传递电子时，也将质子从间质输入类囊体内腔。将 PQ 在类囊体膜上的这种氧化还原反应称为 PQ 穿梭。

16. 非环式电子传递（noncyclic electron transport）——指水分子中的电子经 PSⅡ与 PSⅠ一直传递到 $NADP^+$ 的电子传递途径。

17. 环式电子传递（cyclic electron transport）——一般指 PSⅠ中电子由经 Fd、PQ、$Cytb_6f$、PC 等电子传递体返回到 PSⅠ的循环电子传递途径。

18. 假环式电子传递（pseudocyclic electron transport）——指水分子中的电子经 PSⅡ与 PSⅠ传给 Fd 后再传给 O_2 的电子传递途径。

19. 光合磷酸化（photophosphorylation）——在光照条件下，在叶绿体内将 ADP 和 Pi 合成 ATP 的过程。由与光合电子传递偶联形成的跨类囊体膜的质子电动势驱动，经 ATP 合成酶催化 H^+ 完成渗透。与电子传递相应，也包括非环式光合磷酸化、环式光合磷酸化和假环式光合磷酸化。

20. 同化力（assimilatory power）——指光合作用光反应中形成的中间产物 ATP 与 NADPH。它们是固定与还原 CO_2 所需要的活跃的化学能。

21. 解偶联剂（uncoupler）——能消除类囊体膜或线粒体内膜内外质子梯度，解除磷酸化反应与电子传递之间偶联的试剂，如 DNP 等。

22. 光能转化效率（efficiency of light energy conversion）——光合产物中所储存的化学能占光合作用所吸收的有效辐射能的百分率。

23. 满溢效应（spill over）——在限制光条件下，用主要被 PSⅠ吸收的光（>700nm）照射小球藻细胞时，吸收的激发能向 PSⅡ分配的比例增加；如用主要为 PSⅡ吸收的光（650nm）照射则激发能向 PSⅠ分配的比例增加。这种激发能在两个光系统间的分配转换被称为满溢效应。

24. 光抑制（photoinhibition）——指多余光能对光合作用产生的抑制。植物叶片接受的光能超过它所能利用的量时，引起光合活性降低、光合作用被抑制的现象。在干热的中午，由于强光、高温、缺水等，常出现暂时的光抑制现象，可称为“光合午休”现象。

25. 动态光抑制和慢光抑制（dynamic photoinhibition，chronic photoinhibition）——在高光强对植物光合作用的抑制中，仅量子产率暂时下降，当光强下降到保护光强以下时，量子产率可恢复到原来水平，这种抑制属于动态光抑制；如果多余光能对光系统产生了伤害，使光合最高速率也下降，出现较长期的抑制，就被称为慢光抑制。

【知识要点】

光合作用是植物利用太阳能生产有机物的过程，是地球上有机物和大多数能量的来源，是植物体内最重要的生命活动过程。

光合作用在叶绿体中进行，分为光反应和碳还原反应两大步骤。叶绿体具有复杂的超微结构，包括双层的被膜、类囊体垛叠的基粒和不垛叠的基质片层形成的立体膜结构，以及包含大量酶的基质。光反应在叶绿体类囊体膜上进行，碳还原反应在叶绿体基质中完成。叶绿体类囊体膜上镶嵌叶绿体色素蛋白复合体及一系列电子传递体组成的蛋白复合体，包括光系统Ⅱ、细胞色素 b_6f 复合体、光系统Ⅰ和 ATP 合酶。叶绿体色素吸收的光能通过天线色素间的能量传递被传递到光反应中心。在光反应中心发生的原初光化学反应，是在一对“特殊对”叶绿素 a 上进行的原初电荷分离。光合生物中存在两个串联的光反应中心——PSⅡ和 PSⅠ：PSⅡ是以醌为最终电子受体的，称为醌型光反应中心；PSⅠ以铁-硫中心作为电子的最终受体，称为铁硫型反应中心。

在植物中两个光反应中心串联起来推动电子传递，发生一系列氧化还原反应。从水中夺取电子（氧化水）并最终将电子传递给 $NADP^+$，使之被还原为 NADPH，形成非循环电子传递的 Z 链。PSⅡ中有放氧复合体，具有氧化水、释放氧气的重要功能，通过 PSⅡ上锰聚集体的不同氧化状态（S 状态）的依次转换，逐步氧化水释放出氧气。PSⅡ和 PSⅠ在空间上是分离的，PSⅡ主要位于基粒类囊体的垛叠区，而 PSⅠ主要位于基质类囊体。在两个光系统间还有 PQ、PC 和细胞色素 b_6f 复合体进行电子的传递。细胞色素 b_6f 复合体还在质子的跨膜转移中起重要的作用。在电子传递过程中形成的跨类囊体膜的电化学梯度，主要是 pH 梯度，这是光合磷酸化合成 ATP 的能量来源。ATP 合酶利用质子流推动其 γ 亚基转动，引起 β 亚基的构象发生转变，因而完成 ADP 与 Pi 的结合、ATP 形成和 ATP 释放的过程。在光反应中形成了同化力——NADPH 和 ATP，光能转化为活跃的化学能。同化力被用于 CO_2 的固定还原，最终合成有机物。

光能在两个光系统间的不平衡会降低光合作用的效率，而多余的光照会导致光系统的破坏，因此光能向光系统输送的多少和在两个光系统间的分配比例都受到精细的调控。捕光色素蛋白 LHCⅡ的磷酸化与光合蛋白复合体在类囊体不同区域间的移动在光能的分配中起重要的作用。类胡萝卜素可以淬灭激发态的叶绿素并以热耗散的方式消除多余的能量，减少了向光反应中心输送的能量，保护光系统免受多余激发能的破坏。叶黄素循环也在光保护反应中起非常重要的作用。

叶绿体结构与功能简表

结构	特点	功能
叶绿体被膜	外膜：小分子物质可透 内膜：高度选择透性，镶嵌多种转运蛋白	保护、功能屏障，与胞质间的物质交换
片层结构	类囊体垛叠的基粒和连通基粒的基质片层，镶嵌色素蛋白和电子传递蛋白复合体	完成光合作用光反应：光能吸收、传递，电子传递和光合磷酸化
基 质	流动性，含光合酶系统，DNA，RNA 等	完成 CO_2 固定还原及糖的转换；氮素还原，硫的同化；半自主性

光合电子传递复合体

复合体	组成	功能
PSⅡ	P680 与多肽结合，pheo，LHCⅡ，Z（酪氨酸残基），OEC，PQ	利用光能使水裂解，释放氧和质子，推动电子传递到 PQ
细胞色素 b_6f	Cyt b_6，Cyt f，Fe-S 蛋白，PQ 结合蛋白，PC	参与传递电子，催化 PQH_2 的氧化和 PC 的还原
PSⅠ	P700 与多肽结合，LHCⅠ，A_0 和 A_1，4Fe-4S 蛋白，Fd，FNR	还原 $NADP^+$，形成强还原力
ATP 合酶	CF_0（4 个亚基，形成质子通道），CF_1（5 个亚基，具 ADP 和 Pi 结合位点）	利用跨类囊体膜的质子动力势梯度催化 ATP 合成

【试题精选】

一、填空题

1. 光合作用对人类的最大贡献是________、________和________。

2. 在光合作用过程中，H_2O 被________，而 CO_2 被________。

3. 高等植物叶绿体的基本结构包括________、________以及________。

4. 光合作用的光反应是在叶绿体的________进行的，CO_2 的固定和还原则在叶绿体的________进行的。

5. 光合色素包括________、________和________三大类。

6. 高等植物的叶绿体色素包括________和________，按功能可分为________和________。

7. 高等植物叶绿体色素主要吸收________光和________光。

8. 类胡萝卜素起________和________的作用。

9. 叶绿素蛋白复合体包括________________和________________。

10. 叶绿素分子的激发态电子从第一单线态回到基态，其能量以________形式释放；如从三线态回到基态，则以________形式释放能量。

11. 叶绿素分子对光的吸收波长为________，类胡萝卜素的吸收波长为________。

12. 叶绿体色素吸收光能后，其能量主要以________方式在色素分子之间传递。在传递过程中，其波长逐渐________，能量逐渐________。

13. 在光合电子传递链中的可移动电子传递体是________和________，二者分别以________和________进行氧化还原。

14. PSⅠ的反应中心色素是________，PSⅡ的反应中心色素是________。

15. 在类囊体膜上的电子传递体不均匀分布，其中________主要分布在基粒垛叠区；而________和________主要分布在非垛叠区。

16. 光合作用的最初电子供体是________，最终电子受体是________。

17. 水的光解放氧是由________催化完成的，在其氧化过程中起重要作用的金属元素是________。

18. 光合作用中释放的氧来自于________，合成碳水化合物的________来自空气。

19. 光合作用中水的光解是与________电子传递相偶联的，每光解________分子水释放一分子氧，需要吸收________个光量子。

20. 在非环式电子传递中，每传递 2 对电子需吸收________个光量子，还原________个________ $NADP^+$，类囊体腔中积累________个 H^+，每转移约________个 H^+ 可形成一个 ATP。

21. 光合作用电子传递有多条途径，包括________、________和________等。

22. 光合磷酸化有________、________和________几种类型。

二、选择题（包括单项和多项选择）

1. 地球上最早出现的光合放氧生物是(　　)。

A. 红藻　　B. 蓝藻　　C. 轮藻　　D. 原绿藻

2. 与其他生物膜比较，类囊体膜组分的特点之一是(　　)。

A. 含更多饱和脂肪酸　　B. 含更多不饱和脂肪酸

C. 含多种蛋白质　　D. 含更多脂类

3. 参与光合作用的光反应的色素蛋白复合体都位于(　　)上。

A. 叶绿体基质　　B. 叶绿体外膜

C. 类囊体膜　　D. 类囊体基质

4. 叶绿素 b 的分子结构是在叶绿素 a 第二吡咯环上的—CH_3 被(　　)取代。

A. —OH　　B. —NH_2　　C. —CHO　　D. —COOH

5. 对高等植物光合作用最有效的光是(　　)。

A. 绿光　　B. 红光和蓝紫光　　C. 绿光和蓝紫光　　D. 远红光

6. 高等植物每个光反应中心具有天线色素分子(　　)。

A. 2 或 3 个　　B. 20～30 个　　C. 200～300 个　　D. 2000～3000 个

7. 通过光合作用的光化学反应将(　　)。

A. 光能变为电子激发能　　B. 光能变为化学能

C. 电子激发能变为化学能　　D. 水的光氧化分解

8. 光化学产物量与所吸收光量子总量之比称为(　　)。

A. 量子产率　　B. 量子需求量

C. 光子效率　　D. 光子需求量

9. 光合链中的电子传递体 Fd 含（　　）。

A. Cu　　B. Mg　　C. Fe　　D. Ca

10. 激发态叶绿素分子从三线态回到基态，发射的光是(　　)。

A. 透射光　　B. 反射光　　C. 荧光　　D. 磷光

11. 光能在色素分子间的传递属于(　　)。

A. 光子转移　　B. 电子转移　　C. 化学转移　　D. 共振转移

12. 将叶绿素提取液放在直射光下观察，则(　　)。

A. 反射光是绿色，透射光是红色　　B. 反射光是红色，透射光是绿色

C. 反射光和透射光都是绿色　　D. 反射光和透射光都是红色

13. 用分光光度计测定叶绿素总量时，选用的波长是(　　)。

A. 663nm　　B. 645nm　　C. 652nm　　D. 430nm

14. 在提取叶绿素时，加入少量碳酸钙的目的是(　　)。

A. 增加叶绿素的溶解度　　B. 破坏膜便于充分提取

C. 防止叶绿素在提取时受到破坏　　D. 防止叶绿素与其他物质结合

15. 参与光合作用水光解反应的矿质元素有(　　)。

A. Ca、Cl 和 Fe　　B. Mn、Fe 和 Ca

C. Mn、Cl 和 Mg　　D. Mn、Cl 和 Ca

16. 证明高等植物有两个光系统的实验证据有(　　)。

A. 红降现象和希尔反应　　B. 荧光现象和双光增益效应

C. 希尔反应和荧光现象　　D. 红降现象和双光增益效应

17. 活体叶片测定叶绿素 a 荧光增加，可能是(　　)。

A. 光合作用增强　　B. 光合作用减弱

C. 与光合作用无关　　D. 光合作用没有变化

18. 在 PSⅡ发生的光化学反应的主要特征是（　　）。

A. $NADP^+$ 的还原　　B. ATP 的生成

C. 氧的释放　　D. PC 被还原

19. PSⅡ的原初电子受体应为(　　)。

A. Pheo　　B. PC　　C. PQ　　D. Fx

20. 光合链中同时传递电子和质子的组分是(　　)。

A. Fd　　B. PQ　　C. QA　　D. $NADP^+$

21. 光合链上的电子传递体 PC 含元素(　　)。

A. Fe　　B. Mn　　C. Cu　　D. Zn

22. 光照条件下，类囊体内的 pH 较基质的 pH（　　）。

A. 低　　B. 高　　C. 相等　　D. 不一定

23. 光照条件下，类囊体内的 Mg 浓度较基质中的 Mg 浓度(　　)。

A. 低　　B. 高　　C. 相等　　D. 不一定

24. 光合作用水光解产生的氧和质子先出现的部位是(　　)。

A. 叶绿体基质　　B. 氧在基质，质子在类囊体腔

C. 类囊体腔　　D. 质子在基质，氧释放

25. DCMU 抑制光合作用是由于它阻止电子传递步骤(　　)。

A. QA→QB　　B. $Cytb_6f$→PC　　C. PC→P700　　D. Fd→FNR

26. 光能在色素分子间的传递形式是(　　)。

A. 光子　　B. 电子　　C. 共振转移　　D. 化学转移

27. 在光合作用中，每释放一分子氧，同时传递的电子数为(　　)。

A. 1 个　　B. 2 个　　C. 4 个　　D. 8 个

28. 在光照条件下，用光合仪的叶室夹住叶片，测定通过叶室的气流中 CO_2 的改变量，此时测定的是叶片的(　　)。

A. 总光合速率　　B. 表观光合速率

C. 总呼吸速率　　D. 表观呼吸速率

29. 假环式电子传递的最终电子受体是（　　）。

A. H_2O　　B. ADP　　C. $NADP^+$　　D. O_2

30. 要确定叶片是否进行了光合作用光反应，简单的办法是检测(　　)。

A. O_2 释放　B. ATP 形成　C. 糖产生　D. CO_2 吸收

31. 在叶绿体中起光保护作用的重要色素是(　　)。

A. 叶绿素 a　B. 叶绿素 b　C. 胡萝卜素　D. 叶黄素

32. 在提取叶绿体色素时，通常用的试剂是（　　）。

A. 80%的丙酮　B. 甘油　C. 蒸馏水　D. 95%乙醇

33. 组成叶绿体类囊体膜的主要物质是（　　）。

A. 蛋白质　B. 脂类　C. 色素　D. 糖

34. 与其他生物膜比较，类囊体膜中富含(　　)。

A. 磷脂　B. 糖脂　C. 硫脂　D. 真脂

35. 下列不能自由通过叶绿体膜的分子是（　　）。

A. H_2O　B. CO_2　C. Mg^{2+}　D. PGA

36. 高等植物的光合色素有(　　)。

A. 叶绿素 a　B. 叶绿素 b　C. 叶绿素 c　D. 类胡萝卜素

37. 影响叶绿体发育和叶绿素合成的环境因素有(　　)。

A. 水分　B. 光照　C. 温度　D. 矿质元素

38. 高等植物的胡萝卜素的重要功能是(　　)。

A. 吸收光能　B. 传递光能　C. 转化光能　D. 保护光合机构

39. 下列关于铁氧还蛋白的叙述，符合铁氧还蛋白特征的是(　　)。

A. 铁氧还蛋白是光合电子传递的重要成员

B. 铁氧还蛋白不参与环式电子传递

C. 铁氧还蛋白是 C、N、S 同化的中心

D. 铁氧还蛋白与硫氧还蛋白的还原有关

40. 分布在垛叠区的电子传递体有(　　)。

A. PSⅠ　B. PSⅡ

C. 细胞色素复合体　D. ATP 合酶

41. 光合链中含 Fe 的电子传递体是(　　)。

A. PSⅡ　B. PC　C. $Cytb_6f$　D. PSⅠ

42. 光合作用的基本功能单位包括(　　)。

A. 原初电子供体　B. 原初电子受体

C. 天线色素蛋白复合体　D. ATP 合酶

43. 光合作用光反应产生的物质有(　　)。

A. H_2O　B. O_2　C. ATP　D. NADPH

44. PSⅡ被光激发后产生(　　)。

A. O_2　B. ATP　C. NADPH　D. H^+

45. 光合电子传递链中，可移动的电子载体是(　　)。

A. PQ　　B. FeS_R　　C. PC　　D. Fd

46. 下列能阻断光合电子传递的物质是(　　)。

A. IAA　　B. DNP　　C. DCMU　　D. DBMIB

三、简答题

1. 简述光合作用的意义。
2. 光合色素有哪些特性？叶绿素蛋白是如何进行分类的，它们各有何特点？
3. 简述影响叶绿素生物合成的环境因素。
4. 为什么说光合作用是氧化还原反应？
5. 说明类囊体膜上的蛋白复合体的分布特点及其与功能的联系？
6. 在类囊体反应（光反应）中，涉及哪些蛋白复合体，它们的主要功能是什么？
7. 简述捕光色素蛋白 LHCⅡ的结构和功能。
8. 在光合生物中存在哪两类光反应系统？说明它们共同的特点和不同点。
9. 列表比较 PSⅠ和 PSⅡ。
10. 如何证明植物中存在两个串联的光反应系统？
11. 简述光系统Ⅱ的主要功能，分析其结构与功能的关系。
12. 什么是希尔反应？对光合作用研究有什么意义？
13. 光系统Ⅱ如何进行水的氧化，其中涉及哪些关键装置，氧气的释放步骤如何？
14. 简述 PQ 的特点及其重要性。
15. 细胞色素 b_6f 复合体是如何使质子进行跨膜转移的？
16. 非环式和环式电子传递的区别和作用是什么？
17. 简述叶绿体实现光合磷酸化的条件。
18. 光反应的产物是什么？如何形成的？
19. 列举证明光合作用的简便实验观察。
20. 简要说明用于研究光合作用电子传递和光合磷酸化的抑制剂及其作用机制。
21. 简要叙述光合色素的测定方法及其原理。

四、分析论述题

1. 分析叶绿体的结构与功能的关系。
2. 植物如何将光能转换为活跃的化学能？
3. 从结构和组分方面说明叶绿体类囊体在光合作用中的重要作用。
4. 什么是光合磷酸化？说明 ATP 合酶催化 ATP 合成的机制。
5. 试比较几种光合磷酸化，叙述它们的功能意义。

6. 什么是光能分配的状态？植物如何实现光能在两个光系统间的平衡分配？

7. 什么是光抑制，植物体进行光保护的机制有哪些？

【参考答案】

一、填空题

1. 物质来源，能量供应，提供氧气。

2. 氧化，还原。

3. 双层被膜，类囊体为单位的基粒和基质片层，基质。

4. 类囊体膜上，基质中。

5. 叶绿素，类胡萝卜素，藻胆素。

6. 叶绿素，类胡萝卜素，反应中心色素，聚光色素。

7. 蓝紫，红。

8. 吸收传递光能，光保护。

9. 叶绿素 a 蛋白复合体，叶绿素 a/b 蛋白复合体。

10. 荧光，磷光。

11. 640～660nm 和 430～450nm，400～500nm。

12. 共振转移，变长，降低。

13. PQ，PC，醌/酚，Cu^{+}/Cu^{2+}。

14. P700，P680。

15. PSⅡ，PSⅠ，ATP 合酶。

16. H_2O，$NADP^{+}$。

17. OEC，Mn。

18. H_2O，CO_2。

19. 非环式，2，8。

20. 8，2，8，3。

21. 非环式，环式，假环式。

22. 非环式，环式，假环式。

二、选择题

1. B；　2. B；　3. C；　4. C；
5. B；　6. C；　7. A；　8. A；
9. C；　10. D；　11. D；　12. B；
13. C；　14. C；　15. D；　16. D；
17. B；　18. C；　19. A；　20. B；
21. C；　22. A；　23. A；　24. C；
25. A；　26. C；　27. C；　28. B；
29. D；　30. A；　31. D；
32. A，D；　33. A，B，C，D；
34. B，C；　35. C，D；
36. A，B，D；　37. A，B，C，D；
38. A，B，D；　39. A，C，D；
40. B，C；　41. C，D；
42. A，B，C；　43. B，C，D；
44. A，D；　45. A，C；
46. C，D。

三、简答题

1. 光合作用是植物（包括光合细菌）利用光能、同化二氧化碳和水制造有机物质并释放氧气的生物过程。光合作用将太阳光能转换为可用于生命过程的化学能并合成有机物。

光合作用是植物体内最重要的生命活动过程，也是地球上最重要的化学反应过程。地球上几乎所有的有机物质都直接或间接地来源于光合作用。光合作用不仅是维持生命的能量来源，也是地球上大部分的能量物质的来源。光合作用是目前唯一知道的通过分解水产生氧气的生物过程，没有光合作用也就没有目前的生命形式。光合作用利用太阳的能量将空气中的二氧化碳还原为有机物，而需氧生物的呼吸作用又将有机物氧化为二氧化碳和水，因此形成了二氧化碳和氧的循环，也带动了如氮、硫等其他物质循环。

2. 光合色素包括叶绿素（包括细菌叶绿素）、类胡萝卜素和藻胆素三大类。叶绿素和类胡萝卜素除了其一般的化学特性外，还具有特殊的光化学特性，如特定波长的吸收光谱，激发态电子返回基态时释放的荧光或磷光等。

按其所含的叶绿素分为叶绿素a蛋白复合体和叶绿素a/b蛋白复合体。

叶绿素a蛋白复合体包括PSⅠ和它的天线色素蛋白，PSⅡ和它的天线色素蛋白。特点为：①结合叶绿素a，含有β-胡萝卜素；②为高疏水性蛋白，与反应中心紧密联系；③分子质量一般高于叶绿素a/b复合体；④都是叶绿体基因编码的蛋白。

叶绿素a/b蛋白复合体又称捕光色素蛋白复合体，它是类囊体膜上最丰富的蛋白复合体，LHC结合了叶绿素a总量的50%和所有的叶绿素b，LHC不参与光化学反应，只起光能吸收、传递的作用。特点为：①结合叶绿素a和b；②分子质量为20～30kDa，由核基因编码；③光诱导合成；④具有某些共同的氨基酸序列，在结构上有共性。叶绿素a/b蛋白复合体又分为两类，即LHCⅠ和LHCⅡ，分别为PSⅠ和PSⅡ的天线色素蛋白。

3. 主要影响因素有光、温度、矿质元素、氧、水等。

光是叶绿素生物合成的必要条件。从原叶绿素酸酯转变为叶绿酸酯的过程需要光，但叶绿素也会被强光氧化而破坏。黑暗中生长的幼苗因缺乏叶绿素而呈黄白色。

叶绿素的生物合成包括一系列酶促反应，受温度影响。叶绿素形成的最适温度约30℃，过高或过低都不利于叶绿素合成。高温下叶绿素分解大于合成，绿叶蔬菜存放时变黄；温度较低时叶绿素分解慢，可用于低温保鲜。

多种矿质元素与叶绿素形成有关。氮和镁是叶绿素的组成成分，铁、锰、铜、锌等则在叶绿素的生物合成过程中有催化功能或其他间接作用。其中尤以氮的影响最大，因而叶色的深浅可作为衡量植株体内氮素水平高低的标志。

缺氧引起Mg-原卟啉Ⅸ或Mg-原卟啉甲酯的积累，影响叶绿素的合成。

缺水不但影响叶绿素生物合成，而且还加速叶绿素分解，所以干旱时叶片变黄。

4. 从光合作用总反应式可以看出，CO_2中的碳被固定还原为碳水化合物，而H_2O被氧化释放出氧。在叶绿体类囊体膜上进行的电子传递也是经一系列蛋白复合体交替的氧化还原完成的；碳的固定也是许多酶催化的还原反应完成的。所以光合作用将无机物变成有机物是通过利用日光能、在叶绿体中进行的一系列氧化还原反应实现的。

5. 在类囊体膜上的蛋白复合体的分布不均衡，特别是基粒类囊体的垛叠区和基质类囊体上的蛋白复合体有相当大的不同。一般而言，PSⅡ主要集中在垛叠的类囊体膜上，高效率地进行电子传递和水的光解氧化。而PSⅠ和ATP合酶则主要分布于基质类囊体膜上或者基粒类囊体的边缘，有利于在基质一侧还原$NADP^+$和光合磷酸化的进行。因此，光合作用的两个光反应系统在空间上是分离的。细胞色素b_6f蛋白复合体在类囊体的膜上分布较为均匀，加之两类可移动电子传递体PQ和PC，以完成PSⅡ与PSⅠ间的电子传递和质子转移。

蛋白复合体在类囊体上的分布不仅是非均衡的，而且是动态的。蛋白复合体可以沿类囊体膜侧向移动，特别是捕光色素蛋白复合体和细胞色素b_6f复合体在基粒类囊体和基质类囊体间的运动在光能分配和电子传递的调控中有非常重要的功能。

6. 参与类囊体反应的蛋白复合体包括PSⅡ、细胞色素b_6f复合体和PSⅠ以及ATP合酶，在PSⅡ和细胞色素b_6f复合体间有PQ传递电子并转移质子，而在细胞色素b_6f和PSⅠ之间则有PC进行电子的传递。

PSⅡ利用光能推动反应中心氧化还原，将电子传到PQ，由OEC催化水裂解氧化形成质子，释放出氧气。细胞色素b_6f在PSⅡ和PSⅠ光反应复合体间进行电子的传递，催化PQH_2的氧化和PC的还原；并与此偶联地把质子从叶绿体基质转移到类囊体腔内，建立起跨膜的 pH 梯度，PSⅠ从 PC 接受电子，利用光能推动电子传递，最终将电子传递到铁氧还蛋白，使 $NADP^+$ 还原为 NADPH。同时经 ATP 合酶的质子通道向基质渗透质子，而驱动 ATP 的合成，最终形成同化力。

7. 捕光色素蛋白 LHCⅡ是 PSⅡ的天线，主要分布在类囊体的垛叠区。LHCⅡ的单体含有 14 个叶绿素 a、叶绿素 b 分子，以及 4 个类胡萝卜素分子。自然状态下有生理活性的 LHCⅡ是其三聚体。叶绿素的卟啉环相对于膜平面垂直、分上下两层排列。其中一层的叶绿素卟啉环大致形成一圈，另一层则形成新月形，两层间在一端相互倾斜，使两层间的叶绿素卟啉环相互接近到 13～14Å 的距离。叶绿素在 LHCⅡ中的特殊排列保证了其间的适当距离和角度，使能量可以在其间高效地传递。

LHCⅡ的主要功能是进行光能的吸收和传递，提高捕光面积和捕光效率；此外，LHCⅡ在光能分配的调节以及光保护反应中也具有重要的作用。

8. 存在光系统Ⅱ（PSⅡ）和光系统Ⅰ（PSⅠ）两类光反应系统。

PSⅡ和 PSⅠ的共同特点是：它们的核心都是由两条对称的多肽组成，反应中心色素分子都为“特殊对”的叶绿素 a 分子，作为原初电子供体，它们的原初电子受体是一个叶绿素或去镁叶绿素分子，说明这两个光反应中心可能有共同的进化来源。

两个光系统有各自的特点：PSⅡ的反应中心色素分子是 P680，其稳定的电子受体是质醌；而 PSⅠ的反应中心色素分子是 P700，其稳定的电子受体是铁氧还蛋白。PSⅡ主要位于基粒类囊体的垛叠区，而 PSⅠ主要位于基质类囊体。PSⅡ的重要功能是完成水的光解氧化，传递电子并释放氧；而 PSⅠ的主要功能是传递电子，用以还原 $NADP^+$，最终形成 NADPH。

9.

结构和功能	PSⅠ	PSⅡ
反应中心色素	一对 P700 与多肽结合	2 个 P680 与两条多肽链结合
聚光色素	LHCⅠ，约 100 个叶绿素	LHCⅡ，约 250 个叶绿素
原初电子受体	叶绿素 a 分子	去镁叶绿素
稳定电子受体	铁氧还蛋白	质醌
可移动电子传递体	PC，传递电子	PQ，传递电子，将 H^+ 转入囊腔
其他蛋白复合体和电子载体	叶绿醌，铁硫蛋白，Fd，FNR	OEC
功能	传递电子，还原 $NADP^+$	水光解氧化，提供电子

10. 最初根据不同光谱照射下测定光合速率中发现的红降现象和双光增益效应推测出两个光系统的存在。并根据光合放氧的量子需要量大于 8 来推测。后来的膜成分分离实验证明了类囊体膜上确实存在 PSⅡ和 PSⅠ蛋白复合体，并且已经知道其组成，确定了有两个光系统。

11. 植物叶绿体类囊体膜上镶嵌的光系统Ⅱ复合体是依赖于光的水-质体醌氧化还原酶。它利用光能使水裂解，推动电子传递，释放氧和质子。

其主要结构有聚光色素复合体，含大量色素分子，高效率吸收、传递、聚集光能到反应中心叶绿素 a 的“特殊对”——P680，氧化态 P680 是一种很强的氧化物，因而可以从 D1 蛋白亚基 161 位上的酪氨酸残基夺取电子，其电子受体是去镁叶绿素和质醌 Q_A、Q_B，被激发的电子能量经质醌继续传递。

光系统Ⅱ的重要结构是在类囊体腔一侧的放氧复合体（OEC），由三条多肽链和锰聚集体组成。水是非常稳定的分子，氧化水是很难的，OEC是唯一能进行此反应的生物化学系统。光能驱动锰氧化，经不同氧化状态的锰循环而从水分子中获得电子，水裂解释放氧气和质子。多肽链结合的 Ca^{2+} 和 Cl^-，能稳定、保护锰聚集体免受外部还原剂的影响。

12. 希尔反应（Hill reaction）：希尔在光合作用研究中发现，有电子受体存在时，光照使离体叶绿体中水分解、释放 O_2 的反应。

它证实了光照使叶绿体中的水分解，光合作用中释放出的 O_2 来自 H_2O，同时提供质子，是光合作用的最初电子供体。

13. 光系统Ⅱ中的放氧复合体（OEC）是唯一能进行水的光解的生物化学系统。OEC是由三条多肽链所组成的复合体结构加上由4个Mn原子组成的锰聚集体。这三条肽链的功能是结合 Ca^{2+} 和 Cl^-，同时稳定、保护Mn聚集体免受外部还原剂的影响。还有一个电子载体Z，是D1亚基的一个酪氨酸残基，它作为一个强氧化剂参与电子在OEC和P680间的传递。

目前用水氧化的S态转换机制来解释水的氧化过程：水的氧化系统存在 S_0 到 S_4 等状态，它们的氧化能力依次增强。被光照驱动时，发生状态转换。其中 S_4 时氧化能力最强，能氧化水、释放氧气并回到状态 S_0。S状态的转换代表着锰原子的不同的氧化状态。这些锰原子被4个独立的光化学反应依次转化为高价的状态，每一次P680被光激发从D1-161Tyr得到1个电子，锰聚集体就会转变到一个新的氧化状态，直到氧气放出，锰聚集体又回到原初状态。这样就形成了锰聚集体氧化状态的循环。实验表明 Ca^{2+} 和 Cl^- 也是水的氧化过程所必需的。

由于放氧复合体位于类囊体的囊腔一侧，因此水氧化所释放的质子将直接进入类囊体腔。这是形成跨类囊体膜pH梯度的重要因素。

14. PQ是质体中特殊的醌，数量较多的电子传递体（PQ库）。将PQ在类囊体膜上氧化还原的反复变化称PQ穿梭，是有效传递电子和 H^+ 的过程。PQ是亲脂的，能在膜内移动，利于电子高效传递。同时传递电子和 H^+，将电子传递给细胞色素 b_6f 复合体的Fe-S蛋白，H^+ 从基质运入囊腔内。PQH_2 能活化蛋白激酶，有利于激发能从PSⅡ向PSⅠ分配。

15. 细胞色素 b_6f 复合体催化 PQH_2 的氧化和PC的还原，将电子从 PQH_2 传递到PC。1分子质醌传递2分子的电子和2分子的质子，而PC只传递电子，不传递质子，因此细胞色素 b_6f 复合体在 PQH_2 向PC传递电子的过程中，一部分自由能被细胞色素 b_6f 复合体转变为质子的驱动力。

目前用醌循环模型来说明电子的传递和跨膜转运质子的过程：当一个 PQH_2 复合体在囊腔侧被氧化时，2个电子分别传递给 FeS_R 蛋白和Cytb，其中经 FeS_R 的电子传递给复合体中的Cytf后交给PC，进而还原PSⅠ的P700；另一个电子经复合体的Cytb还原1分子PQ为半醌。在 PQH_2 失去2个电子的同时将2个质子释放到类囊体腔中。当第二个 PQH_2 被氧化时，其中一个电子仍然经 FeS_R 传递到P700，另一个电子经Cytb将质醌的半醌还原为 PQH_2，同时从基质中获取质子，转移到类囊体腔中。这就是1个Q循环，其总的效果是：氧化1分子 PQH_2 为PQ，传递了2个电子，经PC传递到光系统Ⅰ的反应中心P700，同时跨膜运转了4个质子进入类囊体腔中，形成跨膜的质子电化学势梯度。

16. 非环式电子传递指由PSⅡ的OEC氧化水产生的电子经细胞色素 b_6f 复合体至PSⅠ，最后经Fd还原 $NADP^+$ 的电子传递。这是主要的电子传递途径。

环式电子传递指PSⅠ上的激发态电子，传递给Fd后经细胞色素 b_6f 复合体和PC返回P700，形成环绕PSⅠ的电子传递。在饱和光照下，约有15%的电子进行此循环。

其主要区别是：当电子通过PSⅠ和细胞色素b_6f复合体进行循环式传递时，没有NADPH的生成，但仍然形成了跨膜的pH梯度，仍有ATP的合成。

环式电子传递可以在光照或CO_2不足或光抑制的条件下，满足ATP合成的需要。此外某些需要ATP的代谢过程也可能由循环式电子传递来提供ATP，如C_4植物维管束鞘细胞叶绿体中作为提供碳固定所需ATP的重要途径。此外，循环途径可能在消耗多余的光能、保护光系统中起作用。

17. 按照ATP合成的化学渗透学说，膜结构需有一定的特点才能实现ATP的合成：膜对离子和质子有高度选择透性；膜内镶嵌电子传递体；膜上有与电子传递偶联的质子转移系统；膜上有能转移质子的ATP合酶。

叶绿体类囊体膜对离子和质子是高度选择不透的；膜上镶嵌了4种超大分子复合体，来进行电子传递；在传递电子过程中形成了跨类囊体膜两侧的质子梯度，H^+通过偶联因子ATP合酶渗透做功，使ADP + Pi→ATP，实现光合磷酸化。

跨膜质子梯度的建立：在PSⅡ水被光解氧化，产生的H^+留在类囊体腔内；在电子传递过程中，经PQ穿梭将H^+从基质转移至类囊体腔内；而在基质中形成NADPH亦不断消耗H^+，因而，在跨类囊体膜两侧形成了相差约1000倍的质子梯度。质子经膜上ATP合酶的质子通道流动，推动ATP合酶亚基变构，结合ADP与Pi形成ATP。

18. 经过光合作用的光反应，生成了ATP和NADPH，为固定同化CO_2提供同化力。通过两个光系统接收光能，激发电子，经过光合膜上的一系列电子传递体交替氧化还原，不断提高还原势，最终还原$NADP^+$，形成NADPH；在电子传递过程中，由于水的光解、PQ的氧化还原使类囊体腔内积累H^+，以及$NADP^+$的还原，在囊腔外消耗H^+，形成了跨类囊体膜的质子电动势梯度，驱动ATP合酶催化形成ATP，ATP的形成是与光合电子传递相偶联的。

19.（1）给水生藻类照光，可见从其叶片上放出气泡，收集气体点火可知为氧气，而在黑暗中没有，说明光合作用释放氧气。

（2）将洋绣球叶片的一半用黑纸遮盖，照光几小时后，取下叶片用乙醇脱色，加碘-碘化钾溶液，可见遮光部分不变色，而照光部分呈蓝色，说明生成了淀粉，证明经光合作用合成碳水化合物。

（3）将叶片切成小片，加入20mmol/L $NaHCO_3$溶液，抽真空使叶片下沉，照光后观察叶片产生气泡并逐渐上浮，如不照光则无此现象。

20.（1）电子传递抑制剂：DCMU［敌草隆3-(3，4-二氯酚)-1，1-二甲基脲］竞争性结合PSⅡ中D1蛋白的Q_B位点，阻止其还原，因而阻断了电子传递过程；DBMIB（2，5-二溴-3-甲基-异丙基-对苯醌，二溴百里香醌）抑制从PQ到Cytbf的电子传递；百草枯（甲基紫精）抑制电子向Fd的传递。这些抑制剂通过抑制电子传递而抑制光合作用，杀除杂草。

（2）解偶联剂：如DNP（2，4-二硝基酚）、尼日尼亚菌素、NH_4^+等，虽然不影响电子传递，但由于增加了类囊体膜对质子的透性，不能维持跨膜的质子电动势梯度，而不能进行磷酸化作用。

（3）ATP合酶抑制剂：DCCD（二环己基碳二亚胺）、PCMB（对氯汞苯甲酸）作用于CF_1，寡霉素作用于CF_0。

21.（1）叶绿体色素的分离和定性：叶绿体色素在叶绿体内以其亲水部分与蛋白质结合，亲脂部分与类脂结合，所以可用能与水混溶的有机溶剂并有少量水存在时，将叶绿体色素提取出来。常用的有机溶剂是含一定水的乙醇和丙酮等，研磨样品，过滤，进行层析分离色素。

(2) 定量测定：根据叶绿体色素提取液对可见光谱的吸收，利用分光光度计在某一特定波长下测定其消光度，即可用公式计算出提取液中各色素的含量。此法精确度高，且能在未经分离的情况下分别测出叶绿素 a、叶绿素 b 的含量。

用 80%丙酮研磨样品，过滤定容，在波长 663nm、646nm 和 470nm 下测定消光度。用公式分别计算叶绿素 a、叶绿素 b 和类胡萝卜素的浓度（mg/L），再计算色素含量：叶绿体色素含量 =（色素的浓度×提取液体积×稀释倍数）/ 样品重。

四、分析论述题

1. 叶绿体的外围是双层膜结构，叶绿体内是复杂的膜系统和基质。相对独立而复杂的结构是其完成光合作用的保障。

叶绿体的外被膜和内被膜，是叶绿体的保护屏障。外被膜通透性较大，而内被膜对物质透过的选择性强，是细胞质和叶绿体基质间的功能屏障，有些化合物如磷酸甘油酸、苹果酸等需经内被膜上的特殊载体转运才能通过。

叶绿体内的膜结构基本单位是类囊体，所有光合作用的色素和参与光反应的蛋白复合体都位于类囊体膜上，类囊体结构对光能的吸收和传递、电子的传递和 ATP 的产生都有至关重要的作用。由于类囊体垛叠形成的基粒由基质类囊体连通形成三维的网络，电子传递高效率进行，有效完成光合作用的光反应。

叶绿体膜内呈流动状态的基础物质称为基质。基质的主要成分是水、可溶性蛋白和其他代谢物质。光合作用中催化碳固定的酶系统存在于基质中，所以，在其中完成光合作用的 CO_2 固定还原。基质中还存在着叶绿体自身的 DNA、RNA 和核糖体，因此有其自身的遗传系统，具有半自主性。

2. 植物的叶绿体是光合作用细胞器。其中的类囊体膜上密集而有序地排列着色素和电子传递体的蛋白质复合体，不均匀镶嵌在光合膜上。

PSⅠ和 PSⅡ两个光系统偶联，其反应中心色素分别是 P700 和 P680，由 LHCⅠ和 LHCⅡ吸收、传递、聚集光能，反应中心色素分子电子被激发，在反应中心发生氧化还原——原初光化学反应。

电子和释放的 O_2 来源于水的光解——希尔反应。

光能驱动电子经一系列电子传递体交替的氧化还原作用传给 $NADP^+$，使其还原为 NADPH。与传递电子偶联形成 ATP——光合磷酸化，跨类囊体膜的质子电动势梯度是 ATP 形成的驱动力。ATP 和 NADPH 是细胞中活跃的化学能，为固定还原 CO_2 的同化力，经光合作用光反应实现了高效率的能量转换：光能→电子激发能→活跃的化学能。

3. 叶绿体类囊体是组成叶绿体内膜复杂结构的基本单位，在其上镶嵌 4 种超分子复合蛋白，包括 PSⅠ和 PSⅡ两个光系统，细胞色素 b_6f 复合体和 ATP 合酶。每个复合体由多种多肽及其他成分组成，各自执行特定功能。两个光系统的聚光色素吸收和聚集光能，PSⅡ和 PSⅠ的反应中心色素被电子激发，发生原初光化学反应，实现光能向电子激发能的转换；PSⅡ的放氧复合体在光能驱动下使水氧化，释放质子和氧气；PSⅡ反应中心的激发态电子经 PQ 和 PC 两种可移动电子传递体连接细胞色素 b_6f 复合体，将电子传递到 PSⅠ，经 FNR 的催化，还原 $NADP^+$，形成 NADPH。在类囊体膜上的 ATP 合酶由九条多肽链组成，形成质子通道和催化 ADP 磷酸化的头部结构，在电子传递的同时，由于水光解产生的质子和 PQ 穿梭带入类囊体腔的质子经过 ATP 合酶的质子通道渗透，推动形成了 ATP。即形成了同化力（包括 NADPH 和 ATP），完成了光合作用的光反应。

4. 光合磷酸化是在光照条件下、在叶绿

体内将ADP和Pi合成ATP的过程。目前解释ATP合成机制公认的学说是化学渗透学说和ATP合酶的变构学说。

化学渗透学说解释了ATP合成的动力：电子在膜上传递体传递质子的过程中，在膜的两侧形成了pH梯度及电势差，在这个梯度的驱动下，质子穿过内膜上的ATP酶复合物流回到基质，其能量促使ADP和Pi合成ATP。化学渗透学说强调膜结构的完整性对形成质子动力势的保障，否则就会发生解偶联现象。此外，电子传递链组分在膜上分布的非对称性，才使质子的跨膜转移成为可能。

变构学说解释了在ATP合酶上合成ATP的机制：与ATP合酶活性密切相关的F_0的3个β亚基各具一定的构象，分别为紧张、松弛和开放，各自对应于底物的结合、产物形成和释放3个过程。构象的依次转化是与质子的通过引起γ亚基的旋转相偶联的。质子顺质子电化学梯度流过F_0，使γ亚基转动，γ亚基的转动引起β亚基的构象依紧张→松弛→开放的顺序发生改变：ADP、Pi与开放状态的β亚基结合；在质子流的推动下γ亚基的转动使β亚基转变为松弛状态，并在较少的能量变化情况下，ADP与Pi自发地形成ATP，再转变为紧张状态；β亚基继续变构成松弛状态，使ATP被释放，并可以再次结合ADP与Pi进行下一轮的ATP合成。在ATP的整个合成过程中，主要耗能的步骤是ATP的释放，而非ATP的合成。

5．光合磷酸化指光合电子传递过程中偶联形成ATP的反应。有非环式、环式和假环式三类。其特性比较如下表所示。

三类光合磷酸化特性比较

特性	非环式	环式	假环式
参与的光系统	PSⅠ和PSⅡ	PSⅠ	PSⅠ和PSⅡ
电子受体	$NADP^+$，Fd，铁氰化物和醌	Fd、黄素和醌为辅助因子	O_2，Fd、黄素为辅助因子
还原$NADP^+$	是	否	否
消耗氧	否	否	是
被DCMU抑制氧产生	是	否	是
偶联电子传递类型	非环式电子传递	环式电子传递	假环式电子传递

正常情况下主要进行非环式光合磷酸化，可以同时产生ATP和NADPH。在有氧而无$NADP^+$时，将电子交给氧，形成假环式光合磷酸化。而环式光合磷酸化是补充ATP的重要途径，维持ATP/NADPH的适当比例；还能调节光系统的活性，有助于耗散过剩激发能，保护光合机构；另外氨同化也需要其提供ATP；还与植物的逆境响应有关。不同类型的光合磷酸化都存在于植物体中，其相互作用是光合作用适应不同代谢过程对ATP需要的结果。

6．植物具有调节光能在两个光系统间分配比例的能力。在不同波长光照射下，激发能向两个光系统分配的比例变化。若用主要被PSⅠ吸收的光（>700nm）照射时，吸收的激发能向PSⅡ分配的比例增加，称为状态Ⅰ；若用主要为PSⅡ吸收的光（650nm）照射则激发能向PSⅠ分配的比例增加，称之为状态Ⅱ。

植物具有调节光能在两个光系统间分配比例的能力。首先可以通过在控制类囊体膜周围阳离子的浓度来诱导。当提高阳离子（如镁离子）浓度时，激发能向PSⅡ的分配增加而向PSⅠ的分配减少。

其次是光能分配的磷酸化调节：①LHCⅡ磷酸化/脱磷酸化调节机制：当PSⅡ被光能优先激发时，PQ被还原，而使LHCⅡ激酶活化，引起LHCⅡ磷酸化，因而导致状态Ⅰ转变为状态Ⅱ，有利于光能向PSⅠ分配；反之，当PSⅠ被光能优先激发，PQ被氧化，而使LHCⅡ磷酸酯酶活化，引起LHCⅡ脱磷酸化，因而导致状态Ⅱ转变为状态Ⅰ，有利于光能向PSⅡ分配。②“天线移动”的假说：捕光天线色素蛋白LHCⅡ磷酸化后，会从PSⅡ分布的类囊体垛叠区向PSⅠ分布的非垛叠区移动，因此扩大了PSⅠ的捕光面积，使吸收的光能更多地向PSⅠ分配；反之，当LHCⅡ脱磷酸化后，则向基粒类囊体垛叠区移动，其结果是扩大了PSⅡ的捕光面积，使吸收的光能更多地向PSⅡ分配。

7. 光抑制是指多余光能对光合作用产生抑制作用，使光合作用的量子效率下降的现象。植物有多种光保护的机制。

(1) 一般性减少光破坏的途径：减少叶面积，在叶表面形成叶毛或表面物质，改变叶与光的角度等降低光能的吸收；还可以通过改变叶肉细胞光合组分的量，减少光能吸收或加强代谢，降低光破坏。

(2) 激发态的叶绿素与环境中的分子氧作用，产生单线态氧，植物通过许多机制消除破坏性的活性氧。例如，过氧化氢酶、超氧化物歧化酶、谷胱甘肽还原酶、抗坏血酸氧化酶等酶系统，使氧自由基、过氧化物等失活，防止对植物细胞的破坏。植物中的酚类化合物、类胡萝卜素等可以直接淬灭单线态氧。类胡萝卜素还在叶绿素的能量淬灭中起重要的作用。

(3) 非光化学淬灭：指光化学反应之外的使叶绿素荧光发生淬灭的过程，在调控光能从天线系统向光反应中心分配中起重要的作用。当叶绿素吸收的光能较少时，植物可以降低或关闭非光化学淬灭使光能较多地向光反应中心传递；而当叶绿素吸收光能较多时，非光化学淬灭就会增加而使多余的激发能通过其他途径被消耗掉。

PSⅡ被证明是最易受光抑制的光合结构，植物可以通过其异质性、多肽的周转等形式保护或进行修复。

第七章　光合作用Ⅱ：光合碳同化

重点提示：光合作用碳固定的途径（掌握），卡尔文循环及其调控（重点掌握）；C_4 途径及其调控以及与 C_3 途径的比较，CAM 途径（掌握）；光呼吸代谢（了解）；影响光合作用的因素（了解）；光合作用知识在农业生产上的应用（掌握）。

【核心概念】

1. CO_2 同化（CO_2 assimilation）——在叶绿体基质中，利用光合作用光反应生成的 NADPH 和 ATP，通过一系列酶促反应，催化 CO_2 还原为碳水化合物的过程。

2. Calvin 循环（Calvin cycle）和 C_3 植物（C_3 plant）——由 Calvin 和 Benson 用 ^{14}C 标记和纸层析技术发现的光合作用固定 CO_2 的反应途径。由 1,5-二磷酸核酮糖羧化酶催化固定 CO_2 后，形成的最初产物 3-磷酸甘油酸为三碳化合物，所以也被称为 C_3 途径，也称为光合碳还原循环。只具有 C_3 途径的植物称为 C_3 植物。C_3 植物大多为温带和寒带植物，水稻、小麦、棉花、大豆等均为 C_3 植物。

3. C_4 途径（C_4 pathway）和 C_4 植物（C_4 plant）——由 Hatch 和 Slack 发现，光合碳同化途径中，催化羧化反应的酶是磷酸烯醇式丙酮酸羧化酶，CO_2 固定后形成的最初产物为四碳二羧酸——草酰乙酸，所以称为 C_4 途径。并把具有 C_4 途径的植物称为 C_4 植物。C_4 植物大多为热带和亚热带植物，如玉米、高粱、甘蔗、苋菜等。

4. CAM 途径（crassulacean acid metabolism pathway）和 CAM 植物（CAM plant）——景天科、仙人掌科等植物，适应高温干旱环境，在夜间固定 CO_2 产生有机酸，白天有机酸脱羧释放 CO_2，进行 CO_2 再固定，这种途径称为景天酸代谢途径。把具有景天酸代谢途径的植物称为 CAM 植物。常见的 CAM 植物有菠萝、剑麻、兰花、百合、仙人掌、芦荟等。

5. 光呼吸（photorespiration）——植物的绿色细胞在光照下吸收氧气释放 CO_2 的过程，又称为光呼吸碳氧化循环。因为光呼吸的底物乙醇酸和其氧化产物乙醛酸，及以后形成的甘氨酸皆为 C_2 化合物，也简称为 C_2 循环。

6. 磷酸转运器（phosphate translocator）——叶绿体内膜上的一种重要的反向共转运体，将磷酸丙糖从叶绿体运出到细胞质，同时将等量无机磷酸运入叶绿体。

7. 光合速率（photosynthetic rate）——表示光合作用强度的指标，指单位时间、单位叶面积的 CO_2 吸收量或 O_2 的释放量。一般实际所测到的光合速率为表观光合速率（apparent photosynthetic rate）。

8. 净同化率（net assimilation coefficient）—— 表示整株植物或田间群体植物的光合生产率的指标，一般用单位叶面积、单位时间积累的干物质量表示。

9. 光补偿点（light compensation point）——在一定的温度和 CO_2 浓度下，随着光强的增高，光合速率上升，当达到某一光强时，光合作用吸收 CO_2 量和呼吸作用释放 CO_2 量相等，此时测定表观光合速率为零，这时的光强称为光补偿点。

10. 光饱和点（light saturation point）——在一定温度和 CO_2 浓度下，在一定光强范围内，光合速率随光照增加而迅速上升，当达到某一光强时，光合速率不再增加，表现出光饱和现象。此时的光强称为光饱和点。

11. CO_2 补偿点（CO_2 compensation point）——指光合作用吸收 CO_2 的量与呼吸作用释放 CO_2 的量达到动态平衡时，也就是净光合速率为零时环境中的 CO_2 浓度。

12. CO_2 饱和点（CO_2 saturation point）——在一定温度、光强下，植物的净光合速率随 CO_2 浓度增高而增加，光合速率不再增加时环境中的 CO_2 浓度称为该植物的 CO_2 饱和点。

13. 叶面积系数（leaf area index，LAI）——绿叶总面积与土地面积之比。衡量作物种植密度是否合理、群体发育是否正常的指标。

14. 光合午休现象（midday depression of photosynthesis）——植物的光合速率日变化呈双峰曲线时，大的峰出现在上午，小的峰出现在下午，中午前后光合速率下降的现象。原因是中午过高光强引起的光合抑制。

15. 光能利用率（efficiency for solar energy utilization）——作物生育期内，通过光合作用储存的化学能占投射到同面积上的日光能的百分比。

【知识要点】

光合碳同化是利用光反应中光能转化形成的同化力将无机物转化为有机物的过程。在适应各种生态环境中，不同植物发展了不同的碳同化途径，根据 CO_2 固定的最初产物，分为 C_3 途径、C_4 途径与 CAM 途径。C_3 途径是碳同化的基本共同途径，在卡尔文循环中，CO_2 经羧化和还原阶段，生成磷酸丙糖，经叶绿体内膜上的磷酸转运器与无机磷酸交换，运到细胞质中进一步合成蔗糖，当磷酸丙糖运出受阻时，可暂时在叶绿体中合成淀粉。

在卡尔文循环中，催化羧化反应的酶是 Rubisco，它具有羧化与加氧双重催化活性。CO_2/O_2 值影响其催化方向，当 CO_2 充分时，催化羧化反应而固定

CO_2；当 O_2 分压增高时，催化加氧反应，而发生光呼吸代谢。光呼吸是伴随光合作用发生的吸收 O_2 并释放 CO_2 的过程，在叶绿体、过氧化物体和线粒体中完成对乙醇酸的氧化。

C_4 途径在两类细胞中完成，在叶肉细胞的胞质中，由 PEPC 催化羧化反应，形成 C_4 二羧酸，进入维管束鞘细胞脱羧，释放的 CO_2 进入卡尔文循环被再固定。这种 CO_2 浓缩的机制，抑制了 Rubisco 催化的加氧反应，因此 C_4 植物的光呼吸低，光合速率相对高，但是，C_4 途径需要消耗更多的能量。

CAM 途径是对高温、干旱气候的特殊适应。景天、菠萝等 CAM 植物的气孔晚上开放，在叶肉细胞中由 PEPC 催化固定 CO_2，形成苹果酸，储存在大液泡中；白天为减少水分丢失，气孔关闭，苹果酸脱羧产生的 CO_2 由 Rubisco 催化羧化反应，经卡尔文循环实现 CO_2 的再固定。

在光合碳代谢中，催化许多重要生化反应的酶是受光调节的，如 Rubisco、PEPC、磷酸甘油醛脱氢酶、果糖-1,6-二磷酸酯酶，景天庚酮糖脂酶、Ru5P 激酶等都是光调节酶；用于 CO_2 固定与还原的同化力产生于光反应中，说明 CO_2 的同化也是依赖光的。

光合作用受光照、CO_2、温度、水分和矿质营养等多种环境因素的影响，在植物生长的环境中，多因子同时起作用，相互联系、相互制约。光合作用是作物产量形成的基础，提高作物群体的光能利用率是提高作物产量的重要途径。

测定植物光合速率的方法有：改良半叶法测定叶片干物质积累量；红外线 CO_2 分析法测定气体交换量；测定氧释放量的氧电极法等。

总结上一章和本章，光合作用的基本特点：①是生物氧化-还原过程 $CO_2 + H_2O \longrightarrow (CH_2O) + 1/2\ O_2$，整个过程中经历一系列氧化还原反应；②放出的氧来自 H_2O 的光解——希尔反应；③是光能的吸收、转化、储藏的过程。绿色植物通过光合作用把无机物转化成为有机物。其本质就是能量的吸收、转化及储存，有机物质合成的过程。可将光合作用的物质和能量转换归纳如下表。

光合作用能量、物质转换

能量转换	光能→电子激发能→活跃的化学能→	稳定的化学能
储存能量的物质	光量子→激发态电子→ATP、NADPH→	(CH_2O)
能量转换的途径	原初反应→电子传递、光合磷酸化→	碳的同化
反应发生的部位	叶绿体类囊体膜	叶绿体基质
反应产物	同化力	有机物（糖）
CO_2 同化途径	C_3、C_4、CAM 途径，卡尔文循环是碳同化的基本途径	

C_3、C_4、CAM 植物光合及生理生态特性比较

特性	C_3 植物	C_4 植物	CAM 植物
代表植物	典型的温带植物，小麦，棉花，水稻，大豆，烟草	典型的热带，亚热带植物，禾本科的玉米、高粱、甘蔗，苋科等	典型的热带干旱地区植物，仙人掌科，景天科，兰科，凤梨等
叶片解剖结构	维管束鞘细胞不发达，内无叶绿体，叶肉细胞中具一种类型叶绿体	维管束鞘细胞发达，内有叶绿体，具两种不同类型的叶绿体	肉质叶片，维管束鞘细胞不发达，叶肉细胞中有大液泡
叶绿素 a/b	约 3	约 4	2.5～3
碳同化途径	一条 C_3 途径	在不同细胞中存在两条途径	在不同时间的两条途径
CO_2 受体	RuBP	细胞质中 PEP； 维管束鞘细胞中 RuBP	暗中 PEP；光下 RuBP
催化 CO_2 羧化反应的酶活性	高 Rubisco 酶活性	叶肉细胞中有高 PEPC 酶活性；维管束鞘细胞中有高 Rubisco 活性	暗中有高 PEPC 酶活性；光下有高 Rubisco 酶活性
光合初产物	PGA	草酰乙酸→苹果酸	暗中苹果酸；光下 PGA
光呼吸	高	低	低
光合最适温度/℃	较低，15～30	较高，30～47	约 35
饱和光强	全日照的 1/4～1/2 下饱和	强光下不易达到光饱和状态	同 C_4 植物或不一定
CO_2 补偿点/(mg/L)	40～70	5～10	暗中，约 5
光合速率/[mol CO_2/(m^2 · s)]	10～25	25～50	1～3
蒸腾系数/(g H_2O/gDW)	450～950	250～350	暗中：80～100
耐旱性	弱	耐旱	极耐旱
净同化率/[gDW/(m^2 · d)]	约 20	30～40	变化较大
光合产物运输速率	相对慢	相对快	不一定

【试题精选】

一、填空题

1. 光合作用的光反应在________上进行；碳固定在________中进行。

2. 在叶绿体中最初形成并运到细胞质中的光合产物是________。

3. C_3 植物催化固定 CO_2 的酶是________，存在于________；C_4 植物叶肉细胞质中，催化固定 CO_2 的酶是________。

4. 光呼吸的底物是________，由________酶催化产生。光呼吸在________、

________ 和________ 三个细胞器中完成。

5. 高氧分压对 C_3 植物光合作用有________作用。

6. 在光合细胞中，在________ 合成淀粉，在________ 合成蔗糖。

7. 光合 C_3 循环中的光调节酶有________、________和________等。

8. Rubisco 由________个大亚基和________个小亚基组成。

9. Rubisco 的活化不但需要________和________离子，还需要________活化酶。

10. 在光合 C_3 环中，________分子 CO_2，可形成 1 分子________；需要提供________分子 ATP 和________分子 NADPH。

11. C_4 植物的 CO_2 固定还原在________和________细胞中完成，其 C_3 循环在________中进行。

12. PEP 羧化酶对 CO_2 的亲和力比 RuBP 羧化酶________，K_m 值比 RuBP 羧化酶________。

13. C_4 植物的主要光调节酶有________、________、________等。

14. C_3 植物固定 CO_2 的最初产物是________；C_4 植物固定 CO_2 的最初产物是________。

15. CAM 植物，夜间气孔________，在叶肉细胞中由________接受 CO_2，形成________；白天气孔________，进行 CO_2 ________。

16. 当环境中 CO_2 浓度增高，植物的光补偿点________；当温度升高时，光补偿点________。

17. 在细胞质中，催化蔗糖合成的关键酶是________和________。

18. 在叶绿体中，催化合成淀粉的关键酶是________和________。

19. 温度影响光合速率的主要原因是影响了________过程。

20. 阳生植物具有________ 的光补偿点和________的光饱和点。

21. C_4 植物的 CO_2 补偿点较 C_3 植物________，C_4 植物的 CO_2 饱和点较 C_3 植物________ 。

22. 在正常大气 CO_2 浓度下，一定范围内，随温度升高 C_3 植物的光合速率较 C_4 植物的光合速率升高________。

二、选择题（包括单项选择和多项选择）

1. 卡尔文循环中固定 6 分子 CO_2，生成 1 分子六碳糖时需消耗的 ATP 和 $NADPH^+$分别是(　　)。

A. 3 分子和 3 分子　　B. 6 分子和 3 分子

C. 9 分子和 6 分子　　D. 18 分子和 12 分子

2. 将植物从光下移到黑暗中，细胞内糖的变化是（　　）。

A. C_3 糖突然增多，葡萄糖减少　　B. C_3 糖与葡萄糖都减少

C. C_3 糖突然减少，葡萄糖增多　　D. C_3 糖与葡萄糖都增多

3. 叶绿体中生成的光合初产物运出至细胞基质，需经过(　　)。

A. 氨基酸载体　　B. 糖-质子转运体

C. 磷酸转运体　　D. 苹果酸转运体

4. 指出下列三组物质中，为光合碳循环所必需的一组是(　　)。

A. 叶绿素、类胡萝卜、CO_2　　B. CO_2、$NADPH_2$、ATP

C. CO_2、H_2O、ATP　　D. 以上都不是

5. 在光合作用运转正常后，突然降低环境中 CO_2 的浓度，则光合环中的中间产物的变化是(　　)。

A. RuBP 的量突然升高，而 PGA 的含量突然降低

B. PGA 的量突然升高，而 RuBP 的量突然降低

C. PGA 和 RuBP 的量都突然降低

D. PGA 和 RuBP 的量都突然升高

6. 以下叙述正确的是(　　)。

A. Rubisco 的亚基由核基因编码

B. Rubisco 的亚基由叶绿体基因编码

C. Rubisco 的大亚基由核基因编码，小亚基由叶绿体基因编码

D. Rubisco 的大亚基由叶绿体基因编码，小亚基由核基因编码

7. 卡尔文循环的第一个产物是(　　)。

A. 3-磷酸甘油酸　　B. 3-磷酸甘油醛

C. 核酮糖二磷酸　　D. 核酮糖-5-磷酸

8. 水稻叶绿体中输出的糖类主要是(　　)。

A. 磷酸丙糖　　B. 葡萄糖

C. 果糖　　D. 蔗糖

9. 光合作用中蔗糖形成的部位是(　　)。

A. 叶绿体基质　　B. 叶绿体类囊体

C. 细胞质　　D. 内质网

10. 光呼吸的底物是(　　)。

A. 丝氨酸　　B. 甘油酸

C. 苹果酸　　D. 乙醇酸

11. 光呼吸过程中 CO_2 的释放主要发生于(　　)。

A. 细胞质　　B. 叶绿体

C. 过氧化物体　　D. 线粒体

12. C_4 植物固定 CO_2 的最初产物是(　　)。

A. 草酰乙酸　　B. 磷酸甘油酸

C. 丙酮酸　　D. 核酮糖二磷酸

13. C_4 的途径中，CO_2 的最初受体是(　　)。

A. 草酰乙酸　　B. 天冬氨酸

C. PEP　　D. RuBP

14. 在适宜的温度下，在同时有水生植物和鱼的密闭玻璃缸里，当处于下列哪一种情况时，玻璃缸里的物质代谢处于平衡（　　）。

A. 鱼的呼吸交换等于植物光合作用的交换

B. 鱼呼吸的氧等于植物光合作用释放的氧

C. 鱼的 CO_2 输出等于植物光合作用 CO_2 的吸收

D. 以上都不是

15. C_4 途径中，催化丙酮酸再生为 PEP 的酶是(　　)。

A. 丙酮酸激酶　　B. PEP 羧激酶

C. 丙酮酸脱羧酶　　D. 丙酮酸磷酸双激酶

16. 剪去枝上部分叶片，其余叶片的光合速率(　　)。

A. 有所增强　　B. 随之减弱

C. 变化不大　　D. 变化无规律

17. 用红外 CO_2 分析仪测定光合速率，是因为(　　)。

A. H_2O 吸收红外线　　B. CO_2 吸收红外线

C. O_2 吸收红外线　　D. 光分解红外线

18. 在较强光照下，降低 CO_2 浓度，下列作物中光合速率下降更快的一组是（　　）。

A. 棉花和玉米　　B. 玉米和小麦

C. 玉米和高粱　　D. 棉花和小麦

19. 维持植物正常生长所需要的最低日光强度是(　　)。

A. 等于光补偿点　　B. 大于光补偿点

C. 小于光补偿点　　D. 都不是

20. 在相对缺氧条件下，C_3 植物的光合速率短时间内（　　）。

A. 有所增强　　B. 有所降低

C. 变化不大　　D. 变化无规律

21. 在适度水分亏缺的情况下，C_4 植物比 C_3 植物的净光合速率（　　）。

A. 高　　B. 低

C. 差别不大　　D. 无法比较

22. 植物的光呼吸增强时，则(　　)。

A. CO_2 饱和点提高　　B. CO_2 饱和点降低

C. CO_2 补偿点提高　　D. CO_2 补偿点降低

23. 当植物水分亏缺之后，随着叶水势的恢复，光合速率（　　）。

A. 迅速恢复　　B. 有所降低

C. 变化不大　　D. 逐渐恢复

24. 在缺乏 CO_2 的环境下观察叶片荧光，10min 后补加 CO_2，结果是(　　)。

A. 荧光→淬灭　　B. 从无荧光→出现荧光

C. 荧光强度不变　　D. 荧光无规律变化

25. 一般在温度适当升高时，小麦的光呼吸会(　　)。

A. 降低　　B. 升高

C. 不变　　D. 先降低再升高

26. 在冬季温室种植中，阴天加温时，植物叶片的 CO_2 补偿点(　　)。

A. 不变　　B. 降低　　C. 升高　　D. 无规律

27. 黄化刚转绿的植物，其光饱和点比正常绿色植物的(　　)

A. 高　　B. 低　　C. 不变　　D. 无规律

28. 在其他条件适宜而温度偏低时，提高温度，则光合作用的光补偿点(　　)。

A. 明显上升　　B. 有所下降

C. 不变化　　D. 前三项均可能

29. 叶绿体基质中，影响 Rubisco 活性的因素主要是(　　)。

A. Cl^-　　B. Ca^{2+}　　C. Mg^{2+}　　D. pH

30. 仙人掌植物叶片的碳代谢特点是(　　)。

A. 白天有机酸含量高　　B. 白天糖分较高

C. 晚上有机酸含量高　　D. 晚上糖分较高

31. CAM 途径同化 CO_2 的特点是(　　)。

A. 白天利用 PEP 羧化酶进行 CO_2 的固定

B. 夜晚利用 RuBP 羧化酶固定 CO_2，形成磷酸丙糖

C. 夜晚利用 PEP 羧化酶固定 CO_2，形成苹果酸

D. 白天进行 C_3 途径

32. 大多数高等植物叶肉细胞中积累的主要光合产物是(　　)。

A. 淀粉　　B. 葡萄糖　　C. 果糖　　D. 蔗糖

33. 下列关于玉米光合作用说法正确的是(　　)。

A. PEPC 存在于叶肉细胞的细胞质中

B. Rubisco 存在于叶肉细胞的叶绿体中

C. 在叶肉细胞叶绿体中将草酰乙酸还原为苹果酸

D. 在叶肉细胞叶绿体中固定 CO_2 形成磷酸丙糖

34. 下列参与活化 Rubisco 的物质有(　　)。

A. Mg^{2+}　　B. O_2　　C. CO_2　　D. RuBP

35. 在密闭生长箱中培养小麦和玉米，一段时间后(　　)。

A. 都生长正常　　　　　　　B. 小麦先死亡

C. 最终都死亡　　　　　　　D. 玉米先死亡

36. 影响磷酸丙糖向合成淀粉或蔗糖分配的因素是(　　)。

A. 胞质中无机磷酸浓度　　　B. 胞质中蔗糖合成和运出量

C. 叶绿体中磷酸丙糖积累量　D. 叶绿体中淀粉积累量

37. 下列调节 C_2 与 C_3 循环的因素是(　　)。

A. Rubisco 活性　　　　　　B. CO_2/O_2

C. ATP/ADP　　　　　　　　D. 温度

三、简答题

1. 用实验证明光合作用碳固定反应发生在叶绿体基质中。
2. 卡尔文循环中的主要酶促反应及其生理意义是什么?
3. 简要说明 Calvin 循环的特点。
4. 简要说明 C_4 植物光合作用步骤和特点。
5. 说明 Rubisco 的特点及其对光合作用的重要性。
6. 叶绿体类囊体内 pH 和 Mg^{2+} 浓度在光暗条件下如何变化? 对光合碳循环有什么意义?
7. 比较光合作用碳代谢的 C_3 途径和 C_4 途径。
8. 说明光对光合酶的调节及其意义。
9. 光呼吸有什么特点? 说明 C_2 循环和 C_3 循环的关系。
10. 列出植物适应大气成分中低 CO_2 浓度和高 O_2 浓度的机制。
11. 光呼吸的测定方法有哪些? 举一种说明原理和具体方法。
12. 按功能列出与光合作用有关的元素。
13. 简要叙述植物细胞中蔗糖和淀粉的合成及其调控。
14. 阳生植物和阴生植物在光合作用特性上有哪些区别?
15. 把两种植物放在 100μL/L CO_2 浓度恒定的大气中，其中一种在一定时间后生长不良，而另一种植物仍然生长得较好，请说明原因。
16. 举出三种测定光合速率的方法，并简述其原理及优缺点。
17. 试用实验来区别 C_3、C_4 和 CAM 植物。
18. 在适当的低氧浓度 (2%) 下，C_3 植物的光呼吸速率有什么变化? 植物在这样的条件下会有什么反应?
19. 冬季在温室中栽培蔬菜，可采取哪些农业措施来提高植物的光合速率?
20. 作物光能利用率不高的原因有哪些? 怎样提高作物群体光能利用率?
21. 比较 C_3 植物和 C_4 植物的光合效率并说明原因。

四、分析论述题

1. 绘出一般植物光合作用光强曲线图并加以说明。

2. 从光合作用机理方面讨论影响光合作用的各种环境因子。

3. 在生产实践中如何应用光补偿点、光饱和点、CO_2 补偿点、CO_2 饱和点的知识？

4. 从植物结构、代谢与功能的统一来比较 C_3、C_4、CAM 植物的光合作用。

5. 比较 A、B、C 三条曲线，解释几个环境因子对光合速率的影响。

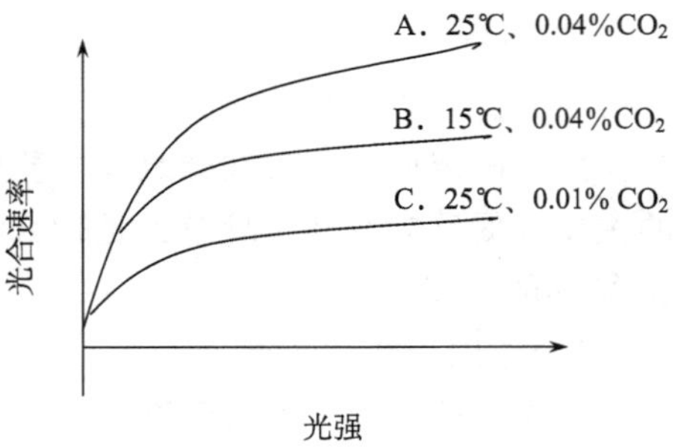

6. 试分析水分亏缺对植物光合产量的影响。

7. 举出证据来说明 C_3 植物、C_3-C_4 中间型植物和 C_4 植物之间的进化关系。

【参考答案】

一、填空题

1. 类囊体膜，叶绿体基质。

2. 磷酸丙糖。

3. Rubisco，叶绿体基质中，PEP 羧化酶。

4. 乙醇酸，RuBP 加氧，叶绿体，过氧化物体，线粒体。

5. 抑制。

6. 叶绿体中，细胞质中。

7. Rubisco，磷酸甘油醛脱氢酶，5-磷酸核酮糖激酶。

8. 8，8。

9. CO_2，镁，Rubisco。

10. 3，GAP，9，6。

11. 叶肉，维管束鞘，维管束鞘细胞叶绿体。

12. 高，小。

13. PEPC，苹果酸脱氢酶，PPDK。

14. 3-PGA，草酰乙酸。

15. 开放，PEPC，苹果酸，关闭，再固定。

16. 降低，升高。

17. 磷酸蔗糖合酶，磷酸蔗糖磷酸酶。

18. ADPG 焦磷酸化酶，淀粉合酶。

19. 二氧化碳同化。

20. 较高，较高。

21. 低，低。

22. 慢。

二、选择题

1. D；	2. B；	3. C；	4. B；
5. A；	6. D；	7. A；	8. A；
9. C；	10. D；	11. D；	12. A；
13. C；	14. C；	15. D；	16. A；
17. B；	18. D；	19. B；	20. A；
21. A；	22. C；	23. D；	24. A；

25. B； 26. C； 27. B； 28. A；
29. C，D； 30. B，C；
31. C，D； 32. A，D；
33. A，C； 34. A，C；
35. B，C； 36. A，B，C；
37. A，B，D。

三、简答题

1. 光合作用光反应发生在叶绿体类囊体膜上，而碳固定反应发生在基质中。

在适当的介质中进行细胞匀浆和差速离心，提取完整叶绿体；加入低渗溶液使叶绿体被膜破裂，高速离心后过滤，沉淀中包括叶绿体被膜和类囊体膜，上清液即为叶绿体基质，分别在两部分中加入标记$^{14}CO_2$，同时加入ATP和NADPH等试剂，在上清液中生成带标记的碳水化合物。分离两部分中的蛋白质，检测同化CO_2的酶系，只在上清液中存在。

2.（1）羧化阶段：指进入叶绿体的CO_2与受体RuBP结合，Rubisco催化生成PGA的过程。固定CO_2的最初反应，无机物转化为有机物。

（2）还原阶段：指利用同化力将3-磷酸甘油酸还原为甘油醛-3-磷酸的反应过程。利用同化力将初产物还原为糖。磷酸丙糖是在叶绿体中合成并向细胞质运输的主要光合产物。

（3）再生阶段：甘油醛-3-磷酸重新形成核酮糖-1，5-二磷酸的过程。RuBP的再生维持循环不断进行。

3. 卡尔文循环也称C_3循环或还原磷酸戊糖循环。是光合碳固定的基本循环，是各种植物CO_2固定与还原的共同途径。

CO_2的受体为RuBP，催化CO_2固定的羧化酶是RuBP羧化酶，CO_2固定后的最初产物是PGA。

由于Rubisco的双重催化作用，发生光呼吸，所以固定的碳有不可避免的损耗。

4.（1）在细胞质中发生羧化反应，CO_2的受体是PEP，接受HCO_3^-，催化的酶是PEPC，最初产物：草酰乙酸，苹果酸，天冬氨酸。

（2）苹果酸进入维管束鞘细胞脱羧释放CO_2。

（3）在维管束鞘细胞叶绿体中CO_2进入卡尔文循环被再固定。

（4）脱羧后的丙酮酸运回到叶肉细胞，在丙酮酸磷酸二激酶催化下，再生形成PEP。

特点是：PEPC与HCO_3^-亲和力高；具有CO_2浓缩机制，光呼吸低；光合产物就近运输；在高温、高光强、较干旱条件下，C_4植物有高的光合效率。但是在其固定CO_2过程中，消耗更多ATP。

5. Rubisco：1，5-二磷酸核酮糖羧化酶-加氧酶，在叶绿体中含量很多的酶。由8个大亚基和8个小亚基组成，分别由叶绿体基因和核基因编码。是光合碳循环（C_3）中固定CO_2的羧化酶，是光合作用碳固定的第一个羧化酶，其催化的反应实现了无机物向有机物的转化；所有光合作用碳还原途径最终都要经过C_3循环，因此，这个酶是必不可少的。同时，该酶被光调节活化，使光合作用在光照条件下顺利进行。

Rubisco具有加氧和羧化双重催化能力，反应活性受CO_2与O_2分压的调控，在CO_2相对高时主要催化羧化反应；在O_2分压高时催化乙醇酸形成，导致光呼吸。酶的双重催化作用是植物进化，与环境间平衡的反应。

6. RuBP羧化酶是CO_2同化的关键酶，它的活性与叶绿体间质内的pH及Mg^{2+}浓度有密切的关系。在光下，由于光合电子传递，叶绿体间质内的H^+向类囊体空间转移，H_2O光解也增加了囊内的H^+而使pH降低，间质中pH则升高至8.0。在H^+转移的同时，Mg^{2+}从类囊体空间转移到间质中。pH8.0和Mg^{2+}增多，使RuBP羧化酶活化，利于CO_2同化。在黑暗中，间质中pH降低到7.0左右，Mg^{2+}浓度也减少，引起酶钝化。

7.

	C_3 途径	C_4 途径	
反应部位	叶肉细胞	叶肉细胞	维管束鞘细胞
接受 C 形式	CO_2	HCO_3^-	苹果酸
CO_2 受体	RuBP	PEP	RuBP
催化的酶	RuBP 羧化酶	PEP 羧化酶	RuBP 羧化酶
反应初产物	3-PGA	OAA	形成 3-PGA

8. 光合作用中的关键酶都是光调节酶，包括 C_3 循环中的 Rubisco、GAPDH、FBPase、SBPase、Ru5PK 和 C_4 循环中的 PEPC、丙酮酸磷酸双激酶、苹果酸等。

由于同化 CO_2 所需同化力来自光反应，而且 CO_2 需经气孔进入叶肉细胞，而多数植物气孔在光下开放。所以，碳同化中的关键酶在光下活化，适应光暗交替的环境，保障原料和能量的供给，光合作用得以顺利进行。

9. 光呼吸指植物的绿色细胞在光照下进行 CO_2 的同化时，存在依赖光的消耗 O_2 释放 CO_2 的反应。在叶绿体、过氧化物体和线粒体三种细胞器中进行；其底物是乙醇酸，而乙醇酸是与光合作用伴随、由 Rubisco 催化加氧反应形成的；其代谢过程就是乙醇酸的氧化，产生多种 C_2 化合物。

在叶片中的光合碳代谢实际上是 C_2 循环和 C_3 循环整合平衡的结果。两个循环间的平衡主要取决于 3 个因子：Rubisco 的动力学特性、底物 CO_2 与 O_2 的浓度和温度。Rubisco 的底物 CO_2 与 O_2 竞争同一活性位点，互为抑制剂，酶催化反应的方向取决于 CO_2/O_2 值。在提供相同 CO_2 与 O_2 浓度条件下，Rubisco 与 CO_2 的亲和力比与 O_2 的亲和力高几十倍，但是在自然环境空气中，羧化反应仅为加氧反应的 3 倍，提高 CO_2 浓度可明显抑制光呼吸。当温度升高时，一方面提高了 Rubisco 与 O_2 的亲和力，O_2 的吸收增加，表现为光呼吸增加高于光合速率的增加；另一方面，温度升高时，溶液对 CO_2 的溶解度的降低大于 O_2，溶液中 CO_2/O_2 值降低，也使平衡更趋于 C_2 循环。

10. (1) CO_2 富集的机制：光合细胞膜上的 CO_2 泵；C_4 植物两种细胞完成光合碳固定的机制；CAM 植物光暗不同途径固定 CO_2；某些植物在同一细胞中存在不同叶绿体和酶的机制。这些都是在不同生态环境中不断进化的结果。

(2) C_3 植物的光呼吸是适应高氧环境的调节。

11. 可测定不同氧浓度下光合速率的差异；测定叶片在光下与暗中的吸氧量；测定在无 CO_2 空气下，叶片的 CO_2 释放量；测定从光转暗时，CO_2 的猝发。

用红外线 CO_2 分析仪测定光转暗时 CO_2 的猝发：在光下，叶片进行光合作用的同时也有光呼吸存在，在断光的瞬间，有光呼吸的残余。将植物叶片夹入叶室，照光，用开放系统测定，待叶片光合作用稳定后，停止照光，有 CO_2 的猝发，测定 1min 内的 CO_2 猝发峰，计算 CO_2 放出的速率，即为光呼吸。用此法测定的结果较真实值稍低。

12. ①叶绿体及叶绿素组分：N、P、S、Mg、C、H、O；②影响叶绿素的形成：N、Mg、Fe、Mn、Cu、Zn；③水的光解放氧：Mn、Cl、Ca；④光合电子传递：Fe、Cu、S；⑤同化力形成：Mg、P、K、H；⑥酶激活：K、Mg、Zu、Mn；⑦促进光合产物运输：K、B、P；⑧光合作用原料：C、H、O；⑨影响气孔开放：K、Ca。

13. 蔗糖和淀粉由在卡尔文循环中产生的磷酸丙糖转化合成。在光合细胞的胞质中合成蔗糖，在叶绿体中合成淀粉。

在叶绿体中形成的磷酸丙糖经叶绿体被

膜上的TPT与无机磷交换进入细胞质，在醛缩酶催化下形成F-1，6-P，由果糖-1，6-二磷酸酯酶催化水解形成F-6-P，再由磷酸葡萄糖异构酶与变位酶催化形成G-6-P与G-1-P。在UDPG焦磷酸化酶催化下，形成UDPG和焦磷酸。UDPG是葡萄糖的转移体，在磷酸蔗糖合酶催化下，将葡萄糖转移到F-6-P上，形成蔗糖-6-磷酸，再在磷酸蔗糖磷酸酶催化下水解形成蔗糖。这是蔗糖合成的主要途径，其中，果糖-1，6-二磷酸酯酶和磷酸蔗糖合酶是调节酶，F-2，6-P是前者的抑制剂，使蔗糖合成减慢；而磷酸蔗糖合酶的活性靠共价键修饰和变构调节，对蔗糖合成进行灵敏的调控。

在叶绿体中，当磷酸丙糖输出减慢而积累时，在醛缩酶催化下，生成F-1,6-P，再脱磷酸成为F-6-P后转化为G-6-P和G-1-P。由ADPG焦磷酸化酶催化形成作为葡萄糖供体的ADPG。再由淀粉合酶催化ADPG分子中的葡萄糖转移到（1→4）葡聚糖引物的非还原末端，如此不断延长而形成直链淀粉。其中，ADPG焦磷酸化酶是关键的调节酶，被磷酸丙糖活化而被Pi抑制。

14. 阳生植物的光饱和点、光补偿点较高；阴生植物叶绿体中有较大的基粒且垛叠的类囊体数多，叶绿素含量较高，有利于在较低光强下充分吸收光能；阴生植物叶片叶绿素b/a值高于阳生叶片，能更好地利用蓝紫光。因此，阴生植物适应于遮阴弱光下生长。

15. 说明生长不良的植物CO_2补偿点高于100μL/L，生长一定时间后，由于CO_2不足而光合速率下降，同化物供应缺乏，生长不良。生长较好的植物CO_2补偿点相对较低，能充分利用低浓度CO_2，维持一定的光合速率和植物的生长。

16. 改良半叶法：测单位时间单位叶面积干物质积累量。简易，精确性差。

红外线CO_2分析法：根据CO_2对红外线的吸收，通过光照条件下，CO_2气流在叶室中的变化，吸收红外线变化，转换电信号记录表示。精确性可靠，但设备较贵。

氧电极法：用电极测光合作用释放的溶解氧量。一般用分离叶绿体或剪碎叶片，准确、条件要求较高。也可测定离体线粒体呼吸。

另外，也可用比色法：测CO_2减少量，用离体叶片等，不能在野外观测。

17. （1）观察叶片解剖构造区别C_3与C_4植物，检查气孔开放时间确定CAM植物。

（2）测定CO_2的补偿点，C_4植物CO_2补偿点低于C_3植物。

（3）检测植物的蒸腾速率，CAM植物白天不吸收CO_2，蒸腾速率极低。

18. 光呼吸速率与Rubisco的加氧活性有关，低氧浓度会抑制Rubisco的加氧反应，促进羧化反应。所以在适当的低氧浓度下，光呼吸速率降低，而光合速率可以提高，有利于植物的生长。但氧浓度不可过低，否则会抑制植物的有氧呼吸，产生无氧呼吸，影响植物的正常生命活动。

19. 冬季温室栽培的特点和存在问题：冬季进行温室栽培主要是能保证植物生长的适当温度，但冬季日光照射可能不足。措施：①保持作物光合作用的最适温度以达到最高光合速率，调节昼夜温差，避免夜间过高温度，减少消耗，增加积累。②冬季日照短，多阴天，要补充光强和光照时间，以提高光合速率并适当延长光合时间。③供应足够的水分和矿质营养，保证气孔的正常开闭，加大光合面积，提高光合速率。④在保障温度情况下适当通风，增加CO_2；进行CO_2施肥，增强Rubisco的羧化活性，提高光合速率，降低光呼吸。

20. 作物光能利用率概念：

$$\text{光能利用率} = \frac{\text{单位面积上的作物生物产量折合热能}}{\text{单位土地面积在生育期所接受的日光能}} \times 100\%$$

光能利用率不高的原因：一部分光能不能参加光合作用，部分光没有照到植物上，反射与透射，量子需要量的损失，呼吸消耗损失及病虫害等。

提高光能利用率的途径：增加光合面积，延长光合时间，提高光合效率，减少消耗。具体措施有：合理密植，选育优良品种，提高光合能力，减少消耗，化学调控。

21.（1）在高光强、高温及相对湿度较低的条件下，C_4 植物光合速率高于 C_3 植物。一般而言，C_4 植物有高光合效率，可获得较 C_3 植物更高的生物产量。

（2）原因是 C_4 植物叶片具有特殊结构，叶肉细胞和微管束鞘细胞中具有不同类型叶绿体，有不同的碳同化酶系，PEP 羧化酶对 CO_2 亲和力强，可大量固定 CO_2，增加微管束鞘细胞中 CO_2 浓度，促进 RuBP 羧化酶催化羧化反应，增加光合速率，降低光呼吸，增加再固定。

（3）但 C_4 植物的高光合速率来自于高的代价，是对热带气候条件的适应特性。在光强和温度较低条件下则不一定比 C_3 植物更具优越性。

四、分析论述题

1.

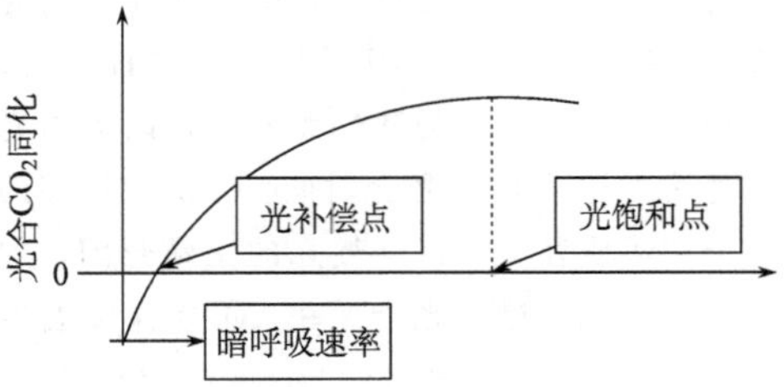

（1）光照极弱时光合速率低于呼吸速率。

（2）真正光合速率等于呼吸速率时的光强为光补偿点。

（3）在低光条件下，光强是光合作用的限制因子。因此，随着光强增加，光合速率迅速增加，达到一定限度后，再增加光强，光合速率不再增加，此时光强为光饱和点。出现光饱和现象是由于光合色素和光化学反应来不及利用过多的光能，另外是暗反应系统来不及利用同化力。

2. ①光：在一定范围内，光合速率随光强增加而增加，最终达到光饱和点；在光饱和点以下，光合速率随光强的减少而降低，当光合作用吸收的 CO_2 和呼吸作用释放的 CO_2 达到动态平衡时的光强为光补偿点。光强不足影响光化学反应，也影响气孔的开放而影响 CO_2 的进入。②CO_2：作为光合作用的重要底物，其含量明显影响光合速率；也有其饱和点和补偿点。③温度：温度主要影响光合作用中的酶促反应，各种植物有光合作用的温度三基点，一般植物的最适温度为 25～30℃。④水分：水分通过影响叶片膨压，进而影响其生长和气孔开度而影响光合面积、对光的接收、CO_2 的进入等。⑤矿质营养：多种元素是光合机构的组成成分、酶活化因子。无机营养从多方面影响植物的有机营养。

3. 光补偿点、光饱和点、CO_2 补偿点、CO_2 饱和点的概念见名词解释。

应用：植物的光补偿点和光饱和点显示了植物叶片对强光和弱光的利用能力，代表了植物的需光特性。在选用某地区栽培作物品种及正确选择间种、套作的作物以及林带树种搭配方面，在决定作物的密植程度方面有重要的参考价值，可考虑如何降低作物的光补偿点，而提高作物的光饱和点，最大限度地利用日光能。同时，植物的光补偿点和光饱和点随其他环境条件变化而变化。当 CO_2 浓度增高时，光补偿点降低而光饱和点升高；温度升高时，光补偿点升高。在生产中也应注意。

不同植物的 CO_2 饱和点与补偿点不同，一般 C_4 植物的 CO_2 饱和点和 CO_2 补偿点都比 C_3 植物低。因此，在低 CO_2 浓度时，C_4 植物能更充分地利用低浓度 CO_2 进行光合作用，其光合效率高于 C_3 植物。CO_2 补偿点也受其他环境因素的影响：在温度升高、光照较弱、水分亏缺等条件下，CO_2 补偿点上升，光合作用下降。在温室栽培中，加强通风、增施 CO_2 可防止植物出现 CO_2“饥饿”；在大田生产中，增施有机肥，经土壤微生物分解释放 CO_2，能有效地提高作物的光合效率。

4. 植物的结构是适应其特定功能的，进行光合作用的主要器官是叶片，三种植物的叶片在结构和细胞代谢方面各有特点，这些是植物长期进化的结果，适应不同的生态环境，而有利于各自光合作用的进行。

C_3 植物多在温带地区生长，在其叶片叶肉细胞叶绿体中完成 CO_2 固定还原。由于 Rubisco 的双重催化活性，在 CO_2 浓度低时常伴随光呼吸，损失部分固定的碳，但对防止强光对光合机构的破坏有一定的保护作用。

C_4 植物具有明显的维管束鞘细胞，在叶肉细胞和维管束鞘细胞中有不同类型的叶绿体，其中分别有 PEPC 和 Rubisco 两类固定 CO_2 的羧化酶，经过在叶肉细胞中的初次固定和在维管束鞘细胞中的再固定，使 CO_2 浓缩，因而比 C_3 植物光呼吸低，光合作用效率提高。

CAM 植物生长在热带干旱地区，常具变态叶，气孔晚间开放而白天关闭，细胞中有大液泡，也有 PEPC 和 Rubisco 两类固定 CO_2 的羧化酶，夜间进行 CO_2 初次固定，形成大量苹果酸，储存在液泡中，而白天苹果酸脱羧，进行 CO_2 再固定。对高温干旱环境有高度的适应性。

5. (1) 从 A 与 B 的比较中看出，在 CO_2 浓度相同时，温度较高的，促进 CO_2 固定还原的酶促反应，有较高光合速率。

(2) 从 A 与 C 的比较中看出，由于 CO_2 是光合作用的原料，在相同温度和光照下，CO_2 浓度是主要限制因子，CO_2 浓度高时，光合速率明显提高。

(3) 比较 B 和 C，三个因子中，光强低时，限制了光反应速率。不同温度和 CO_2 浓度条件下均表现同样趋势。当光强增高，满足光反应需要时，温度和 CO_2 影响酶促反应速率，表现出较低的光饱和点。在温度和 CO_2 这两个因素中，在一定温度范围内，CO_2 浓度有更大的影响。

6. (1) 水是光合作用的原料，但一般的水分亏缺不至于到原料缺乏的程度。因而缺水的影响多是间接的。

(2) 缺水时气孔开度减小，气孔阻力增大，影响 CO_2 进入，降低 CO_2 同化速率。

(3) 水分亏缺影响酶活性，如水解酶活跃不利于糖合成，RuBP 羧化酶活性降低。

(4) 缺水影响细胞伸长，叶片生长速率降低，光合面积显著减小，蛋白质合成受阻甚至部分蛋白质水解，影响叶绿体结构和生长正常进行。

7. (1) 不同植物的结构之间的关系：C_3-C_4 中间型植物与 C_3 植物相比，叶肉细胞减少，而维管束鞘细胞比例增加，其间的联系也增多，但没有 C_4 植物那样典型的花环结构。

(2) 生理学证据：某些植物不同年龄段具有不同的碳同化途径，如粟米草叶片先出现 C_3 途径，然后是二者，最后出现 C_4 途径；环境不同时，同种植物可进行不同类型的碳同化途径；C_4 途径有更大的优越性。

(3) 分子生物学证据：对黄花菊属植物的分子生物学分析，建立了 21 种植物的光合途径系统发育图，表明 C_3 类型处于系统发育的最底部，而后是 C_3-C_4 中间型和 C_4 型；C_3-C_4 中间型具有高的 PEPC 活性，三种植物的该基因具有较高的同源性，C_3 植物与 C_3-C_4 中间型亲缘关系较近。

(4) 遗传学证据：杂交实验发现，C_3 植物与 C_3-C_4 中间型杂交可以成功，并且 C_3-C_4 中间型的特性可以遗传；但 C_4 植物与 C_3 植物杂交不成功。

以上证据表明，地球上先出现 C_3 植物，然后是 C_3-C_4 中间型植物，最后是 C_4 植物。

第八章　植物的呼吸代谢及能量转换

重点提示：呼吸作用的概念和生理作用、植物呼吸代谢的途径及调控（掌握）；植物呼吸代谢的多样性及其意义（掌握）；呼吸知识在果蔬保鲜、种子储藏和栽培方面的应用（了解）。

【核心概念】

1. 呼吸作用（respiration）——是所有生物的基本生理功能，是生物体将细胞内的有机物通过有控制的步骤逐步氧化分解，并释放能量的过程。包括有氧呼吸与无氧呼吸两大类。

2. 有氧呼吸（aerobic respiration）——生活细胞在氧气的参与下，彻底分解氧化有机物质，放出 CO_2 并形成水，同时释放大量能量的过程。

3. 无氧呼吸（anaerobic respiration）——在无氧条件下，细胞把某些有机物分解成为不彻底的氧化产物，同时释放少量能量的过程。

4. 生物氧化（biological oxidation）——在生物体内进行的、由酶催化的有机物逐步氧化分解、逐步放出能量，并将能量储存在高能化合物（ATP）中的过程。

5. 呼吸速率（respiratory rate）——也称呼吸强度，是衡量呼吸强弱的定量指标。指单位重量的呼吸材料（或单位细胞、毫克氮），在单位时间内进行呼吸作用所消耗的 O_2 或释放 CO_2 的量。

6. 呼吸跃变（respiratory climacteric）——某些果实成熟时呼吸速率表现出的特殊变化，即初期呼吸速率降低，至成熟末期突然升高而后下降，这一现象称为呼吸跃变。呼吸跃变的出现标志着果实达到成熟可食的程度。

7. 糖酵解（glycolysis）——在细胞基质内发生的、经一系列无氧的氧化过程将葡萄糖分解为丙酮酸的代谢途径。也称 EMP 途径，以纪念为糖酵解途径作出重要贡献的三位科学家 Embden、Meyerhof 和 Parnas。

8. 发酵（fermentation）——糖酵解产生的丙酮酸在无氧条件下被还原为乙醇或乳酸的过程。

9. 三羧酸循环（tricarboxylic acid cycle，TCA 环）——在有氧条件下，在线粒体中进行的将丙酮酸彻底氧化的代谢途径。由于途径中有柠檬酸等三羧酸形成，故称为三羧酸循环、柠檬酸循环（citric acid cycle）。这个循环是英国生物化学家 H. Krebs 发现的，所以又名 Krebs 循环。

10. 磷酸戊糖途径（pentose phosphate pathway，PPP）——在细胞基质内

进行的葡萄糖直接降解，并以戊糖磷酸为重要中间产物的代谢途径，简称PPP。又称己糖磷酸途径（hexose monophosphate pathway，HMP）。

11. 氧化磷酸化（oxidative phosphorylation）——在线粒体中，呼吸底物脱下的电子经电子传递链传递到氧，伴随自由能的释放，并用于ADP的磷酸化而合成ATP的过程。

12. 抗氰呼吸（cyanide-resistant respiration）——某些植物组织对氰化物及其他细胞色素氧化酶抑制剂不敏感，在有氰化物存在的条件下仍有一定的呼吸作用，这种呼吸称为抗氰呼吸。

13. 呼吸链（respiratory chain）——由位于线粒体内膜嵴上的一系列电子传递体组成的电子和质子传递系统，它将底物脱下的电子通过一系列传递最终传递给分子氧。

14. 交替氧化酶（alternative oxidase，AO）——交替途径的末端氧化酶，位于线粒体内膜，是一种含铁的酶，其活性受水杨基羟肟酸等的特异抑制。

15. 末端氧化酶（terminal oxidase）——处于生物氧化一系列反应中最末端的将电子直接传给氧的酶。除了线粒体内膜上的细胞色素氧化酶和交替氧化酶之外，植物中还有存在于细胞质中的多酚氧化酶、抗坏血酸氧化酶和乙醇酸氧化酶等。

16. 巴斯德效应（Pasteur effect）——氧对发酵作用的抑制现象称为巴斯德效应。这是法国的科学家巴斯德（L. Pasture）在研究酵母菌的乙醇发酵作用时发现的。

17. 呼吸商（respiratory quotient，RQ）——又称为呼吸系数，指植物在一定时间内，放出CO_2的物质的量与吸收O_2的物质的量的比值。

【知识要点】

呼吸作用是植物最基本的生理活动之一。植物呼吸作用是植物体将光合产物通过有控制的步骤逐步氧化分解，并释放能量的过程。

呼吸作用为生物体提供各种生命活动所需的能量。在光合作用中，植物把光能转化为化学能并存储在还原态的碳水化合物中，这是所有生物的生命活动的能量来源。但是光合作用所产生的碳水化合物通常并不能直接提供生物的生理活动所需的能量，而必须通过呼吸作用将其逐步氧化，释放出自由能，并以ATP的形式供应生物体各种代谢的需要。1mol葡萄糖氧化可以产生大约2870kJ的能量。

呼吸作用的另外一重要作用是提供合成其他有机物所需的原料。在呼吸代谢的过程中，碳水化合物的氧化是通过呼吸代谢途径逐步进行的。在逐步降解的过程中会产生一系列的中间产物，这些中间产物又可以是其他代谢途径的中间产物或底物，因而提供了生产各种其他有机化合物所需的原料，并将各种代谢过程联系起来。因此，呼吸代谢是植物代谢的中心环节。

呼吸作用可以分为有氧呼吸和无氧呼吸。有氧呼吸（aerobic respiration）是指在有氧条件下，呼吸底物被彻底氧化降解为 H_2O 和 CO_2，并产生大量能量（ATP）的过程；而无氧呼吸（anaerobic respiration）则是在无氧或缺氧的条件下，呼吸底物被部分氧化分解（不被彻底氧化为 H_2O 和 CO_2）并只有较少能量产生的过程，高等植物进行无氧呼吸时产生乳酸或乙醇。

有氧呼吸代谢过程包括底物降解和能量产生两大阶段。不同植物或不同组织和器官中的呼吸底物可能有所不同，但是在大多数植物中，光合作用所产生的糖是呼吸代谢的主要底物。糖在植物体内的呼吸代谢通常经过共同的呼吸代谢途径，如糖酵解途径、三羧酸循环途径、磷酸戊糖途径等。这些呼吸代谢途径是相互联系的。例如，糖经糖酵解途径降解所产生的丙酮酸，再经丙酮酸氧化进入三羧酸循环，最后被彻底降解为 CO_2。呼吸底物的氧化降解大多数是通过脱氢反应进行的，氢的受体 NAD、FAD 或 NADP 接受氢和电子形成的 NADH、$FADH_2$ 或 NADPH，经电子链将电子传递给 O_2 最终形成水，并产生 ATP。植物细胞中呼吸代谢的途径在空间上是被分隔开的。糖酵解途径在细胞基质中进行，而三羧酸循环和末端氧化过程则在线粒体中进行，磷酸戊糖途径在细胞基质或质体中进行。

虽然植物的呼吸代谢途径与其他生物的呼吸代谢途径并没有根本的差别，但植物的呼吸代谢途径表现出更大的灵活性，如植物糖酵解过程存在多条支路；植物线粒体中存在 NAD 苹果酸酶，因此植物可以在缺少丙酮酸的情况下，完全氧化有机酸；植物线粒体上进行的电子传递有多条途径，除细胞色素电子传递链外，还存在细胞色素电子传递链的支路及交替电子传递途径等。呼吸代谢并非呼吸代谢途径的简单组合，在各呼吸代谢途径中都有关键的调节部位，以控制和协调整体呼吸代谢的进行。植物的呼吸代谢速率主要受细胞内 ADP 供应水平的调节，ADP 水平直接调节电子传递速率和氧化磷酸化 ATP 合成，进而调节 TCA 循环活性，最终调节糖酵解反应。植物的呼吸作用与植物的种类、不同器官、生理状况等都有很大的关系，并且受到各种外界因素如光、温度、O_2 浓度、CO_2 浓度等的影响。

【试题精选】

一、填空题

1. 能随机地作用于淀粉的 1,4-糖苷键使淀粉粒分解的酶是________。

2. 能作用于淀粉的非还原端将淀粉水解产生麦芽糖的酶是________。

3. 淀粉磷酸解酶从淀粉的非还原端通过磷酸化裂解单个葡萄糖，产生________。

4. 在叶绿体中发现的一种能够使淀粉的葡萄糖残基磷酸化形成磷酸化葡聚

糖的酶是________。

5. 在植物细胞中降解蔗糖的两种重要酶是________和________。

6. 催化糖酵解反应的酶定位于________内，三羧酸循环的酶系定位于________内，呼吸电子传递链定位于________上。

7. 糖酵解过程是在________中进行的，形成的产物是________。

8. 在植物糖酵解途径中，果糖-6-磷酸转化为果糖-1，6-二磷酸的过程可以由两种酶催化，分别是________和________。

9. 在植物糖酵解途径中，PEP 形成丙酮酸的过程可以绕开丙酮酸激酶，而由液泡中的________催化 PEP 水解形成丙酮酸。

10. 植物糖酵解途径中产生的 PEP 可以被细胞质中的________羧化形成草酰乙酸，草酰乙酸被还原为苹果酸后，直接进入线粒体被氧化。

11. 在无氧条件下，糖酵解过程产生的丙酮酸经脱羧形成乙醛，再利用糖酵解过程产生的________还原为乙醇。

12. 在有氧条件下，糖酵解所产生的丙酮酸进入________进一步氧化降解，最终生成________。

13. 丙酮酸形成乙酰 CoA 的反应是由________复合体催化的。

14. 戊糖磷酸途径在细胞________和________中进行。

15. 戊糖磷酸途径中，当细胞质内 $NADPH+H^+$ 浓度低时，可以________葡萄糖-6-磷酸脱氢酶活性，从而调节戊糖磷酸途径的运行速度。

16. 戊糖磷酸途径的两种关键酶是________和________。

17. 植物组织感病时，PPP 在呼吸中所占比例________，而 EMP-TCA 所占比例________。

18. 高等植物细胞的主要呼吸底物是________和________。

19. 在戊糖磷酸途径中有________生成，它是许多酚类化合物如花色素苷和木质素合成的起始物。

20. 卡尔文循环和磷酸戊糖途径中共有的糖磷酸酯有________、________和________等（写出 3 个即可）。

21. 在呼吸链电子传递过程中，电子由 $NADH+H^+$ 脱氢传递到 UQ 的反应受________抑制，由 $Cyta/a_3$ 传递到 O_2 的反应受________抑制。

22. 每摩尔六碳糖经糖酵解可以在细胞基质中产生________摩尔的 NADH，再经 TCA 循环可以在线粒体基质中产生________摩尔 NADH 和________摩尔 $FADH_2$。

23. 在植物氧化磷酸化过程中，推动 ATP 合成的直接动力是________。

24. 植物线粒体中特有一些细胞色素呼吸链的支路。在植物线粒体内膜外侧存在________催化来自细胞质中的 NADH 或 NADPH 的氧化；线粒体内膜内侧也存在对鱼藤酮不敏感的________，氧化线粒体基质中的 NADH 或 NADPH。

25. 植物呼吸作用电子传递的交替途径与细胞色素途径的分支点在________。

26. 交替氧化酶以二聚体的形式存在，二聚体间的二硫键有调节其酶活性的作用。氧化态时活性________，还原态时活性________。

27. NADH 通过交替途径的氧化只经过线粒体膜上的复合体Ⅰ，因此 P/O 为________，$FADH_2$ 经过交替途径氧化 P/O 为________。

28. 植物线粒体外的末端氧化酶有________、________、________等。

29. 植物糖酵解途径中 ATP-果糖磷酸激酶的活性主要受________调节，丙酮酸激酶的活性受________调节。

30. 植物三羧酸循环过程中的主要调节酶是________、________、________和________。高浓度的 ATP 和 NADH 对这些酶的活性有________作用。

31. 在离体的线粒体中，电子传递的速度和由此导致的氧吸收的速度，主要由________的供应决定。

32. 植物呼吸作用对温度变化很敏感，这是因为呼吸作用是________反应。低温降低呼吸速率是因为在低温下________。高温则引起________而使呼吸速率降低。

33. 在自然条件下，植物根系呼吸速率的限制因子一般是________；干种子呼吸速率的限制因子一般是________。

34. 核桃、向日葵等油料种子萌发初期大部分________转化为________，以供生长的胚用于呼吸。

35. 在绿色植物体中形成 ATP 的方式有________、________和________。

36. 种子储存时首先要注意控制________；多汁果实储藏时则首先要控制________和________。

37. 多酚氧化酶是一种含________的氧化酶，存在于植物细胞的________中。

38. 抗坏血酸氧化酶是含________的氧化酶，它催化________反应。

39. 过氧化物酶是含铁卟啉的蛋白，它可以催化________对多种芳香族胺类或酚类化合物的氧化作用。

40. 过氧化氢酶是含________的蛋白，它可以催化 2 分子的________进行反应，生成 1 分子的 O_2 和 2 分子的 H_2O。

41. 组成呼吸链的电子传递体按传递对象不同可分为________传递体与________传递体。

42. 三羧酸循环是在线粒体的________中进行的，氧化磷酸化是在线粒体的________上进行的。

43. 梨、土豆削皮后，________酶活性提高，形成________类化合物，聚合使切创面呈________色，可用________等方法阻止这种变化的发生。

44. 柑橘果实未成熟时气温尚高，呼吸作用的末端氧化酶以________为主，成熟时气温渐低，则以________为主，这是由于________ ________，而________。

45. 植物正常呼吸时，主要的呼吸底物是________；但在持续饥饿条件下，它将动用________用于呼吸代谢。

46. 有氧呼吸可分为________、________和________三个阶段。

47. 糖酵解的最终产物是________，在有氧条件下，它进入________彻底氧化分解；在转氨酶作用下则可生成________。

48. 高等植物在正常呼吸时，主要脱氢酶的辅酶是________，最终的电子受体是________。

49. 糖代谢是通过中间产物________和________与脂肪代谢相联系的。

50. 芳香族氨基酸的合成，需要 PPP 与 EMP 途径提供的中间产物________和________作为其碳架。

51. 在磷酸戊糖途径的中间产物中，________是合成核酸的原料，________可与糖酵解中的________形成莽草酸。

52. 植物细胞内产生 ATP 的方式有三种，即________、________和________。

53. 酚氧化酶是一种含________的氧化酶，存在于________、________内。这种酶在制茶中有重要作用，在制绿茶时要立即杀青，防止________，避免________产生，保持茶色清香。

54. 植物细胞中参与氧化还原的主要酶辅助因子有________、________和________三种。

55. 高等植物的无氧呼吸随环境中 O_2 的增加而________，当无氧呼吸停止时，这时环境中的 O_2 浓度称为________。

二、选择题（包括单项选择和多项选择）

1. 在细胞基质中进行的糖酵解过程中，氢的受体是(　　)。

A. NAD　　B. NADP　　C. FAD　　D. FMN

2. 2,4-二硝基苯酚（DNP）是(　　)。

A. 糖酵解的抑制剂　　B. 电子传递与氧化磷酸化的解偶联剂

C. 电子传递的抑制剂　　D. 三羧酸循环的抑制剂

3. 呼吸电子传递链存在于(　　)。

A. 细胞基质中　　B. 线粒体基质中

C. 线粒体外膜上　　D. 线粒体内膜上

4. 以下化合物中不属于呼吸电子传递链成员的是(　　)。

A. UQ　　B. Cytb　　C. CoA　　D. Cyta

5. 抗霉素 A 是一种呼吸电子传递链抑制剂，它作用于呼吸电子传递链的(　　)。

A. 复合物Ⅰ　　B. 复合物Ⅲ

C. 复合物Ⅱ　　D. 复合物Ⅳ

6. 对植物细胞的有氧呼吸来说，对氧亲和力最高的末端氧化酶是(　　)。

A. 细胞色素氧化酶　　B. 酚氧化酶

C. 抗坏血酸氧化酶　　D. 乙醇酸氧化酶

7. 巴斯德（Pastear）效应中，抑制发酵作用的是(　　)。

A. N_2　　B. O_2　　C. CO_2　　D. KCN

8. 以氨基酸作为呼吸底物进行有氧呼吸时，呼吸商(　　)。

A. 大于 1　　B. 等于 1　　C. 小于 1　　D. 不一定

9. 有氧呼吸过程的最终电子受体是(　　)。

A. O_2　　B. H_2O　　C. NADH　　D. 细胞色素系统

10. 乙醇发酵所提供的可利用能量来自糖酵解过程中净形成的(　　)。

A. 8 ATP　　B. 6 ATP　　C. 4 ATP　　D. 2 ATP

11. 部分果实在成熟过程中发生呼吸跃变。下列激素中与这个过程密切相关的是(　　)。

A. 细胞分裂素　　B. 赤霉素　　C. 乙烯　　D. 果胶物质

12. 植物糖酵解过程中，调节 ATP-果糖磷酸激酶活性的关键因子是(　　)。

A. 3-PGA/PEP　　B. 丙酮酸/Pi　　C. PEP/Pi　　D. ATP/ADP

13. 磷酸戊糖途径发生在(　　)。

A. 细胞基质、叶绿体　　B. 内质网、细胞基质

C. 线粒体、叶绿体　　D. 细胞核、线粒体

14. 在磷酸戊糖途径降解葡萄糖的过程中，氢的受体是(　　)。

A. NAD^+　　B. $NADP^+$　　C. FAD　　D. FMN

15. 植物组织衰老时，磷酸戊糖途径在呼吸代谢途径中所占的比例(　　)。

A. 下降　　B. 上升　　C. 维持一定水平　　D. 先降后升

16. 三羧酸循环中，在底物水平合成 1 分子高能磷酸化合物的反应发生在(　　)。

A. 柠檬酸→α-酮戊二酸　　B. α-酮戊二酸→琥珀酸

C. 琥珀酸→延胡索酸　　D. 延胡索酸→苹果酸

17. 在三羧酸循环的第一步反应中，与乙酰 CoA 结合的化合物是(　　)。

A. 苹果酸　　B. 延胡索酸

C. 琥珀酸　　D. 草酰乙酸

18. 在植物线粒体基质中普遍存在一种能够催化苹果酸氧化脱羧形成丙酮酸

的酶，使植物可以在缺少丙酮酸的情况下，完全氧化有机酸。这种酶是(　　)。

A. NAD^+苹果酸酶　　B. 苹果酸脱氢酶

C. 丙酮酸脱氢酶　　D. 丙酮酸脱羧酶

19. 植物幼苗从蒸馏水中转移到稀盐溶液中时，其根系的呼吸速率增加，这种呼吸被称为(　　)。

A. 光呼吸　　B. 无氧呼吸　　C. 抗氰呼吸　　D. 盐呼吸

20. 植物细胞糖酵解过程中，催化 PEP 形成丙酮酸的酶除丙酮酸激酶外，还可有(　　)。

A. PEP 磷酸酶　　B. PEP 羧化酶　　C. PEP 羧激酶　　D. 苹果酸脱氢酶

21. EMP 中控制整个反应速率的两个关键酶是(　　)。

A. 磷酸己糖异构酶和醛缩酶　　B. 磷酸果糖激酶和丙酮酸激酶

C. 烯醇化酶和丙酮酸激酶　　D. 磷酸甘油酸脱氢酶和丙酮酸激酶

22. 植物体内糖与油脂可发生相互转变，油脂转变为糖时，其呼吸商的值(　　)。

A. 变小　　B. 变大　　C. 不变　　D. 无规律

23. 以下化合物中属糖酵解过程的产物的是(　　)。

A. NADPH　　B. NADH　　C. 丙酮酸　　D. 乙 醇

24. 植物糖酵解过程中催化磷酸烯醇式丙酮酸转化为丙酮酸的酶是(　　)。

A. 丙酮酸激酶　　B. 丙酮酸羧化酶　　C. PEP 磷酸酶　　D. 烯醇酶

25. 在无氧条件下，植物以葡萄糖为底物进行乙醇发酵时形成的产物有(　　)。

A. 乙醇　　B. ATP　　C. NADH　　D. NADPH

26. 植物进行磷酸戊糖途径的部位是(　　)。

A. 线粒体　　B. 细胞基质　　C. 过氧化物酶体　　D. 质体

27. 交替氧化酶中含有的矿质元素有(　　)。

A. Fe　　B. S　　C. Ca　　D. Mg

28. 以下酶中参与糖酵解过程的是(　　)。

A. 磷酸果糖激酶　　B. 丙酮酸激酶　　C. PEP 羧激酶　　D. PEP 羧化酶

29. 下列条件中，导致磷酸戊糖途径上升的是(　　)。

A. 病害　　B. 植物年龄增长　　C. 光合作用增强　　D. 干旱

30. 以下化合物中作为植物呼吸作用电子传递链抑制剂的有(　　)。

A. 百草枯　　B. 敌草隆　　C. 抗霉素 A　　D. 鱼藤酮

31. 测定植物组织呼吸强度的方法有(　　)。

A. 酸碱滴定法　　B. 氧电极法　　C. 压力势法　　D. 电导仪法

32. 丙酮酸经三羧酸循环和电子传递链后形成的产物有(　　)。

A. ATP　　B. GTP　　C. CO_2　　D. O_2

33. 参与三羧酸循环的辅酶有(　　)。

A. NAD　　B. FAD　　C. NADP　　D. CoA- SH

34. 下列氧化酶中，位于线粒体内的末端氧化酶有(　　)。

A. 多酚氧化酶　　B. 细胞色素氧化酶

C. 抗氰氧化酶　　D. 乙醇酸氧化酶

35. 与燃烧等化学氧化相比，生物氧化的特点是(　　)。

A. 底物的氧化逐步进行　　B. 在常温、常压、近中性 pH 环境中进行

C. 能量不以热的形式释放　　D. 释放的能量大部分可转化为 ATP

36. 三羧酸循环反应速度的调节酶有(　　)。

A. 柠檬酸合酶　　B. 苹果酸脱氢酶

C. 异柠檬酸脱氢酶　　D. α-酮戊二酸脱氢酶

37. 三羧酸循环中的主要氢受体有(　　)。

A. NAD^+　　B. $NADP^+$　　C. FAD　　D. CoQ

三、简答题

1. 简述植物呼吸作用的类型及其生理意义。

2. 机械损伤为什么会显著加快植物组织呼吸速率?

3. 在无氧条件下，把大量丙酮酸加入绿豆提取液中，结果只有少量的乙醇形成。但是如果在相同的条件下加入大量的葡萄糖，则生成大量的乙醇，这是什么原因?

4. 长时间的无氧呼吸为何会使植物受伤死亡?

5. 植物储藏的苹果酸通过线粒体氧化为什么需要苹果酸酶? 为什么不能通过苹果酸脱氢酶进入三羧酸循环?

6. 假设一植物的细胞中没有 PEP 羧化酶活性，由于生物合成的需要又将 α-酮戊二酸从三羧酸循环中移走，将会有什么情况发生?

7. 简述两种测定呼吸速率的方法和原理。

8. 磷酸戊糖途径的生理意义是什么?

9 为什么昼夜温差大有利于作物积累干物质?

10. 温室或大棚生产中应注意什么问题?

11. 粮油种子储藏过程中应注意些什么? 说明其原理。

12. 植物是如何进行淀粉降解的?

13. 植物是如何进行蔗糖降解的?

14. 在酵母提取液中进行葡萄糖发酵产生乙醇。如果向提取液中分别加入下列物质，对发酵速率有什么影响? 试简要说明其原因。①碘代乙酸，②ATP，③ADP＋无机磷，④NaF。

15. 乙醛酸循环与 TCA 有什么联系和区别?

16. 简述油料种子萌发时油脂是如何转变为糖的。

17. 简述有氧呼吸总过程的几个阶段及其发生的部位。

四、分析论述题

1. 比较有氧呼吸和无氧呼吸的异同。

2. 植物的呼吸作用是如何影响其水分吸收、矿质营养和物质运输等生理活动的？

3. 阐明高等植物呼吸代谢途径的多样性及其意义。

4. 比较植物与动物的糖酵解与三羧酸循环，说明其不同之处。

5. 论述交替途径（抗氰呼吸）的生理意义？

6. 讨论植物呼吸代谢的主要调控机制。

7. 在果蔬的储藏中应注意哪些事项？

【参考答案】

一、填空题

1. α-淀粉酶。

2. β-淀粉酶。

3. 葡萄糖-1-磷酸。

4. 葡聚糖-水双激酶。

5. 转化酶，蔗糖合酶。

6. 细胞基质，线粒体基质，线粒体内膜。

7. 细胞基质，丙酮酸。

8. 依赖 ATP 的果糖磷酸激酶，依赖焦磷酸的果糖磷酸激酶。

9. PEP 磷酸酶。

10. PEP 羧化酶。

11. $NADH + H^+$。

12. 线粒体，CO_2 和 H_2O。

13. 丙酮酸脱氢酶。

14. 基质，质体。

15. 促进。

16. 6-P-葡萄糖脱氢酶，6-P-葡萄糖酸脱氢酶。

17. 上升，下降。

18. 蔗糖，淀粉。

19. 赤藓糖-1-磷酸。

20. 景天庚酮糖-7-磷酸，赤藓糖-4-磷酸，核酮糖-5-磷酸，核糖-5-磷酸，果糖-6-磷酸，果糖-1，6-二磷酸，甘油醛-3-磷酸，木酮糖-5-磷酸。

21. 鱼藤酮，氰化物。

22. 2，8，2。

23. 质子动力势。

24. NAD(P)H 脱氢酶，NAD(P)H 脱氢酶。

25. 泛醌。

26. 低，高。

27. 1，0。

28. 多酚氧化酶，抗坏血酸氧化酶，乙醇酸氧化酶。

29. PEP/Pi 值，柠檬酸、α-酮戊二酸和苹果酸 。

30. 丙酮酸脱氢酶复合物，柠檬酸合酶，异柠檬酸脱氢酶，α-酮戊二酸氧化脱氢酶，抑制。

31. ADP 和 Pi。

32. 酶促，酶活性降低，酶蛋白变性失活。

33. 氧气，水。

34. 脂肪，糖。

35. 氧化磷酸化，光合磷酸化，底物磷酸化。

36. 种子含水量，温度，气体成分。

37. 铜，质体和微体 。

38. 铜，抗坏血酸脱氢。

39. H_2O_2。

40. 铁卟啉，H_2O_2。

41. 电子，质子和电子。

42. 基质，内膜。

43. 多酚氧化酶，醌，褐，无氧条件或抗氧化剂。

44. 细胞色素氧化酶，黄酶，前者对温度变化反应敏感，黄酶对温度变化反应不够敏感。

45. 碳水化合物，脂肪等。

46. EMP，TCAC，氧化磷酸化。

47. 丙酮酸，TCAC，丙氨酸。

48. NAD^+，O_2。

49. 乙酰辅酶 A，磷酸二羟丙酮。

50. 4-磷酸-赤藓糖，磷酸烯醇式丙酮酸。

51. 5-磷酸核糖，4-磷酸-赤藓糖，磷酸烯醇式丙酮酸。

52. 底物水平磷酸化，呼吸链氧化磷酸化，光合磷酸化。

53. 铜，质体，微体，多酚氧化酶活化，醌类

54. NAD^+，$NADP^+$，FAD。

55. 减弱，无氧呼吸消失点。

二、选择题

1. A；　2. B；　3. D；　4. C；
5. B；　6. A；　7. B；　8. D；
9. A；　10. D；　11. C；　12. C；
13. A；　14. B；　15. B；　16. B；
17. D；　18. A；　19. D；　20. C；
21. B；　22. B；　23. B，C；
24. A，C；　25. A，B；　26. B，D；
27. A，B；　28. A，B；　29. A，B，D；
30. C，D；　31. A，B；　32. A，B，C；
33. A，B，D；　34. B，C；
35. A，B，D；　36. A，C，D；
37. A，C

三、简答题

1. 植物呼吸作用的类型有：有氧呼吸和无氧呼吸。有氧呼吸是生活细胞在氧气的参与下，彻底分解氧化有机物质，放出 CO_2 并形成水，同时释放大量能量的过程。无氧呼吸是在无氧条件下，细胞把某些有机物分解成为不彻底的氧化产物，同时释放少量能量的过程。

生理意义：① 为植物体内的生理生化活动提供能量，如植物对矿质营养的吸收、有机物的合成与运输，细胞分裂、器官建成、开花受精等都需要能量供应。呼吸一旦停止，生命就告终。②呼吸代谢过程中产生的一系列中间产物是进一步合成植物体各种重要化合物（蛋白质、脂肪、核酸等）的原料。③呼吸作用可增强植物的抗病或抗伤害的能力。

2. 机械损伤使原来呼吸酶与其底物的间隔破坏，底物与呼吸酶接触，呼吸速率提高；损伤使某些细胞转向分生状态，形成愈伤组织，生长旺盛；同时损伤处被微生物侵染，也使呼吸速率提高。

3. 由丙酮酸转变为乙醇的反应中，需要 NADH 和 H^+ 作为氢供体，葡萄糖经酵解转变成丙酮酸的过程中，可生成 NADH 和 H^+，作为乙醇脱氢酶的供体。而直接加入丙酮酸则由于缺少氢的供体，不能使乙醛还原为乙醇。

4. 在无氧条件下，植物进行发酵形成乙醇或乳酸，这些产物大量积累时会对植物组织造成毒害；另外无氧呼吸消耗有机物多，提供能量少，造成养料大量消耗；再者没有丙酮酸氧化过程，一些需要三羧酸循环中间产物为底物的代谢物质合成不能进行。因此，长时间的无氧呼吸会使植物受伤死亡。

5. 植物储藏的苹果酸通过线粒体内膜上的二羧酸转运器运输到线粒体内，在苹果酸

脱氢酶作用下可以形成草酰乙酸，草酰乙酸与乙酰 CoA 结合形成柠檬酸，柠檬酸经脱羧、脱氢后又形成苹果酸，因此在线粒体中通过苹果酸脱氢酶不能将苹果酸完全氧化，而是需要苹果酸酶将苹果酸脱羧形成丙酮酸，丙酮酸再进入三羧酸循环完全氧化。

6. 在这种情况下，由于草酰乙酸不能再生，三羧酸循环就不能正常进行，植物由于能量供应不足会出现生长异常。由于植物细胞中具有 PEP 羧化酶，它可以催化 PEP 羧化形成草酰乙酸，草酰乙酸脱羧后形成苹果酸，苹果酸通过线粒体内膜上的二羧酸转运器运输进入线粒体，在线粒体中经苹果酸脱氢酶形成草酰乙酸，因此在 α-酮戊二酸大量用于生物合成其他化合物的情况下，三羧酸循环仍可继续正常进行。

7. 呼吸速率（respiratory rate）是指单位重量的呼吸材料，在单位时间内进行呼吸所消耗的 O_2 或释放的 CO_2 量，可以用小篮子法和红外线 CO_2 分析仪法测定。

（1）小篮子法（酸碱中和法）：用定量碱液吸收植物组织在一定时间内呼吸所释放出来的 CO_2，再用酸滴定剩余的碱，即可计算出呼吸所释放出的 CO_2 量，求出其呼吸强度。

（2）红外线 CO_2 分析仪法：CO_2 对红外线有较强的吸收，CO_2 量与红外线吸收间有线性关系，通过叶室的气流中 CO_2 的变化，吸收红外线的变化，转换为电信号，测定并记录，得到叶片的光合速率。

8. ① PPP 产生的 NADPH 可以在植物线粒体被氧化产生 ATP，更重要的是 NADPH 是一些重要生物合成过程的供氢体，如脂肪酸以及某些类异戊二烯的合成；②在 PPP 过程中有赤藓糖-1-磷酸生成，它是许多酚类化合物合成的起始物，与植物的抗逆性有关；③PPP 的中间产物核酮糖-5-磷酸是合成核酸，包括 RNA 和 DNA 的前体物质；④该途径的中间产物如丙糖、丁糖、戊糖、己糖、庚糖与卡尔文循环的中间产物相同，在叶片发育早期，该途径可能为光合碳循环提供中间产物。

9. 呼吸作用受温度影响，在一定范围内，始终保持高呼吸速率会消耗过多物质。作物在生长季如白天气温较高，利于光合作用，多生产同化物；而夜间气温较低时，则可减少呼吸消耗，多积累干物质。

10. 温室和大棚生产主要是为了提高温度，促进生长。应注意适当通风，调节昼夜温度，适当降低夜温，阴天有条件的温室应补充光照，保证光合作用正常进行，避免过高温度造成消耗大于积累。另外由于温室内温度较高、湿度较大，易发生某些病害，需注意防治。

11. 粮油种子储藏时，首先一定要控制种子含水量在安全含水量以下，淀粉质种子安全含水量为 14%～15%；油料种子一般为 8%～9%。在安全含水量以下，种子中的蛋白质处于凝胶状态，酶活性低，呼吸微弱，种子可安全储藏。超过临界含水量，自由水出现，酶活性增强，呼吸速率急剧升高，放出热量和水分，粮堆升温，使微生物繁殖，易引起霉变，不利于储存。此外，保持通风，降温，降湿，控制气体成分等都有利于降低呼吸速度，有利于种子安全储藏。

12. 植物中储藏的糖主要是淀粉和蔗糖。淀粉的降解涉及多种酶的协同作用，α-淀粉酶能随机地作用于淀粉的 1,4-糖苷键使淀粉粒分解，β-淀粉酶能作用于淀粉的非还原端将淀粉水解产生麦芽糖，淀粉磷酸解酶则从淀粉的非还原端通过磷酸化裂解单个葡萄糖，产生葡萄糖-1-磷酸。在这些酶的作用下，可将直链淀粉降解为葡萄糖和麦芽糖，麦芽糖再在麦芽糖酶的作用下分解为葡萄糖。但由于这些酶不能作用于 1,6-糖苷键，因此对于支链淀粉来说则形成糊精，还需要脱脂酶的作用，才能将淀粉完全降解。在不同的组织中可能有不同的酶发挥降解作用。

13. 在植物体中，蔗糖可以经两条途径进行降解。在大多数植物组织中，细胞质中的蔗糖合酶被用于蔗糖的分解。蔗糖合酶利用UDP将蔗糖分解为果糖、UDP-葡萄糖，蔗糖合酶催化的反应是可逆反应，该酶参与了蔗糖的合成与分解。蔗糖水解的另外途径是利用转化酶将蔗糖水解为果糖和葡萄糖。转化酶存在于细胞质、液泡以及细胞壁中。细胞质中的转化酶是碱性的转化酶，而液泡和细胞壁中的转化酶则是酸性转化酶。

14. 碘代乙酸是磷酸甘油醛脱氢酶的抑制剂，NaF是烯醇化酶的抑制剂，ATP抑制磷酸果糖激酶和丙酮酸激酶。所以①碘代乙酸、②ATP和④NaF都降低发酵速率。ADP和无机磷可提高磷酸果糖激酶的活性，从而提高发酵速率。

15. 乙醛酸循环（GAC）中含有某些和三羧酸循环相同的酶，但是二者是不同的体系，乙酰CoA首先和草酰乙酸合为柠檬酸，然后转变为异柠檬酸，催化这两步反应的酶和TCA循环中的酶是相同的。但是从发生部位看，GAC在乙醛酸体，TCA在线粒体中进行；从发生的范围来看，GAC只有在油料种子及某些其他种子萌发时进行，而TCA在生物界普遍存在。另外，GAC循环一次，接受2个乙酰CoA，形成分子琥珀酸，无CO_2释放；而TCA循环一次，接受1个乙酰CoA，放出2个CO_2。

GAC具有两个特异的酶即异柠檬酸裂解酶和苹果酸合成酶，TCA无这两种酶。

16.（1）种子中储藏的脂类，在油质体内脂肪酶类的催化下，水解为甘油和脂肪酸等。

（2）在甘油激酶的催化下，甘油转变为α-磷酸甘油，进入线粒体，又在磷酸甘油氧化酶催化下，转变为磷酸二羟丙酮，进入细胞质，逆糖酵解途径转变为己糖，进而转变为蔗糖而运输，或者磷酸二羟丙酮经糖酵解和三羧酸循环而充分氧化分解。

（3）脂肪酸进入乙醛酸体，活化为脂酰辅酶A，再经β-氧化生成大量乙酸-CoA，后者进入细胞质，逆糖酵解途径异生为己糖，进而转变为蔗糖，运往正在生长的胚。或草酰乙酸脱羧成为烯醇式丙酮酸后，又返回线粒体，参加三羧酸循环而被氧化。

17. 有氧呼吸大体分为3个阶段：

（1）在细胞质，1分子葡萄糖经EMP过程分解为2分子丙酮酸，同时形成2分子ATP和2分子NADH。

（2）丙酮酸经线粒体内膜上特殊载体进入线粒体，在丙酮酸脱氢酶复合体的作用下脱羧脱氢形成乙酰CoA和1分子NADPH，乙酰CoA经TCAC彻底氧化分解成CO_2和H_2O，形成4分子NADH、1分子$FADH_2$和1分子GTP。

（3）形成的FDH和NADH经线粒体内膜上的呼吸电子传递链氧化形成ATP。

四、分析论述题

1. 有氧呼吸和无氧呼吸都是生活细胞在酶的参与下，将有机物逐步氧化分解并释放能量的过程，它们都可为植物的生命活动提供能量和中间产物，而且它们都经历了一个共同的代谢反应阶段——糖酵解阶段。

有氧呼吸和无氧呼吸的不同在于有氧呼吸需要有分子氧的参与，而无氧呼吸则在无氧或氧气供应不足的条件下进行；有氧呼吸将呼吸底物彻底氧化分解为CO_2和水，释放的能量多，无氧呼吸对呼吸底物进行不彻底的氧化分解，释放的能量少，产生的乙醇、乳酸对植物有毒害作用；有氧呼吸产生更多种类的中间产物，为机体合成多种有机物提供原料。

2. 呼吸作用提供能量，因此对水分吸收、矿质营养和物质运输等生理活动都有重要影响。植物水分吸收的动力是蒸腾拉力和根压，蒸腾拉力的形成受气孔运动调节，而气孔运动则与ATP提供能量有关；根压则是由于根系消耗ATP主动积累离子造成的。矿质离子的吸收和运输过程大多是消耗能量的主动过程；同化物的装载、卸出和运输过程是耗能的。此外，根系是吸收水分与矿质的器官，它的生长状况与能量供应密切相关。

3. 植物的呼吸代谢有多条路线，即多样性，表现在呼吸底物的多样性（淀粉、蔗糖、脂肪等），呼吸生化过程的多样性（无氧呼吸、有氧呼吸 EMP-TCA、PPP 等，糖酵解过程的多条支路），呼吸链电子传递系统的多样性（细胞色素呼吸链及其支路，抗氰呼吸链）以及末端氧化酶的多样性（细胞色素氧化酶、交替氧化酶、多酚氧化酶等）。不同的植物、器官、组织，不同的条件或生育期，植物体内物质的氧化分解可通过不同的途径进行。呼吸代谢的多样性是在长期进化过程中，植物形成的对多变环境的一种适应性，具有重要的生物学意义，这种多样性使植物在不良的环境中，仍能进行呼吸作用，维持生命活动。例如，氰化物能抑制生物正常呼吸代谢，使大多数生物死亡，而某些植物具有抗氰呼吸途径，能在含有氰化物的环境下生存。

4. 在植物中进行的三羧酸循环与动物中进行的三羧酸循环基本上是相同的，但存在以下不同点：①由琥珀酰辅酶 A 合成酶催化的从琥珀酰辅酶 A 转化为琥珀酸的反应，在植物中是生成 ATP，而在动物中生成的是 GTP；② 在植物线粒体基质中普遍存在 NAD^+ 苹果酸酶，这在其他动物中是不存在的。NAD^+ 苹果酸酶催化苹果酸氧化脱羧反应，形成丙酮酸。NAD^+ 苹果酸酶的存在使植物线粒体可以通过另一途径来代谢糖酵解产生的 PEP。在细胞质中，PEP 可以通过 PEP 羧化酶和苹果酸脱氢酶合成苹果酸。植物线粒体内膜上有二羧酸转运器，它可以促进苹果酸和线粒体基质的 Pi 进行交换，将苹果酸运入线粒体基质。在线粒体基质中，NAD^+ 苹果酸酶再将苹果酸脱羧氧化为丙酮酸，丙酮酸则可进入 TCA 循环被彻底氧化。

5. 在植物细胞中存在一条不经过细胞色素的呼吸电子传递途径，这条途径对氰化物不敏感，称为交替途径，或抗氰呼吸途径。交替途径的生理意义尚不十分清楚，目前认为可能有以下几方面：①放热增温、促进开花、授粉、种子萌发等：抗氰呼吸释放大量热量，有助于某些植物花粉的成熟及授粉、受精过程；有利于挥发引诱剂（如 NH_3、胺类、吲哚等），以吸引昆虫进行传粉。放热增温也有利于种子萌发，种子在萌发早期或吸涨过程中都有抗氰呼吸的存在。②抵御逆境：已知在各种逆境下交替途径活性提高。因此有人认为，交替氧化酶在结构上比细胞色素呼吸链中的电子传递复合体简单得多，在逆境下可能更能保持其功能，从而维持逆境下的高呼吸。③促进果实成熟，促进衰老：在正常条件下，抗氰呼吸的出现常与衰老相联系。随着植株年龄的增长、果实的成熟，抗氰呼吸随之提高。同时乙烯与抗氰呼吸上升有平行关系。④平衡细胞碳代谢和电子传递间的供求关系。当细胞富含糖，细胞色素途径被饱和时，交替途径可能是作为一种“溢出”途径将过剩的电子除去，从而防止细胞色素呼吸链组分的过度还原和由此导致的活性氧产生对细胞造成伤害。

6. 在有氧条件下，植物主要的呼吸代谢途径是糖酵解-三羧酸循环-电子传递与氧化磷酸化。在这条呼吸途径中，有许多调节位点，调节着呼吸作用的速率。

在糖酵解阶段，依赖 ATP 的磷酸果糖激酶和丙酮酸激酶是两个重要的调节酶，这两个酶均为变构酶，磷酸果糖激酶受 PEP 的抑制，抑制作用可以被 Pi 解除，因此 PEP 和 Pi 的比率是调节磷酸果糖激酶活性的关键因子。丙酮酸激酶受 TCA 循环的中间产物如柠檬酸、α-酮戊二酸和苹果酸等的抑制，也受 ATP 的抑制。

在三羧酸循环中，丙酮酸脱氢酶、柠檬酸合酶、异柠檬酸脱氢酶、α-酮戊二酸脱氢酶等都是重要的调节酶，它们都是变构酶，受产物及NADH、ATP的抑制。

在线粒体细胞色素电子传递链中，电子传递的速度和由此导致的吸收氧的速度，主要由ADP和Pi的供应决定。当ADP或Pi缺乏时，ATP合酶的F_0质子通道就会被阻断，限制质子穿过内膜转移，进而电子传递的速度下降。当ADP和Pi存在时，质子通过ATP合酶回流的速度是很迅速的。

因此，线粒体中ADP和Pi的浓度就成为控制呼吸速率的重要因素。当植物对ATP需求高时，线粒体中ATP运出的速率快，则线粒体中ADP和Pi的浓度就高，电子传递的速率也随之加快，因而TCA循环的速率也会加快。而当植物对ATP需求降低时，线粒体中ATP增加使ADP和Pi浓度降低，电子传递的速率降低，这种降低会通过增加线粒体基质NADH浓度（抑制几个TCA脱氢酶活性）和基质ATP浓度（直接抑制丙酮酸脱氢酶和柠檬酸合酶活性）引起TCA循环活性下降，TCA中间产物积累。TCA中间产物（如苹果酸）的积累反过来降低了丙酮酸激酶的活性，增加了细胞基质的PEP含量，而PEP又抑制了果糖-6-磷酸激酶的活性，使糖酵解速率降低。

总体而言，植物经EMP-TCA-电子传递途径的呼吸速率调控是由细胞中ADP的水平自下而上调控的。ADP水平直接调节电子传递速率和氧化磷酸化，进而调节TCA循环活性，最终调节糖酵解反应。

7. 要做好果实蔬菜的储藏，重要的问题是控制呼吸跃变的发生，延迟其完熟，并保持其水分。因此在果蔬储藏中，要注意以下几个方面。

（1）温度控制：降低温度，可以降低呼吸速率，从而推迟呼吸跃变的发生。但低温可能会引起淀粉的降解而使糖的含量增加，因而改变果实或蔬菜的品质。因此根据不同的果蔬选择不同的合适的储藏温度，如甘薯最适储藏温度为10～14℃。

（2）调节气体成分：降低周围环境中O_2的浓度，增加CO_2的含量，或充氮气。这样可以抑制果实中乙烯的产生，推迟呼吸跃变的发生。保持一定的O_2可以减少发酵代谢的发生。一般将果实储藏于2%～3% O_2和3%～5%CO_2环境中。

（3）控制湿度：果蔬是含水量很高的食品，为了保持它们的新鲜，储藏环境必须保湿，多数果蔬适宜储藏的相对湿度为80%～90%。

第九章　植物次生代谢物

重点提示： 植物次生代谢物的概念、分类（了解）；各种次生代谢物的特性与功能（了解）；次生代谢基因工程在生产实际中的应用情况（了解）。

【核心概念】

1. 次生代谢物（secondary metabolite）——植物中有一些表面看起来与植物生长发育没有直接关系的种类繁杂的有机物，称为次生代谢物（secondary metabolite），又称为次生产物（secondary product）或天然化合物（natural product）。

2. 植保素（phytoalexin）——许多植物在受到微生物，特别是真菌侵染时会合成一些抗菌物质，并在感染处积累。这些物质和动物中的抗体一样，起着抵御入侵微生物的作用。它们对微生物没有特异性，但对真菌的毒性比对细菌的毒性要大。这些物质总称为植保素。

3. 激发子（elicitor）——一类能诱导植物产生防卫反应的化合物。激发子多是植物或病菌的细胞壁多糖片段。

4. 植物化感作用（allelopathy）——一种植物通过向环境释放化学物质而对其他植物所产生的直接或间接的有利或不利的影响。

5. 化感物质（allelochemical）——介导植物化感作用的物质称为化感物质。

【知识要点】

植物体内存在一些虽然与植物生长发育无直接关系，但对植物适应不良环境或抵御病原物侵害有重要作用的种类繁杂的有机物，称为次生代谢物（secondary metabolite），又称次生产物（secondary product）或天然化合物（natural product）。

植物次生代谢物可分为酚类、萜烯类和含氮化合物三大类。酚类次生代谢物大多都是由苯丙烷和苯丙烷乙酸衍生而来的。而苯丙烷和苯丙烷乙酸则来自莽草酸途径和丙二酸途径。酚类化合物次生代谢产物包括简单酚类、黄酮类和木质素。简单酚类如原儿茶酸、绿原酸在植物的抗病过程中具有重要作用，没食子酸和香豆素类化合物则有助于植物抗拒动物采食；黄酮类化合物中的花色（素）苷和黄酮（醇）是植物的主要呈色物质，作为诱引色，吸引昆虫或动物采食，协助传粉和传播种子。木质素作为细胞壁次生壁的重要组分，在植物细胞保护和防御中起重要作用，可抗拒昆虫和动物的采食以及通过屏障作用抑制真菌生长。

萜烯类化合物是由异戊二烯单元构成的化合物及其衍生物，形成萜烯类化合物的前体物质是异戊二烯二磷酸（IPP），IPP 可通过甲瓦龙酸途径（细胞基质中）和 3-磷酸甘油醛/丙酮酸途径（质体中）合成。植物中比较重要的萜烯类化合物包括甾醇、植物精油、橡胶等。甾醇在植物的防御反应中具有重要意义；植物精油是具有挥发性和较强气味的 10～15 碳萜烯化合物，具有诱引昆虫传粉和防御功能；橡胶是由 3000～6000 个异戊二烯单元组成的无分支长链，是分子最大的异戊二烯类化合物。

植物含氮次生代谢物包括生物碱、生氰苷、非蛋白氨基酸和甜菜碱等。生物碱参与植物的防御作用，同时对动物具有特殊的生理和精神作用；植物的非蛋白氨基酸如刀豆氨酸、铃兰氨酸等以游离形式存在，起防御作用；生氰苷是在植物被损伤后，由糖苷酶和羟腈裂解酶催化释放的有毒氢氰酸气体，是植物的防御物质；甜菜碱一方面作为呈色物质，诱引昆虫等动物采食和传粉，另一方面在植物抗逆反应中作为渗透调节物起作用。

植物在受微生物侵染时合成抗菌物质，并在感染处积累，这些物质称为植保素，是所有植物抵御微生物侵染的共同机制。植保素主要存在于双子叶植物中。大部分的植保素是酚类化合物；另外一些是萜烯类化合物（倍半萜类），还有少量的聚乙炔类化合物。比较重要的植保素有大豆抗毒素、豌豆素、菜豆素、甘薯酮和苜蓿素等。植保素可以由植物或病菌的细胞壁多糖片段等诱导物诱导产生。

植物次生代谢对植物的生态适应以及人类福祉具有重要的意义。利用细胞工程和基因工程的方法，调节控制植物的次生代谢，已成为人们控制植物生长发育、改良植物品质、增加产量的重要手段。

【试题精选】

一、填空题

1. 根据化学结构和性质，可将植物次生代谢物分为________、________和________三大类。

2. 莽草酸途径的前体物质是________和________。

3. 除草剂草甘膦通过阻断________的合成，使杂草死亡，但对人畜无害。

4. 植物体内简单酚类次生代谢物有________、________、________等。

5. 植物体中苯丙氨酸解氨酶催化的反应是________。

6. 原儿茶酸和绿原酸在某些植物的________过程中具有重要作用。

7. 没食子酸以多种方式相互连接，并与葡萄糖和其他糖类结合形成杂合的多聚体——没食子鞣质。没食子鞣质可以使________，因而严重抑制植物的生长。

8. 植物体内重要的类黄酮类化合物有________、________、________和________。

9. 花和果实的颜色主要是由其所含的________的颜色决定的。

10. 花色素苷的主要功能是________________。

11. 植物萜烯类化合物是由________单元构成的化合物及其衍生物。

12. 生物碱是植物中广泛存在的一类含氮次生代谢物，分子结构中具有________。N原子具有结合________的能力，所以生物碱呈碱性。

13. 含氮化合物类次生代谢产物包括________、________、________等。

14. 木质素主要是由三种芳香醇构成：________、________和________。

二、选择题（包括单项选择和多项选择）

1. 以下次生代谢物中，属于酚类化合物的是（　　）。

A. 原绿酸　　B. 橡胶　　C. 生氰苷　　D. 薄荷油

2. 以下次生代谢物中，属于萜烯类化合物的是（　　）。

A. 花色素苷　　B. 树脂　　C. 生氰苷　　D. 甜菜碱

3. 以下次生代谢物中，属于生物碱类化合物的是（　　）。

A. 甾醇　　B. 树脂　　C. 生氰苷　　D. 异黄酮

4. 以下化合物中，作为莽草酸途径前体物质的是（　　）。

A. 磷酸烯醇式丙酮酸、赤藓糖-4-磷酸

B. 磷酸甘油酸、甘油醛-3-磷酸

C. 磷酸二羟丙酮、核酮糖-5-磷酸

D. 磷酸甘油酸、葡萄糖-6-磷酸

5. 构成萜烯类化合物的基本结构单元是（　　）。

A. 异戊二烯　　B. 查尔酮

C. 甲瓦龙酸　　D. 丁二烯

6. 草甘膦是一种广泛使用的除草剂，能够杀除杂草而对人畜无害，因为（　　）。

A. 植物体内存在莽草酸途径，而动物体内不存在莽草酸途径

B. 植物体内不存在莽草酸途径，而动物体内存在莽草酸途径

C. 植物体内存在甲瓦龙酸途径，而动物体内不存在甲瓦龙酸途径

D. 植物体内不存在甲瓦龙酸途径，而动物体内存在甲瓦龙酸途径

7. 植物体内次生代谢物的主要功能是（　　）。

A. 调节生长发育　　B. 生态适应和防御

C. 参与光合作用　　D. 参与呼吸代谢

8. 植物细胞壁中的木质素属于（　　）。

A. 多糖　　B. 酚类化合物

C. 脂肪酸类化合物　　D. 萜烯类化合物

9. 植物次生代谢产物大多存在于植物细胞的（　　）。

A. 叶绿体　　B. 液泡　　C. 线粒体　　D. 细胞基质

10. 植物体内产生的植保素起着(　　)。

A. 防止昆虫侵害的作用　　B. 抵御微生物入侵的作用

C. 防止动物采食的作用　　D. 防止紫外线伤害的作用

11. 能够诱导植保素产生的激发子一般是(　　)。

A. 细胞壁多糖片段　　B. 植物激素

C. 逆境信号　　D. 蛋白质抑制剂

12. 植物体内合成异戊二烯的途径有两条，分别是(　　)。

A. 莽草酸途径和 3-磷酸甘油醛/丙酮酸途径

B. 丙二酸途径和甲瓦龙酸途径

C. 甲瓦龙酸途径和 3-磷酸甘油醛/丙酮酸途径

D. 莽草酸途径和丙二酸途径

13. 植物体内类黄酮的生物学功能有(　　)。

A. 吸收紫外线，对组织起保护作用

B. 吸引昆虫授粉

C. 作为细胞膜的组成成分

D. 参与细胞壁多糖的合成

14. 植物体内甜菜碱的生物学功能有(　　)。

A. 呈色物质，吸引昆虫等动物采食和传粉

B. 参与蛋白质合成

C. 作为渗透调节物质，抵御干旱等逆境

D. 清除自由基

15. 以下化合物中属于非蛋白氨基酸的是(　　)。

A. 刀豆氨酸　　B. 精氨酸　　C. 铃兰氨酸　　D. 脯氨酸

三、简答题

1. 什么是植物的次生代谢物？植物次生代谢物的主要种类有哪些？

2. 为什么除草剂草甘膦具有杀草作用，同时对人畜无毒？

3. 没食子酸对植物防御反应有什么意义？在制革工业中有何作用？

4. 植物体内的主要的类黄酮物质有哪些？并简述其生理意义。

5. 植物萜烯类化合物的结构特点是什么？举例说明植物的主要萜烯类物质及其生理意义。

6. 列举出至少 5 种生物碱的名称。

7. 甜菜碱有什么生物功能？

8. 非蛋白氨基酸为什么对动物具有毒性？

9. 生氰苷的毒性机理是什么？

10. 举例说明植物体内重要的类萜及其生理作用。

四、分析论述题

1. 论述植物产生植保素的特点。
2. 植物次生代谢物与植物非生物逆境抗性之间有何关系？
3. 举两例说明植物次生代谢基因工程的应用。
4. 植物次生代谢物对植物和人类有何意义？

【参考答案】

一、填空题

1. 萜烯类，酚类，含氮化合物。

2. 磷酸烯醇式丙酮酸，赤藓糖-4-磷酸。

3. 芳环氨基酸。

4. 香豆酸，肉桂酸，咖啡酸，原绿酸，原儿茶酸，没食子酸等（任意写三个）。

5. 苯丙氨酸⟶肉桂酸＋ NH_3。

6. 抗病。

7. 蛋白质发生交联和变性。

8. 花色素苷，黄酮，黄酮醇，异类黄酮。

9. 花色素苷。

10. 吸引昆虫或动物采食以及协助传粉和传播种子。

11. 异戊二烯。

12. 含氮杂环，质子。

13. 甜菜碱，生氰苷，生物碱，非蛋白氨基酸（任意写出三个，给满分）。

14. 松柏醇，芥子醇，对香豆醇。

二、选择题

1. A；	2. B；	3. C；	4. A；
5. A；	6. A；	7. B；	8. B；
9. B；	10. B；	11. A；	12. C；
13. A，B；	14. A，C；	15. A，B。	

三、简答题

1. 植物体内存在一些虽然与植物生长发育无直接关系，但对植物适应不良环境或抵御病原物侵害有重要作用的种类繁杂的有机物，称为次生代谢物。植物次生代谢物可分为酚类、萜烯类和含氮化合物三大类。

2. 草甘膦（glyphosate）的化学结构为 $HOOC—CH_2—NH—CH_2—PO_3H_2$，它通过抑制5-磷酸莽草酸和PEP结合生成3-烯醇式丙酮酸基-莽草酸-5-磷酸的反应来阻断芳环氨基酸的合成，使杂草因为缺乏芳环氨基酸在吸收草甘膦1～2个星期后死亡。动物体内不存在莽草酸途径，因而草甘膦对人畜无害。

3. 没食子酸是形成植物单宁的主要化合物之一。没食子酸以多种方式相互连接，并与葡萄糖和其他糖类结合形成杂合的多聚体——没食子鞣质（一种单宁酸）。没食子鞣质及其他单宁酸可以使蛋白质发生交联和变性。植物通常将产生的单宁酸储存在液泡内，当植物被细菌和真菌侵染或动物采食时，没食子鞣质可使微生物或动物细胞内的酶类变性，起到防御作用。在制革工业中，单宁常用来鞣制皮革，目的是使皮革内的蛋白质相互交联，抑制细菌的消化和降解。

4. 植物体内重要的类黄酮物质有花色素苷（anthocyanin）、黄酮醇（flavonol）、黄酮（flavone）和异类黄酮。

花色素苷是花色素与糖结合形成的糖苷。大多存在于红色、紫色和蓝色的花瓣中，在一些植物的果实、叶片、茎秆和根中也有存在，是决定花、果实的主要色素。花色素的功能主要是作为诱引色，吸引昆虫或动物采食，协助传粉和传播种子。

黄酮醇和黄酮呈淡黄色或象牙白色，与花色素一样也是植物花的呈色物质。一些无色的黄酮醇和黄酮可以吸收紫外线，从而保护植物叶片不受长波紫外线的危害。某些昆虫如蜜蜂可以看见部分紫外波段的光线，所以含黄酮醇和黄酮的花可以诱引这些昆虫采食传粉。

异类黄酮的功能还未完全阐明，某些是异类黄酮化感物质（alleochemics），对其他动植物具有排斥或诱引作用的化学物质。异类黄酮还是一种植保素，在植物受病原菌感染后迅速产生，抑制病菌的进一步生长。

5. 植物萜烯类化合物是由五碳的异戊二烯单元构成的化合物及其衍生物，也称为异戊间二烯化合物。

三萜类物质如甾醇类化合物在植物的防御功能上具有重要意义；10～15碳的萜烯称为植物精油，具有挥发性和较强的气味，是香料、香精的重要原料；树脂是10～30碳的萜烯的混合物，存在于针叶植物及热带被子植物中，具有保护植物、抵御昆虫侵害的作用；橡胶是3000～6000个异戊二烯单元组成的无分支长链，分为顺式聚异戊二烯和反式聚异戊二烯，生理功能不清楚，是重要的工业原料。

6. 常见的生物碱如吗啡、尼古丁、可卡因、奎宁、咖啡因、秋水仙素、可可碱、莨菪碱、麦斯卡林。

7. 甜菜碱是一类含氮的色素，存在于石竹科的少数植物中。存在于花、果实、叶片或茎中。颜色受pH影响。合成受光促进。它的功能是作为呈色物质，吸引昆虫采食和传粉，另外在植物抗逆渗透调节过程中作为渗透调节物质。

8. 非蛋白氨基酸在结构上与蛋白氨基酸非常相似，如刀豆氨酸与精氨酸相似，铃兰氨酸与脯氨酸相似，它们以游离形式存在于液泡中，被动物采食后，组入到蛋白质中，形成无功能蛋白，使动物受害，因而起到防御作用。

9. 生氰苷是氰醇和糖形成的糖苷，植物中具有糖苷酶（glycosidase）和氰醇裂解酶（hydroxynitrile lyase），能催化生氰苷释放氢氰酸。植物体内的这些酶与生氰苷的存在位置不同。只有当植物叶片被损伤（如被动物嚼食）时才会使生氰苷与裂解酶混合发生反应，释放毒气，因而生氰苷具有防御作用。

10. ①挥发油多为类萜和倍半萜，广布于植物界，存在于腺细胞和表皮中，可引诱昆虫授粉和防止动物的侵袭；②树脂的主要成分为倍半萜、双萜和三萜，存在于树脂道和细胞壁，对植物有保护作用和防止病菌感染伤口，可作工业原料和药物；③类胡萝卜素是四萜的衍生物，包括胡萝卜、叶黄素、番茄红素等，能决定花果的颜色，类胡萝卜素能吸收光能，参与光合作用；④橡胶是多萜，橡胶树皮乳汁的主要成分；⑤混合萜如赤霉素（植物激素）和光合过程的重要电子传递体——质体醌。

四、分析论述题

1. 许多植物在受到微生物，特别是真菌侵染时会合成一些抗菌物质，并在感染处积累。这些物质和动物中的抗体一样，起着抵御微生物入侵的作用。这些物质总称为植保素。在植物被感染之前是检测不到的，当微生物侵染或者添加外源诱导物时会迅速激活植保素的生物合成途径，如产生酚类的莽草酸途径和产生萜烯类的甲瓦龙酸途径。同一个诱导物可激活不同的植保素合成途径；而不同的诱导物也可激活同一条植保素合成途径。诱导物诱导植保素的合成是在转录水平上进行的，即植物体内没有既存的植保素合成所需的酶类，而是在接受感染或诱导后重新转录相应的mRNA并翻译成相应的酶蛋白。

2. 在植物对干旱、盐碱以及辐射等非生物逆境的适应方面，次生代谢物也起着重要的作用。例如，在缺水、缺肥、高温等环境胁迫条件下，植物一方面通过释放化感物质的方式抑制周围其他植物的生长，从而增加其对养分、水分等的相对竞争能力；另一方面，产生一些次生代谢物（如酚类、酸类物质）有助提高植物对这些胁迫的抵抗能力。例如，禾本科作物缺铁可以诱导产生一种非蛋白质组分的氨基酸的麦根酸，它对 Fe 有极高的螯合能力，协助植物根系对难溶性高价铁离子的吸收。在某些耐旱植物中，甜菜碱、脯氨酸等含量提高，作为一种渗透调节物质增强植物的抗旱性。

为了抵抗紫外线辐射伤害，植物体内形成大量的紫外吸收物质，如酚类化合物类黄酮、黄酮醇、花色素苷，以及烯萜类化合物如类胡萝卜素、树脂等。

3. 例 1：利用基因工程方法降低木材材质中的木质素含量，对降低造纸污染有重要意义，如将木质素合成过程的关键酶的反义基因转入杨树等树木中，木质素含量有不同程度的降低。

例 2：转入植保素生物合成的关键酶可以增加相应植保素的含量，如 1，2-二苯乙烯合成酶是合成苯丙氨酸类植保素白藜芦醇的关键酶，烟草等大多数植物中均有白藜芦醇生物合成的底物存在，但是缺乏 1，2-二苯乙烯合成酶。将花生的 1，2-二苯乙烯合成酶基因转入烟草，可以使烟草合成白藜芦醇，增加了对灰葡萄孢菌的抗性。

4. 植物次生代谢物对植物的生态适应具有重要意义，如酚类化合物对于抗病、防止动物采食、吸引昆虫协助传粉和传播种子等具有重要作用。萜烯类化合物如甾醇类化合物在植物的防御功能上具有重要意义，植物精油是香料、香精的重要原料，可以帮助植物授粉；树脂具有保护植物抵御昆虫侵害的作用；生物碱具有重要的防御作用。

植物次生代谢物为人类提供了大量的医药原料和工业原料。现代人的心血管疾病和癌症的治疗大多依赖植物次生代谢物，如强心苷是心脏病的常规治疗药物，又如红豆杉紫杉醇（taxol）是目前最有效的天然抗癌药物；人参皂苷和银杏黄酮更是传统的保健良药。天然药物的研究已经成为人们寻求解决现代疾病的主要手段。植物次生代谢物在食品工业和化学工业中的应用更为广泛：大部分的天然食品色素来源于植物次生代谢物；紫草素可以用作化妆品颜料；甜菊苷是一种理想的无热量天然甜味剂；杜仲树叶内的杜仲胶具有非常奇特的形状记忆性质，被广泛地应用于医疗化工等领域。利用细胞工程和基因工程的方法调节控制植物的次生代谢，已成为人们控制改良植物品质、造福人类的重要手段。

第十章　韧皮部运输与同化物分配

重点提示：研究韧皮部运输的方法（了解）；韧皮部运输物质的形式、运输方向、速率（了解）；韧皮部运输机理（掌握），韧皮部装载和卸出途径、机制（了解）；同化物的分配规律及调控等（掌握）。

【核心概念】

1. 筛管分子-伴胞复合体（sieve element-companion cell complex）——韧皮部中筛管和伴胞之间在结构与功能上密切联系，通常把两者作为一个功能单位，称为筛管分子-伴胞复合体。

2. P 蛋白（phloem protein）——在所有的双子叶植物以及许多单子叶植物中都存在一类韧皮部特有的蛋白质，称为 P 蛋白，呈丝状，在筛管受伤后的堵漏过程中起重要作用。

3. 胼胝质（callose）——β-1,3-葡聚糖。在筛管受伤或遇到逆境时大量合成，在筛管的长效堵漏机制中起重要作用。

4. 普通伴胞（ordinary companioncell）—— 伴细胞的一种。普通伴胞除了与筛管分子之间有大量胞间连丝之外，在其他部位很少有胞间连丝，具有普通伴细胞的植物类型一般以质外体装载途径为主。

5. 转移细胞（transfer cell）——一种类型的伴细胞。与普通伴胞类似，转移细胞仅与筛管分子间具有大量胞间连丝。转移细胞的另一个显著的特征是细胞壁向内突出形成许多指状突起，大大增强了转移细胞与质外体空间的接触面积，具有转移细胞的植物类型是特别适合质外体途径装载的。

6. 中间细胞（intermediary cell）——一种类型的伴细胞。中间细胞最重要的特征是与周围细胞，特别是与维管束鞘细胞间有大量的胞间连丝相联系。因此具有中间细胞的植物一般通过共质体途径进行韧皮部装载。

7. 蚜虫吻针法（aphid stylet method）—— 利用蚜虫口器——吻针收集韧皮部汁液的方法。蚜虫将口器刺入植物的筛管，由于筛管中存在压力因而筛管汁液会被挤入蚜虫体内，用 CO_2 将蚜虫麻醉，再用激光进行切割，将蚜虫身体和口器分离，由于蚜虫口器依然插在筛管中，筛管汁液会继续从口器的切口处流出。收集流出的汁液即可作为分析之用。

8. 小叶脉（minor vein）——叶片中维管束类似树杈状逐级分布，维管束的末梢即小叶脉。小叶脉中仅有一或两个筛管，光合同化物主要在小叶脉被装载进入筛管，以后逐级汇入主叶脉向植物体全身运输。

9. 源（source）——生产同化物以及向其他器官提供营养的器官，如绿色植物的成熟叶片、种子萌发时的子叶或胚乳组织。

10. 库（sink）——消耗或积累同化物的器官，如幼叶、根、花、果实、种子等。“源”和“库”是相对的概念。

11. 源-库单位（source-sink unit）——一个源器官和直接接纳其输出同化物的库器官所组成的供求单位。

12. 质量运输速率（specific mass transfers，SMT）——也称为比集运量，是指单位截面积韧皮部或筛管在单位时间内运输物质的质量，常用 $g/(m^2 \cdot h)$ 或 $g/(mm^2 \cdot s)$ 表示。

13. 韧皮部装载（phloem loading）——光合产物从成熟叶片叶肉细胞的叶绿体中运送到筛管分子-伴胞复合体的整个过程。

14. 长距离运输（long-distance transport）——通过维管系统从源向库的运输称为长距离运输。

15. 短距离运输（short-distance transport）——光合产物从叶肉细胞运输到叶片小叶脉的筛管分子-伴胞复合体附近。这个过程往往只涉及几个细胞的距离，因此称为短距离运输。

16. 韧皮部卸出（phloem unloading）——韧皮部中运输的同化物在库端被运出韧皮部并被邻近生长或储存组织所吸收的过程。

17. 筛管分子卸出（ sieve-element unloading）——蔗糖等运输糖被输送出筛管分子的过程，称为筛管分子卸出。

18. 筛管分子后运输（ post-sieve element-transport）——同化物被运出筛管分子后，经过一个短距离运输被运输到库细胞，这一过程也称之为筛管分子后运输。

19. 聚合物陷阱模型（polymer-trapping model）—— 解释同化物共质体装载途径机制的一种假说。该假说认为叶肉细胞光合作用中产生的蔗糖和肌醇半乳糖苷通过胞间连丝从维管束鞘细胞扩散进入中间细胞后，在中间细胞中蔗糖被用于合成棉子糖和水苏糖而被消耗掉，这样就维持了蔗糖从维管束鞘细胞到中间细胞的顺浓度梯度的运输，同时由于合成的棉子糖和水苏糖具有较大的分子质量无法通过扩散而经胞间连丝回到维管束鞘细胞，而中间细胞和筛管分子间的胞间连丝的较大通透性可以允许中间细胞中合成的棉子糖和水苏糖扩散进入筛管分子，这样被运输的糖（棉子糖和水苏糖）在中间细胞和筛管分子中就会提高。

20. 配置（allocation）——植物将光合作用固定的碳转移到不同代谢途径的调节作用称为配置。

21. 分配（partitioning）——植物体中光合同化物有规律地向各库器官输送的模式称为分配。

22. 库强度（sink strength）——库组织动员输入同化物的能力，可用库容量乘以库活力表示。库活力是指单位重量的库组织吸收同化物的速率，库容量指库组织的总重量。

23. 使用库（utilizing sink）——大部分输入的同化物被用于生长的组织，如分生组织。

24. 储藏库（storage sink）——大部分输入的同化物被用于储藏的组织和器官，如果实、块茎、块根等。

25. 不可逆库（irreversible sink）——在植物体中有一些储藏库，如果实总是持续不断地进行着储藏，称为不可逆库。

26. 可逆库（reversible sink）——在植物体中有一些储藏库，如变态茎，需要不时地重新动用其储藏物质，这些库称为可逆库。

【知识要点】

陆生高等植物主要是通过根进行水和矿质元素的吸收，通过叶片进行气体交换和光合作用，根需要叶片光合作用所生产的同化物以满足其功能和生长的需要，而叶片则需要根所吸收的水分和矿质，除此之外，光合作用生产的同化物还必须输送到植物的各个部分以满足植物体生长和发育的需要，因此植物必须解决地上和地下以及植物体各部分间物质的运输和分配问题。

光合同化物从合成部位（源）到消耗或利用部位（库）的运输是通过韧皮部进行的。确定同化物运输途径的方法包括经典的环割实验和同位素标记实验。韧皮部中的筛管分子-伴胞复合体是韧皮部适应其运输功能的高度特化的结构。筛管分子为筒状细胞（直径 20～40μm；长度 100～500μm），缺少许多正常细胞具有的细胞器，如细胞核、高尔基体、液泡、核糖体以及微管和微丝等，但有线粒体和光面内质网，有完整质膜。筛管分子组成筛管。筛管分子的端壁上形成多孔的特化筛域——筛板。筛管分子的这种相对中空的结构非常适合汁液的集体流动，这对于它的运输功能是十分重要的。筛管中有一种特殊的蛋白质——P 蛋白。P 蛋白有多种存在形式，在幼嫩的筛管分子中，P 蛋白为球形或纺锤形，称为 P 蛋白体（P protein body）。细胞成熟后，P 蛋白形成管状或丝状的结构。P 蛋白在伴胞中合成并通过胞间连丝转运到筛管分子。P 蛋白的功能可能是防止筛管中汁液的流失。每个筛管分子周围都有一个或数个伴胞，伴细胞原生质浓厚，线粒体丰富，与筛管分子间有丰富的胞间连丝。伴细胞分三类。①普通伴胞：仅与筛管分子之间有大量胞间连丝，与周围其他细胞之间没有共质体的通道，有叶绿体及类囊体；②转移细胞：与普通伴胞类似，但转移细胞的细胞壁向内形成许多指状内突，增加了吸收表面积；③中间细胞：最重要的特征是与周围细胞，特别是与鞘细胞间有大量的胞间连丝相联系。叶绿体类囊体发育不好。

蚜虫吻针法是收集韧皮部汁液的理想方法。韧皮部汁液的主要成分是蔗糖，也含有其他分子如氨基酸、植物激素和无机离子。无机离子中含量最高的是钾离子。韧皮部物质运输机理可用压力流动学说解释。压力流动学说的主要内容是：同化物在筛管内运输是以集流形式进行的；由源库两端 SE-CC 复合体内渗透作用所形成的压力梯度所驱动；压力梯度的形成是由于源端同化物不断向 SE-CC 复合体装载，库端同化物不断从 SE-CC 复合体中卸出，以及韧皮部和木质部之间水分的不断再循环所致。

韧皮部装载包括光合产物从成熟叶片叶肉细胞的叶绿体中运送到筛管分子-伴胞复合体的整个过程。其中包括三个步骤：光合产物从叶绿体外运到细胞基质，从叶肉细胞运输到叶片小叶脉筛管分子-伴胞复合体附近，蔗糖进入筛管分子-伴胞复合体。装载途径包括共质体途径和质外体途径。质外体途径进行韧皮部装载的机理可用质子-蔗糖共运输模型解释。共质体途径进行韧皮部装载的机理可用聚合物陷阱模型（polymer-trapping model）解释。

同化物在库端的卸出也包括质外体途径和共质体途径，由于不同库的结构和功能变化非常大，同化物的卸出比同化物的装载要复杂得多。

植物将光合固定的碳转移到不同代谢途径的调节作用称为配置。配置的途径包括：①合成储存化合物；②被光合细胞所利用；③合成用于运输的化合物。光合同化物需要通过维管束运送到各种不同的库，植物体中光合同化物有规律地向各库器官输送的模式称为分配。植物通过配置协调各代谢过程对同化物的需求，而通过分配协调同化物向各库器官的输送。同化物分配具有一定规律。源库间的关系是相互依存的。同化物还可以被植物再分配和再利用。

【试题精选】

一、填空题

1. 用________和________实验可以证明植物体内同化物长距离运输的途径是韧皮部筛管。

2. 无机磷含量对光合产物的运转具有调节作用，源叶内无机磷含量高时，促进光合产物从________到________的运输，促进细胞质内________的合成。

3. 在光合细胞叶绿体中进行卡尔文循环形成的磷酸丙糖有三个去向，分别是________、________和________。

4. 韧皮部一般由________、________、________、________四类细胞构成。

5. 植物体内同化物在筛管内运输的主要形式是________。

6. 筛管汁液中含量最高的有机溶质是________，含量最高的无机离子是________。

7. 植物体内同化物分配总的方向是由________到________。

8. 叶片光合产物运输的规律是________、________和________。

9. 研究表明，________、________和________三种植物激素可以促进植物体内有机物的运输。

10. 在成熟叶片的小叶脉中，有三种类型的伴胞，分别是________、________和________。

11. SE-CC 复合体与周围细胞间的________是决定光合产物装载途径的主要因素。

12. 有关同化物共质体装载的聚合物陷阱模型用以解释________和________的问题。

13. 光合细胞中所固定的碳配置到以下三条途径：________、________和________。

14. 库器官可以分为________和________两类。

15. 光合产物的韧皮部装载可以通过________和________两条途径进行。

16. 经质外体途径将蔗糖装载入韧皮部是通过________载体完成的。

17. 通过共质体途径进行同化物装载的植物韧皮部汁液中运输的糖主要是________。

18. 韧皮部卸出包括三个步骤：①________，②________，③________。

19. 幼小的叶片是同化物的________，在叶片发育的过程中逐步转化为________。

20. 叶片的库-源转变是从________向________逐步进行的。

21. 与库强度大小直接相关的、与蔗糖代谢有关的两个酶是________和________。

22. 协调源库间活性的长距离信号有________、________和________。

23. 发育的叶片中蔗糖-质子共运载体 SUC2 的表达从叶________开始向________逐渐进行的。

24. 一般情况下，盐和无机物在________中向上运输，在________中向下运输；有机物在________中上下运输；韧皮部装载是指同化物从________到________的过程。

二、选择题（包括单项选择和多项选择）

1. 成熟的筛管分子是适应同化物运输高度特化的细胞，该细胞(　　)。

A. 有细胞核，有核糖体　　B. 有细胞核，无核糖体

C. 无细胞核，有核糖体　　D. 无细胞核，无核糖体

2. 以下碳水化合物中，在筛管汁液中含量最高的是(　　)。

A. 葡萄糖　　B. 蔗糖　　C. 果糖　　D. 磷酸丙糖

3. 以下几种无机离子中，在筛管汁液中含量最高的是(　　)。

A. Al^{3+}　　B. Cl^-　　C. Ca^{2+}　　D. K^+

4. 植物体内同化物运输的速度一般是(　　)。

A. 50～100mm/h　　B. 50～100cm/h

C. 50～100dm/h　　D. 5～10m/h

5. 能够表明筛管内具有正压力的实验是(　　)。

A. 环割实验　B. 蚜虫吻针实验　C. 伤流实验　D. 蒸腾实验

6. P 蛋白存在于(　　)中。

A. 导管　B. 管胞　C. 筛管　D. 伴胞

7. 水稻叶片长到最终大小的 1/3 时，已发育成熟的叶片上端的光合产物的去向是(　　)。

A. 送到本叶片下端的生长部分

B. 输出叶外，供其他部分生长需要

C. 既输出叶外，也运输到本叶片下端的生长部分

D. 既不输出叶外，也不运输到本叶片下端的生长部分

8. 以质外体途径进行同化物装载的植物，源端筛管细胞内 H^+ 浓度较筛管细胞外 H^+ 浓度(　　)。

A. 高　B. 低　C. 等于　D. 小于或等于

9. 有机物占植物干物质重的(　　)。

A. 80%～90%　　B. 90%以上

C. 50%～80%　　D. 50%以下

10. 植物体内有机物质长距离运输的主要途径是(　　)。

A. 导管　B. 管胞　C. 筛管　D. 微管

11. 下列生理过程中，能用压力流动学说解释的是（　　）。

A. 根系对水分的吸收　　B. 根系对矿质元素的吸收

C. 韧皮部同化物运输　　D. 木质部水分和矿质的运输

12. 以下激素中具有显著促进同化物运输作用的是(　　)。

A. CTK　B. IAA　C. GA　D. ETH

13. 蔗糖通过质外体途径向筛管的装载，进行的方向是(　　)。

A. 顺着浓度梯度　　B. 逆浓度梯度

C. 等浓度　　D. 不一定

14. 促进筛管中胼胝质合成和沉积的植物激素是(　　)。

A. ETH　B. IAA　C. GA　D. CTK

15. 小麦灌浆时，旗叶中的同化物主要运输到(　　)。

A. 根系　B. 其他叶片　C. 穗　D. 茎秆

16. 根据同化物共质体途径装载的聚合物陷阱模型，棉子糖和水苏糖合成的细胞是(　　)。

A. 维管束鞘细胞　　B. 中间细胞

C. 筛管分子　　D. 叶肉细胞

17. 空胚珠技术用于研究（　　）。

A. 同化物装载 B. 同化物卸出

C. 木质部装载 D. 木质部卸出

18. 植物合成淀粉时，主要的糖基供体是(　　)。

A. ADPG　B. CDPG　C. GDPG　D. UDPG

19. α-淀粉酶活化时需要(　　)。

A. Ca^{2+}　B. Mg^{2+}　C. K^{+}　D. Mn^{2+}

20. 甘薯块根、果实、蔬菜在冬天变甜是由于淀粉降解为糖，催化的酶是(　　)。

A. α-淀粉酶　B. β-淀粉酶　C. α 和 β 淀粉酶　D. 淀粉磷酸化酶

21. 夏天香蕉迅速变甜是由于高温使催化淀粉水解形成糖的酶活化，该酶是(　　)。

A. 淀粉酶 B. 淀粉磷酸化酶

C. R 酶 D. R 酶和麦芽糖酶

22. 韧皮部汁液成分中含有(　　)。

A. 蔗糖　B. K^{+}　C. 蛋白质　D. RNA

23. 与中间细胞相比，转移细胞的特点是(　　)。

A. 细胞壁形成许多指状内突

B. 仅与筛管分子之间的壁上有胞间连丝，与维管束鞘细胞间很少有胞间连丝

C. 有叶绿体

D. 有线粒体

24. 以下实验结果中支持韧皮部压力流动学说的是(　　)。

A. 超微结构观察表明，筛板孔是开放的

B. 筛管分子中存在 P 蛋白

C. 筛管运输速率几乎不受温度影响

D. 韧皮部运输方向总是从源到库

25. 以下实验结果中支持存在质外体韧皮部装载途径的是(　　)。

A. 在光合叶片的质外体中检测到被运输的糖

B. 质外体供应的糖能进入到筛管分子

C. 筛管-伴胞复合物与周围细胞间存在胞间连丝

D. 跨膜运输抑制剂抑制叶片中糖的输出

26. 以下酶在库活性调节中起重要作用的是(　　)。

A. 酸性转化酶 B. 蔗糖合酶

C. 甘油醛磷酸脱氢酶 D. ADPG 焦磷酸化酶

27. 分解蔗糖的主要酶是(　　)。

A. 酸性转化酶 B. 碱性转化酶

C. 蔗糖合酶　　　　　　　　　　D. 丙酮酸脱氢酶和羧化酶

28. 对同化物运输有明显调节作用的激素是(　　)。

A. GA　　　　B. IAA　　　　C. SA　　　　D. CTK

三、简答题

1. 如何用实验证明高等植物光合同化物进行长距离运输的途径是韧皮部?

2. 伴细胞有哪些类型? 各有何细胞学特征? 伴细胞的主要生理功能是什么?

3. 什么是小叶脉? 主要功能是什么? 根据小叶脉韧皮部结构及运输糖的差异可将植物分为哪几种类型，各有何特点?

4. 韧皮部筛管汁液主要包括哪些成分?

5. 收集韧皮部汁液的方法有哪些? 各有何优缺点?

6. 韧皮部中物质运输的方向和运输分配规律是什么?

7. 韧皮部的运输量有哪些表示方法? 如何测定?

8. 简述同化物进行韧皮部装载的过程。

9. 简述植物从质外体将蔗糖装载进筛管分子-伴胞复合体的机制。

10. 通过共质体途径进行同化物韧皮部装载的可能机制。

11. 简述韧皮部卸出的步骤和途径。

12. 什么是同化物的配置? 在光合细胞中同化物的配置途径有哪些?

13. 什么是同化物分配? 决定同化物分配的主要因素是什么?

14. 库有哪些类型? 各有何特点?

15. 什么是库强度? 哪些因素决定库强度的大小?

16. 玉米“蹲棵”可以增加千粒重，为什么?

17. 何谓同化物再分配与再利用? 举例说明。

18. 简述叶片发育过程中从库到源的转变及同化物运输的变化。

19. 蔗糖作为韧皮部同化物运输的主要形式有哪些优点?

20. 简述“树怕剥皮，不怕烂心”所蕴涵的生理学原理。

21. 用实验证明经质外体途径的蔗糖吸收是需能过程。

22. 发育早期的叶是同化物的库，成熟的叶片是同化物的源，请设计实验说明叶片从库到源的转变过程。

23. 从有机物运输与分配的观点分析氮肥施用过多引起禾谷类作物空瘪率增加的原因。

24. 环割实验在植物运输生理方面说明了什么? 举例说明环割法在生产上的应用。

四、分析论述题

1. 筛管分子有哪些结构特征以适应其运输功能？
2. 试述韧皮部运输的压力流动学说及实验证据。
3. 设计实验证明韧皮部装载存在质外体途径。
4. 用实验证明韧皮部装载存在共质体途径。
5. 如何判别同化物韧皮部装载是通过质外体途径，还是通过共质体途径？
6. 讨论通过质外体途径将蔗糖装载入筛管的机制，并举出有关的实验证据。
7. 讨论源库间的相互关系及其对同化物分配的影响。
8. 如何用实验证明植物体内同化物质的运输是个主动过程？

【参考答案】

一、填空题

1. 环割，同位素示踪。

2. 叶绿体，细胞基质，蔗糖。

3. 在叶绿体内合成淀粉，运往细胞基质形成蔗糖，用于RUBP的再生。

4. 筛管，伴胞，韧皮薄壁细胞，韧皮纤维。

5. 蔗糖。

6. 蔗糖，K^+。

7. 源，库。

8. 向生长中心运输，同侧运输，就近运输。

9. IAA，GA，CK。

10. 普通伴胞，转移细胞，中间细胞。

11. 胞间连丝。

12. 糖的选择性装载，逆浓度梯度装载。

13. 叶绿体中合成淀粉，细胞基质中合成蔗糖，用于光合细胞本身的呼吸。

14. 使用库，储藏库。

15. 共质体装载，质外体装载。

16. 蔗糖-质子共运输。

17. 棉子糖，水苏糖或毛蕊花糖。

18. 蔗糖等被输送出筛管分子，经短距离运输到库细胞，糖被库接受细胞存储或代谢。

19. 库，源。

20. 叶尖端，叶基部。

21. 转化酶，蔗糖合酶。

22. 膨压，激素，糖。

23. 尖端，基部。

24. 木质部，韧皮部，韧皮部，光合细胞，筛分子-伴胞复合体。

二、选择题

1. D； 2. B； 3. D； 4. B；
5. B； 6. C； 7. B； 8. B；
9. B； 10. C； 11. C； 12. B；
13. B； 14. A； 15. C； 16. B；
17. B； 18. A； 19. A； 20. D；
21. A； 22. A，B，C，D；
23. A，B； 24. A，C；
25. A，B，C；26. B，D；
27. A，C； 28. B，D。

三、简答题

1.（1）环割试验：早期人们用环割实验证明。因为韧皮部在树的树皮部分而木质部在树干中心部分，如果将树干或枝条的一圈树皮用手术完全除去，这样韧皮部就会被完全截断而木质部依然畅通。实验表明：环割部位以上的叶的蒸腾照常进行，树皮仍然健康，且在环割部位上端的树皮会逐渐膨大起来，而环割以下部位的树皮逐渐枯竭，据此可以推测光合作用生产的同化物主要是在韧皮部中进行运输。

(2) 放射性同位素示踪法：让叶片同化 $^{14}CO_2$，数分钟后将叶柄切下并固定，对叶柄横切面进行放射性自显影，可看出 $^{14}CO_2$ 标记的光合同化物位于韧皮部。

2. 伴细胞有三种类型：普通伴胞，转移细胞，中间细胞。普通伴胞具有叶绿体，叶绿体中有发育完好的类囊体。普通伴胞除了与筛管分子之间有大量胞间连丝之外，在其他部位很少有胞间连丝。转移细胞与普通伴胞类似，也仅与筛管分子间具有大量胞间连丝，但是转移细胞具有另一个显著的特征，即转移细胞的细胞壁向内形成许多指状内突，特别是在不与筛管分子相邻的壁。细胞壁的这种内突使转移细胞与质外体空间的接触面积极为扩大，增加了细胞跨膜运输溶质的能力。中间细胞的叶绿体不含淀粉，类囊体常发育不完全，细胞中有大量的小液泡。特别是与维管束鞘细胞间有大量的胞间连丝相联系。

筛管分子在分化过程中失去了许多细胞功能，这些功能由伴细胞来承担，如筛管分子的一些蛋白质是由伴细胞合成，然后通过胞间连丝运输到筛管分子中。伴细胞中有大量线粒体，产生大量能量用于韧皮部装载和卸出。

3. 叶片维管束的末梢即小叶脉（minor vein），遍布整个叶片。小叶脉中仅有 1 或 2 个筛管。小叶脉是韧皮部装载的部位，叶肉细胞中光合作用生产的同化物主要在小叶脉被装载进入筛管，以后逐级汇入主叶脉向植物体全身运输。

根据筛管分子-伴胞复合体与周围细胞胞间连丝的密度大小分为三类：1 型物种、2a 型物种和 2b 型物种。1 型物种在伴胞和微管束鞘细胞间有大量胞间连丝存在，属共质体装载的植物。2a 型物种小叶脉的伴胞与维管束鞘细胞间的胞间连丝闭合，属于质外体装载的植物。2a 型为具有普通伴胞的植物，胞间连丝发生了初级闭合。2b 型为具有转移细胞的植物，伴胞的胞间连丝发生了高级闭合，而且特化为特别适合将同化物从质外体运输到共质体的细胞。

4. 筛管汁液的主要成分是碳水化合物，可以占干物质的 90%。对于大多数植物而言，最主要的是蔗糖，其他还有棉子糖、水苏糖和毛蕊花糖。在筛管汁液中还有氨基酸、酰胺、植物激素、蛋白质、RNA 等。筛管汁液中还含有无机离子如钾、镁、磷和氯等，无机离子中以钾离子含量最高。

5. 收集韧皮部汁液的方法有浅层切割法和蚜虫吻针法。浅层切割法方便易行，但缺点较多，一是由于伤口处破坏的薄壁细胞易对收集液造成污染；二是当筛管被切断后由于筛管分子的堵漏机制，不易收集到足够量的汁液；三是筛管切断后，膨压下降，水会从周围进入筛管分子，这样筛管中的汁液会被稀释。蚜虫吻针法是较为理想的收集筛管汁液的方法，即可以收集到足量筛管汁液，又能保证筛管汁液的成分不受污染。但蚜虫吻针法要求具有一定的实验条件和设备才能进行。

6. 韧皮部中物质运输的方向是从源向库。韧皮部运输分配的规律如下。①向生长中心运输：植物的同化物通常总是主要向生长中心运输，或者说生长中心是主要的库。植物在不同的生长阶段有不同的生长中心。②就近运输：植物的上部叶片通常主要向茎端生长点以及幼叶运送同化物；而下部叶片主要提供根系所需的同化物；中部叶片则既向上也向下进行运输。③同侧运输：优先在有维管束相连接的源库间运输，当植物维管束因植物体受到伤害或修剪被切断时，韧皮部运输也会发生改变。

7. 可用两种指标表示韧皮部的运输量：运输速率（velocity）和质量运输速率（mass transfer rate）。运输的速率是单位时间内物质运动的距离，用 m/h 或 mm/s 表示。质量运输速率是指单位截面积韧皮部或筛管在单位时间内运输物质的质量，常用 g/(m·h) 或 g/(mm^2·s) 表示。

可以用放射性同位素标记法测定运输速率，一般选用半衰期较短的^{14}C 同位素进行测定。只要在运输途径中（如茎秆上）相隔一定距离放置一些检测放射性强度的探头，测定标记同位素经过两个探头的时间，便可推算运输速率。结合韧皮部横截面积测定和韧皮部汁液糖浓度测定可计算出质量运输速率。

8. 韧皮部装载包括光合产物从成熟叶片叶肉细胞的叶绿体中运送到筛管分子-伴胞复合体的整个过程，其中包括三个步骤。第一个步骤是光合作用产物从叶绿体外运到细胞质，白天，光合作用生产的磷酸丙糖从叶绿体外运到细胞质，然后转化为蔗糖；夜里，叶绿体中的淀粉水解为葡萄糖，之后被运送到细胞质并转化为蔗糖。第二个步骤是蔗糖从叶肉细胞运输到叶片小叶脉的筛管分子-伴胞复合体附近，这个过程往往只涉及几个细胞的距离。第三个步骤是蔗糖进入筛管分子-伴胞复合体。

9. 一般认为植物从质外体将蔗糖装载进筛管分子-伴胞复合体是通过质子-蔗糖共运输载体完成的。位于筛管或伴胞细胞膜上的质子泵利用水解 ATP 释放的能量将质子运输到细胞外，在质外体中形成较高的质子浓度，建立起跨膜的质子电化学势梯度。在质子电化学势梯度驱动下，蔗糖-H^+ 共运输载体将 H^+ 和蔗糖运进筛管伴胞中。

10. 目前用聚合物陷阱模型（polymer-trapping model）解释通过共质体途径的同化物韧皮部装载。该模型认为：叶肉细胞光合作用中产生的蔗糖和肌醇半乳糖苷通过胞间连丝从维管束鞘细胞扩散进入中间细胞，在中间细胞中蔗糖被用于合成棉子糖和水苏糖而被消耗掉，这样就维持了蔗糖从维管束鞘细胞到中间细胞的顺浓度梯度运输，同时由于合成的棉子糖和水苏糖具有较大的分子质量无法通过扩散而经胞间连丝回到维管束鞘细胞，而中间细胞和筛管分子间的胞间连丝的较大通透性可以允许中间细胞中合成的棉子糖和水苏糖扩散进入筛管分子，这样被运输的糖（棉子糖和水苏糖）就会进入筛管分子，从而被运输出去。

11. 韧皮部同化物卸出包括三个步骤：①蔗糖等运输糖被输送出筛管分子，称为筛管分子卸出（sieve-element unloading）；②糖被运出筛管分子后，经过一个短距离运输（short-distance transport）被运输到库细胞，这一过程也称之为筛管分子后运输（post-sieve element transport）；③糖被库细胞存储或代谢。整个过程即为韧皮部卸出。韧皮部卸出包括共质体途径和质外体途径。

12. 植物将光合固定的碳按一定规律转移到不同的代谢途径称为配置（allocation）。在光合细胞中固定的碳可配置进入以下三条途径。①合成储存化合物：光合固定的碳可以合成作为储存的化合物，如淀粉、蔗糖或果聚糖。②被光合细胞所利用：光合固定的碳可以用于光合细胞自身所需的能量或者合成光合细胞的结构化合物。③合成用于运输的化合物：光合固定的碳可以合成被运输的糖，然后被输出到各种库组织中。

13. 植物体中光合同化物有规律地向各库器官输送的模式称为分配（partitioning）。库器官对同化物的竞争能力，或者说对同化物的利用能力是决定植物体内同化物分配的主要因素。一个库的储存和代谢输入糖的能力越强，其从源争夺输出同化物的能力也就越强。

14. 库分为使用库和储藏库。使用库是指大部分输入的同化物被用于生长的组织，如分生组织。储藏库是指大部分输入的同化物用于储藏的组织和器官，如果实、块茎、块根等。储藏库又分为可逆库和不可逆库。一直持续不断地进行着储藏的库，称为不可逆库，如果实。而在另一些库，如变态茎，需要不时地重新动用其储藏物质，称为可逆库。

15. 库强度（sink strength）指库组织动员输入同化物的能力。由库容量（sink size）和库活力（sink activity）的乘积表示。库活力是指单位重量的库组织吸收同化物的速率；而库容量是指库组织的总重量。改变库活力或者库容量都会改变运输的模式。

16. 北方农民为了减少秋霜的危害，在霜冻之前将玉米连秆带穗收割，竖立成垛，使茎叶不至于冻死，使茎叶中的同化物继续向穗转移，这种措施即"蹲棵"。由于茎、叶中储存的有机物能在收割后继续向籽粒运送，因此提高了籽千粒重。

17. 植物体内已同化的物质，除一部分定型固定的结构（如细胞壁）以外，其他物质，包括细胞器和各种内含物均可再度分配与再度利用。这是植物在长期进化中形成的利用精华、协调器官生长的优良习性，对于产量形成具有重要的意义。

例如，小麦籽粒在达到其最终饱满度的25%时，植株对氮和磷的吸收已经完成90%，因此籽粒在其后的充实中主要是依靠营养体中物质的再利用和再分配。小麦叶片在衰老过程中，有85%的氮和90%的磷会转移到穗中去。

18. 幼小的叶片是接收同化物的库，在叶片发育的过程中逐步转化为源。双子叶植物的叶片的这种转变大约在叶片生长到其最后大小的25%时开始，并逐步进行直到叶片生长到其最后大小的40%～50%时完成。用同位素标记实验可以证明叶片库源转变是从叶尖端开始的，以后逐渐向叶片的基部发展，直到整个叶片转变为输出同化物的源，在这个转变的过程中同化物的输出和输入可以并存，叶尖进行输出而叶基进行输入。在叶片完全长成时，叶片中形成大量光合产物向外运送；叶片长成后，老叶的光合产物形成渐少，输出的数量亦减少，至叶片衰老时，细胞内物质包括组成物降解撤离，最后剩下的基本上是纤维素骨架，停止输出。

19. ①蔗糖是非还原性糖，化学性质稳定，运输中不易发生反应；②蔗糖糖苷键的键能高，在水解和氧化时能产生相对高的自由能，因而是很好的储能物质；③蔗糖分子小，水溶性高，移动性大。

20. 韧皮部主要分布在树皮中，韧皮部是植物有机物质运输的主要部位，若树皮被剥掉后将切断地上部分制造的有机物向根部的运输。时间久了，根系得不到地上部分提供的同化物和微量活性物质，而本身储藏的又消耗殆尽，根部就会"饿死"，从而使根无法吸收水肥等，致使整个植物死亡。

所谓"烂心"，主要是指树木的木髓部的坏死，木髓中不包括木质部和韧皮部，即不含有导管和筛管，不影响水分和有机物质的运输，也就不影响植物的正常生命活动。

21. ①外加 ATP 可以促进蔗糖的输出量，提高蔗糖在质外体的转换率。②用呼吸抑制剂，如二硝基苯酚（DNP）抑制植物呼吸，降低 ATP 水平，外源蔗糖的装载就会受阻。

22. 用同位素标记和放射自显影的方法可以确定叶片从库到源的转变过程。例如，给南瓜成熟叶片饲喂$^{14}CO_2$，观察幼叶中放射性同化物出现的情况，在幼小的叶片，放射性物质在整个叶片出现，是接收同化物的库，随着叶片发育的进程，叶片尖端部分没有标记物输入，表明叶片尖端首先转化为源，当叶片生长发育达到其最终大小的50%时，完全转变为源。

23. 氮肥过多，营养生长过旺，可输出的同化物减少，生殖器官获得营养相对减少，导致花器官发育不良；营养生长过旺，也会造成田间通风不良，中下层叶光合速率降低甚至成为有机营养单纯消耗者，供应籽粒的同化物减少，降低结实率和籽粒的饱满程度。

24. 通过环割实验可以证明植物地上部分合成的光合产物的运输是通过韧皮部进行

的。环割法在生产上的应用包括：①对果树树干或枝条进行适当环割，由于提高了环割部位以上的枝条的C/N值，因此有利于促进花芽形成，提高坐果率和果实产量。②对树木枝条进行适当环割，由于向下运输的韧皮部汁液中含有许多含氮化合物、激素等，它们都能促进细胞的分裂和生长，因此，这些枝条进行扦插时，易于生根成活。

四、分析论述题

1. 筛管分子是一高度特化的细胞，在分化成熟过程中核消失，液泡膜消失，一些细胞器也退化消失，只保留有线粒体、质体、内质网等，细胞质少。筒状的筛管分子首尾相接串联在一起形成管状结构，称为筛管。筛管分子的端壁上形成穿壁的孔。筛板孔面积可占筛板总面积的50%。筛管分子的这种相对“中空”的结构非常适合于汁液的集体流动，对于它执行运输功能十分重要。同时成熟筛管分子仍是活细胞，它仍然具有质膜，完整的膜系统阻止了同化物运输过程中的渗漏，膜上有许多载体保障了渗漏物质的重新装入。与筛管分子相邻的伴细胞对维持筛管分子的生活力及同化物的装载和卸出起重要作用。

2. 压力流动学说（pressure flow theory）是解释韧皮部运输机理的学说，该学说认为同化物在筛管内以集流的方式运输，运输的动力是筛管两端的压力梯度。在源端，同化物不断向SE-CC复合体装载，渗透势降低，吸水，膨压增加，而在库端同化物不断从SE-CC复合体卸出，渗透势提高，水分流出，膨压下降，从而在源库间形成膨压差。

支持该学说的实验证据有：①筛管具有正压力，连接源库两端的筛管内存在有足以推动同化物由源到库流动的压力梯度；②筛孔在体内正常状况下是一个开放的通道；③筛管内物质运输速率对运输过程中的能量供应不敏感；④筛管内没有双向运输发生。

3. 要证明存在质外体韧皮部装载途径，就要证明叶片光合作用产生的糖能进入质外体空间，同时还必须证明质外体中的糖能够进入到筛管分子-伴胞复合体中。

实验1：以甜菜为例，用$^{14}CO_2$饲喂甜菜叶片后一段时间后，在叶片质外体检测放射性标记的糖的存在，如果能检测到大量放射性糖存在，则表明光合细胞的糖运输到质外体中，可能存在韧皮部装载的质外体途径。

实验2：给叶片施加^{14}C标记的蔗糖，一定时间后，如果蔗糖汇聚到小叶脉中的筛管分子-伴胞复合体中，则说明质外体中的糖是可以被吸收进入筛管的，以上两方面实验可以证明存在韧皮部装载的质外体途径。

4. 实验1：显微注射实验。将不能跨膜扩散的荧光染料注射到叶肉细胞，如果荧光染料可以从叶肉细胞扩散到小叶脉，或者反过来将荧光染料注射到伴细胞，染料能扩散到维管束鞘和叶肉细胞，则说明在叶肉细胞和筛管分子-伴胞复合体之间存在共质体途径，同化物装载可能是通过共质体途径完成的。

实验2：蔗糖跨膜运输的抑制剂实验。以锦紫苏为例，用蔗糖跨膜运输抑制剂PCMBS处理，如果装载不受影响，则表明光合作用生产的糖并不是通过质外体途径进入筛管，而是通过胞间连丝经共质体途径进入筛管。

5.（1）从结构上判断，如果叶片SE-CC复合体与周围薄壁细胞间无胞间连丝连接，表明同化物韧皮部装载是通过质外体途径；如果SE-CC复合体与周围薄壁细胞间存在紧密的胞间连丝，表明同化物韧皮部装载可能通过共质体途径。

（2）从浓度梯度上判断，如果SE-CC复合体内的蔗糖浓度明显高出周围叶肉细胞中的蔗糖浓度，表明同化物韧皮部装载可能是通过质外体途径，反之，装载是通过共质体途径。

（3）从蔗糖分布上判断，如果标记的高浓度$^{14}CO_2$-蔗糖大量存在于质外体中，表明同化物韧皮部装载是通过质外体途径，反之，装载是通过共质体途径。

（4）用代谢抑制剂或缺氧处理，如果能抑制SE-CC复合体对蔗糖的吸收，表明同化物韧皮部装载是通过质外体途径，反之，是通过共质体途径。

（5）用质外体运输抑制剂PCMBS（对氯汞苯磺酸）处理，如果SE-CC复合体对蔗糖的吸收被抑制，表明同化物韧皮部装载是通过质外体途径；如果同化物的韧皮部装载对PCMBS不敏感，表明是通过共质体途径。

（6）在叶肉细胞注射不能透过膜的染料，若一段时间后在筛管分子中可检测到这些染料，说明同化物在韧皮部的装载是通过共质体途径。

6. 目前一般认为蔗糖的质外体途径装载由位于筛管-伴细胞膜上的质子-蔗糖共运输载体完成。位于筛管或伴胞细胞膜上的质子泵利用水解ATP释放的能量将质子运输出细胞外，在质外体中形成较高的质子浓度，建立起细胞内外的质子电化学势梯度。在质子电化学势梯度驱动下，蔗糖-H^+共运输载体将H^+和蔗糖运进筛管-伴胞中，使筛管中蔗糖浓度不断提高。

实验证据：①提高质外体中的pH会减少外施蔗糖向筛管-伴胞中的运输。因为质外体pH的提高意味着质外体中质子浓度的降低，这样就会降低跨膜的质子电化学梯度，所以减小推动蔗糖-质子共运输的能量。②外加ATP可以促进蔗糖的输出量，提高蔗糖在质外体的运转。③用免疫学方法确定了质子泵存在于伴胞和转移细胞的质膜上。在拟南芥中鉴定出质子-蔗糖共运输载体，并证明这个载体是和质子泵在韧皮部伴胞中是共同定位的。

7.（1）源是库的供应者：只有当源有足够的同化物输出，库才能得到营养物质。源强会为库提供更多的光合产物，并控制蔗糖的输出浓度、时间及装载进韧皮部的数量。如剪叶（减源）、遮光（减源限流）、环割（截流）等人为减少叶面积或降低叶片的光合速率，可造成源的亏缺，引起库器官的减少（如花器官退化、不育或脱落等），或使库器官发育不良（如籽粒增多、粒重下降等）。

（2）库对源具有（反馈）调节作用：库对源可发挥“动员”和“征调”作用，库强则能促进源中蔗糖的输出速率，并促进源叶光合速度提高。特别是生殖器官，不仅能吸引叶部有机物向其运输，而且还能征调下部其他储藏或衰老器官储存的有机物。库弱抑制同化物输出，抑制叶片的光合作用。在高产栽培中，适当增大库源比，对增强源的活性和促进干物质的积累均有重要的作用。

因此源与库是相互依存、相互制约的整体。源库相互适应，供求平衡，才能使同化物合理分配，保证植物生长和高产。

8. 主动运输是一个消耗能量的过程，因此凡是影响呼吸作用的因素，如降低温度、减少氧的供给、施用呼吸抑制剂，都会导致呼吸作用的减弱，主动运输所需要的能量减少，从而使运输速率明显减弱，相反，如果用ATP处理，则可促进运输，使运输速率明显升高。这说明同化物质的运输是一个耗能的主动过程。

说明同化物质的运输是一个主动过程的事实还有下列几个方面：韧皮部的呼吸速率明显比其他组织快；筛细胞内有类似于动物肌动蛋白的P蛋白，它利用水解ATP释放的能量进行有节奏的收缩蠕动来推动有机物质的运输。各种不同物质的运输速率不同，即具有选择性，都证明同化物质的运输是一个主动运输。

第十一章 植物生长物质

重点提示：植物生长物质的基本特征（掌握）；生长素、赤霉素、细胞分裂素、脱落酸、乙烯、油菜素内酯的结构特点和生物合成途径及调控（重点掌握）；植物激素的生理作用及相互作用关系（重点掌握）；植物激素的作用机制（掌握）；水杨酸、茉莉酸及茉莉酸甲酯、寡糖素、系统素、多胺的生理作用（了解）。

【核心概念】

1. 植物生长物质（plant growth substance）——能够调节植物生长发育的微量小分子化合物，包括植物激素和植物生长调节剂。

2. 植物激素（plant hormone，phytohormone）——植物内源产生的、能从合成部位运往作用部位、对植物生长发育过程有显著影响的微量有机化合物。目前国际上公认的植物激素有：生长素类、赤霉素类、细胞分裂素类、脱落酸、乙烯和油菜素内酯。

3. 植物生长调节剂（plant growth regulator）——人工合成的、具有类似于植物激素生理效应的化合物，如 2,4-D、萘乙酸、6-BA、激动素、乙烯利等。

4. 极性运输（polar transport）——物质在植物体内单一方向的运输模式，如生长素在植物体内进行的从顶端向基部的向基性极性运输。

5. 生长素流出载体（auxin efflux carrier）——一类跨膜运输蛋白，参与调控生长素流出细胞的运输。

6. PIN 蛋白（PIN protein）——一种跨膜运输蛋白，是生长素流出载体的重要组成，存在于薄壁细胞的基端质膜上。在生长素极性运输中，控制生长素的运输方向。

7. PGP 蛋白（P-glycoprotein）——一种存在于质膜的糖蛋白，通过消耗 ATP 将亲水性阴离子泵出细胞，也是一种生长素流出载体的重要组成，均匀地存在于细胞的质膜上，在与 PIN 蛋白协同作用时，对生长素的运输表现出一定的方向性。

8. 生长素响应因子（auxin response element）——一类转录因子，存在于细胞核内，可以和生长素特异基因的启动子上的生长素响应元件结合，从而促进或抑制生长素特异基因的表达。

9. 激素受体（hormone receptor）——能与激素特异结合，经信号转导，而诱导特定的生理效应的蛋白质类物质。

10. 胎萌现象（vivipary）——种子在未脱离母体植株前就开始萌发的现象。

11. 乙烯的“三重反应”（triple response）——乙烯对植物生长具有的抑制茎的伸长生长、促进茎或根的增粗和使茎横向生长（即使茎失去负向地性生长）的现象。

12. 偏上生长（epinasty growth）——器官的上部生长速度快于下部的现象。乙烯对茎和叶柄都有偏上生长的作用，从而造成茎的横向生长和叶片下垂。

13. 植物激素突变体（phytohormone mutant）——由基因突变引起植物体内激素合成缺陷或对植物激素不敏感的突变体。

【知识要点】

植物生长物质的概念：植物生长物质是指具有调节植物生长发育功效的一些生理活性物质。植物生长物质包括植物激素和植物生长调节剂。植物激素是指植物体内合成的、在体内可以移动的、对植物生长发育具有显著调控作用的微量有机化合物，包括生长素、赤霉素、细胞分裂素、脱落酸、乙烯和油菜素内酯。植物生长调节剂是指人工合成的、具有类似于植物激素生理效应的化合物。

生长素：生长素是最先被发现的植物激素。生长素以吲哚环或苯环为基本结构，天然的生长素包括 IAA、IBA、4-Cl-IAA 和 PAA，人工合成的生长素包括 NAA 和 2,4-D 等。植物体内 IAA 的合成主要在细胞分裂和生长旺盛的部位，在细胞内 IAA 主要存在于细胞质和叶绿体中。IAA 的生物合成主要以色氨酸为前体、经吲哚-3-丙酮酸途径为主的合成途径，同时也存在非色氨酸依赖途径。IAA 是唯一的具有极性运输性质的植物激素，两种生长素流出载体 PIN 蛋白和 PGP 蛋白（P-glycoprotein）参与 IAA 的极性运输。游离的 IAA 具有活性，与糖苷、氨基酸等结合的结合态 IAA 是非活性的。IAA 可被 IAA 氧化酶酶解或光氧化降解失活。生长素的主要生理功能：促进细胞和茎的伸长生长，诱导维管系统的分化，促进侧根和不定根发生，维持顶端优势，调控花、叶片和果实的发育等。

赤霉素：赤霉素的基本结构是赤霉烷，根据赤霉烷所具有的碳原子数分为 C20-GA 和 C19-GA。活性 GA 具有的结构特征：C19-GA 的生物活性比 C20-GA 高；C3-β-羟基、C6-羧基和 C4-内酯、C10-内酯是活性 GA 的结构特征；C1，C2 双键和 C13-羟基有利于提高 GA 活性。具有活性的 GA 发生 2-β-羟化反应会发生不可逆失活。GA_3 是目前生产上应用最为广泛的一种 GA。高等植物中 GA 合成的主要部位是发育中的种子和果实。GA 的生物合成可分为三个阶段，分别在细胞内的不同部位进行。GA 的生物合成具有器官特异性。光周期、温度影响 GA 的生物合成，GA 对自身的合成有反馈调节作用。GA 的主要生理功能：促进植株茎节的伸长，调节植物幼态和成熟态间的转变，影响花芽分化和性别控制，打破休眠，促进种子萌发，促进多种长日植物或需低温春化的植物在不适宜的光周期和春化环境下诱导开花。

细胞分裂素：细胞分裂素是一类在 *N*6 取代的氨基腺嘌呤衍生物。植物体内天然存在的有玉米素、双氢玉米素、玉米素核苷、异戊烯基腺嘌呤和异戊烯基腺嘌呤核苷等，人工合成的细胞分裂素主要有 6-苄基腺嘌呤（6-BA）和 6-呋喃甲氨基嘌呤（激动素）。细胞分裂素的主要合成部位是根尖分生组织以及幼嫩的种子和发育中的叶片。细胞分裂素可与葡萄糖、氨基酸及核苷形成结合物或通过细胞分裂素氧化酶降解失活。细胞分裂素的主要生理功能：调节细胞分裂和细胞周期，调节细胞生长，调控形态建成、促进侧芽和不定芽的生长分化，延缓叶片的衰老等。

脱落酸：ABA 是一种酸性倍半萜。植物体内天然存在的 ABA 都是顺式构型。ABA 的生物合成分为三个阶段，第一阶段与赤霉素生物合成的第一阶段相似，从异戊烯基焦磷酸合成链状的 C20 牻牛儿基牻牛儿基焦磷酸，然后合成为链状的 C40 八氢番茄红素；第二阶段，从八氢番茄红素合成 9-顺-新黄质，再裂解为 C15 的黄质醛；第三阶段，由黄质醛经一系列变化形成 ABA。ABA 的失活代谢包括氧化降解和形成结合物两个途径。ABA 主要以游离的形式运输。ABA 的主要生理功能：抑制未成熟种子萌发，即胎萌（vivipary），控制种子的休眠，促进种子胚胎发育后期的程序化脱水、调控 LEA 蛋白的合成，控制种子内储藏物质的积累，调节气孔运动，作为抗逆激素具有增强植物抵御逆境胁迫的功能，促进叶片衰老等。

乙烯：乙烯是唯一的气态植物激素，结构简式为 $CH_2=CH_2$。高等植物的所有器官都能合成乙烯，但在衰老组织和成熟果实中乙烯产生量最大。乙烯的生物合成前体为甲硫氨酸（Met），Met 经由 S-腺苷甲硫氨酸（SAM）、在 ACC 合酶催化下形成 ETH 合成的直接前体 1-氨基环丙烷-1-羧酸（ACC），ACC 在 ACC 氧化酶催化下合成乙烯。ACC 合酶是生物合成乙烯途径的关键酶和限速酶，多种因素通过调节 ACC 合酶和 ACC 氧化酶的活性对乙烯的合成产生影响。许多逆境因素，如淹水、干旱、冷害等促进乙烯的生物合成。生长素促进 ACC 的合成，从而促进乙烯的生物合成。AVG、AOA、高温、缺氧、Co^{2+} 是乙烯合成的抑制剂，AVG 和 AOA 抑制 S-腺苷甲硫氨酸向 ACC 的转变，高温、缺氧、Co^{2+} 抑制由 ACC 转化为乙烯的反应。Ag^{+} 是乙烯生理作用的抑制剂，但并不抑制乙烯的合成。乙烯的主要生理功能：诱导三重反应，促进果实成熟，促进叶、花和果实的衰老和脱落，诱导不定根和根毛的发育，促进菠萝等凤梨科植物开花等。

油菜素内酯：油菜素内酯是一种甾体物质，在植物界分布很广，新鲜花粉及种子中含量较高。油菜素内酯对水稻叶片倾斜角度的变化具有专一性。油菜素内酯的主要生理功能：促进细胞伸长和分裂，促进导管的分化，增强植物的抗逆性，影响花粉的发育和育性。

其他植物生长物质：

水杨酸对植物有多种生理作用，最典型的生理作用是诱导植物产生系统获得性抗性、诱导病原相关蛋白（PR）的表达。此外，可诱导某些植物开花，促进天南星科植物佛焰花序的抗氰呼吸等。

茉莉酸及茉莉酸甲酯在植物界普遍存在。茉莉酸对植物的生理作用是多方面的，通过诱导蛋白酶抑制物质的产生保护植物免受生物胁迫伤害，具有诱导块茎形成、促进禾本科植物开花、抑制部分植物种子萌发、诱导果实成熟和色素形成、抑制光合作用等生理效应。

寡糖素主要指具有生物活性的寡糖，目前已知的寡糖素大多是一些植物和真菌细胞壁结构多糖的降解物。寡糖素的生理作用包括刺激植保素的产生，诱导活性氧的爆发，诱导乙烯合成，诱导病原相关蛋白（PR）的表达等。

系统素（SYS）是一种多肽类的生物活性物质，是植物感受创伤的信号分子，可诱导植物抗逆基因的表达。

多胺是植物体内一类小分子质量、含有一个或多个氨基的脂肪族含氮碱，主要分布在植物体内分裂旺盛的部位。多胺具有促进细胞分裂、促进生长、提高抗逆性、延缓组织衰老、影响种子萌发等生理作用。

激素作用机制的研究集中在激素受体、信号转导和基因表达调控等方面。已鉴定的生长素受体是 ABP1 和 TIR1/AFB，GA 结合蛋白，可能的细胞分裂素受体 CRE1/AHK，ABA 结合蛋白，乙烯受体 ETR1 等。生长素诱导许多早期反应基因和次级反应基因；GA 诱导 α-淀粉酶基因表达；ABA 调控气孔运动的信号转导，诱导基因表达及其调控元件；利用突变体对乙烯的信号传导途径了解较清楚：乙烯-ETR1/EIN4/ERS-CTR1-EIN2-EIN3-乙烯诱导基因-生理效应。

【试题精选】

一、填空题

1. 在农业生产上植物生长物质获得广泛应用，目前常用________促进插条生根；用________打破休眠；用________保绿、抑制衰老；用________促进果实成熟；用________促进气孔关闭。

2. 生长素的极性运输与细胞质膜上生长素流入载体和生长素流出载体的________有关。生长素流入载体 AUX1 蛋白定位于________上，生长素流出载体 PIN 蛋白定位于________上，PGP 蛋白均匀分布在________上。

3. 赤霉素的生物活性具有器官特异性，GA_1 主要控制________，GA_4 主要控制________。

4. 某些植物的开花需要低温处理，低温处理后植物体内________含量明显升高。

5. 促进双子叶植物子叶扩大生长的生长物质是________。

6. 细胞分裂素在植物体内的运输形式是________。

7. 玉米素具有两种不同的构型，具有生物活性的是________。在________作用下，可将________构型转变为________________构型。植物体内自然存在的玉米素是________。

8. 在组织培养过程中，细胞分裂素/生长素时值高时，诱导________分化；值低时，诱导________分化；值适中时，则________分化。

9. 低温、干旱、盐害等逆境条件都可使植物细胞膨压________，由于细胞膨压的变化会诱导________合成增加。

10. 控制叶片脱落的激素主要是________，促进叶片衰老的激素是________和________。

11. 乙烯生物合成的关键酶是________和________，分别催化________和________的合成，酶活性受内外因子的调节，促进酶活性提高的内部因子包括________和________等。

二、选择题（包括单项选择和多项选择）

1. IAA 生物合成的前体是(　　)。

A. 色氨酸　　B. 亮氨酸　　C. 甘氨酸　　D. 甲硫氨酸

2. IAA 生物合成的直接前体物质是(　　)。

A. 色胺　　B. 吲哚-3-丙酮酸　　C. 吲哚-3-乙醛　　D. 色氨酸

3. 多数高等植物中 IAA 生物合成的主要途径是(　　)。

A. 色胺途径　　B. 吲哚-3-丙酮酸途径

C. 吲哚-3-乙酰胺途径　　D. 吲哚乙腈途径

4. 病原菌中 IAA 生物合成的主要途径是(　　)。

A. 色胺途径　　B. 吲哚-3-丙酮酸途径

C. 吲哚-3-乙酰胺途径　　D. 吲哚乙腈途径

5. 生根粉的主要成分是(　　)。

A. IBA 和 NAA　　B. IAA 和 NAA

C. IBA 和 IAA　　D. NAA 和 2,4-D

6. 下列蛋白中作为生长素流出载体参与调控生长素极性运输的是(　　)。

A. G 蛋白　　B. P 蛋白　　C. PIN 蛋白　　D. 微管蛋白

7. PIN 蛋白分布在细胞质膜的(　　)。

A. 顶部　　B. 基部　　C. 均匀分布　　D. 侧面

8. 作为生长素流出载体之一的 PGP 蛋白在细胞质膜上的分布特点是(　　)。

A. 在顶部　　B. 在基部　　C. 均匀分布　　D. 在侧面

9. PIN 蛋白介导生长素极性运输时与之协同作用的是(　　)。

A. G 蛋白　　B. 微管蛋白　　C. 微丝蛋白　　D. PGP 蛋白

10. 下列物质不是 IAA 极性运输抑制剂的是(　　)。

A. NPA　　B. AVG　　C. TIBA　　D. NOA

11. IAA 在植物细胞内存在的主要部位是(　　)。

A. 液泡　　B. 线粒体

C. 细胞质和叶绿体　　D. 叶绿体

12. 赤霉素合成途径中第一个真正带有赤霉烷环结构的化合物是(　　)。

A. 牻牛儿基牻牛儿基焦磷酸　　B. ent-贝壳杉烯

C. GA_{12}醛　　D. GA_1

13. 能使活性赤霉素失活的代谢途径是(　　)。

A. C2β-羟化　　B. C3β-羟化　　C. C20-氧化　　D. C13 羟化

14. 在赤霉素生物合成中，经早期 C13 羟化途径合成的赤霉素是(　　)。

A. GA_{20}　　B. GA_{12}　　C. GA_1　　D. GA_4

15. 主要控制植物茎节伸长生长的活性 GA 是(　　)。

A. GA_{20}　　B. GA_4　　C. GA_{12}　　D. GA_1

16. 在植物生殖生长中起关键调控作用的 GA 是(　　)。

A. GA_{20}　　B. GA_4　　C. GA_{12}　　D. GA_1

17. 在植物组织培养过程中，控制外植体分化方向的是培养基中的(　　)。

A. 生长素和细胞分裂素的比例　　B. 生长素的种类

C. 细胞分裂素的含量　　D. 生长素和赤霉素的含量

18. 细胞分裂素对植物茎和根细胞的伸长生长具有(　　)。

A. 促进作用　　B. 抑制作用

C. 无作用　　D. 低浓度促进，高浓度抑制

19. 下列物质不具有细胞分裂素生物活性的是(　　)。

A. 玉米素　　B. 玉米素核苷　　C. 6-BA　　D. 6-BA 葡萄糖苷

20. 植物体内细胞分裂素合成的主要部位是(　　)。

A. 茎顶端分生组织　　B. 叶肉细胞

C. 根尖分生组织　　D. 维管束

21. 能促进双子叶植物子叶扩大生长的激素是(　　)。

A. IAA　　B. CTK　　C. GA　　D. ETH

22. 过量表达细胞分裂素的烟草突变体其侧枝生长(　　)。

A. 与野生型相同　　B. 与缺失细胞分裂素的突变体相同

C. 旺盛　　D. 削弱

23. 生物体合成的 ABA 都是(　　)构型。

A. 反式　　B. 顺式

C. R 对映体　　D. S 对映体和 R 对映体混合物

24. 控制脱落的主要因子是(　　)。

A. IAA　　B. CTK　　C. ABA　　D. ETH

25. 干旱条件下，木质部汁液 pH 偏碱化，ABA 呈(　　)形式。

A. 解离　　B. 非解离　　C. 结合态　　D. 失活态

26. 调控 LEA 蛋白合成的激素是(　　)。

A. IAA　　B. CTK　　C. ABA　　D. ETH

27. 乙烯生物合成的前体是(　　)。

A. 甲硫氨酸　　B. 半胱氨酸　　C. 丙酮酸　　D. 色氨酸

28. 乙烯的直接合成前体是(　　)。

A. 甲硫氨酸　　B. 半胱氨酸　　C. ACC　　D. 色氨酸

29. 植物进入休眠后，内源激素含量增高的是(　　)。

A. BR　　B. EHT　　C. GA　　D. ABA

30. 香蕉果实成熟之前，果实内含量明显升高的植物激素是(　　)。

A. IAA　　B. CTK　　C. GA　　D. ETH

31. 生产上用于催熟香蕉的化合物是(　　)。

A. 1-MCP　　B. AOA　　C. AVG　　D. 乙烯利

32. 能提高植物抗虫性的植物激素是(　　)。

A. 细胞分裂素　　B. 茉莉酸　　C. 油菜素内酯　　D. 赤霉素

33. 促进海芋属植物的佛焰花序呼吸链电子传递沿交替途径进行的植物激素是(　　)。

A. JA　　B. SA　　C. BR　　D. PA

34. 能引起菜豆幼苗节间发生节间伸长、弯曲及裂开的植物激素是(　　)。

A. SA　　B. GA　　C. IAA　　D. BR

35. 目前证明，植物体内生长素的主要降解途径包括(　　)。

A. 光氧化降解

B. 过氧化物酶催化的脱羧降解

C. 经酶促非脱羧降解途径直接将 IAA 氧化为羟吲哚-3-乙酸

D. 经酶促非脱羧降解途径先由 IAA 与天冬氨酸结合，再被氧化为羟吲哚-3-乙酸

36. IAA 在植物细胞内的存在部位是(　　)。

A. 叶绿体　　B. 细胞质　　C. 液泡　　D. 高尔基体

37. 果实成熟、病原菌侵染、细胞分裂素、生长素等因素促进乙烯的合成，其原因是(　　)。

A. 促进 ACC 合成　　B. 增加 ACC 合酶活性

C. 抑制 ACC 合酶降解　　D. 稳定 ACC 合酶

38. 下列具有诱导木葡聚糖内糖基转移酶（XET）活性增加的生长物质是

(　　)。

A. IAA　　B. GA　　C. CTK　　D. BR

39. 细胞分裂素合成的部位在(　　)。

A. 根系　　B. 叶片　　C. 胚乳　　D. 未成熟种子

40. 造成种子的胚胎型休眠的决定因素是(　　)。

A. 存在 ABA　　B. 缺乏 GA　　C. 缺乏 IAA　　D. 缺乏 CTK

三、简答题

1. 简述活性生长素的结构特征。
2. 生长素生物合成有哪几条途径?
3. 简述生长素的极性运输。
4. 简述生长素的主要生理作用。
5. 简述活性赤霉素和非活性赤霉素的结构特征。
6. 简述赤霉素生物合成的器官特异性。
7. 简述影响赤霉素生物合成的环境因素。
8. 简述赤霉素的主要生理作用。
9. 植物体内细胞分裂素有哪些种类?
10. 简述细胞分裂素生物合成的关键酶。
11. 生长素和细胞分裂素如何协同控制细胞分裂周期?
12. 在种子发育和休眠过程中脱落酸有哪些生理作用?
13. 为什么说脱落酸是逆境激素?
14. 什么是乙烯的三重反应?
15. 简述乙烯的生理作用。
16. 乙烯在果实成熟过程中有什么作用?
17. 举例说明植物生长延缓剂与植物生长抑制剂的区别。
18. 简述植物激素测定的主要方法和原理。

四、论述题

1. 论述生长素促进细胞伸长生长的酸生长理论。
2. 论述 IAA 在植物体内极性运输的机理。
3. 论述赤霉素生物合成的三个阶段以及关键酶。
4. 论述赤霉素诱导大麦种子糊粉层 α-淀粉酶合成的分子机制。
5. 论述赤霉素促进细胞伸长的机理。
6. 设计实验证明细胞分裂素具有延缓衰老和诱导同化物积累的效应。
7. 论述植物体内的乙烯信号转导途径。
8. 如何利用基因工程技术获得耐储藏番茄?

9. 试述 ABA 诱导气孔关闭的作用机制。

10. 说明植物激素在调控植物生理过程中的相互作用。

【参考答案】

一、填空题

1. 生长素，赤霉素，细胞分裂素，乙烯，脱落酸。

2. 不对称分布，细胞的顶端质膜，细胞的基端质膜，细胞质膜。

3. 植物的茎节伸长，植物的生殖生长。

4. 赤霉素。

5. 细胞分裂素。

6. 玉米素核苷。

7. 反式玉米素，玉米素异构酶，顺式玉米素，反式玉米素，反式玉米素。

8. 根，芽，愈伤组织。

9. 下降，ABA。

10. 乙烯，乙烯，脱落酸。

11. ACC 合酶，ACC 氧化酶，ACC，乙烯，衰老，脱落。

二、选择题

1. A； 2. C； 3. B； 4. C；
5. A； 6. C； 7. B； 8. C；
9. D； 10. B； 11. C； 12. C；
13. A； 14. C； 15. D； 16. B；
17. A； 18. B； 19. D； 20. C；
21. B； 22. C； 23. B； 24. D；
25. A； 26. C； 27. A； 28. C；
29. D； 30. D； 31. D； 32. B；
33. B； 34. D； 35. A，C，D；
36. A，B； 37. A，B，C，D；
38. B，D； 39. A，B，C，D；
40. A，B。

三、简答题

1. 活性生长素的结构特征有三个方面：①具有一个芳香环；②具有一个羧基侧链；③芳香环上的正电荷与羧基侧链上的负电荷间的分子距离为 0.5nm。

2. 色氨酸是生长素合成的前体，由色氨酸合成生长素的途径有多条：吲哚-3-丙酮酸途径、色胺途径、吲哚-3-乙腈途径和细菌途径（吲哚-3-乙酰胺途径）。前两条途径是高等植物体内吲哚-3-乙酸合成的主要途径。

吲哚-3-丙酮酸途径：色氨酸在色氨酸转氨酶作用下发生脱氨反应，生成吲哚-3-丙酮酸；然后，吲哚-3-丙酮酸在吲哚-3-丙酮酸脱羧酶作用下发生脱羧反应，生成吲哚-3-乙醛；它经过吲哚-3-乙醛氧化酶催化生成吲哚-3-乙酸。

色胺途径：色氨酸在色氨酸脱羧酶作用下发生脱羧反应，生成色胺；色胺在胺氧化酶作用下，经过多步反应生成吲哚-3-乙醛；它再经过吲哚-3-乙醛氧化酶催化生成吲哚-3-乙酸。

吲哚乙腈途径：色氨酸先被转化为吲哚-3-乙腈肟，再经过多步反应生成吲哚-3-乙腈，然后在腈水解酶催化下生成吲哚-3-乙酸。

细菌途径即吲哚-3-乙酰胺途径：此途径存在于各种病原菌中，色氨酸在色氨酸单加氧酶作用下生成吲哚-3-乙酰胺，然后在吲哚-3-乙酰胺水解酶作用下生成吲哚-3-乙酸。

3. 极性运输是指物质在植物体内只发生单一方向的运输，生长素在植物体内的运输就是单方向的，在地上部，生长素只发生从顶端向基部的极性运输。在根部，生长素是由根基部向根尖方向运输。生长素的极性运输与细胞质膜上生长素流入载体（auxin influx carrier）和生长素流出载体（auxin efflux carrier）的不对称分布有关。

4. ①生长素主要的生理功能之一是促进离体茎段的伸长生长，生长素也促进根系的伸长生长，但根、茎细胞对生长素的敏感性不同，根系对生长素更敏感；②生长素诱导和促进植物细胞的分化，从而促进维管组织的分化，低浓度IAA促进韧皮部的分化，高浓度IAA促进木质部的分化；③生长素促进侧根和不定根的发生；④生长素影响花和果实的发育，促进雌花增加、刺激子房发育形成果实；⑤生长素诱导叶原基的发生，从而调控叶片和叶序的形成；⑥生长素调控叶片的脱落；⑦生长素具有维持顶端优势的功能。

5. 活性GA具有的结构特征：C19-GA的生物活性比C20-GA高；C3-β-羟基、C6-羧基和C4-，C10-内酯是活性GA的结构特征；C1，C2双键和C13-羟基有利于提高GA活性。非活性赤霉素的结构特征：C2-β-羟基。

6. 赤霉素的生物合成具有器官特异性，其主要原因是赤霉素生物合成的关键酶基因的表达具有显著的器官特异性，在不同的器官、组织中，在不同发育阶段，赤霉素合成的途径不完全相同。例如，在水稻中GA20-氧化酶和GA3-氧化酶分别在营养器官和花器官中表达。赤霉素生物合成的关键酶基因的表达器官特异性，使得赤霉素生物合成具有器官特异性。

7. 环境因素能够影响赤霉素的生物合成，如光周期、温度通过影响编码赤霉素合成过程的特异酶基因的表达而改变活性赤霉素的水平。长日照可增加GA20-氧化酶的活性，促进GA_1的合成。在拟南芥叶柄伸长生长中，远红光照射使GA20-ox2的转录活性迅速增加40倍，而远红光对GA_{20}-ox1活性的影响很小。温度影响赤霉素合成过程某些酶的活性，如贝壳杉烯酸7β-羟化酶的活性受温度影响，从而影响贝壳杉烯酸向GA_9的转变，GA_9是具有赤霉素活性的GA_4的直接前体，GA_4促进植物的生殖生长。

8.（1）促进植株茎节的伸长，尤其对矮生植物、莲座状植物和一些禾本科植物茎伸长的效应显著。

（2）调节植物幼态和成熟态间的转变。

（3）影响花芽分化和性别控制，促进多种长日植物或需低温春化的植物在不适宜的光周期和春化环境下诱导开花。对于雌雄异花同株的植物，GA处理可增加雄花的比例。

（4）打破休眠促进种子萌发，GA的主要作用是诱导水解酶的合成，分解储藏的营养物质。

9. 植物体内细胞分裂素主要有两种形式：游离形式和结合物形式，如玉米素、双氢玉米素、异戊烯基腺嘌呤是游离形式，也可以与核糖结合形成玉米素核苷、异戊烯基腺嘌呤核苷，或与葡萄糖结合形成玉米素葡糖苷等。游离形式的细胞分裂素具有生理活性。

10. 异戊烯基转移酶是细胞分裂素生物合成的关键酶，其催化异戊烯基焦磷酸和AMP的缩合反应，从而成为异戊烯基腺苷-5′-单磷酸，异戊烯基腺苷-5′-单磷酸是各种天然细胞分裂素的前体。异戊烯基腺苷-5′-单磷酸脱磷酸、脱核糖后形成异戊烯基腺嘌呤，进一步在细胞分裂素氧化酶作用下形成玉米素。

11. 细胞分裂通过细胞周期完成，细胞周期的进行受内、外因素的调控，其中，周期素（cyclin）和细胞周期蛋白依赖激酶（cyclin-dependent kinase，CDK）是细胞周期调控机制的主要元件，其控制位点在G_1/S和G_2/M的过渡期。周期素也称为细胞周期蛋白。CDK与cyclin结合后才具有激酶活性，从而调节细胞分裂周期。不同的CDK/cyclin复合体在细胞周期中的靶子部位不同。CDK是高度保守的蛋白激酶，受激酶、磷酸酶、特异抑制剂（ICK）和细胞分裂素、生长素的调节。细胞分裂素与生长素协同刺激CDK/CYCD复合体的积累，促进G_1；细胞分裂素刺激CDK/CYCB复合体积累，促进M期。

12. 在种子的发育过程中，ABA具有促进种子脱水干燥的功能，有利于种子休眠。在种子休眠过程中，ABA对维持种子休眠具有重要作用，ABA 是诱导种子休眠和抑制萌发的重要物质。

13. ABA 是植物对逆境反应的重要调节者，植物处于逆境时，体内 ABA 含量大幅度升高，诱导在逆境胁迫下植物基因的特异表达，植物内源 ABA 含量与其抗逆能力呈正相关，因此，ABA 也称为逆境激素。ABA 主要通过调节气孔运动，保持组织内的水分平衡，增强根的透性，提高水的通导性等来增加植物的抗逆性。

14. 乙烯的三重反应是指乙烯抑制茎伸长生长、促进横向生长（增粗生长）、引起叶柄和胚轴偏上生长的现象。乙烯抑制茎伸长生长，促进横向生长的原因是由于乙烯影响了茎细胞内微管的排列方向。乙烯减少微管的横向排列，增加了微管的纵向排列，从而限制细胞的纵向伸长生长，有利于细胞的横向生长。乙烯引起偏上生长的原因是乙烯引起叶柄和胚轴的上侧细胞生长快于下侧细胞。

15. 乙烯诱导幼苗生长表现出典型的三重反应；乙烯促进果实成熟、叶片衰老；乙烯诱导不定根和根毛的形成；乙烯诱导菠萝、芒果等植物开花；乙烯促进雌花的分化；乙烯对植物器官的脱落有极显著的促进作用。

16. 乙烯是促进果实成熟的激素，在果实成熟过程中，伴随着乙烯的大量释放。用外源乙烯处理可诱导和加速果实的成熟。用减压抽气等方法除去果实中的乙烯则推迟成熟；乙烯生物合成的抑制剂和乙烯作用的拮抗剂都可抑制成熟。

17. 生长延缓剂是对茎的亚顶端分生组织区的细胞分裂与扩展有特殊抑制作用的化合物。其作用可被 GA 逆转，如多效唑（PP333）、矮壮素（CCC）、AMO-1618 等。

生长抑制剂是作用于顶端分生组织区，抑制生长，其作用不能被 GA 所消除，如三碘苯甲酸（TIBA）、整形素等。

18. 生物试法：利用植物激素特定的生理效应进行检测，简便易行，但需大量统计。

物理和化学检测（气相色谱，质谱，荧光分光光度法，HPLC）：准确，但仪器费用贵。

免疫分析（酶联免疫或放射免疫）：高度专一性，方法简便，有大的样品容量，可用于定量、定位分析。

四、论述题

1. 生长素诱导细胞伸长，首先与质膜上的生长素受体结合，然后产生两方面的效应：生长素与受体结合后诱导细胞内第二信使系统，激活了质膜上已经存在的 H^+-ATPase，或启动了编码 H^+-ATPase 的基因表达，合成了新的 H^+-ATPase，或增加了质膜 H^+-ATPase的丰度，膜上 H^+-ATPase 活化或数量的增加引起细胞内的 H^+ 外泌，导致细胞壁环境的酸化。H^+ 一方面使细胞壁中对酸不稳定的键（如氢键）断裂，另一方面（也是主要的方面）激活了细胞壁中的扩张蛋白（expansin），扩张蛋白通过可逆结合在细胞壁中纤维素微纤丝和交联多糖结合的交叉点，催化纤维素微纤丝与交联多糖间的氢键断裂，解除细胞壁中多糖对纤维素的制约，使细胞壁松弛。细胞壁松弛后，细胞的压力势下降，导致细胞的水势下降，细胞吸水，体积增大而发生不可逆增长。

2. IAA 在植物体内的运输方向是由顶端向基端的极性运输，即形态学上端的 IAA 只能运向形态学下端。极性运输的机理可以用 Goldsmith 提出的化学渗透极性扩散假说解释。该假说认为：生长素的极性运输与细胞质膜上生长素流入载体（auxin influx carrier）和生长素流出载体（auxin efflux carrier）的不对称分布有关。生长素流入载体 AUX1 蛋白定位于细胞的上端质膜上，生长素流出载体包括 PIN 蛋白和 PGP 蛋白，PIN 蛋白定位于细胞的基端质膜上。PGP 蛋白是非极性的、均匀分布在细胞质膜上。PIN 蛋白介导生长素的外向运输时，必须与 PGP 蛋白协同作用。

生长素的极性运输过程分为两步：细胞内的生长素以 IAA^- 形式在化学势的推动下，经过位于细胞基部质膜上的 PIN 蛋白从细胞内单向输出，IAA^- 进入细胞壁空间后即被质子化为 IAAH，IAAH 可以经过位于细胞上部质膜上的 AUX1 蛋白或经过扩散过程通过细胞壁，顺着其浓度梯度进入其下部相邻的细胞内。在下部细胞内部，由 IAAH 脱质子化产生的 IAA^- 通过扩散至或由细胞质流输送至该细胞的基部，再一次被该细胞基部的 PIN 输送至细胞壁空间。这一过程反复进行，生长素即顺序通过纵向排列的细胞柱向形态学下端运输。在此过程中，位于质膜上的 H^+-ATPase 不断地将 H^+ 从胞内泵出，以防止 H^+ 在胞内积累，并维持细胞壁酸性环境和适宜的跨膜电势。

3. 第一阶段，发生在前质体中，由异戊烯基焦磷酸转变成牻牛儿基牻牛儿基焦磷酸（GGPP），再由 GGPP 转变为 ent-贝壳杉烯，催化这步反应的关键酶是贝壳杉烯合成酶。

第二阶段，发生在质体被膜和内质网中，由贝壳杉烯转变为 GA_{12}，催化这步反应的关键酶是 P450 单加氧酶。

第三阶段，发生在细胞质中，由 GA_{12} 形成所有其他的赤霉素。根据第一步反应是否发生 C-13 羟化反应，合成途径分为两条：C-13 羟化途径（C-13-hydroxylation pathway）和非-13 羟化途径（non-13-hydroxylation pathway）。大多数植物中以 C-13 羟化途径为主，GA_{12} 在 GA13 氧化酶（GA13ox）催化下发生 C-13 羟化反应，转变为 GA_{53}，GA_{53} 在 GA20 氧化酶（GA20ox）的系列催化下转变为 GA_{20}。GA_{20} 在 3β-羟化酶的催化下转变为具有生物活性的 GA_1，GA_1 可在 2β-羟化酶的催化下转变为没有生物活性的 GA_8。拟南芥和一些其他植物以非-13 羟化途径合成 GA。在非-13 羟化途径中，GA_{12} 在 GA20 氧化酶（GA20ox）的系列催化下转变为 GA_9，GA_9 然后被氧化为具有生物活性的 GA，如 GA_9 在 3β-羟化酶的催化下转变为 GA_4。在第三阶段的关键酶是 GA20 氧化酶和 3β-羟化酶。

4. 大麦种子萌发时胚中的赤霉素通过盾片分泌到糊粉层细胞表面，与受体结合，赤霉素受体与异源三聚体 G 蛋白相互作用，诱发出两条信号传递链：环鸟苷酸（cGMP）途径（非 Ca^{2+} 依赖型信号转导途径）和钙调蛋白及蛋白激酶途径（Ca^{2+} 依赖型信号转导途径）。cGMP 激活 GA 信号转导的中间体，活化的信号中间体进入细胞核内与阻遏物蛋白 DELLA 结合，使 DELLA 降解，DELLA 阻遏物的去活化使 *GA-MYB* 基因和其他基因得以表达。新合成的 GA-MYB 蛋白进入核内，与编码 α-淀粉酶基因启动子上的 GA 响应元件结合，激活这些酶的转录和加工，诱导 α-淀粉酶 mRNA 的合成，在糙面内质网合成 α-淀粉酶等水解酶，通过高尔基体把 α-淀粉酶等分泌到胚乳去。GA 通过依赖 Ca^{2+} 的信号转导途径，刺激、启动蛋白质的分泌。

5. 赤霉素具有促进细胞生长的作用。细胞生长是细胞体积不可逆增加的过程，细胞的生长取决于细胞壁的松弛程度。有两种酶参与调控细胞壁的松弛，木葡聚糖内糖基转移酶（XET）和扩张蛋白。XET 将一条多糖链切断并重新连接到另一条多糖链的非还原端，调节细胞生长过程中多糖链的重新排列和新合成的多糖链在细胞壁中的沉积。扩张蛋白通过可逆结合在细胞壁中纤维素微纤丝和交联多糖结合的交叉点，催化纤维素微纤丝与交联多糖间的氢键断裂，解除细胞壁中多糖对纤维素的制约。XET 和扩张蛋白协同作用诱导细胞壁松弛。

赤霉素可以诱导 XET 活性的增加，增加细胞壁对扩张蛋白的透性，促进扩张蛋白进入细胞壁，从而诱导细胞壁松弛，促进细胞生长。

6. 用同位素标记实验证明，将离体叶片的叶柄插入到水中，然后分别进行以下处理：

①^{14}C-氨基丁酸施用于叶片右侧，左侧叶片用水溶液处理；②^{14}C-氨基丁酸施用于叶片右侧，左边叶片用细胞分裂素溶液处理；③^{14}C-氨基丁酸施用于叶片右侧，右边叶片再用细胞分裂素溶液处理。将三种处理的叶片同时放于条件适宜的生长箱中，一定时间后叶片的放射性自显影显示，细胞分裂素处理的部位保持绿色，且具有很强的放射性，说明氨基丁酸向着细胞分裂素浓度高的地方移动，从而证明细胞分裂素具有延缓衰老和诱导同化物积累的功能。

7. 利用拟南芥突变体对乙烯受体的研究取得了较大进展，现已证明，乙烯受体家族成员包括 ETR1、ETR2、ERS1、ERS2 和 EIN4 等，它们具有两个共同的功能结构域：氨基端具有一个亲脂性的乙烯结合区，羧基端具有一个组氨酸激酶结构域。

拟南芥中从乙烯受体到细胞核的信号转导途径已初步确定。乙烯与内质网膜上的乙烯受体 ETR1 结合后，组氨酸激酶被激活并进行自我磷酸化，通过磷酸化级联反应将信号传递给 CTR1 。CTR1 由氨基端和类似于哺乳动物 Raf 的丝氨酸/苏氨酸蛋白激酶的羧基端组成，氨基端可与内质网上的乙烯受体羧基端相互作用，从而间接结合到内质网上形成 ETR1/CTR1 复合体进而负调控乙烯反应。跨膜蛋白 EIN2 是位于受体/CTR1 复合物下游的乙烯信号转导途径中的第一个正调控组分，被激活的 EIN2 继续将信号传递到细胞核中的转录因子 EIN3，EIN3 能结合 ERF1（ethylene response factor）基因的启动子元件，即初级乙烯应答元件，从而诱导 ERF1 及其他乙烯反应基因的表达。

乙烯与 ETR1 等受体的结合需辅助因子铜的作用。银离子可以取代铜离子与乙烯受体结合，使得乙烯与受体结合时的结构发生异常变化，从而抑制乙烯受体的信号转导。这也就是银离子虽然并不抑制乙烯的生物合成，但是乙烯生理作用最有效的抑制剂的原因所在。

8. 乙烯是促进果实成熟的最主要生长调节剂，所以，可以通过调控内源乙烯的合成来控制果实的成熟。乙烯的生物合成过程受两个关键酶即 ACC 合酶和 ACC 氧化酶的调控，通过调控这两个基因的表达，从而调控乙烯的产生，进而调控果实的成熟。因此，可以利用反义基因技术将 ACC 合酶和 ACC 氧化酶的反义基因导入番茄，抑制番茄内 ACC 合酶和 ACC 氧化酶的 mRNA 的翻译，并加速 mRNA 的降解，使番茄不能正常合成乙烯，从而阻断或延缓番茄的完熟，获得耐储藏番茄。

9. ABA 与质膜上的受体结合后，促进胞内活性氧（reactive oxygen species，ROS）的产生，ROS 的升高激活了质膜上的 Ca^{2+} 通道，使细胞内 Ca^{2+} 浓度升高，胞内 Ca^{2+} 浓度的升高进一步刺激了液泡膜上 Ca^{2+} 通道，使得 Ca^{2+} 从液泡中释放。另外，ABA 诱导一氧化氮（nitric oxide，NO）的产生，NO 促进环腺苷二磷酸核糖（cyclic ADP-ribose，cADPR）水平的提高；ABA 也促进 1,4,5-三磷酸肌醇（inositol-1,4,5-trisphosphate，IP_3）水平的提高，cADPR 和 IP_3 的提高进一步刺激液泡膜上其他的 Ca^{2+} 通道，促进液泡释放更多的 Ca^{2+} 进入细胞质，胞内 Ca^{2+} 浓度的升高抑制了质膜上的内向 K^+ 通道（K^+ in），同时刺激了外向 Cl^- 通道（Cl^- out）的打开，从而引起膜的去极化。同时，ABA 也引起胞液 pH 从 7.67 升至 7.94，pH 升高加剧膜的去极化，膜的去极化激活了质膜上外向 K^+ 通道（K^+ out），K^+ 外流。保卫细胞内 K^+、Cl^- 减少，水势升高，水分流出，膨压下降，气孔关闭。

10. 植物体内存在多种植物激素，不同植物激素间存在复杂的相互作用，有的激素间有类似生理作用，而有的生理过程有多种激素的参与，归纳如下。

（1）增效作用和拮抗作用：一种激素加

强另一种激素的生理效应为增效作用，如生长素与细胞分裂素促进细胞分裂。一种激素抵消或削弱另一种激素的生理效应为拮抗作用，如生长素维持植物的顶端优势，而细胞分裂素促进侧枝生长；ABA 诱导种子休眠，而 GA 促进种子萌发等。

（2）激素间平衡（相对比值）：如在组织培养中，IAA/CTK 值决定愈伤组织细胞分化根/芽的方向；种子中 ABA/GA 的消长变化影响种子的休眠与萌发。

（3）在发育过程中激素的顺序作用：如在种子发育至成熟过程中，首先是生长素和细胞分裂素促进胚细胞的分裂生长，而后是 ABA 促进物质积累和进入休眠，再是 GA 促进休眠后种子的萌发。

（4）植物对激素的敏感性：如植物不同器官对生长素促进生长的敏感性不同；细胞内受体的存在也决定了植物对激素的敏感性，在植物发育的不同阶段或不同环境下，植物对激素的敏感性会发生变化，因而影响激素的效应。

第十二章　植物的生长与分化

重点提示：植物细胞分裂、生长和分化的基本特征和调控因素以及植物生长发育的基本特征及调控（掌握）；植物胚胎发育、种子萌发和植物营养生长的特点和调控（掌握）；光形态建成、光敏色素的基本性质及作用机制（掌握）；植物运动的种类及机制（了解）。

【核心概念】

1. 植物生长（plant growth）——植物在体积、重量、数目等形态指标方面的不可逆增加，是一种量的变化。

2. 植物分化（plant differentiation）——植物细胞、组织和器官在形态结构、内部代谢和生理功能方面发生的变化，反映不同细胞、组织和器官间的质的变化。

3. 植物发育（plant development）——植物生长和分化的总和，是植物生长分化的动态过程。

4. 脱分化（dedifferentiation）——已经分化的细胞在特定的情况下可以恢复分裂能力，重新进行细胞分裂的过程。

5. 极性（polarity）——植物的器官、组织、细胞在形态结构、生理功能上的不对称性。

6. 不均等分裂（asymmetric division）——又称分化分裂，细胞分裂产生的两个子细胞在形态和生理上具有不同性质，从而具有不同发育方向。

7. 增殖分裂（proliferative division）——细胞分裂产生的两个子细胞在形态和生理上具有相同性质，因此具有相同发育方向。

8. 位置效应（positional effect）——细胞在器官和组织中的位置决定以及影响细胞的分化方向和生理功能。

9. 组织原细胞（initial cell）——分生组织内衍生各种组织的原始细胞，是一种决定态细胞，由细胞所处的位置决定细胞的分化方向，发育途径不再改变。

10. 程序性细胞死亡（programmed cell death，PCD）——由基因控制的、细胞自主性的、有序死亡过程。

11. 干细胞（stem cell）——一类具有自我复制能力（self-renewing）的多潜能细胞，在一定条件下，可以分化成多种功能细胞。

12. 单次结实性（monocarpic species）——植物体只开花一次，随后衰老死亡。

13. 多次结实性（polycarpic species）——植物开花后再进入营养生长，然后再开花，循环重复一次或多次后植物体衰老和死亡。

14. 多年生芽（perennating bud）——二年生或多年生植物，在第一个生长季的春天发芽，以莲座状营养体生长，晚秋时分地上部分死亡后，由枯叶包裹的茎顶芽。

15. 植物细胞全能性（totipotency）——植物的每个细胞都包含着该物种的全部遗传信息，从而具备发育成完整植株的遗传能力。在适宜条件下，任何一个细胞都可以发育成一个新个体。

16. 胚胎发生（embryogenesis）——子房胚囊内的单细胞受精卵发育为一个多细胞胚胎的过程。

17. 球形胚（globular stage embryo）——受精卵进行精确的同步分裂多次后形成一个对称的多细胞球。

18. 心形胚（heart stage embryo）——在球形胚一端的两侧发生快速的细胞分裂，形成两个对称的子叶原基，构成一个两侧对称的心形胚。

19. 鱼雷形胚（torpedo stage embryo）——心形胚的胚轴开始伸长，子叶原基进一步发育，形成鱼雷形胚。

20. 径向构造模式（radial structure pattern）——植物体从径向面呈现的从中心到周边的同心圆排列的形态发育模式。

21. 轴向发育模式（axial developmental pattern）——植物体呈现的茎根极性发育模式。

22. 糊粉层（aleurone）——谷类种子如小麦、大麦和燕麦种子中，胚乳最外层、一层厚壁的生活细胞，含有大量的蛋白体，在萌发时受赤霉素的诱导，合成大量的水解酶类。

23. 萌发（germination）——在适宜的环境条件下，种子内的胚胎开始生长，并形成植物幼苗的过程。

24. 吸涨（imbibition）——种子萌发的第一阶段，干燥的种子依靠表面张力形成的毛细管作用和种子内的细胞壁物质、蛋白质及其他亲水性物质对水的吸附作用。

25. 静止中心（quiescent center，QC）——在根尖分生组织中心，分裂频率较低、细胞周期相对较长的一群细胞。静止中心是根部的干细胞，能够自我更新、增殖和分化成不同的细胞组织。

26. 基-顶轴（proximodistal axis）——从成熟叶片的基部指向尖部。

27. 近-远轴（adaxial-abaxial axis）——也称为背腹轴，是指从成熟叶片的上表面指向下表面的轴向。

28. 中-边轴（centrolateral axis）——从成熟叶片的中脉指向边缘的轴向。

29. 植物生长相关性（correlations in plant growth）——植物体的各部分之

间存在着相互依赖和相互制约的关系。

30. 根冠比（root top ratio）——植物地下部分与地上部分干重或鲜重的比值。

31. 顶端优势（apical dominance）——植物的顶芽生长占优势而抑制侧芽生长的现象。

32. 相生相克现象（allelopathy）——也称为化感作用，指植物通过向环境释放化学物质而产生促进或抑制周围植物生长的效应。

33. 自毒作用（autointoxication）——有些相生相克物质抑制自身或者本种植物的生长，这种现象称为自毒作用。

34. 温度三基点（cardinal temperature）——植物能生长的最低、最适和最高温度。

35. 生长的温周期现象（thermoperiodicity of growth）——植物对季节或昼夜温度变化的生长反应。

36. 暗形态建成（skotomorphogenesis）——也称黄化现象（etiolation），是指暗中生长的植物幼苗的根发育减缓，下胚轴伸长、茎细长柔弱、顶端弯勾不伸直、叶片小且不扩展、叶绿体发育不正常，缺乏叶绿素的现象。

37. 光形态建成（photomorphogenesis）——一种低能量的、依赖光的控制植物生长、发育和分化的过程。

38. 光敏色素（phytochrome）——植物体内的一种光受体，是一种易溶于水的浅蓝色的色素蛋白，由发色团（chromophore）和蛋白质（脱辅基蛋白，apoprotein）两部分组成。

39. 光稳态平衡（photostationary equilibrium）——在饱和光照条件下，植物体内光敏色素 Pr 和 Pfr 两种形式转化达到的平衡。

40. 类型Ⅰ光敏色素（type Ⅰ phytochrome，PⅠ）——存在于黄化组织中的光敏色素。

41. 类型Ⅱ光敏色素（type Ⅱ phytochrome，PⅡ）——存在于光下生长的绿色组织中的光敏色素。

42. 低强度反应（low fluence responses，LFR）——由 1～1000mol/m^2 的低强度光启动的，红光、远红光诱导的可逆反应。

43. 极低强度反应（very low fluence response，VLFR）——受 1～100nmol/m^2 的红光或远红光诱导，但红光反应不能被远红光所逆转的反应。

44. 高辐照度反应（high-irradiance reaction，HIR）——需要光强大于 10mol/m^2 的持续光照诱导的反应，不是红光、远红光诱导的可逆反应，而是持续红光或远红光反应。

45. 避阴反应（shade avoidance response，shade escape）——由于叶绿素优先吸收红光，在植物遮阴的条件下光的质量会发生改变。与自然光相比，在透过叶片的光中红光/远红光值降低。植物对红光/远红光值降低产生应答反应，表现为植物茎节和叶柄伸长的速度加快，顶端优势增加，分枝减少，这种反应称为避阴反应。

46. 隐花色素（cryptochrome）——植物蓝光反应的受体，是一类含 FAD 的黄素蛋白，具有蛋白激酶活性。

47. 向光素（phototropin）——植物向光性反应的光受体，其生色团为黄素单核苷酸（FMN)，具有蓝光诱导的蛋白激酶性质。

48. 向性运动（tropic movement）——植物器官对环境因素的单方向刺激所引起的定向运动。

49. 向光性（phototropism）——植物感受光信号刺激引起的弯曲生长。

50. 向重力性（gravitropism）——也称为向地性，植物感受重力的刺激，在重力方向上发生的生长反应。

51. Cholodny-Went 模型（Cholodny-Went model）——解释单侧光诱导器官弯曲的机制模型。该模型认为，接受单向光信号的部位是胚芽鞘尖端，在胚芽鞘尖端产生游离态生长素，在光的影响下，生长素发生横向运输，更多地分布到背光一侧，促进伸长区背光一侧生长更快，从而导致向光弯曲。

52. 向触性（thigmotropism）——由单方向机械刺激引起的植物回旋生长运动。

53. 向化性（chemotropism）——植物感受环境中化学物质不均匀分布而发生的生长反应。

54. 感性运动（nastic movement）——也称为膨压运动（turgor movement)，由环境刺激引起的，与刺激方向无关、细胞膨压发生变化的运动。

55. 感震性（seismonasty）——由机械刺激引起的运动。

56. 感夜性（nyctinasty）——植物接受光暗变化信号，引起叶片的开合运动。

57. 感温性（thermonasty）——由温度变化引起器官两侧不均匀生长的运动。

58. 膨压素（turgorins）——从含羞草、合欢等植物中提取出一类化学物质，能传递信号，改变含羞草叶枕细胞的膨压，使叶片发生运动。

59. 运动细胞（motor cell）——植物叶柄基部的几层皮层薄壁细胞，细胞体积和形状可以随膨压的变化发生可逆变化。

60. 近似昼夜节奏（circadian rhythm）——也称为生物钟（biological clock)，植物体内源性的、周期接近 24h 的节奏运动，如某些植物叶片的开合、花朵开放等。

【知识要点】

植物生长是指植物在体积、重量、数目等形态方面的不可逆增加，是一种量的变化。植物分化是指植物细胞、组织和器官在形态结构、内部代谢和生理功能方面发生的变化，是反映不同细胞、组织和器官间区别的质的变化。发育是植物生长和分化的总和，是植物生长分化的动态过程。细胞的分裂、生长和分化的过程，构成了植物的生长发育。

有分裂能力的细胞，当细胞质增加到一定程度时，分裂为两个子细胞。细胞分裂为两个子细胞所需的时间为细胞周期。在分生组织中，细胞分裂可以持续进行，也可以停止分裂，进行细胞的扩大生长和细胞分化。在适宜条件下，植物细胞的分裂能力几乎是无限的。

细胞生长表现为三维空间的细胞扩大或一维空间的细胞伸长。细胞生长的动力源于生活细胞所具有的膨压。由于细胞壁的存在，细胞的生长受一定的限制，因此，细胞扩大的速率取决于细胞壁松弛的调节。木葡聚糖内糖基转移酶和扩张蛋白参与调控细胞壁的松弛。在细胞生长过程中，细胞壁物质连续合成和分泌，新的物质不断在细胞壁中组装。

细胞分化是细胞在形态结构、内部代谢和生理功能上区别于原分生细胞的过程。细胞分化与极性、细胞间通信和细胞所处的位置有关。

程序性细胞死亡（programmed cell death，PCD）是由基因控制、细胞自主性、有序的死亡过程。衰老过程引发的 PCD 相对较慢，过敏反应引起的 PCD 发生很快。乙烯、缺氧和生物胁迫等条件促进 PCD 过程。

植物的形态建成完全依靠植物体内各种分生组织的活动构建而成，植物体的营养生长主要来自于根尖和茎尖的分生组织。根尖分生组织由静止中心（QC）细胞和根冠柱原细胞、皮层-内皮层原细胞和中柱原细胞组成。QC 是根的干细胞群，是根的所有组织的基本来源。根冠柱原细胞分裂产生根冠，表皮-侧根冠原细胞分裂产生侧根冠和表皮，皮层-内皮层原细胞分裂产生皮层和内皮层，中柱原细胞分裂产生中柱鞘和维管组织。根尖的细胞分裂分为分化分裂和增殖分裂。茎顶端分生组织包括中心区、周缘区和肋状分生区。中心区和周缘区包含了原套和原体的细胞。*SHOOTMERISTEMLESS*（*STM*），*WUSCHEL*（*WUS*），*CLAVATA1* 和 *CLAVATA3*（*CLV1* 和 *CLV3*）基因调控茎顶端分生组织的发育。

叶原基在茎尖周缘分生组织部位产生。叶原基的发生受严格控制，生长素是影响叶原基产生的主要因子。叶片的发育在基-顶轴、背腹轴和中-边轴发育轴向上进行。

在植物的生长发育过程中，同一植物不同器官间存在相关性，如根与冠、顶端与侧枝、营养器官与生殖器官等。不同植物个体之间也存在相关性。

温度和光是植物生长的最重要环境条件，温度对生长的影响是对一系列生理过程影响的综合效应。光影响植物的形态建成。光敏色素是植物体内接收光信号的受体之一，光敏色素是一种易溶于水的浅蓝色的色素蛋白，由发色团和蛋白质（脱辅基蛋白）两部分组成。光敏色素有两种可以互相转化的构象形式：红光吸收型Pr和远红光吸收型Pfr。光敏色素的Pr型在660～665nm处有最大吸收，而光敏色素Pfr型在725～730nm处有最大吸收。Pr型是光敏色素的钝化形式，呈蓝绿色；而Pfr型是光敏色素的生理活跃形式，呈黄绿色。照射白光或红光后，Pr型转化为Pfr型；相反，照射远红光使Pfr型转化为Pr型。

植物体受外界刺激会发生向性运动和感性运动。植物体内也存在近似昼夜节奏的生物钟运动。

【试题精选】

一、填空题

1. 细胞在器官和组织中的位置影响细胞分化的方向和生理功能，这种效应称为________。

2. 生活的植物细胞中含有植物发育所需的所有遗传信息，具有发育成完整植株的能力，这种能力被称为________。

3. 细胞不均等分裂的基础是________。

4. 细胞分裂产生的两个子细胞在形态或生理生化上具有不同性质的分裂是________。

5. 细胞分裂产生的两个子细胞具有相同的性质，这种分裂称为________。

6. 已分化的细胞在特定情况下恢复分裂能力，重新进行细胞分裂的过程为________。

7. 细胞在形态结构、内部代谢和生理功能上区别于原分生细胞的过程是________。

8. 在细胞伸长过程中，新的细胞壁物质果胶质和半纤维素是在________中合成，然后分泌到细胞壁中。

9. 根表皮细胞的根毛发育与相邻细胞有关，具有明显的________。

10. 胚胎的发育过程经历________、________、________三个阶段。

11. 植物轴向发育模式的实质是指植物的________。

12. 干种子的吸水主要依靠________。

13. 静止中心（QC）细胞的主要特点是________。

14. 在棉花生产中，对棉花的整枝、打顶的主要目的是控制植物的________。

15. 攀缘植物的卷须一边生长，一边回旋运动，这种运动被称为________。

16. 大豆、花生、合欢等豆科植物的叶片，白天呈水平展开，夜间合拢或下垂，这种运动被称为________。

17. 光敏色素 Pfr 型的最大吸收在________。

18. 植物器官对环境因素的单方向刺激所引起的定向运动为________。

19. 植物器官对环境因素发生反应，但反应与刺激的方向无关，这种运动为________。

20. 高等植物花粉管向着胚珠的生长是________运动。

21. 生物体对昼夜适应而产生的周期性波动的内在节奏，称为________。

22. 种子生活力的简要测定方法有________、________等。

二、选择题（包括单项选择和多项选择）

1. 植物的生长和发育的基础是（　　）。

A. 细胞伸长　B. 细胞分裂　C. 细胞代谢活跃　D. 细胞扩大

2. 细胞生长的动力是生活细胞所具有的（　　）。

A. 膨压　B. 细胞分裂能力　C. 核分裂　D. 呼吸作用

3. 细胞扩大的速率取决于（　　）。

A. 细胞壁的松弛　B. 细胞代谢的强弱

C. 细胞的大小　D. 细胞的内含物

4. 在细胞伸长过程中，调节细胞壁松弛的酶主要包括（　　）。

A. 细胞壁降解酶　B. 纤维素酶

C. 果胶酶　D. 木葡聚糖内糖基转移酶和扩张蛋白

5. 植物器官、组织或细胞在形态结构、生化组成以及生理功能上的不对称性是（　　）。

A. 细胞生长　B. 细胞分化　C. 极性　D. 细胞全能性

6. 细胞主动启动的、由基因编码控制的细胞死亡过程，称为（　　）。

A. 细胞坏死　B. 细胞衰老　C. 细胞成熟　D. 程序性细胞死亡

7. 多数植物种子萌发最适宜的外界条件是（　　）。

A. 充足的光照、适宜的温度　B. 光照、充足的水分、充足的 O_2

C. 充足的水分、适宜的温度　D. 充足的 O_2、充足的水分、适宜的温度

8. 种子萌发的首要条件是（　　）。

A. 吸收水分　B. 适宜的恒温　C. 昼温高夜温低　D. 充足的氧气

9. 在种子的萌发过程中，种子吸水的动力（　　）。

A. 初期为渗透势，后期为衬质势　B. 初期为衬质势，后期为渗透势

C. 均为渗透势　D. 均为衬质势

10. 在谷类种子萌发过程中，分解胚乳中储存淀粉的淀粉酶来自（　　）。

A. 胚乳　B. 胚　C. 糊粉层　D. 胚根

11. 在谷类种子中，胚乳被一层厚壁的生活细胞包围，这层细胞称为

(　　)。

A. 胚乳层　　B. 表皮层　　C. 糊粉层　　D. 种皮

12. 在种子萌发时，糊粉层细胞中诱导合成大量水解酶类的激素是（　　）。

A. 生长素　　B. 细胞分裂素　　C. 乙烯　　D. 赤霉素

13. 根尖中根的干细胞群是指（　　）。

A. 根冠　　B. 静止中心　　C. 分生组织　　D. 根毛

14. 根静止中心（QC）的主要功能是（　　）。

A. 为根冠提供营养　　B. 制约中柱原细胞

C. 促进分生组织分化　　D. 维持周围的原始细胞

15. 由根尖分生组织的皮层-内皮层原细胞分裂产生皮层和内皮层，要经过（　　）。

A. 垂周均等分裂　　B. 平周均等分裂

C. 平周不均等分裂　　D. 垂周不均等分裂

16. 调控侧根的形成和生长的激素主要是（　　）。

A. 生长素　　B. 赤霉素　　C. 细胞分裂素　　D. 脱落酸

17. 对拟南芥突变体的研究证明，维持正常茎顶端分生组织功能起主要作用的基因是（　　）。

A. *SAM*、*STM*、*WUS*　　B. *CLV1*、*CLV3*

C. *SAM*、*STM*、*CLV1*、*CLV3*　　D. *STM*、*WUS*、*CLV1*、*CLV3*

18. 叶原基产生的部位是在茎尖的（　　）。

A. 中央区（中心区）　　B. 周缘区

C. 肋状分生区　　D. 原体细胞

19. 叶原基的产生主要受（　　）的影响。

A. 生长素　　B. 赤霉素　　C. 细胞分裂素　　D. 脱落酸

20. 调控植物顶端优势的主要激素是（　　）。

A. IAA 和 GA　　B. IAA 和 CTK　　C. IAA 和 ETH　　D. CTK 和 ABA

21. 促进马铃薯高产、保证品质的栽培条件是（　　）。

A. 日温 20℃、夜温 10℃　　B. 20℃恒温

C. 10℃恒温　　D. 日温 30℃、夜温 20℃

22. 下列现象中不属于植物生长的季节周期性现象的是（　　）。

A. 春季播种　　B. 多年生树木叶片的春发秋落

C. 树木的年轮　　D. 根的向性生长

23. 促进莴苣种子萌发的光是（　　）。

A. 绿光　　B. 红光　　C. 远红光　　D. 蓝紫光

24. 光敏色素是一种易溶于水的（　　）。

A. 色素蛋白　　B. 多肽激素　　C. 甾醇物质　　D. 吲哚类物质

25. 光敏色素由两部分组成，它们是（　　）。

A. 脂类和蛋白质　　B. 发色团和蛋白质

C. 多肽和蛋白质　　D. 发色团与吡咯环

26. 光敏色素发色团是（　　）。

A. 多肽　　B. 甾醇化合物

C. 吲哚环化合物　　D. 开链四吡咯环化合物

27. 光敏色素的 Pr 型在（　　）处有最大吸收。

A. 480～530nm　B. 680～720nm　C. 660～665nm　D. 725～730nm

28. 照射白光或红光后，光敏色素（　　）。

A. 由 Pfr 型转化为 Pr 型　　B. 由 Pr 型转化为 Pfr 型

C. 活跃形式转变为钝化形式　　D. 以钝化形式存在

29. 向光性反应的光受体主要是（　　）。

A. 生长素　B. 向光素　C. 光敏色素　D. 隐花色素

30. 向光反应需要的信号物质是（　　）。

A. 生长素　B. 赤霉素　C. 细胞分裂素　D. 脱落酸

31. 调控植物细胞分化的因素有（　　）。

A. 细胞的极性　　B. 细胞所处的位置

C. 细胞间的协调作用　　D. 细胞的大小

32. 促进植物程序性细胞死亡的因素包括（　　）。

A. 病原菌侵染　B. AVG 含量高　C. ACC 含量高　D. 缺氧

33. 调控叶原基产生的因素是（　　）。

A. 生长素　B. 赤霉素　C. 基因表达　D. 已有的叶原基

34. 生长在遮阴下的植物茎节和叶柄伸长的速度加快，顶端优势增加，分枝减少的原因是（　　）。

A. 遮阴条件下光的质量发生改变

B. 叶绿素优先吸收红光

C. 透过叶片的光中红光/远红光值降低

D. 透过叶片的光中红光/远红光值增加

35. 蓝光刺激气孔开放，蓝光反应的受体有（　　）。

A. 光敏素　B. 隐花色素　C. 向光素　D. 胡萝卜素

36. Pr 型是光敏色素的钝化形式，Pfr 型是光敏色素的生理活跃形式，二者不同生理活性的分子基础是（　　）。

A. Pfr 的蛋白质分子表面比 Pr 暴露得更多

B. Pfr 的蛋白质分子比 Pr 疏水性更强

C. Pfr 分子更易与其他分子发生作用

D. Pfr 的蛋白质分子比 Pr 更多

37. 光敏色素有两种可以互相转化的构象形式：红光吸收型 Pr 和远红光吸收型 Pfr，两种形式的不同在于（　　）。

A. 发色团双键位置不同
B. 脱辅基蛋白的构型不同
C. 脱辅基蛋白的结构不同
D. 发色团与脱辅基蛋白的结合位置不同

38. 参与调控植物根的向重力性反应的物质有（　　）。

A. Ca^{2+} 和 CaM
B. IP_3
C. ABA
D. IAA

三、简答题

1. 简述植物细胞生长的特点。
2. 简述植物细胞分化过程及调控因素。
3. 简述胚胎发育于植物生长发育的基本模式。
4. 简述种子的萌发过程及代谢变化。
5. 列举三个细胞不均等分裂的实例。
6. 简述根毛发育的特点。
7. 举例说明顶端优势在生产中的应用。
8. 设计实验证明激素参与植物顶端优势的控制。
9. 在生产中有这样的实例：苹果与核桃种在一起，苹果会受害枯死。樱桃与苹果种在一起，结出的果实格外香甜可口。试解释其原因。
10. 简述光敏色素的存在形式。
11. 简述高等植物生长发育的主要特点。
12. 有两种植物的种子，请选出需光萌发的种子，并证明其感光的受体。
13. 简要说明光敏色素调控植物发育的作用机理。
14. 简要说明植物激素和植物运动的关系。

四、分析讨论题

1. 论述茎顶端生长分化的特点。
2. 试述决定和控制植物叶序的因素。
3. 为什么在光下和在暗中生长的植物有不同的形态？
4. 为什么植物的叶片可以呈现不同的颜色？
5. 为什么植物根有向重力性生长反应？
6. 试解释植物地上部分与地下部分的相互关系。
7. 何谓营养生长和生殖生长？两者有何相关性？在生产上如何协调两者的关系？

【参考答案】

一、填空题

1. 位置效应。
2. 细胞全能性。
3. 细胞极性。
4. 分化分裂。
5. 增殖分裂。
6. 脱分化。
7. 细胞分化。
8. 高尔基体。
9. 位置效应。
10. 球形胚，心形胚，鱼雷形胚。
11. 极性。
12. 衬质势。
13. 细胞周期相对长。
14. 顶端优势。
15. 向触性。
16. 感夜性。
17. 725～730nm。
18. 向性运动。
19. 感性运动。
20. 向化性。
21. 生物钟。
22. TTC 法，红墨水染色或荧光法。

二、选择题

1. B； 2. A； 3. A； 4. D；
5. C； 6. D； 7. D； 8. A；
9. B； 10. C； 11. C； 12. D；
13. B； 14. D； 15. D； 16. A；
17. D； 18. B； 19. A； 20. B；
21. A； 22. D； 23. B； 24. A；
25. B； 26. D； 27. C； 28. B；
29. B； 30. A； 31. A，B，C；
32. A，C，D； 33. A，C，D；
34. A，B，C； 35. B，C；
36. A，B，C； 37. A，B，D；
38. A，B，C，D。

三、简答题

1. 细胞生长是细胞体积不可逆的增加过程。细胞生长包括细胞扩大或细胞伸长。细胞生长的动力源于生活细胞所具有的膨压。细胞的生长过程表现为细胞体积的大小和细胞壁组分的变化。细胞扩大的速率取决于细胞壁松弛的调节，木葡聚糖内转葡糖基酶和扩张蛋白参与调节细胞壁的松弛。伴随细胞的伸长或扩大过程，有新的细胞壁物质连续合成和分泌，新的物质不断在细胞壁中组装。

2. 植物细胞的分化过程分为：①诱导细胞分化信号的产生和感受；②分生细胞特征基因的关闭及分化细胞特征基因的表达；③形成分化细胞结构和功能基因的表达；④细胞结构和功能上的分化成熟。

分化过程受细胞的极性、细胞间通信、细胞在器官和组织中的位置等因素的调控。

细胞极性是细胞分化的前提，受基因调控，同时也受环境条件如光照梯度、温度梯度、电势梯度的影响。胞间通信可通过由胞间连丝相连的共质体进行，也可通过细胞壁空间构成的质外体进行。胞间连丝是相邻细胞保持物质和信息联系的桥梁。每个细胞在器官和组织中的位置，也影响甚至决定细胞分化的方向和生理功能。

3. 胚胎发生过程是植物最基本的形态建成过程。在胚胎发育过程中决定了植物生长发育的径向构造模式、轴向发育模式。

受精卵第一次分裂分为一个顶细胞和一个基细胞，顶细胞将来形成胚胎的大部分构造，基细胞进行若干次分裂后即开始分化，大部分细胞变成胚柄，少量细胞成为胚根原，将来形成胚胎的根尖分生组织。球形胚早期上层细胞和下层细胞开始分化，形成胚胎的顶端和基端两部分，表现出胚胎的轴向极性发育模式。

从根或茎的横截面上看，各种组织呈现

典型的同心圆排列形态，从外向内依次是表皮、皮层、内皮层、中柱鞘和中柱。在胚胎发生的球形胚阶段开始表现出植物的径向构造模式。

在植物胚胎发育的早期，轴向轴和径向轴的发育似乎是独立的，径向轴的发育稍晚于轴向轴发育。在胚胎发育的晚期，轴向轴和径向轴的发育不再独立，径向轴模式的形成部分依赖从纵轴由上而下的极性信息流。

4. 种子萌发是指在适宜的环境条件下，种子内的胚胎恢复生长，并形成植物幼苗的过程。

种子萌发的第一阶段是吸涨。干燥的种子必须吸收足够的水分才能恢复细胞的各种代谢功能。种子吸涨的主要动力是种子内的细胞壁物质、蛋白质及其他亲水性物质对水的吸附作用。种子吸收水分导致内含物体积膨胀，形成吸涨压，撑破种皮，解除胚的生长压力，使胚恢复生长。

种子吸涨后引起种子代谢活动的活化，呼吸作用的增加，种子萌发过程伴随水解酶类的合成和分泌，降解种子内储存的营养物质，为幼苗生长提供物质和能量。谷类种子胚乳中储藏淀粉的分解反应主要受糊粉层内合成和分泌的 α-淀粉酶和 β-淀粉酶的催化。豆类种子早期胚细胞的分裂和生长主要依赖自身储藏的营养物质，随后子叶储藏的营养物质发生水解，运输到胚根或胚芽处。

5. ①根尖根毛的分化是典型的不均等分裂，体积较小的细胞将来分化为根毛，体积较大的仍保留表皮细胞的性质。②根内的皮层和内皮层是由根尖分生组织上的皮层-内皮层原细胞经过一次垂周的不均等分裂产生的。较大的子细胞形成皮层，较小的子细胞形成内皮层。③叶表皮上的保卫细胞的分化是不均等分裂。④韧皮部筛管和伴胞的分化也是细胞不均等分裂的结果。胡萝卜原生质体培养胚状体的分化，原生质体在适当培养条件下分裂为大小不等两个细胞，小细胞随后发育为胚状体。

列举三例即可。

6. 根毛的发生有 3 种类型：①任何根表皮细胞均有可能分化形成根毛；②根表皮细胞早期不对称分裂，由较小的细胞发育成根毛；③根表皮细胞明显区分为根毛细胞和无根毛细胞两种类型。根表皮细胞分化根毛具有位置效应，在类型③中，根毛的发育是细胞位置效应调控的结果。

根表皮细胞分化成根毛是多基因作用的结果。拟南芥根毛细胞和非根毛细胞的发育受 *WER* 和 *CPC* 的调节，WER 蛋白和 CPC 蛋白都是 MYB 类蛋白，竞争性地与 bHLH 蛋白相互作用。在根表皮细胞分化中，*TTG1* 作用于表皮细胞发育的早期，激活 bHLH 转录因子，两种 MYB 分别与 bHLH 和 TTG1 蛋白发生相互作用。CPC-bHLH-TTG1 相互作用后形成复合体，由于 CPC 蛋白缺乏 MYB 转录因子的激活结构域，不能激活下游基因，*GL2* 不表达，根毛细胞发育分化为根毛。WER-bHLH-TTG1 相互作用后形成活性转录因子复合体，诱导 *GL2* 表达，抑制根毛的分化。

7. 生产上有时需要利用和保持顶端优势，如麻类、向日葵、烟草、玉米和高粱等作物以及用材树木，需抑制其侧枝生长，而使主茎强壮，挺直。有时则需消除顶端优势，以促进分枝生长。例如，水肥充足，植株生长健壮，则有利于侧芽发枝、分蘖成穗；棉花的打顶和整枝、瓜类摘蔓、果树修剪等可调节营养生长，合理分配养分；花卉打顶去蕾，可控制花的数量和大小；茶树栽培中剪下主枝可长出更多侧枝，从而增加茶叶产量；绿篱修剪可促进侧芽生长，而形成密集灌丛状；苗木移栽时的伤根或断根，则可促进侧根生长。

8. 选择有明显顶端优势的植物材料，做如下处理：①完整植株；②去顶端植株；③去顶端后涂抹生长素；④在完整植株侧芽处加细胞分裂素。结果是处理①和③维持顶端优势，抑制侧芽生长；处理②和④长出侧芽。说明生长素控制植物的顶端优势，而细胞分裂素促进侧芽的生长。

9. 这是植物的相生相克现象，相生相克现象是指植物通过向环境释放化学物质而产生促进或抑制周围植物生长的效应，也称为化感作用。

核桃树的根和皮层内含有一种叫核桃醌的挥发性物质，能使苹果树等许多果树的茎干细胞分离，严重影响其正常生理功能。樱桃与苹果各自释放的挥发性物质可以相互吸收，促进生长发育。

相生相克物质可来源于植物体的不同部位，如植物体的茎、叶和根部。相生相克效应受浓度高低的影响，有些相生相克物质具有广谱活性，有些则具有选择性或专一性。认识植物的相生相克现象，加以合理利用，可以避免农业生产中不必要的损失，同时合理的植物搭配也能增加收益。

10. 光敏色素有两种可以互相转化的构象形式：红光吸收型 Pr 和远红光吸收型 Pfr。光敏色素的 Pr 型在 660～665nm 处有最大吸收，Pfr 型在 725～730nm 处有最大吸收。Pr 型是光敏色素的钝化形式，呈蓝绿色；Pfr 型是光敏色素的生理活跃形式，呈黄绿色。照射白光或红光后，Pr 型转化为 Pfr 型；相反，照射远红光使 Pfr 型转化为 Pr 型。

黑暗中生长的幼苗合成光敏色素 Pr 型，光下迅速转换为 Pfr 型，但 Pfr 型不稳定，在光下大量降解。Pfr 型在暗中自发地逆转为 Pr 型，其逆转速率较光转换速率慢，较高的温度和较低 pH 加快暗逆转。

在两种形式发生光转换时，发色团双键位置转移，与发色团结合的蛋白质部位的构型也发生相应的变化，发色团在蛋白质中也发生了移动。Pfr 的蛋白质分子表面比 Pr 暴露得更多、疏水性更强，使 Pfr 分子更易与其他分子发生作用。

11. ①有多种特定的分生组织：初生、次生分生组织。不同部位的顶端分生组织，叶腋分生组织，居间分生组织，侧生分生组织。②植物生长的有限性和无限性。③植物生长发育的一年生和多年生习性。

12. ①照光与不照光条件下做种子萌发实验，比较种子萌发率，如照光萌发率高，则为需光萌发的种子。②比较不同时间长度和强光照射的萌发率，证明低强度、短时间照光即有效。③用不同波长的光照射，证明红光最有效，并且被远红光逆转。说明是光敏色素介入的反应。

13. 光敏色素是光调节自磷酸化的苏氨酸/丝氨酸激酶，具有不同的功能区域，N 端是与生色团连接的区域，C 端与信号转导有关。接受红光刺激后，N 端的丝氨酸发生磷酸化而被激活，将信号传递给下游组分，从而启动或抑制胞质或核内的正、负调控因子的基因表达。细胞内多种重要的酶在转录水平受光敏色素调控，如 Rubisco、PGAK、FBPase、SBPase、Ru-5-PK、PEPC、PPDK 及叶绿素脱辅基蛋白、RNA 聚合酶、RNase、PGAld 脱氢酶、NAD 激酶、一些氧化酶、淀粉酶、NR、NiR、PAL 等。光敏色素通过调控酶的转录活性从而影响植物的发育。

光敏色素也可以调节细胞膜上的离子通道和质子泵而影响离子的流动，从而调节快速反应。例如，光敏色素调控 Ca^{2+} 在转板藻体内的流动和积累，在照射红光的 30s 后，3min 内可检测到在转板藻体内 Ca^{2+} 积累速度提高 2～10 倍，这个效应可被红光照射后立即照射 30s 远红光所完全逆转。光诱导转板藻叶绿体运动的信号转导途径是：红光→Pfr 增多→膜离子通道→跨膜 Ca^{2+} 流动→细胞质中 Ca^{2+} 浓度增加→钙调素活化→肌球蛋白轻链激酶活化→肌动蛋白收缩运动→叶绿体转动。

14. 植物激素参与植物向光性运动和向重性运动的调控。根据 Cholodny-Went 模型：

玉米幼苗胚芽鞘尖端接受单向光信号，产生游离态生长素，在光的影响下，生长素在5mm以内区域发生横向运输，更多地分布到背光一侧，促进伸长区背光一侧更快地生长而导致向光弯曲。实验证据是将切下的玉米胚芽鞘尖端，放置在琼脂块上，在黑暗和照光条件下，尖端合成的生长素向琼脂块中均匀扩散；如果用薄云母片将胚芽鞘部分分隔成两半，给予单向光照射后，背光侧生长素含量高于向光侧。即在胚芽鞘尖端发生了单向光刺激的生长素侧向分布。近年来研究证明胚芽鞘中存在的向光素是光的受体，但用生长素缺乏的突变体的研究证明，向光性反应主要需要生长素作为信号参与调节。

根的向重力性反应与向光性的 Cholodny-Went 模型非常相似。IAA 是根向重力反应中的主要调控物质。在去掉根冠的根尖一侧放置一块含 IAA 的琼脂，根向这一侧弯曲；将标记的 IAA 均匀施用于水平放置的根的各部分，IAA 会向根的下侧聚集，并引起根的向下弯曲。拟南芥生长素信号转导和生长素运输突变体都表现出根生长对生长素敏感性和向重力性反应降低。

四、分析论述题

1. 茎顶端生长分化较复杂，茎尖上产生许多侧生结构，如叶原基、芽原基等，而且随着发育阶段的不同，营养生长状态的茎尖还可转变为生殖生长状态。茎顶端分生组织是一个表面平坦或稍有隆起的区域，构成茎顶端分生组织的是较小的薄壁细胞，细胞质致密。

茎顶端分生组织包括中心区（central zone，CZ）和周缘区（peripheral zone，PZ）。中心区由体积大、分裂缓慢的细胞组成；周缘区由体积相对较小、分裂迅速的细胞组成，叶、腋芽以及茎的外层都是从周缘区起始的。在中央区下，有肋状分生区（rib zone，RZ），这部分细胞的分裂分化形成茎的内部组织。根据构成茎顶端分生组织的细胞层划分，茎顶端分生组织的表面有一或多个细胞层，称为原套（tunica）和原体（corpus）。组成原套的细胞从外向内又可以分为 L1、L2 和 L3 三层，在原套各层的细胞分裂都是垂周分裂。原套下面的原体细胞的分裂不像原套细胞那样规则。中心区和周缘区包含了原套和原体的细胞。

目前已知 *SHOOTMERISTEMLESS*（*STM*），*WUSCHEL*（*WUS*），*CLAVATA1* 和 *CLAVATA3*（*CLV1* 和 *CLV3*）等基因调控茎顶端分生组织的发育。

STM 是形成茎顶端分生组织所必需的。*STM* 功能完全丧失的幼苗没有茎顶端分生组织，只有融合的子叶。*STM* 在维持茎顶端分生组织的发育与 *AS1* 基因表达有关。在野生型中，*AS1* 只在子叶原基中表达。*STM* 抑制 *AS1* 的表达，从而维持茎顶端分生组织的活性。

与 *STM* 基因一样，*WUS* 是形成和维持茎顶端分生组织所必需的。*WUS* 在胚胎的顶端细胞中表达。在茎顶端分生组织的起始过程中，*WUS* 的表达逐渐局限于中心区原体的一部分细胞中。表达 *WUS* 基因的细胞产生一个信号，在其上层的组织中确定中心区细胞。

CLV1 和 *CLV3* 的作用是限制中心区的大小。*CLV1* 编码一个受体激酶，该激酶是一个跨膜蛋白，胞外结合配基后，激活胞内的激酶活性。*CLV3* 编码一个小的胞外蛋白，是 *CLV1* 的一个配基。在胚胎发生的心形胚阶段，这两个基因开始表达。在茎顶端分生组织的发育中，*CLV1* 的表达主要局限于中心区的原体中，而 *CLV3* 主要在中心区的原套中表达。*CLV* 基因的主要功能是限制 *WUS* 基因的表达区域。

WUS、*CLV1* 和 *CLV3* 形成一个反馈环，以维持茎顶端分生组织中心区的大小。*WUS* 是形成和维持茎顶端分生组织所必需的，*WUS* 过表达导致茎端分生组织细胞大量增

殖，*CLV3* 过表达引起茎端分生组织中心区消失。*WUS* 在分生区原体的表达，诱导 *CLV3* 在上层原套中表达，产生 CLV3 蛋白，由 CLV3 蛋白的作用，激活原体中的 CLV1 信号途径。反之，CLV1 的激活，又限制了 *WUS* 的表达区域。

WUS、*CLV1* 和 *CLV3* 与 *STM* 有相互作用，*WUS*、*CLV1* 和 *CLV3* 反馈环主要维持茎顶端分生组织中心区的大小，*STM* 不仅维持茎顶端分生组织，也与叶特化的调控密切相关。

2. 植物叶片的发育受时空严格的调控，叶片在茎上的空间排列称为叶序。在植物的茎轴上，叶片有序地排列。

植物的叶片是在茎顶端分生组织中形成的。在植物的茎顶端分生组织中，已经存在的老的叶原基控制其附近区域内新叶原基的起始，新叶原基的发生部位受已经存在的老的叶原基的控制，这就是区域理论。该理论认为，已有的叶原基产生了化学抑制物质能够抑制其周缘区域内新叶原基的起始。

在叶原基的形成过程中，一定浓度的生长素诱导是必需的，生长素参与调控叶原基的起始。PIN1 是一类生长素流出载体，PIN1 蛋白在植物茎顶端分生组织的亚细胞定位决定茎顶端分生组织中生长素的运输方向。对 PIN1 蛋白的亚细胞定位的研究表明，在拟南芥茎顶端分生组织中，在叶原基形成前，PIN1 主要积累在表皮层（L1 层）细胞的外侧质膜中，生长素经过 L1 层细胞的外侧向顶运输到茎顶端分生组织，局部生长素浓度升高，高浓度生长素诱导叶原基的起始。在叶原基形成过程中，PIN1 积累的部位发生变化。在叶原基出现的早期，PIN1 积累在靠近叶原基的细胞一侧（近轴面），导致生长素从周围细胞向叶原基的中心运输。一旦叶原基形成，此时，幼嫩的叶原基可作为生长素库，从周围区域吸收生长素，结果在相邻区域内形成一个生长素枯竭带。在一定区域内只有积累足够的生长素后才能有效刺激新叶原基的起始。因此，并不是老的叶原基释放了抑制物，而是老的叶原基附近由于生长素类活性物的不足，老的叶原基周围存在一个叶原基发生的抑制区域。随着叶原基的伸长，PIN1 积累在远离叶原基的细胞一侧（远轴面），从而引导生长素向叶片的顶端运输。

叶序的产生也受基因表达的调控，*ABPH1* 基因缺失突变体的叶序发生改变，*ABPH1* 是 PIN1 表达的正调控子。

3. 光是一切生物赖以生存的主要能量来源，绿色植物通过光合作用利用光能将无机物同化为有机物，以化学能形式储存能量，为自身或其他生物所利用；同时，光作为一种环境信号参与调控植物的发育过程，从种子萌发、幼苗生长到植物的生殖、衰老和休眠的各个阶段，从基因表达到器官建成的各个水平，光无所不在地起着信号开关的作用。光是影响植物生长发育最重要的环境因子之一。

黑暗中生长的双子叶植物幼苗的根发育减缓、下胚轴伸长，茎细长柔弱、顶端弯勾不伸直，叶片小且不扩展、缺乏叶绿素而呈白色或黄色，叶绿体发育不正常，许多酶的活性也低；黑暗中生长的单子叶植物上胚轴或第一节间特别长、叶片卷紧不伸展。这些现象是植物的暗形态建成，或称黄化现象。而在光下生长的植物，下胚轴弯钩伸直、叶片展开、叶绿体发育完善、合成叶绿素、叶片转绿，能正常进行光合作用以获得碳素和能量，使植物生长正常而强壮。与光合作用相比，这是一种低能量反应，只需较弱的、短时间的光照，通过对膜功能的影响、诱导基因表达等一系列细胞反应，就能导致明显的细胞分化、结构和功能的变化，表现为组织和器官建成等形态变化，即所谓植物的光形态建成。

植物由光受体感知光的信号，然后通过胞内信使的传导，将光信号转换为生理反应，最终表现为发育的光形态建成。目前所知植物的光受体包括三类：①光敏色素；②蓝光/紫外光-A受体；③紫外光-B受体。

光敏色素是光调节自磷酸化的苏氨酸/丝氨酸激酶。红光使其残基磷酸化，而后再使其他蛋白质发生磷酸化而活化，进而启动或抑制胞质或核内的正、负调控因子的基因表达。光敏色素在转录水平调控细胞内多种酶的合成，最终影响光形态建成。

4. 植物叶片的颜色取决于叶肉细胞中所含的色素的种类和相对含量。高等植物体内的光合色素包括叶绿素和类胡萝卜素，叶绿素又分为叶绿素a和叶绿素b，类胡萝卜素包括胡萝卜素和叶黄素。叶绿素a呈蓝绿色，叶绿素b呈黄绿色，胡萝卜素呈橙黄色，叶黄素呈黄色。通常情况下，在春、夏季，植物体内叶绿素a和叶绿素b含量最多，由于叶绿素a和叶绿素b主要吸收红光和蓝紫光，对绿光吸收很少，所以，植物的叶片呈绿色。当秋天到来时，低温抑制叶绿素的生物合成，同时，低温加剧叶绿素的分解、破坏，使叶片中叶绿素含量降低。而类胡萝卜素相对比较稳定，不易被降解。因此，当叶片中类胡萝卜素含量较多时，叶片呈橙色、黄色。此外，在低温来临时，植物还会产生花青素，从而抵御低温条件下紫外线对叶绿素的破坏作用。由此可见，植物叶片颜色的变化是叶片所含色素共同作用的结果。随着生长季节的变化，植物叶片可以呈现不同的颜色。

5. 植物的生长受地心引力（或重力）的影响。植物感受重力的刺激，在重力方向上发生生长反应的现象，称为向重力性。为什么植物根会发生向重力性生长？

研究表明，植物的向重力性生长包括3个过程：①重力的感受；②重力信号的传导；③生长反应。

根冠是根向重力性生长所必需的，根冠柱状细胞中的淀粉体在重力场下的沉降介导了根部重力信号的感受，这些淀粉体被称为平衡石。根冠柱状细胞与周围细胞明显不同，具有高度的极性，细胞核处在细胞的中、上端，细胞质分为明显的上、下两部分，细胞的中间带存在有动态的微丝骨架，在微丝的引导下平衡石沿着特定的轨迹沉降。

感受重力后，信号传导至根的伸长区，引起伸长区细胞发生不同的生长反应。生长素是转导重力的主要信号，生长素在植物根部的不对称分布，诱导根的向地性生长。生长素的不对称分布与根部细胞中介导生长素进入和流出细胞的生长素流入载体（auxin influx carrier）和生长素流出载体（auxin efflux carrier）的分布有关。AUX1和PIN分别代表一类生长素流入载体和一类生长素流出载体，利用免疫组化技术对拟南芥根的研究证明，PIN2、PIN3和AUX1参与根的向地性反应。PIN2主要定位于伸长区表皮细胞的基部质膜上，AUX1定位于侧根冠和表皮细胞中。PIN2和AUX1介导生长素从根冠柱状细胞向基部运输到伸长区表皮细胞的过程。PIN3蛋白定位在根冠柱状细胞中，介导生长素向侧根冠的运输。当根处于水平方向时，受重力刺激，PIN3蛋白发生重新定位，迅速积累在细胞新的基部一侧。PIN3调控生长素运输到较下侧的侧根冠，然后，PIN2和AUX1运输生长素到伸长区的下侧细胞中。由于根的下侧积累了超最适浓度的生长素而导致根下侧伸长生长受到抑制，根的上侧伸长生长较快，从而导致根发生向下弯曲生长。

此外，Ca^{2+}和CaM在向重力性反应中起重要作用。当根从垂直方向转到水平方向时，根冠柱细胞中淀粉体向重力方向沉降，对细胞两侧内质网产生不同的压力，刺激Ca^{2+}从内质网释放到胞质中，与CaM结合，激活质膜ATPase，使Ca^{2+}不均匀分布。Ca^{2+}和IAA不均匀分布，引起根的向下弯曲生长。

6. 植物地上部分与地下部分是相互协调的互助关系。一般情况下，植物的根系生长良好，其地上部分的枝叶也较茂盛；同样，地上部分生长良好，也会促进根系的生长。因此总结出了“根深叶茂”的经验。

植物的地上部分和地下部分处在不同的环境中，两者之间有维管束的联络，有营养物质与信息物质的大量交换。地下部分的生长依赖于地上部分所提供的光合产物、生长素、维生素等，而地上部分的生长则需要根系提供水分、矿质、氮素以及根中合成的植物激素（CTK、GA 和 ABA）、氨基酸等。

植物地下部分与地上部分的比值能反映植物的生长状况，以及环境条件对地上部分与地下部分生长的不同影响。不同物种有不同的根冠比，同一物种在不同的生育期根冠比也有变化。例如，一般植物在开花结实后，同化物多用于繁殖器官，加上根系逐渐衰老，使根冠比降低；而甘薯、甜菜等作物在生育后期，因大量养分向根部传输，储藏根迅速膨大，根冠比反而增高；多年生植物的根冠比还有明显的季节变化。

7. 营养生长和生殖生长是植物生长周期中的两个阶段，以花芽分化为生殖生长开始的标志。

营养生长与生殖生长的关系有相互依赖性，也有相互对立性。生殖生长以营养生长为基础，花芽必须在一定的营养生长的基础上才分化。生殖器官生长所需的养料，大部分是由营养器官供应的，营养器官生长不好，生殖器官的发育自然也不会好。营养生长与生殖生长之间又相互对立。例如，营养器官生长过旺，会影响生殖器官的形成和发育。稻、麦若前期肥水过多，引起茎叶徒长，延缓幼穗分化，增加空瘪率，若后期肥水过多，则造成恋青迟熟，影响粒重。大豆、果树、棉花等，如枝叶徒长，往往不能正常开花结实，或导致花、荚、果严重脱落。另外，生殖生长抑制营养生长。例如，一次开花植物开花后，营养生长基本结束；多次开花植物虽然营养生长和生殖生长并存，但在生殖生长期间，营养生长明显减弱。在协调营养生长和生殖生长关系方面，生产上积累了很多经验。例如，加强肥水管理，既防止营养器官的早衰，又不使营养器官生长过旺；在果树生产中，适当疏花、疏果，使营养上收支平衡，并有积余，以便年年丰产，消除大小年。对于以营养器官为收获物的植物，如茶树、桑树、麻类及叶菜类，则可通过供应充足的水分，增施氮肥、摘除花芽等措施来促进营养器官的生长，抑制生殖器官的生长。

第十三章 植物成花诱导生理

重点提示：内外因子对植物成花转变的调节作用，植物开花对光周期、低温的反应及其机理（掌握）；光周期理论、春化理论在农业生产中的应用（了解）。植物成花转变过程中的基因调控机制（了解）。

【核心概念】

1. 成花诱导（floral induction）——植物由营养茎端分生组织分化发育形成花芽的过程是在许多内在因素和环境因素的诱导下发生的，这个过程称为成花诱导（floral induction）。

2. 成花的自主调节作用（autonomous regulation）——植物成花受内在发育因素严格调控的现象称为成花的自发调节。

3. 相变（phase change）——高等植物的生命周期可分为三个发育时期，即幼年期、成年期和生殖期，每个发育时期的植物形态和生理特征都不一样。由一个发育时期到下一个发育时期的转变称为相变。

4. 成花感受态（floral competent state）——植物从幼年期进入成年期后，其茎端分生组织具备了感应成花信号刺激、启动花芽分化发育的能力，这种状态称为成花感受态。

5. 成花决定态（floral determined state）——成花感应态的茎端分生组织感受成花刺激信号后，具备了分化形成花或花序的能力，这种状态称为成花决定态。植物达到成花决定态后，即使在开花前移除诱导开花的条件，一样能继续分化形成花芽。

6. 幼年期（juvenile phase）——植物能感受诱导成花的环境信号刺激前的时期称为幼年期。

7. 光周期（photoperiod）——自然界一昼夜间的光暗交替称为光周期。

8. 光周期现象（photoperiodism）——植物对日照长度（或光周期）发生反应的现象。

9. 光周期诱导（photoperiodic induction）——植物在达到一定的生理年龄后，经过足够天数的适宜光周期处理，以后即使处于不适宜的光周期下，仍然能保持这种刺激的效果而开花，这种现象称为光周期诱导。

10. 临界日长（critical day length）——长日植物开花所需要的最短日照长度或短日植物开花所需要的最长日照长度。

11. 临界暗期（critical dark period）——在光暗交替中，长日植物能开花的最大暗期长度或短日植物能开花的最小暗期长度。

12. 临界夜长（critical night length）——在24h光暗周期中，长日植物能开花的最大暗期长度或短日植物能开花的最小暗期长度。

13. 长日植物（long day plant，LDP）——在24h昼夜周期中，日照长度必须长于一定时数才能成花的植物。

14. 短日植物（short day plant，SDP）——在24h昼夜周期中，日照长度短于一定时数才能成花的植物。

15. 日中性植物（day neutral plant，DNP）——在任何长度的日照下均能开花的植物。

16. 绝对短日植物（obligate or qualitative SDP）——有明确（或严格）的临界日长的短日植物。

17. 绝对长日植物（obligate or qualitative LDP）——有明确（或严格）的临界日长的长日植物。

18. 相对长日植物（facultative or quantitative LDP）——在不适宜的日照长度下，经过较长时间也能开花，但长日照促进其早开花。这种植物就称为相对长日植物。

19. 相对短日植物（facultative or quantitative SDP）——在不适宜的日照长度条件下，经过较长时间也能开花，但短日照更有利于植物开花，这种植物称为相对短日植物。

20. 开花抑制物（floral inhibitor）——在非诱导条件下形成的对植物开花有抑制作用的一类物质。

21. 开花刺激物（floral stimulus，florigen）——在合适的诱导光周期下，植物的叶片等部位合成的能运输到顶端促进开花的一类物质。

22. 春化作用（vernalization）——低温促使植物开花的作用称为春化作用。

23. 去春化（作用）（devernalization）——在春化过程结束之前（或刚结束时），把植物放在较高温度下，低温的效果被解除，这种现象称为去春化（或解除春化）。

24. 外源节律耦合模型（external coincidence model）——认为植物存在一个由光调拨的时钟，它产生光敏感时相的内源节律，当这个对光敏感的时相与光期重叠时，促进长日植物的光周期开花反应或抑制短日照植物的光周期开花反应。

25. 内源节律耦合模型（internal coincidence model）——认为光调拨至少两个不同的时钟，导致产生两种不同的内源节律，当这两个节律变化相遇重合时，即诱导光周期反应。

【知识要点】

高等植物的生命周期可分为三个发育时期，即幼年期、成年期和生殖期。在从幼年期到成年期进而到生殖期的转变过程中，植物的形态和生理特征会发生很多的转变。植物的这种发育时相的转变首先发生在茎端分生组织。幼年期的茎端分生组织不具备感受成花信号的能力，转变为成年期的茎端分生组织之后，就具备了感受内在发育信号和特定环境信号的能力，即进入成花感受态。成花感受态的分生组织接受成花诱导信号发育为生殖状态（成花决定态），进一步分化形成花芽，进入生殖生长。植物的这种由营养茎端分生组织分化发育形成花芽的过程是在许多植物内在和环境因素的诱导下而发生的，这种诱导作用称为成花诱导(floral induction)。

诱导植物开花的主要因素可归纳为两类，即自身内在发育因素和环境因素。自身发育因素是植物在自身生长发育的过程中建立起来的一种自主诱导开花的机制，主要表现为不同植物成熟开花的年龄不一样。植物的成花诱导严格地受内在发育因素调控的现象称为自主调控作用（autonomous regulation)。一些植物开花完全是自主调控的，而另一些植物则需要适当环境因素诱导才能开花。这些植物又分为两种类型：对环境信号的绝对或定性反应（obligate or qualitative response）类型，绝对需要一定的环境条件才能开花；对环境因素相对或定量反应(facultative or quantitative response）的类型，开花受环境因素促进，但在没有环境因素诱导的情况下，最终也能开花。

诱导植物开花的环境因素主要是低温和光周期。低温对植物开花的促进作用称为春化作用（vernalization)。不同植物开花对低温需要不同：二年生和多年生草本植物绝对需要低温，这些植物在前一年秋季长成莲座状的营养植株，并以这种状态过冬，经过冬季的低温诱导，于第二年夏季抽薹开花，如果不经过一定天数的低温，就一直保持营养生长状态，绝对不开花；一些一年生冬性或春性品种对低温的要求是相对的，低温处理可促进开花，未经低温处理的植株虽然营养生长期延长，但是最终也能开花。它们对春化作用的反应表现出量的需要；也有一些植物开花不需要低温。植物感受低温的部位是茎尖分生组织。1～2℃是最有效的春化温度，但只要有足够的时间，在－3～10℃范围内都有效。除需要低温外，植物完成春化还需要水分、氧气、营养等其他环境条件。在春化过程结束之前，若将植物放到较高的生长温度下，低温的效果被减弱或消除，称为去春化作用(devernalization)。解除春化的温度一般为25～40℃。去春化的植物返回到低温下，又可重新进行春化，称为再春化现象（revernalization)。低温春化导致植物茎顶端基因表达发生了稳定的变化（表观遗传变化）。分子遗传学研究表明低温的作用是阻抑了成花抑制因子基因 *FLC* 的表达，从而促进开花。

植物感受光周期的部位是叶片。根据植物开花对光周期的反应不同，将植物分为短日植物、长日植物和日中性植物。短日植物的成花诱导要求暗期长度大于临界暗期，而长日植物的成花诱导需要暗期长度小于临界暗期，日中性植物的开花不受光周期影响。植物通过检测光暗周期中的暗期长度来感知日长的变化。光敏色素和内源生物钟信号共同参与光周期的时间测量。在合适的光周期下，植物叶片中产生了可以移动的成花刺激物，通过韧皮部运输到顶端，诱导顶端开花，嫁接实验和去叶实验证明了成花刺激物的存在及在各种光周期植物中具有通用性。

已经发现的与开花信号转导有关的基因可归纳为如下5条调控途径：自主途径、光质途径、光周期途径、春化作用途径和赤霉素途径。以上不同信号转导体系感应不同内在或是环境信号的诱导作用，直接或通过抑制开花抑制因子基因的表达调控少数几个被称为成花信号转导途径整合因子基因的表达，然后激活和促进调控花分生组织决定基因的表达，从而调控开花时间。

植物成花控制的理论在农业生产和日常生活中有大量的应用，如作物的引种、育种，园艺植物的花期控制等。

【试题精选】

一、填空题

1. 高等植物的生命周期可分为三个发育时期，即________、________和________。

2. 成年期与幼年期植物的基本差异是成年期植物具有________的潜力。

3. 植物从幼年期向成年期的转变过程中，营养器官多种形态特征发生变化，如________、________、________等。

4. 植物从成年期到生殖期的转变伴随着茎端分生组织的形态变化。在经过成花诱导后，茎端最初的形态变化是________和________。

5. 茎端分生组织从成年期到生殖期的转变经历两个相对稳定的发育状态，即________和________。

6. 植物从幼年期向成年期转变的过程受很多因素影响，如________、________和________。

7. 在低温、低光照等条件下，许多植物由于有机营养不足，生长缓慢，幼年期________。

8. 影响植物成花转变的因素可归纳为两类，即________和________。

9. 影响植物成花转变的两种重要环境因素是________和________。

10. 春化作用除了需要一定时间的低温外，还需要________、________和________。

11. 要使冬小麦与春小麦一样在当年夏季抽穗开花，就必须对冬小麦萌动种子做________处理。

12. 对大多数要求低温的植物来说，完成春化过程的最有效温度是________。但只要有足够的时间，________范围内的温度同样有效。

13. 在某些植物中，赤霉素可以代替低温春化处理，但植物对赤霉素的反应不同于春化反应。赤霉素处理莲座状植物，________先伸长，而后出现________，而春化后的植物这两个反应差不多是同时出现的。

14. 需要春化的植物通过低温春化之后，要在较高温度和一定的光周期下才能开花。这说明春化过程只是对开花起________作用。

15. 越冬储藏的洋葱鳞茎在春季种植前先用高温处理可以使产量提高，其原理是高温处理可以________而防止开花。

16. 一般来说，春化作用只发生在________的细胞内。

17. 许多植物（如苍耳等）经过光周期诱导后，顶端分生组织细胞发生明显变化，总的 RNA 含量和蛋白质含量________，DNA 合成________。

18. 顶端分生组织在营养生长期不断地发生________原基；经过成花诱导（光周期诱导和低温春化）后就产生________原基。

19. 光周期现象是指植物对________发生反应的现象。

20. 临界暗期是指光暗交替中长日植物能开花的________暗期长度或短日植物能开花的________暗期长度。

21. 冬小麦对低温春化的感受部位是________。

22. 植物对光周期的感受部位是________，开花刺激物的合成部位是________，开花刺激物是通过________进行运输的。

23. 对植物开花来说，光周期中的________比________显得更为重要，如短日植物开花需要的是连续的暗期而不是连续的光期。

24. 根据植物成花对光周期反应不同，可分为三种主要类型：①________，如________；②________，如________；③________，如________。

25. 在不同光周期类型植物之间的嫁接试验表明，接穗（或砧木）产生开花刺激物可以导致砧木（或接穗）在非诱导条件下开花，这说明不同光周期类型植物的开花刺激物具有________。

26. 短日光周期下，进行暗期间断可以________短日植物的开花，而________长日植物的开花。

27. 拟南芥生物钟核心振荡子的组分至少有四种蛋白质，分别是________、________、________和________。

28. 在拟南芥中，生物钟输出的信号通过下游基因________和________调节开花。

29. 在拟南芥中目前已发现有 5 条调控成花的信号转导途径，分别是________、________、________、________和________。

30. 要使以收获营养体为主的短日植物的产量提高，可以采用________的引种方法。

31. 大豆北种南移，可使植物开花________；而大豆南种北移则使开花________。

32. 长日植物南种北移，植物开花期________；而北种南移，则开花期________。

33. 光敏色素是由________和________两部分组成，________部分具有独特的吸光特性。

二、选择题（包括单项选择和多项选择）

1. 植物茎基部的叶片与茎顶部的叶片的生理状态相比，（　　）。

A. 二者是相同的　　B. 茎基部的更年长

C. 茎基部的更年幼　　D. 不一定

2. 成年期的植物在经过成花诱导后，茎顶端最初的形态变化是（　　）。

A. 花原基分化　　B. 叶原基分化

C. 顶端伸长和表面积增大　　D. 顶端表面积减小

3. 对大多数要求低温春化的植物来说，最有效的春化温度是（　　）。

A. 1～2℃　　B. －10～－1℃　　C. 3～10℃　　D. 10℃ 以上

4. 拟南芥在低温春化过程中，某基因表达被下调，从而解除了该基因编码的蛋白对成花整合因子基因的抑制作用，促使植物开花，该基因是（　　）。

A. *FLC*　　B. *FRI*　　C. *FLD*　　D. *VIN3*

5. 在拟南芥完成春化期间，通过对 *FLC* 基因的染色质组蛋白 H3 进行去乙酰基化修饰作用而建立 *FLC* 表达的抑制状态的蛋白质是（　　）。

A. VIN3　　B. VRN1　　C. VRN2　　D. FRI

6. 在拟南芥春化过程中，VRN1 和 VEN2 的功能是（　　）。

A. 建立 *FLC* 基因表达的抑制状态　　B. 维持 *FLC* 基因表达的抑制状态

C. 解除 *FLC* 基因表达的抑制状态　　D. 无作用

7. 在拟南芥成花信号转导途径中，*FLC* 的作用是（　　）。

A. 阻遏成花整合因子基因表达　　B. 促进成花整合因子基因表达

C. 接受来自光周期途径的信号　　D. 接受来自赤霉素途径的信号

8. 在拟南芥成花信号转导途径中，CO 的作用是（　　），进而促进成花整合因子 FT 和 SOC1 的表达。

A. 接受来自光周期的信号　　B. 接受来自低温的信号

C. 接受来自赤霉素的信号　　D. 接受来自自发途径的信号

9. 在拟南芥成花信号转导途径中，FT 可能是（　　）。

A. 作为光周期诱导产生的成花物质从叶运输到顶端促进成花转变

B. 在顶端合成促进成花转变

C. 作为自发途径的信号促进成花转变

D. 对顶端成花起抑制作用

10. 在拟南芥成花信号转导途径中，SOC1（　　）。

A. 作为成花整合因子接受光周期途径、自发途径、赤霉素途径的信号

B. 仅接受光周期途径的信号

C. 仅接受低温途径的信号

D. 仅接受赤霉素途径的信号

11. 下列植物中，既需要低温春化又需要长日照才能开花的植物是（　　）。

A. 冬小麦　　B. 菊花　　C. 烟草　　D. 黄瓜

12. 一种植物在 13h 日照长度条件下能开花，这种植物（　　）。

A. 一定是长日植物　　B. 不一定是长日植物

C. 一定是短日植物　　D. 一定是日中性植物

13. 将大豆从东北引至北京栽种，其开花期（　　）。

A. 提前　　B. 推迟　　C. 不变　　D. 不确定

14. 光周期现象是指植物对（　　）发生反应的现象。

A. 光照强度　　B. 光谱成分　　C. 光暗周期　　D. 光和温度

15. 以下几种植物对光的反应中，不属于光周期现象的是（　　）。

A. 苍耳在短日照下开花　　B. 菊花在长日照下保持营养生长

C. 马铃薯块茎在长日照下形成　　D. 气孔在光照下张开

16. 一种短日植物生长在 16h/8h 的光暗周期下，以下处理能诱导其开花的是（　　）。

A. 暗期红光间断　　B. 光期进行黑暗间断

C. 光期末补充红光　　D. 光期后半段进行遮光

17. 下列植物中，属于短日植物的是（　　）。

A. 大豆　　B. 小麦　　C. 油菜　　D. 黄瓜

18. 下列植物中，属于长日植物的是（　　）。

A. 大豆　　B. 苍耳　　C. 小麦　　D. 番茄

19. 下列植物中，属于日中性植物的是（　　）。

A. 大豆　　B. 晚稻　　C. 燕麦　　D. 番茄

20. 在 24h 光周期下，小麦（临界日长为 12h）开花最快的条件是（　　）。

A. 12h 光照　　B. 12h 黑暗　　C. 16h 光照　　D. 16h 黑暗

21. 某植物在 8h 和 10h 光照下都可开花，但在 8h 光照下开花更早，说明该植物可能是（　　）。

A. 长日植物　　B. 短日植物　　C. 日中性植物　　D. 长日或短日植物

22. 某植物在 12h 和 15h 光照下都开花，但 15h 光照下开花更早。这说明该植物可能是（　　）。

A. 长日植物　B. 短日植物　C. 日中性植物　D. 长日或短日植物

23. 某植物在10h和12h日照下都开花，但14h日照下就不开花。这说明该植物属于（　）。

A. 日中性植物　B. 长日植物　C. 短日植物　D. 中日性植物

24. 某植物在14h和16h日照下都能开花，但在12h日照下就不开花。这表明该植物为（　）。

A. 日中性植物　B. 长日植物　C. 短日植物　D. 中日性植物

25. 临界暗期是指在光暗交替中能使短日植物开花的（　）暗期长度。

A. 最合适　B. 最大　C. 最小　D. 绝对

26. 用暗期间断处理抑制短日植物开花，最有效的光是（　）。

A. 红光　B. 黄光　C. 绿光　D. 远红光

27. 临界日长是指在光暗交替中能使短日植物开花的（　）日照长度。

A. 最合适　B. 最大　C. 最小　D. 绝对

28. 在24h光周期下，以下实验处理中不能促进长日植物开花的是（　）。

A. 给予长于临界日长的日照　B. 给予短于临界日长的日照

C. 暗期被红光间断　D. 给予短于临界暗期的暗期

29. 以下实验中，不能说明植物体中可能存在开花刺激物的实验现象是（　）。

A. 叶为光周期感受器官，花在茎尖形成

B. 开花的苍耳嫁接到非诱导条件下的苍耳植株上诱导后者开花

C. 开花的苍耳提取物导致长日下的苍耳开花

D. 长日植物天仙子去叶后，可以在短日下开花

30. 人工辅助受粉增产的生理基础是（　）。

A. 杂种优势　B. 集体效应　C. 识别反应　D. 生长中心理论

31. 以下有关光周期诱导开花的阐述中，错误的是（　）。

A. 光敏色素参与成花的光周期诱导

B. 光周期诱导开花是光敏素与内源昼夜节律互作的结果

C. 茎尖接受光周期诱导，形成成花素促进开花

D. 植物的叶片只要经过一定次数的光周期诱导后，就可以开花

32. 短日植物经过适当光周期诱导，若继续处于短日光周期下，会产生的现象是（　）。

A. 雌花数量增多　B. 雄花数量增多

C. 雌雄花数量均增多　D. 雌雄花数量不受影响

33. 除了光周期、温度和营养等环境因素外，控制植物开花的一个重要内部因素是（　）。

A. 光合磷酸化的反应速率　B. 同化物的运输速度

C. 植物的年龄　　　　　　　　　　D. 同化物的分配方向

34. 南麻北种通常可使麻秆生长较高，（　　）纤维产量和质量，种子（　　）。

A. 提高，能及时成熟　　　　　　B. 降低，能及时成熟

C. 提高，不能及时成熟　　　　　D. 降低，不能及时成熟

35. 以下实验处理中，促进短日植物开花的是（　　）。

A. 给予植物大于临界日长的照光处理

B. 给予植物小于临界日长的照光处理

C. 暗期红光间断处理

D. 暗期远红光间断处理

36. 以下实验处理中，促进长日植物开花的是（　　）。

A. 给予植物大于临界日长的照光处理

B. 给予植物小于临界日长的照光处理

C. 暗期红光间断处理

D. 暗期远红光间断处理

37. 以下实验处理中，抑制短日植物开花的是（　　）。

A. 给予植物大于临界日长的照光处理

B. 给予植物小于临界日长的照光处理

C. 暗期红光间断处理

D. 暗期远红光间断处理

38. 以下支持叶片感受光周期后产生可移动成花刺激物的实验证据是（　　）。

A. 将诱导植株的叶片嫁接到非诱导的植株上，诱导后者开花

B. 光周期诱导过程中，利用环割或蒸汽处理植物叶柄，阻断韧皮部运输，抑制开花

C. 暗期红光间断促进短日植物开花

D. 光期末补充红光促进长日植物开花

39. 以下基因中在拟南芥光周期诱导开花途径中起重要作用的是（　　）。

A. *CO*　　　　B. *GI*　　　　C. *FLC*　　　　D. *LFY*

40. 光周期测时的外源节律耦合模型认为植物体内存在一个由光信号调拨的时钟，产生具有光敏感时相的节奏，当光敏感时相与外界光期相重合时，（　　）。

A. 促进长日植物开花　　　　　　B. 抑制长日植物开花

C. 促进短日植物开花　　　　　　D. 抑制短日植物开花

41. 拟南芥开花调控机制中，来自多条途径的信号经整合因子整合最终导致开花，起整合因子作用的有（　　）。

A. FT　　B. SOC1　　C. CO　　D. LFY

42. 为了使小麦完成春化的低温诱导，需要的因子有（　　）。

A. 适量的水　　B. 光照　　C. 氧气　　D. 有机物

43. 根据花器官发育的 ABC 模型，其中 A 类基因控制发育的花的部位是（　　）。

A. 萼片　　B. 花瓣　　C. 心皮　　D. 雄蕊

44. 以下现象属于光周期现象的是（　　）。

A. 菊芋块茎在短日照下形成　　B. 春播冬小麦夏季保持营养生长

C. 烟草在短日照下开花　　D. ABA 在短日照下形成

45. 促进冬小麦开花的主要环境因素是（　　）。

A. 低温　　B. 长日照　　C. 短日照　　D. 水分

46. 能说明植物体中可能存在开花刺激物的现象是（　　）。

A. 长日植物和短日植物嫁接无论在长日照下还是在短日照下都开花

B. 开花的苍耳嫁接到非诱导条件下的苍耳植株上诱导后者开花

C. 开花的苍耳提取物导致长日下的苍耳开花

D. 长日植物天仙子去叶后，可以在短日下开花

47. 以下说法正确的是（　　）。

A. 对于长日植物来说，当日照长度超过临界日长，日照长度越长开花越早

B. 对于短日植物来说，当日照长度小于临界日长时，适当缩短日照长度，开花可提前

C. 暗期红光闪光对长日植物开花起促进作用

D. 长日植物的临界日常大于短日植物

三、简答题

1. 什么是植物生长发育的相变？相变发生在植物的什么部位？

2. 说明植物完成春化过程必需的内外条件。

3. 幼年期和成年期的植物有哪些生理和形态特征的差异？

4. 简述植物光周期现象的发现。

5. 植物感受光周期信号和发生光周期反应部位相同吗？这说明什么问题？

6. 根据植物开花对光周期的不同反应，可把植物分为几种主要光周期类型？各举两例。

7. 如何通过控制光周期使菊花在 6～7 月开花？

8. “南麻北种”为什么能提高产量但不能留种？（注：南麻指大麻、洋麻等短日植物）

9. 为什么东北的优良大豆品种引种到山东，产量会降低？

10. 说明光周期现象与植物地理起源和分布的关系。

11. 用实验证明光周期诱导成花过程中存在成花刺激物。

12. 什么是春化作用？植物开花对低温的反应有哪些类型？

13. 设计实验证明植物感受光周期的部位是叶片。

14. 设计实验证明在低温春化过程中感受低温的部位是茎尖生长点。

15. 亚麻可以采油，也可以取纤维，不同收获目的应采取什么相应的栽培措施？

16. 什么是植物成花的自主调控作用？

17. 简要叙述春化作用和 *FLC*（flowering locus C）基因之间的关系。

四、分析论述题

1. 概述植物从成年期向生殖期转变的过程。

2. 讨论影响植物从幼年期向成年期转变的因素。

3. 以拟南芥为例，讨论低温诱导植物开花的基因调控机制。

4. 以拟南芥为例，讨论光周期诱导植物开花的基因调控机制。

5. 从目前的研究看，诱导植物成花有哪些途径，各途径之间有何关系？

6. 说明春化作用理论在农业生产实践上的应用。

7. 试说明光周期理论在农业生产上的应用。

8. 试述温度对植物成花的光周期现象的影响。

9. 如何证明在光周期反应中暗期的重要性。

10. 如何确定某一植物是长日植物，短日植物还是日中性植物？

11. 赤霉素与春化作用有何关系？

12. 春化、光周期理论与作物引种有何关系 ？

13. 为什么说光敏色素参与了植物的成花诱导过程？它与植物成花之间有何关系？

【参考答案】

一、填空题

1. 幼年期，成年期，生殖期。

2. 分化产生花芽。

3. 叶子的形状，叶序，角质层厚度（或其他正确特征）。

4. 生长锥伸长，表面积增大。

5. 成花感应态，成花决定态。

6. 营养，激素，环境因子。

7. 延长。

8. 自身发育年龄因素，环境因素。

9. 温度，光周期。

10. 适量的水分，充足的氧气，作为呼吸底物的营养物质。

11. 低温春化。

12. 1～2℃，－1～10℃。

13. 茎，花芽。

14. 诱导。

15. 解除春化。

16. 进行有丝分裂。

17. 增加，增加。

18. 叶，花。

19. 日照长度或光暗周期。

20. 最大，最小。

21. 茎尖生长点。

22. 叶片，叶片，韧皮部。

23. 暗期，光期。

24. 长日植物，小麦、天仙子；短日植物，大豆、菊花；日中性植物，番茄、黄瓜。

25. 通用性。

26. 抑制，促进。

27. CCA1，LHY，TOC1，ELF4。

28. *GI*，*CO*。

29. 自主途径，光周期途径，春化作用途径，光质途径，赤霉素途径。

30. 北移。

31. 提前，推迟。

32. 推迟，提前。

33. 生色团，蛋白质，生色团。

二、选择题

1. B；　2. C；　3. A；　4. A；
5. A；　6. B；　7. A；　8. A；
9. A；　10. A；　11. A；　12. B；
13. A；　14. C；　15. D；　16. D；
17. A；　18. C；　19. D；　20. C；
21. B；　22. A；　23. C；　24. B；
25. C；　26. A；　27. B；　28. B；
29. D；　30. B；　31. C；　32. A；
33. C；　34. C；　35. B，D；
36. A，C；　37. A，C；　38. A，B；
39. A，B；　40. A，D；　41. A，C；
42. A，B，D；　43. A，B；
44. A，B，C；　45. A，B；
46. A，B，C；　47. B，C。

三、简答题

1. 高等植物的生命周期可分为三个发育时期，即幼年期、成年期和生殖期，每个发育时期的植物形态和生理特征都不一样。由一个发育时期到下一个发育时期的形态和生理特征的转变即为植物生长发育的相变(phase change)。相变发生在植物的顶端分生组织。

2. (1) 植物必须具有进行活跃的细胞分裂的部位才能感受低温完成春化，一般是茎尖分生组织感受低温，少数植物的幼嫩叶片也可感受低温。

(2) 大多数植物的春化温度在－1～10℃，以1～2℃最为有效。

(3) 低温处理时间要足够。

(4) 春化期间的水分、氧气、养分等供应适当。

3. 幼年期和成年期植物的基本差异是后者具备了感受环境条件分化产生花芽的潜力，而前者没有。幼年期和成年期植物的营养器官特征也有多种变化，如叶片的形状、叶序和叶片的质地等都会发生变化。不同植物有所差异。以拟南芥为例，成年期叶片比较长，向下弯卷，具有锯齿状边缘和短叶柄，下表皮有表皮毛，而幼年期植物的叶片呈勺形，边缘没有锯齿，没有表皮毛。植物从幼年期到成年期的转变是逐渐完成的，具有中间过渡形式。

4. 光周期现象的发现可以追溯到 Garner 和 Allard 两位科学家的工作。研究起始于两个问题：一个是烟草变种（*Nicotiana tabacum* Maryland Mammoth），在田间长得非常高，产生大约100片叶子（普通烟草20片便形成花），但在开花结种前，即被霜冻而死，限制了其商品价值；另一个是大豆，不管在什么日期播种，几乎在相同的日期开花（夏末）。Garner 和 Allard 进行了大量实验，对影响开花时间的因子进行研究，包括营养、光照强度、光周期、温度等，最终确定了“日照长度控制着植物的成花诱导”，并提出了“植物本身可以测量日照长度，并据此可以感知季节”这一存在于自然界的普遍规律。

5. 不相同，植物感受光周期的部位是叶片；发生光周期反应的部位是茎尖生长点。

这说明叶片感受光周期后可能产生了某种信号（物理的或化学的）传递到茎尖促进开花。

6. 根据植物开花对光周期的不同反应，可把植物分为三种主要类型。①长日植物：在日照长度长于一定临界值的光周期下能开花的植物，如小麦、天仙子等；②短日植物：在日照长度短于一定临界值时才能开花的植物，如苍耳、大豆等；③日中性植物：开花前并不要求一定的昼夜长短，在各种光周期下都能开花的植物，如番茄、黄瓜等。

7. 菊花是短日植物，在北方一般在10月开花。在夏季长日下，可以采用在光期进行遮光处理的办法，缩短日照时间，使暗期长度大于其临界暗期，可使菊花在6～7月开花。

8. 麻类作物是以收获营养体为主的作物；南麻北种后，由于在生长季节北方日照较长，营养生长期延长，因此可以增加产量；但南麻北种后，要到深秋才能遇到适合其成花诱导的短日光周期，因而开花推迟，来不及结籽就冻死，所以无法留种。

9. 植物的临界日长随植物分布的纬度不同而不同，纬度高的地区，临界日长较长，因此东北的大豆品种临界日长较长；大豆是短日植物，在东北夏季日照长，大豆有较长的营养生长时间，而引种到山东后，同时期日照长度比东北短，较早满足这种大豆开花对日照的光周期要求，在植物很小时就开花结实；这样由于营养体生长不够，即源不够大，也就限制了对库提供足够的营养物质，因而产量下降。

10. 一般起源于热带和亚热带地区的植物多属于短日植物，因为这些地区终年的日照长度都接近12h，没有更长的日照条件；起源于寒带地区的植物多属于长日植物，因为这些地区的植物生长季节正好处于较长日照的时期；中纬度地区则长日、短日植物共存，但不管是长日植物还是短日植物，其临界日长随植物分布的纬度变化而改变。分布地区的纬度越高，临界日长越长。

11. 以短日植物苍耳为例，通过嫁接实验证明：①将两株苍耳（未经诱导）进行嫁接；②其中一株置于诱导光周期（短日）下，另一株置于非诱导光周期（长日）下；③最后两株苍耳均开花；④两株苍耳均放在非诱导条件（长日）下，不开花。以上实验表明在适宜光周期条件下的苍耳体内产生了成花刺激物并通过嫁接传递到非诱导条件下的植株，诱导其开花。

12. 低温处理促进植物开花的作用称为春化作用（vernalization）。植物开花对低温的反应可以分为三种类型：绝对需要低温的植物，必须经过一段时间低温，才能开花，如多年生草本植物如黑麦草、石竹菊等，二年生植物如二年生天仙子、甜菜、芹菜、葱等；兼性需低温的植物，低温处理促进开花，但在没有低温的情况下稍晚也能开花，一些一年生冬性品种和春性品种如莴苣、菠菜、春麦、拟南芥等属于此类型；不需要低温的植物，夏性一年生品种如黄瓜、番茄等。

13. 以短日植物菊花为例：①将菊花全株置于长日光周期条件下，植物不开花而保持营养生长；②将植物全株置于短日光周期下，植物可以开花；③将植物叶片置于短日光周期条件下，而茎端置于长日条件下，植物正常开花；④将植物叶片置于长日光周期下，而将茎端置于短日条件下，植物不开花。

以上实验可以证明植物感受光周期的部位是叶片。

14. 将植物放在温暖的室内，只对某一部位进行低温处理，若能使植物开花，即能证明处理部位为低温感受部位。可选用盆栽芹菜进行实验，将芹菜植株放在温暖的室内，茎尖用胶管缠绕，通入冷水，芹菜茎尖经低温处理，在以后适宜的生长条件下可开花；

反之，如果将芹菜植株放入低温室内，向缠绕茎尖的胶管通入温水，芹菜则不能开花。上述实验结果证明植物感受低温的部位是茎尖生长点。

15. 亚麻是南方的一种短日植物，用作采油应在南方原产地栽培，满足其成花的短日光周期诱导条件，使之开花结籽，用以榨油。亚麻的韧皮纤维很发达，可收取利用，这就要求有生长很好的营养体。可采取北移栽种，避免短日照诱导开花，延长营养生长期。为了适当收获种子，可采取小面积遮光处理，使之能开花结籽。

16. 植物通过自主调控作用和环境因子两种调控机制精确地调节开花时间。自主调控作用是指植物成花受内在发育因素严格调控的现象。自主调控作用是分阶段进行的，在配子体时期对基因的表达调控机制重新进行全面的复位，使调控开花的机制回复到初始状态；胚胎发生和幼苗生长时期，促进开花基因的表达特异地受到抑制，以保证植物有足够的时间进行营养生长；从幼苗到成熟发育时期，促进开花基因的表达逐渐地增强，并与环境因素共同作用，最终使茎端分生组织发生成花转变，启动花芽的分化发育而进入生殖生长。

17. 在拟南芥中鉴定的 *FLC*（flowering locus C）基因是一个春化反应的关键基因，它编码一个具有同源异形框（MADS-box）的转录因子。在未春化的茎尖，*FLC* 大量表达，春化后，该基因停止表达。低温的作用是建立对 *FLC* 表达的抑制状态和维持这种抑制状态，从而解除对开花的抑制作用。

四、分析论述题

1. 植物从成年期到生殖期的相变实质就是成花诱导的过程。成年期植物的营养茎端分生组织处于一种成花感应状态（floral competent state)，感应环境信号和内源信号的诱导后，进入新的发育状态即成花决定态（floral determined state)。进入成花决定态的茎端分生组织就具备了分化形成花或花序的能力，即使在开花前去除诱导开花的条件，也能继续分化形成花芽。

植物从成年期到生殖期的转变伴随着茎端分生组织的形态变化。在经过成花诱导后，最初的形态变化是生长锥的伸长和表面积的增大。

植物从成年期到生殖期的转变伴随着茎端分生组织生理特征的变化，如茎端分生组织的细胞代谢水平增高，有机物发生剧烈转化；葡萄糖、果糖和蔗糖等可溶性糖含量增加；氨基酸和蛋白质含量增加；核酸合成速率加快；基因表达发生变化。

2. 植物从幼年期向成年期转变的过程受遗传基因控制，同时也受营养供应情况、激素和环境因子等多种信号的影响。

营养：在营养供给不足时，植物生长缓慢，幼年期延长。

激素：赤霉素影响植物从幼年期向成年期的转变，大多数植物，赤霉素处理可以缩短植物的幼年期。

环境因素：温度和光照是影响植物相变的重要环境因子。许多植物在低温、低光照等条件下，由于有机营养不足，生长缓慢，幼年期延长，甚至会引起成年植物返幼生长。

植物从幼年期到成年期的转变与基因调控密切相关。玉米的 *TEOPOD* 基因突变后使应发育为成年植物组织的部位幼年化，其叶片介于幼年和成年植株之间，应出现雌、雄穗的地方却还是叶片。但突变体植株的生长速率并未受到影响，说明这个基因特异地调控玉米从幼年向成年的转变。

3. 低温可以促进某些植物开花，这种现象称为春化作用。长期以来，科学家们一直在探索春化作用的机理。近年来通过对模式植物拟南芥的研究，逐渐从分子机理上阐明了春化作用。春化过程中主要涉及的基因有：*VRN1*、*VRN2*、*VIN3* 和 *FLC*。*FLC* 编码开花抑制物，*VRN1*、*VRN2* 和 *VIN3* 三个基因通过对 *FLC* 进行修饰，抑制其表达，从而建立和维持春化状态，促进植物开花。

目前提出的一个模式是：低温诱导了 *VIN3* 基因的表达，它编码的蛋白是 H3 去乙酰化酶复合物（HDAC）的组分，它使 *FLC* 基因启动子区域结合的 H3 去乙酰化。H3 去乙酰化后产生了 VRN1/VRN2 蛋白复合物结合的环境，VRN1/VRN2 复合物结合到 *FLC* 启动子区域后，又促使 H3 的 Lys9 和 Lys27 甲基化，并招募异染色质蛋白 HP1，这样就使 *FLC* 基因表达关闭。在回到温暖的条件后，*VIN3* 基因虽不再表达，但 VRN1/VRN2 及可能的 HP1 使基因继续维持沉默，维持春化状态（见下图）。

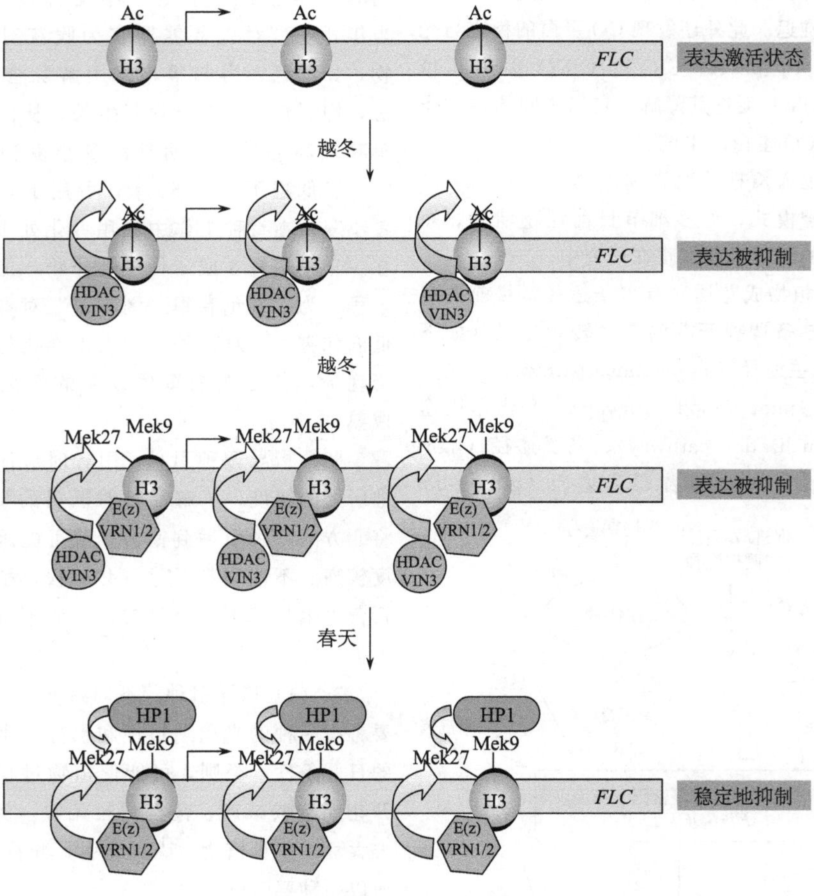

春化作用的基因控制机制模式图

4. 光周期是影响植物开花的重要因素。拟南芥是兼性长日植物，通过对拟南芥进行的分子遗传研究，逐渐揭示出光周期促进植物开花的基因调控机制。

目前提出的一个模式是：植物体内存在一个受光信号启动的内源振荡子（主要组分包括 LHY、CCA1 和 TOC1），它是一个自动的反馈调节环，内源振荡子输出的信号调控下游基因 *GI* 和 *FKF1* 的表达。在长日条件下，*GI* 和 *FKF1* 在光期可以形成足够的复合物，解除 CDF1 对 *CO* 表达的抑制，CO mRNA在光下表达形成稳定的蛋白，进一步促进 *FT* 的表达，*FT* 可能作为可以移动的成花刺激物运输到顶端促进开花。在短日条件下，*GI* 和 *FKF1* 在光期形成的复合物不足以解除 CDF1 对 *CO* 表达的抑制，CO mRNA 在光下表达低，不能激活 *FT* 表达，而进入暗期后虽然可使 CO mRNA 表达，但形成的蛋白在暗中不稳定，不能激活 *FT* 的表达，因而植物开花推迟。此外还发现 CO 蛋白的稳定与光受体有关，phyA、CRY1、CRY2 促进其稳定，而 phyB 促进其降解。它们之间的拮抗作用控制 CO 蛋白的丰度。

以上为长日植物光周期诱导开花的可能基因调控模式，许多细节目前还不清楚。短日植物的调节机制也正在研究中。

5. 植物成花诱导有多条途径，目前发现至少有 5 条调控开花的信号转导途径（如下图）：自主途径（autonomous pathway）、光周期途径（photoperiod pathway）、春化作用途径（vernalization pathway）、光质途径（light quality pathway）和赤霉素途径（gibberellin pathway）。从整体上说，整个开花调控体系的作用机制是通过以上不同信号转导途径感应相对应的内在或是环境信号的诱导作用，直接或通过抑制开花抑制因子基因的表达调控少数几个开花信号转导途径整合因子基因的表达，然后调控决定花分生组织发育命运的基因表达，而调控开花。

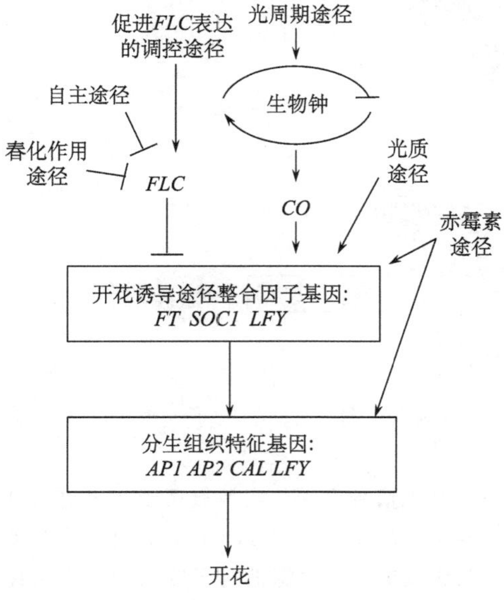

成花诱导的基因调控

箭头表述促进基因表达，横杆表述抑制基因表达

6. (1) 控制花期。低温处理可以使秋播的一年生、二年生草本花卉改为春播，当年开花；对以营养器官为收获对象的植物，如洋葱、当归等，可用解除春化的方法，抑制开花，延长营养生长，从而增加产量和提高品质；将萌动的冬小麦种子放在 0～5℃低温下 40～50 天，可用于春天补种冬小麦；在育种工作中利用春化处理，可以在一年中培育 3 或 4 代冬性作物，加速育种过程；为了避免春季“倒春寒”对春小麦的低温伤害，可对种子进行人工春化处理后适当晚播，使之在缩短生育期的情况下正常成熟。

(2) 指导调种引种。引种时应注意原产地所处的纬度，了解品种对低温的要求。若将北方的品种引种到南方，就可能因当地温度较高而不能顺利通过春化阶段，植物只进行营养生长而不开花结实，造成不可弥补的损失。

7. (1) 指导引种。不同纬度地区引种时要考虑品种的光周期特性和引种地生长季节的日照条件，否则，可能使植物过早或过迟开花而造成减产，甚至颗粒无收。例如，南方大豆是短日植物，南种北引，开花期延迟，所以引种要引早熟种。

(2) 育种。通过人工光周期诱导，可以加速良种繁育，缩短育种年限。例如，短日植物水稻和玉米可在海南岛加快繁育种子；长日植物小麦夏季在黑龙江、冬季在云南种植，可以满足作物发育对光照和温度的要求，一年内可繁殖 2 或 3 代，从而加速育种进程。杂交育种中，可以通过延长或缩短日照长度，来控制花期，以解决父母本花期不遇的问题。例如，对晚稻进行遮光处理就能使其与早稻同时开花，使早、晚稻杂交成为可能。

(3) 控制花期。花卉栽培中，光周期的人工控制可以促进或延迟开花。菊花是短日植物，在北方一般在10月开花。经短日处理可以提前至6～7月开花。

(4) 调节营养生长和生殖生长。对以收获营养体为主的作物，可以通过控制光周期抑制开花。例如，将短日植物烟草引种至温带，可提前至春季播种，促进营养生长，提高烟叶产量。

8. 植物成花的光周期现象中，日照长度是主导因素。但其他外界条件也有一定作用，其中以温度的影响最为显著，温度可影响植物对光周期的反应。较低的温度可降低植物对日照长度的要求，如甜菜通常在长日照下开花，但在10～18℃下，8h日照也能开花；短日植物烟草在18℃夜温时，要在短日照下开花，而当夜温降低到13℃时，在16～18h日照下能开花。

9. (1) 用短日植物大豆进行实验，选用不同长度的光暗组合，只要暗期低于10h，大豆就不能开花，即只有当暗期长度长于临界暗期就可开花。

(2) 暗期中断实验：暗期中用闪光间断，可以抑制短日植物开花，诱导长日植物开花，而如果在光期中用短时间黑暗打断光照，不影响植物的开花反应。以上实验表明植物光周期诱导过程中，暗期长度是更重要的。

10. 把该植物分别种植于不同的光周期条件下（如可以设置以下光/暗周期：6h/18h，8h/16h，10h/14h，12h/12h，14h/10h，16h/8h，16h/6h），如果在不同光周期下生长的植物都开花，说明该植物是日中性植物；若植物只在短于某一日照长度下开花，说明该植物是短日植物；若植物只在长于某一日照长度下开花，该植物是长日植物。

11. 赤霉素可以使许多需春化的植物不经低温处理就能开花；一些植物经低温处理后，体内赤霉素含量较未处理的多；用赤霉素生物合成抑制剂处理植物会抑制其春化完成。这些都表明赤霉素与春化作用有关，但赤霉素并不能诱导所有需春化的植物开花。植物对赤霉素的反应也不同于对低温的反应，低温诱导的植物抽薹时就出现花芽，而赤霉素处理的莲座状态植物，茎先伸长形成营养枝，花芽以后出现。总之，赤霉素与春化作用的关系很复杂，尚有待进一步的研究。

12. (1) 南北地区之间引种时，必须了解作物种类及不同品种在成花诱导中对低温和光周期需求的差异。若将北方的品种引种到南方，就可能因当地温度较高日照时间短，而不能顺利通过春化阶段和光周期诱导，植物只进行营养生长而不开花结实，造成减产或颗粒无收。

(2) 了解被引进品种对光周期反应的类型，是属于长日植物、短日植物还是日中性植物。

(3) 了解所引品种原产地与引种地生长季节日照条件的差异。在生长季节，北半球在夏天越向南，越是夜长日短；而越向北，则越是夜短日长。对日照条件要求严格的作物品种进行引种时，一定要对其光周期要求与引进地区具体日照情况进行分析，考虑植物能否及时开花结实。例如，南方大豆是短日植物，南种北引，开花期延迟，所以引种时要引早熟种。

13. 用不同波长的光间断暗期的试验表明，无论是抑制短日植物开花，还是促进长日植物开花，都是以600～660nm波长的红光最有效；且红光促进开花的效应可被远红光逆转。这表明光敏色素参与了成花反应，光的信号是由光敏色素接受的。

光敏色素有两种可以互相转化的形式：吸收红光的 Pr 型和吸收远红光的 Pfr 型。Pr 是生理钝化型，Pfr 是生理活化型。照射白光或红光后，Pr 型转化为 Pfr 型；照射远红光后，Pfr 型转化为 Pr 型。光敏色素对成花的作用与 Pr 和 Pfr 的可逆转化有关，成花作用不是取决于 Pr 和 Pfr 的绝对量，而是受 Pfr/Pr 值的影响。低的 Pfr/Pr 值有利于短日植物成花，而相对高的 Pfr/Pr 值有利长日植物成花。

第十四章　植物有性生殖生理

重点提示：植物授粉受精生理，包括授粉受精过程，识别过程，花粉管的生长，受精后的生理生化变化，植物的自交不亲和性（重点掌握）；植物花发育的遗传控制机制（掌握）；雌雄配子体的基本结构特点和发育过程（了解）；影响授粉受精的因素及其在实践中的应用（了解）。

【核心概念】

1. ABC 模型（ABC model）——把调控花器官发育的关键基因根据其功能分为 A、B、C 三种类型，A 型基因控制萼片的发育，A 型和 B 型基因协作调控花瓣的发育，B 型和 C 型基因协作控制雄蕊的发育，而 C 型基因则控制心皮或雌蕊的发育。

2. 同源异型突变（homeotic mutation）和同源异型基因（homeotic gene）——花的某一重要器官位置发生了被另一器官替代的突变，如花瓣部位被雄蕊替代，这种遗传变异现象称为花发育的同源异型突变。控制同源异型化的基因称为同源异型基因。

3. 雄配子体（male gametophyte）——即通常所称的花粉粒。是一个可以离开母体（花药）的细小生命单元，由营养细胞和精细胞组成。在很多植物中，如模式植物拟南芥的花粉粒具有三个细胞，即一个大的营养细胞及其包含的两个精细胞（也叫雄配子，male gamete）。

4. 雌配子体（female gametophyte）——也叫胚囊（embryo sac），是一个多细胞的结构单元。成熟的胚囊一般由四种类型的细胞组成，即一个大的中心细胞及其所包含的助细胞、卵细胞和反足细胞。

5. 识别（recognition）——邻近细胞之间，或一类细胞与另一类细胞相遇时，可通过细胞表面特性而相互识别，称为细胞识别。细胞识别具有特异性。识别的分子基础是糖蛋白、糖脂等分子上的糖链。

6. 受精（fertilization）——是雄配子体把雄配子即精细胞输送到雌配子体中与雌配子体结合的过程。从花粉粒落到雌蕊的柱头上相互识别开始，萌发的花粉管在花柱中向胚珠方向生长进入胚囊，释放的两个精细胞分别与卵细胞和中心细胞融合，完成受精作用。

7. 双受精（double fertilization）——高等植物花粉中的两个精细胞，一个与胚囊中的卵细胞结合形成合子，发育成胚；另一个与中心细胞核结合发育成胚乳。精细胞与卵细胞的结合形成的合子为二倍体，植物生命周期循环回复到二倍体世代。

8. 自交不亲和性（self-incompatibility）——许多植物的花粉落在同花的雌蕊柱头上不能成功地受精，除了位置、形态和时间上的障碍外，其分子基础是花粉和柱头以 *S* 等位基因产生的特异蛋白的识别作用，当花粉与雌蕊中表达的 *S* 等位基因相同时，就发生自交不亲和反应。

9. 孢子体型自交不亲和性（sporphytic self-incompatibility）——受花粉亲本基因控制的自交不亲和性。*S* 基因在柱头乳突细胞表达糖蛋白，花粉外壁蛋白与其交流信息而进行识别，花粉管不能穿透柱头角质层。

10. 配子体型自交不亲和性（gametophytic self-incompatibility）——受花粉本身基因控制的自交不亲和性。其 *S* 基因表达的糖蛋白在花柱中，花粉萌发进入花柱，花粉管被抑制生长。

11. 集体效应（population effect）——一般落在柱头上的花粉密度越大，花粉萌发比例越高，花粉管生长也较快的现象。

12. 性别分化（sex differentiation）——生物个体不同性器官、不同性征和雌、雄配子的产生和发育。

13. 有性生殖（sexual reproduction）——经过两性生殖细胞结合，产生合子，由合子发育成新个体的生殖方式。主要是指配子生殖。

【知识要点】

高等植物的有性生殖过程包括成花诱导、花芽分化、花器官分化发育、雌雄配子体的发生与发育、授粉受精作用、胚胎发生和果实的发育与成熟。从花芽分化到完成受精的过程中，相关的植物组织和细胞会发生显著的分化，并伴随着激烈的生理变化。

在花芽发育早期，花原基首先分化发育成不同的花器官原基，然后发育成相应的花器官。花的发育是由花器官特征基因调控、在时间顺序和空间位置上正确表达的结果。目前用“ABC 模型”解释同源异型基因控制花器官的发育，即花的萼片、花瓣、雄蕊和心皮分别由 A、AB、BC 和 C 组基因决定，A 型基因控制萼片的发育，A 型和 B 型基因协作调控花瓣的发育，B 型和 C 型基因协作控制雄蕊的发育，而 C 型基因则控制心皮（雌蕊）的发育。任何一组基因突变都会影响花的形态建成。目前已发展为更复杂的 ABCDE 模式，包括了对胚珠发育的基因调控。花器官形成还需要其他条件：营养是基础，其中 C/N 较为重要；营养与激素间的平衡也调节花芽分化；光、温度、水肥等环境因子都会影响花芽分化。

植物的性别分化具有多样性，受遗传控制，并受年龄、激素的调控以及多种环境条件影响，包括光周期、温度和营养条件等。

雌、雄配子体的发育过程包括生殖细胞的分化发育、孢子体发生和配子发生三个环节。首先是雌、雄生殖细胞分化发育形成性母细胞，然后经过减数分裂形成大孢子（雌）和小孢子（雄），大、小孢子进一步分化发育分别形成雄配子体（花粉粒）和雌配子体（胚囊）。成熟花粉粒由营养细胞和精细胞组成。在很多植物中，有一个大的营养细胞及其包含的两个精细胞。花粉最外层是具有特殊结构的壁——花粉外壁和花粉内壁。成熟胚囊为八核细胞，被包围在子房的胚珠中。

高等植物的授粉受精过程包括 4 个关键环节：①花粉粒与柱头表面的相互识别；②花粉萌发与花粉管生长；③花粉管的导向；④双受精作用。雌雄配子体的识别是一系列严格精确的过程，从柱头上开始，至花粉管中，最后至双受精的整个过程中。在雌雄配子体的发生、发育和授粉受精过程中，伴随着激烈的生理生化变化，包括呼吸速率提高、细胞器数量增加和重新分布、子房中生长素和细胞分裂素含量增加，刺激细胞分裂和生长。

许多植物具有自交不亲和性的特点，即植株的花粉落在同花的柱头上不能成功受精，其分子基础是花粉与柱头间靠 S 等位基因控制的特异蛋白发生识别作用，当花粉与雌蕊中表达的 S 等位基因相同时，发生自交不亲和性。自交不亲和性又分为孢子体型或配子体型不亲和性。

花粉与柱头有一定的生活力限制，一般农作物的花粉寿命较短，也受外界条件影响，高温、高湿、干旱等降低花粉生活力。一般植物柱头生活力较其花粉维持时间长，能多持续几天。在育种工作中，要注意低温保存花粉，以提高受精成功率。授粉受精也受温度、矿质、水分及 pH 等的影响。

【试题精选】

一、填空题

1. 植物的有性生殖过程包括________、________、________、________和________等阶段。

2. 根据花器官发育的 ABC 模式，花的萼片、花瓣、雄蕊和雌蕊的发育分别由________、________、________和________基因控制。

3. 控制花器官的各组基因可能发生________突变，导致花器官形态变化，如缺失 A 型基因功能，则花的结构从外向内为________；如缺失 B 型基因功能，则花的结构从外向内为________；如缺失 C 型基因功能，则花的结构从外向内为________。

4. 植物激素参与性别表达的调控，一般生长素促进________形成，而赤霉素促进________的形成。

5. 雌雄异花同株植物如黄瓜在发育早期多出现________花，而较高节位为________花。

6. 十字花科、禾本科等植物成熟的花粉具有三个细胞，即一个________和两个________。

7. 花粉粒的外壁含大量________蛋白，参与授粉时的________作用；内壁含大量________蛋白，与________有关。

8. 花粉管在雌蕊中的生长是定向的，沿着________，朝向________生长。

9. 许多植物在潮湿多雨的环境里结实不好，这是由于________吸水性强，易从外界吸取大量水分使________。

10. 一般作物的花粉寿命________于柱头生活力。

11. 在自交不亲和中又可分为________和________。

12. 花粉管被引导进入胚囊的步骤为：花粉管被引导到胚座的过程叫________；花粉管被吸引到珠孔的过程叫________。

13. 花粉中含有大量促进花粉管生长的激素是________。

14. 花粉的萌发和花粉管的生长表现出________。

15. 受精后，合子经过不均等分裂，形成________和________，一个精子与中央细胞核结合形成________。

16. 做花粉萌发试验时，培养基内要加少量硼酸和一定浓度的蔗糖，前者的作用是________，后者的作用是________和________。

17. 在雌雄异株植物中，内源激素的含量有明显的差别，雌株中含________较高，而雄株中含________较高。

18. 一般植物处于适宜的光周期下，多开________花，处于非适宜的光周期下，则多开________花。

19. 土壤干燥氮肥少，可促进________花分化，土壤中氮肥多，水充足，可促进________花的分化。

20. 花粉管生长由一系列基因调控，目前已发现的相关基因按功能分为________，________，________和________。

二、选择题（包括单项和多项选择）

1. 储藏花粉的最适温度是（　　）。

A. 10～15℃　B. 15～20℃　C. 20～25℃　D. 1～5℃

2. 一般植物花粉萌发和花粉管生长的最适温度在（　　）。

A. 10～15℃　B. 15～20℃　C. 20～30℃　D. 30～35℃

3. 引导花粉管定向伸长的无机离子可能是（　　）。

A. Zn　B. Mn　C. Ca　D. Cu

4. 花粉落在柱头上称为（　　）。

A. 授粉　B. 受精作用　C. 花粉萌发　D. 识别作用

5. 雄配子与雌配子结合成为合子的过程称为（　　）。

A. 授粉　B. 受精作用　C. 种子的形成　D. 坐果

6. 花粉壁中存在很多酶，它们中主要的一类是（　　）。

A. 连接酶　　B. 转移酶　　C. 水解酶　　D. 异构酶

7. 花粉与柱头表面相互识别的物质基础是花粉外壁与柱头间的（　　）。

A. 生长素与其受体　　B. 糖蛋白

C. 水解酶　　D. 维生素

8. 可育花粉中含有大量的（　　）。

A. 谷氨酸　　B. 脯氨酸　　C. 甲硫氨酸　　D. 精氨酸

9. 油菜“花而不实”的原因是（　　）。

A. 缺氧　　B. 缺硼　　C. 缺铁　　D. 缺氮

10. 在一定面积内花粉数量越多，花粉的萌发和花粉管生长越好的现象称（　　）。

A. 萌发效应　　B. 离体效应　　C. 个体效应　　D. 集体效应

11. 按照花发育遗传控制的 ABC 模型，如拟南芥的 B 组基因突变，则花的结构从外向内依次为（　　）。

A. 萼片、花瓣、雄蕊、心皮　　B. 萼片、雄蕊、心皮、萼片

C. 萼片、萼片、心皮、心皮　　D. 雄蕊、雄蕊、心皮、心皮

12. 下列生长物质中，抑制雄花分化的是（　　）。

A. TIBA　　B. 赤霉素　　C. 生长素　　D. CCC

13. 影响花粉形成、萌发和花粉管生长的元素是（　　）。

A. Zn　　B. B　　C. Ca　　D. Cu

14. 为延长花粉的生活力和储藏寿命，可以采取（　　）。

A. 低温储存　　B. 干燥　　C. 保持湿度　　D. 保持高温

15. 受精过程中，胚珠与子房发生的生理生化变化包括（　　）。

A. 呼吸速率提高　　B. 生长素、细胞分裂素含量增加

C. 物质运输增加　　D. 细胞器数量增加并重新分布

16. 诱导雌花分化的激素是（　　）。

A. 生长素　　B. 赤霉素　　C. 乙烯　　D. 脱落酸

17. 受精后，子房中大量增加的激素是（　　）。

A. 生长素　　B. 赤霉素　　C. 细胞分裂素　　D. 乙烯

三、简答题

1. 简述花的发育及其遗传调控机制。

2. 植物的性别分化有什么特点？受哪些因素控制？

3. 简述花药和雄配子体的结构特点及发育过程。

4. 简述花粉的化学组成及其作用。

5. 简述花粉壁的构造、成分及其功能。

6. 简述植物胚珠和雌配子体的结构特点及发育过程。

7. 简述影响花器官形成的因素。

8. 简述被子植物的受精过程。

9. 简述受精过程中的生理生化变化。

10. 克服不亲和性的可能途径有哪些？

11. 简要介绍快速测定花粉生活力的方法。

12. 用实验证明钙在花粉萌发和花粉管伸长中的作用。

13. 研究花粉管生长时常需要在体外进行花粉培养，简述所需要的培养条件。

四、分析论述题

1. 根据所学生理知识，概括植物生殖生长所需条件。

2. 试述植物性别分化的激素控制及其应用。

3. 论述植物自交不亲和性的分子基础。

4. 讨论影响植物授粉受精作用的因素，分析水稻籽粒空瘪的可能原因。

5. 叙述在授粉受精的过程中雌雄之间互相识别的环节。说明其意义。

【参考答案】

一、填空题

1. 成花诱导和花芽分化，花器官分化发育，雌雄配子体的发生与发育，授粉受精作用，胚胎发生与果实的发育。

2. A 型，A 型和 B 型，B 型和 C 型，C 型。

3. 同源异型，心皮-雄蕊-雄蕊-心皮，萼片-萼片-心皮-心皮，萼片-花瓣-花瓣-萼片。

4. 雌花，雄花。

5. 雄，雌。

6. 营养细胞，精细胞。

7. 糖，识别，水解酶，花粉萌发和花粉管生长。

8. 花柱，胚珠。

9. 花粉壁外壁的孢粉素，花粉膨胀甚至破裂从而影响正常授粉。

10. 短。

11. 孢子体型自交不亲和性，配子体型自交不亲和性。

12. 胚座引导（向），珠孔引导（向）。

13. 生长素。

14. 集体效应。

15. 胚，胚柄，胚乳。

16. 促进花粉萌发，碳源，调节渗透势。

17. 生长素，赤霉素。

18. 雌，雄。

19. 雄，雌。

20. 花粉管壁合成与修饰的酶蛋白基因，小 G 蛋白基因，参与物质运输的蛋白基因，第二信使信号转导基因。

二、选择题

1. D；　2. C；　3. C；　4. A；
5. B；　6. C；　7. B；　8. B；
9. B；　10. D；　11. C；　12. D；
13. B，C；　14. A，B；
15. A，B，C，D；　16. A，C；
17. A，C。

三、简答题

1. 经成花诱导后，植物的茎顶端分生组

织发生相变，产生花分生组织，分化产生花器官原基，而后分别发育形成相应的花器官。

花器官是由花器官特征决定基因调控的。目前用"ABC模型"解释同源异型基因控制花器官的发育，即花的萼片、花瓣、雄蕊和心皮分别由A、AB、BC和C组基因决定，任何一组基因突变都会影响花的形态建成。A型基因在第一、第二花轮里表达，并且抑制C型基因在该两轮表达；C型基因在第三、第四轮中表达，并且抑制A型基因在该两轮中表达；而B型基因则在第二、第三轮表达。如果A型基因的功能缺失，则C型基因可在第一、第二轮表达，使得第一轮发育成雌蕊，第二轮发育成雄蕊，整朵花的结构即发生变化，形成了心皮-雄蕊-雄蕊-心皮的结构。

2. 高等植物的性别分化表现多样性：有雌雄同株同花植物、雌雄同株异花植物和雌雄异株植物等。而且，植物是在发育后期才完成性别表达的，易受环境因素等的影响，因此其性别表达具有不稳定性。

植物性别决定有其不同的遗传控制方式，如雌雄异株植物具有性染色体，由性别决定的关键基因和基本基因相互作用，决定了性器官的发育或败育；而雌雄同株异花植物，在花芽分化初期，都具有两性器官的原基，由相关基因控制一种受抑制或退化，因而发育成单性花，雌雄同株异花的植物性别也随年龄而变化。除遗传控制外，影响性别分化的环境条件主要包括光周期、温周期和营养条件等。另外植物内源激素生长素、细胞分裂素、赤霉素等都参与了性别表达的调控。

3. 成熟的花药通常有四个花粉囊，花粉囊之间由维管束组织和薄壁细胞连接，在花药成熟时花粉囊里面充满花粉粒。花药由三层细胞的花药原基发育形成，最外层细胞分化为花药的外表皮；最内的第三层细胞发育为维管束和支撑组织；中间的第二层细胞发育形成花粉粒和其他花药壁。

雄配子体即通常所称花粉粒。花粉有两层具有特殊结构的壁，内部为大的营养细胞及其包含的两个精细胞。花药原基的第二层四个角落的细胞分化成为孢原细胞，分裂发育成为造孢细胞，进一步发育成为小孢子母细胞，经减数分裂形成小孢子，再进行一次不均等的有丝分裂，产生精细胞，形成花粉粒，经脱水成熟。

4. (1) 花粉壁含有多糖、蛋白质及多种酶，糖蛋白参与识别，酶催化物质转化，为花粉萌发和花粉管生长提供营养。花粉中存在的过氧化物酶和酯酶的同工酶，具有植物种的特点，可用于植物亲缘关系的鉴定。

(2) 色素：包括类胡萝卜素与类黄酮。可吸引昆虫传粉，防止紫外线对花粉粒的破坏，在某些植物中，花粉中的色素与自花授粉不亲和性有关。

(3) 营养物质：碳水化合物、脂类和氨基酸，为花粉萌发与花粉管生长提供碳源、氮源和能源。可溶性糖的种类和含量与花粉的生活力有关，花粉中脯氨酸含量很高，参与蛋白质合成和pH环境的调节，提高花粉对逆境的抗性。不育花粉中脯氨酸含量低。花粉中含有许多矿质元素和各种维生素，尤其是维生素E，其营养十分丰富。

(4) 激素：生长素、赤霉素、细胞分裂素等，其中生长素含量最高，十字花科植物的花粉中含丰富的油菜素内酯。这些生长物质对花粉萌发、花粉管生长及授粉、受精和结实起调节作用。

5. 花粉壁由外壁和内壁构成，主要起保护作用；外壁主要成分为纤维素，还有孢粉素，外壁蛋白多为糖蛋白。起保护、引诱昆虫、识别的作用。

内壁由果胶与纤维素组成，有内壁蛋白，多为水解酶。起保护、刺激花粉管萌发、识别、水解柱头表膜蛋白质、使花粉管能穿透柱头的作用。

6. 雌蕊子房中的胚珠的主要功能是产生雌配子体，被包围在胚珠中的八核细胞即雌配子体（胚囊），其中包含一个位于靠中部的大的中心细胞核及助细胞、卵细胞和反足细胞。通常卵细胞位于胚珠珠孔一端；两个助细胞位于卵细胞的周围；而反足细胞位于胚囊靠近胚珠合点一端；卵细胞、助细胞和反足细胞都是单倍体细胞，而中心细胞核为二倍体。

雌蕊的发育开始于雌蕊原基，首先分化形成心皮隔膜原基→逐步延伸、融合形成完整的心皮隔膜；在靠近隔膜与心皮连接一端基部的两侧边缘下表皮（L2）细胞分裂分化，形成一定数目、形态上无明显差异的胚珠原基细胞→形成珠心组织，在其基部分化出珠被；由珠心组织分化出大孢子母细胞，减数分裂形成胚囊。

7. 内因：营养状况和激素。营养是花芽分化和花器官形成的物质基础，特别是碳水化合物。氮素营养也影响花芽分化，但需有一定的C/N。

植物激素调控花芽的分化：如GA促进许多长日植物成花，乙烯诱导菠萝开花，其他激素对不同的植物也有影响。

外因：光照，一般光照强、日照长有利于植物有机物质合成，促进开花。温度，一定温度范围内，随温度升高花芽分化加快。水分和矿质营养，水肥条件适宜，特别是磷钾肥有利于开花。

8. 受精过程从花粉落在柱头上开始，花粉与柱头间发生相互识别。当花粉落到柱头上时，花粉吸水，花粉粒的外壁蛋白被释放出来与柱头表层的蛋白质相互识别，如果花粉与柱头是亲和的，则柱头表层蛋白质刺激花粉内壁蛋白释放，其角质酶分解柱头表膜的角质层，随后花粉管伸长，穿过柱头并在花柱中生长，花粉管与花柱内部传递组织进一步相互识别，花粉管延伸一直到达胚珠，从珠孔进入胚囊，释放出两个精子，一个与卵细胞融合形成合子，另一个与中心细胞核融合发育成胚乳。

9. 植物受精过程中体内发生强烈的代谢变化。

（1）受精引起植物呼吸加强，吸水、吸收养分增多。同时呼吸商也有上升的趋势，反映了物质代谢的变化。

（2）雌蕊的各部分生长素和细胞分裂素含量增加并动态变化，刺激了细胞分裂和生长，吸引营养物质运往生殖器官，子房迅速膨大。

（3）细胞中各种细胞器重新分布，如棉花受精后可看到质体、线粒体、内质网膜及核糖体等围绕核重新排列。细胞质中原来呈游离状态的核糖体在受精后形成大量的聚核糖复合体（RNA与核糖体复合体）。

10. 不亲和性指在有性生殖和嫁接等生理过程中，由于生物个体在细胞或组织水平上的不协调，而不能正常结合或受精后不能产生后代的现象。

（1）从遗传上选择亲和的品种进行杂交；增加染色体倍性等。

（2）利用集体效应进行诱导；利用年龄因素，蕾期授粉；雌蕊未成熟或衰老时，它们的不育基因尚未定型或不亲和成分减弱来克服不亲和障碍。

（3）物理化学方法：高温处理、辐射诱变、激素及抑制剂等抑制识别反应。

（4）离体培养：进行胚珠培养、细胞杂交或原生质体融合，避开识别的程序。

11. 在育种工作中或在植物生殖生理的研究工作中，常需要检测花粉的生活力。

（1）用TTC染色法（氯化三苯基四氮唑）。具有正常萌发能力的花粉，脱氢酶活性高，能使无色的TTC被还原成红色三苯甲 。

（2）用pH 7.2的磷酸缓冲液配制0.2%～0.5%的TTC的试剂，在载玻片上放上待测花粉粒，滴加TTC试剂，盖上盖玻片，在

35℃下保温15～20min，在显微镜下观察，染成红色的是有生活力的，色越浅则生活力越低，无色的为已丧失生活力或不育花粉粒。

12.（1）钙在植物受精过程中起着十分重要的作用，主要表现在钙能促进花粉萌发和花粉管伸长，诱导花粉管向胚珠定向生长而达到受精。

（2）花粉萌发实验，在培养基中加入Ca^{2+}，与对照比较，花粉萌发率高，花粉管伸长加快。

（3）在培养基上加雌蕊组织（柱头、花柱、胚珠等），花粉管朝向这些组织生长，金鱼草属植物的这些组织中Ca^{2+}含量从柱头到胎座递增，同时在培养中某一点加Ca^{2+}，可见花粉管向此处生长。

13.（1）选用储存好，生活力强的花粉。典型的材料是百合花粉。在一定温度的培养箱中进行。

（2）培养基里有适宜的营养，包括一定浓度的蔗糖（一般为10%），维持渗透势。有机物酵母，维生素B_1、维生素B_2、维生素C、胡萝卜素、生长素等对萌发和花粉管生长都有一定作用。

（3）硼，对花粉的萌发有十分明显的效果；钙，花粉管的生长受钙的刺激。

四、分析论述题

1.（1）营养生长的基础和生殖生长的特殊性。

（2）植物的生理状态，需要通过幼年期，达到成花感应态。

（3）成花诱导：简要说明低温春化和光周期诱导要求的条件。

（4）营养和激素对成花和花芽分化的调节。

（5）影响授粉受精的环境因素：温度、湿度、矿质元素等。

2. 植物内源激素参与了性别表达的调控。不同性别植株或性器官内源植物激素含量有所不同。例如，大麻雌株叶片中的IAA含量较高，而雄株叶片中GA含量较高；在雌雄异株的野生葡萄中，雌株的细胞分裂素含量高于雄株。IAA一般增加雌株和雌花数量，GA则正相反，主要促进雄性器官的发育，而不利于雌性器官的分化。乙烯和CTK促进雌花发育。植物激素参与调控性别的机理尚不清楚，在不同植物中，激素在分子水平上的作用机理有很大的差别，同样的激素在不同植物中可能起完全相反的作用。例如，赤霉素在玉米中起雌化作用，而在黄瓜中却起雄化作用，而且外施生长物质和内源激素的作用也不尽相同。

外施生长物质可以有效地控制植物的性别表现。例如，用IAA处理雌雄同株的黄瓜，不仅可以降低第一朵雌花的着生节位，而且可增加雌花的数目；对雌雄异株的大麻施用GA后，雄株由50%增加到80%，有利于取麻。在农业生产上采取熏烟来增加瓜类的雌花数量，因为烟中含乙烯和CO，CO可抑制IAA氧化酶活性，保持较高水平的IAA而有利于雌花的分化。三碘苯甲酸（TIBA）和马来酰肼可抑制雌花的产生，而矮壮素（CCC）则能抑制雄花的形成，和GA相对抗。

3. 许多植物的花粉落在同花的雌蕊柱头上不能成功地受精，植物的这种特性称为自交不亲和性。其分子基础是花粉和柱头间以*S*等位基因产生的特异蛋白的识别作用，*S*基因的表达产物多为糖蛋白，在开花前后的特定时间表达。当花粉与雌蕊中表达的*S*等位基因相同时，就发生自交不亲和反应。

自交不亲和性可分为孢子体型和配子体型两类：①孢子体型自交不亲和性的识别一般在柱头表面进行，即花粉外壁蛋白通过与柱头表膜蛋白交流信息而识别。*S*基因在柱头乳突细胞表达糖蛋白，表现在花粉管不能穿透柱头乳突细胞的角质层，通常十字花科、菊科等三核花粉和干型柱头的植物属这一类；

②配子体型自交不亲和性，*S* 基因表达的糖蛋白在花柱中，花粉萌发、生长进入花柱，在花柱组织内被抑制生长。一般产生双核花粉和湿润型柱头的植物如茄科、蔷薇科、百合科植物及三核花粉中的禾本科植物属这一类。自交不亲和植物在柱头细胞中或在花粉管中产生胼胝质，阻碍花粉管进入花柱或继续生长，不能到达胚囊而完成受精。

4.（1）花粉的活力：刚从花药中散发出来的成熟花粉活力最强，容易受精。

（2）柱头的活力：关系到花粉落到柱头上后能否萌发，花粉管能否生长。

（3）亲和性：远源不亲和性与自交不亲和性。

（4）环境条件：包括温度影响花药开裂，也影响花粉的萌发和花粉管的生长。花粉萌发需要一定的湿度，空气湿度太低会影响花粉生活力和花丝的生长，并使雌蕊花柱干枯，但湿度太大时花粉会因过度吸水而破裂。其他如土壤水肥条件、田间的通风、透光等因素影响雌、雄蕊的发育从而也影响受精。

籽粒空瘪的原因：影响花粉发育和授粉受精的环境因素，如光照不足，营养不足（缺氮，碳水化合物减少），同化物再分配受干扰，干旱或雨水过多，低温（或高温）等。

5. 在授粉受精的整个过程中，发生一系列严格的、逐步升级的识别。

①花粉落在柱头上，首先发生形态结构的相互适应，花粉被黏附在柱头上，进行物理的识别。②花粉与柱头间互换信息，产生双向的信号传递，首先花粉外壁的糖蛋白与柱头表膜蛋白识别，启动花粉水合萌发。如果花粉与柱头之间的识别是亲和的，花粉粒正常萌发，花粉管尖端分泌角质酶，消化柱头表面的角质层，花粉管可以进入花柱生长。③萌发的花粉管与花柱间的识别：花粉管与位于花柱内部的传递组织相互作用进一步识别，花柱传递组织中的蛋白质分子可能协助花粉管生长，为花粉管生长提供营养。此外，如 Ca^{2+} 对花粉管的萌发和生长都有刺激作用，生长素、一些低分子质量的蛋白质和黄酮醇等也有助于花粉管的生长。花粉管的生长是由一系列的基因精密调控的，如不亲和，花粉管停止生长。④受精：雄配子体及其精细胞与雌配子的识别又包括两个方面，一是花粉管与助细胞之间的识别，二是精细胞与卵细胞或中心细胞之间的识别和配对的选择。花粉管破裂后释放出的两个精细胞要分别与卵细胞和中心细胞融合，就有选择配对的问题。如果它们是亲和的，即会发生融合，完成受精作用，如果它们之间是不亲和的，受精作用即中止。

意义：授粉受精是植物生殖生长中的重要环节，是保持亲本遗传特性的关键，雌雄之间的一系列严格的识别对于保证子代的品种纯度至关重要。

第十五章　植物的成熟与衰老生理

重点提示：种子发育的代谢过程、基因表达及调控因素（掌握）；果实成熟的调控机制（掌握）；衰老的调控机制（掌握）。植物休眠的类型、原因及影响休眠和萌发的条件（了解）。脱落的机制（了解）。

【核心概念】

1. 核型胚乳（nuclear type of endosperm）——胚乳的细胞核分裂后，不进行相应的细胞质分裂，而是连续进行多次核分裂，之后再进行细胞质分裂形成胚乳细胞，这种方式分裂的胚乳为核型胚乳。单子叶植物和大多数双子叶植物的胚乳发育属于这种类型。

2. 细胞型胚乳（cellular type of endosperm）——胚乳核分裂后即进行细胞质的分裂，形成多细胞结构，这种方式分裂的胚乳为细胞型胚乳。大多数茄科植物的胚乳发育属于这种类型。

3. 非汀（phytin）——是禾谷类等淀粉种子中磷酸的储备库与供应源，是由游离的磷酸与肌醇和钙、镁结合形成的肌醇六磷酸钙镁。种子萌发时，非汀分解，释放出磷、钙和镁，供幼苗生长之用。

4. LEA 蛋白（late embryogenesis abundant protein，LEA）——胚胎发育后期高丰度表达的蛋白质。LEA 蛋白是高亲水性的可溶性蛋白，有高度的热稳定性。LEA 蛋白可作为渗透调节的物质，保护细胞的结构和代谢，参与种子抗脱水过程，使种子在后期脱水时不会受到破坏；参与调控基因表达、胚的发育和种子休眠。

5. 无融合生殖（apomixis）——有些植物的卵不经受精作用而直接发育成胚，或由胚珠内的反足细胞、助细胞等发育成胚，形成种子，产生有籽果实，这就是无融合生殖。

6. 单性结实（parthenocarpy）——植物不经受精作用而子房膨大形成无籽果实，这种现象称为单性结实。

7. 呼吸跃变（respiratory climacteric）——在果实的成熟过程中，有些果实的呼吸速率最初逐渐降低，但到成熟末期时呼吸速率突然升高而后又迅速下降，这种现象称为果实的呼吸跃变。

8. 休眠（dormancy）——植物生长暂时停顿的一种状态，称为休眠。

9. 生理休眠（physiological dormancy）——是由于种子自身内在的生理原因造成的休眠，即使给予充足的水分、氧气与适宜的温度等生长条件，它们也不能萌发生长，称为生理休眠。

10. 强迫休眠（imposed dormancy）——当植物在生育期内遇到低温和干旱等不利条件时，生长被迫处于极其缓慢或短暂静止状态，这种休眠称强迫休眠，如给予适宜条件，种子即可萌发，植株又开始恢复生长。

11. 胎萌（vivipary）——有些植物的种子在发育过程中，胚已具备发芽能力，在适宜条件下能早熟萌发，即胎萌现象。种子胎萌的原因与胚中缺乏 ABA 有关。

12. 低温预冷（prechilling）——许多植物被低温诱导而进入休眠，在低温条件又能被打破休眠，这种现象被称为低温预冷。

13. 层积现象（stratification）——一种有效的、人工打破种子休眠的方法，即用湿润的沙将种子分层堆埋在室外，经低温预冷，能有效打破种子的休眠。经层积处理后种子内萌发抑制剂消失，促进萌发的物质如 GA 和细胞分裂素水平上升。

14. 衰老（senescence）——植物个体发育到一定阶段，细胞、器官或植物整体生理活动和功能发生不可逆衰退的过程。

15. 老化（aging）——植物发育过程中发生的衰退事件，如种子储藏过程中生活力衰退劣变、发芽率降低等。

16. 整体衰老（overall senescence）——许多一年生植物如小麦、玉米、水稻和大豆等，即使在适宜生长的条件下，随着果实和种子的产生，植株很快变黄衰老。

17. 地上部分衰老（top senescence）——许多多年生草本植物和灌木，在每年的一定时期，地上部衰老死亡，但地下部维持生命，待第二年重新长出茎叶，开始新一年的生长。

18. 脱落衰老（deciduous senescence）——落叶树木的叶片发生季节性的衰老脱落。

19. 渐进衰老（progressive senescence）——一些常绿树木，叶片不是在同一时期衰老脱落，而是分批轮换的衰老脱落。

20. 自由基（free radical）——具有不成对电子的原子、分子或离子称自由基。生物体内的自由基有羟自由基（HO·）、烃氧基（RO·）、超氧化物阴离子自由基（$O_2^{-}\cdot$）、超氧化物自由基（$HO_2\cdot$ 和 ROO·）、单线态氧（$^1O_2$）等。由于它们均含氧，而其比氧更活泼，又统称活性氧。

21. 脱落（abscission）——叶片、花、果实、种子或枝条等植物的部分器官脱离母体的过程，称为脱落。

22. 离区（abscisic zone）——是指叶柄、花柄或果柄基部的特化区域，是叶片、花、果实等离开母体，发生脱落的部位。

23. 离层（abscisic layer）——指叶柄离区中的几层细胞，其特点是体积较小，具分生能力，细胞排列整齐，细胞内含丰富高尔基体和内质网。在脱落前，离层细胞代谢活动增强，合成纤维素酶和多聚半乳糖醛酸酶等细胞壁降解酶，在这些酶的作用下细胞壁发生降解，器官发生脱落。

【知识要点】

种子的发育：种子发育始于合子分裂，发育过程包括胚、胚乳发育，营养物质积累和种子的成熟干燥。在种子发育过程中，碳水化合物、脂肪、蛋白质和非汀等物质发生代谢转化。种子成熟受多种激素的调节控制，种子中内源激素的含量随种子发育而动态变化。种子发育早期细胞分裂素、生长素和赤霉素含量增加，在种子发育后期其含量均降低，而脱落酸含量开始增高，ABA具有促进种子脱水干燥的功能，有利于种子休眠。在种子的发育后期，种子以脱水为主要特征。随着种子的脱水，种子中ABA含量降低，种子对ABA的敏感性降低。在胚胎发育后期，种子胚胎发育后期高丰度蛋白质（late embryogenesis abundant protein，LEA蛋白）基因明显表达。LEA蛋白是高亲水性的可溶性蛋白，有高度的热稳定性。这些蛋白质在种子发育的中、后期起很重要的作用，可保护细胞的结构和代谢，参与种子抗脱水过程，使种子在后期脱水时不会受到破坏；LEA蛋白也可作为渗透调节物质。

果实的发育：果实的生长表现出“慢-快-慢”的特点，不同植物果实的生长特点不同，如梨、苹果、香蕉、菠萝、草莓、番茄和茄子等植物的果实的生长积量呈单S形曲线；而桃、李、杏和樱桃等核果类果实有两个迅速生长的时期，其生长曲线呈双S形。生长素、细胞分裂素和赤霉素促进果实膨大生长。果实生长停止后，发生一系列生理生化变化，包括果实变甜、酸味降低、涩味消失、具有特殊的香味、果实颜色变得鲜艳、果实变软等。许多果实发育过程中出现呼吸跃变。乙烯是诱导呼吸上升的主要原因，乙烯启动和促进果实的成熟。ABA可促进果实成熟和衰老；生长素影响果实成熟的启动时间，一般可延缓果实的成熟，但不影响果实的成熟程度；细胞分裂素和GA不影响成熟起始时间但降低成熟度。

植物的休眠：植物以种子和芽为休眠器官。种子休眠的原因有种皮的限制、种子胚未发育完全、种子未完全成熟以及化学抑制物质的存在等。植物进入休眠受内在发育程度及外部环境因子的调节。日照长度和温度是诱导植物体进入休眠的主要环境因子。植物进入休眠时，内部代谢过程逐渐降低。内源激素的相对含量和平衡关系不断发生变化，ABA和GA的相对比值变化对诱导休眠或解除休眠起着重要的调控作用。

多数植物的芽休眠是典型的短日反应，在夏末秋初接受日照缩短、温度降低的信号，发生生理和形态变化。叶片是感受光周期的器官。ABA可诱导芽休眠，GA可打破芽休眠。ABA与细胞分裂素和GA间的平衡在维持和打破休眠中起调控作用。地下储藏器官如块根、块茎、鳞茎或球茎，也可作为休眠器官。

植物的衰老：衰老是植物发育进程中自身遗传程序控制的一个阶段，是一种主动控制的过程。在衰老过程中，细胞结构逐渐解体，在衰老组织细胞中发生一系列生理生化变化。蛋白质的降解是发生衰老的第一步。衰老可受不同因子诱导，营养物质的变化、自由基、活性氧的伤害以及激素平衡的变化会诱导衰老。乙烯是叶片衰老的调控因子，乙烯的存在加速叶片的衰老，但乙烯不是诱导衰老的启动因子，乙烯不引起幼嫩叶片的衰老，叶片只有发育到一定阶段后才对乙烯信号产生反应。此外，细胞分裂素、生长素和赤霉素也是调控衰老的主要激素，有延缓衰老的作用。ABA 可抵消细胞分裂素和 GA 的作用，促进衰老。

衰老是遗传程序控制的主动发育进程，乙烯等激素信号参与调控衰老过程的基因表达。在衰老过程中有表达降低的基因即衰老下调基因（senescence down regulated gene，*SDG*），也有在衰老时被诱导表达的基因即衰老相关基因（senescence associated gene，*SAG*）或称其为衰老上调基因（senescence up regulated gene，*SUG*）。*SAG* 编码的蛋白质主要参与大分子的降解、氧化代谢的解毒、防卫机制的诱导以及信号和调控反应等。光是调控植物衰老的重要环境因子。

植物器官的脱落：衰老是诱导脱落的信号，植物器官衰老的结果多数是发生脱落，但并不是全部衰老的器官都发生脱落。脱落是高等植物生命周期中的重要事件，是植物适应环境、保存和繁衍后代的方式。生长、发育、激素、伤害和环境胁迫等多种因素诱发脱落。

脱落发生在离区。离区是分布在叶柄、果柄、花柄基部的几层细胞，离区细胞体积小、细胞质致密。离区的分化受基因调控，目前在拟南芥中已证明有 551 个基因参与调控离区的分化。在离区内存在一层或几层离层细胞，离层细胞在对发育和环境刺激作出反应而发生彼此分离。脱落速率主要受离层细胞细胞壁修饰蛋白的控制。离层细胞接受信号刺激后，水解酶（主要是纤维素酶和多聚半乳糖醛酸酶）活性增加，细胞壁发生水解，器官脱落。

乙烯是调控脱落的主要激素，乙烯促进脱落。除乙烯外，脱落酸和生长素也调控脱落，ABA 促进衰老，也诱导少数植物器官发生脱落。生长素通过影响离层细胞对乙烯的敏感性而调控器官脱落。GA 和细胞分裂素对脱落的调控不是直接作用，而是通过延缓器官的衰老从而减少脱落。光照强度和日照长度影响器官的脱落。水分胁迫会导致器官脱落，异常的温度加速器官脱落。矿质营养缺乏时，代谢失调，器官易于脱落。

【试题精选】

一、填空题

1. 种子的发育过程包括________、________和________。

2. 种子发育过程中，________、________、________和________等物质发生代谢转化。

3. 种子中内源激素含量随种子发育而动态变化，种子发育早期________、________和________含量增加；在种子发育后期，________含量明显增高。

4. ABA 具有促进种子脱水干燥的功能，有利于种子________。

5. 种子发育后期的主要特征是________。

6. 有些植物的卵不经受精作用也可直接发育成胚，形成种子，产生有籽果实，这种现象称为________。

7. 植物未经受精作用，子房膨大形成无籽果实的现象是________。

8. 用低浓度的________处理番茄可诱发单性结实，得到无籽番茄。

9. 呼吸跃变的出现标志果实________。

10. 非跃变型果实的内源乙烯________。

11. 跃变型果实中存在两个系统，系统Ⅰ负责跃变前果实中基础乙烯的生成；系统Ⅱ负责________。

12. 未成熟果实有机酸含量高，有机酸包括________、________和________等。

13. 果实成熟后涩味消失，原因是单宁在________催化下被氧化。

14. 原果胶含量越多，果实硬度________。

15. 果实成熟过程中，原果胶被原果胶酶水解为________，果实变软。

16. 果胶酯酶（PE）和多聚半乳糖醛酸酶（PG）分别催化细胞壁中的________和________水解为________和________。

17. 诱导植物体进入休眠的主要环境因子是________。

18. 植物体内 ABA/GA 值高时，________休眠。

19. 种子休眠的主要原因包括________、________、________和________。

20. 衰老过程中，ACC 合酶和 ACC 氧化酶的基因表达________。

21. 蓝光能使叶绿素和蛋白质的降解________，从而________衰老。

22. 植物体内清除自由基的酶包括________、________、________。

23. 一般情况下，长日照________脱落，短日照________脱落。

二、选择题（包括单项选择和多项选择）

1. 下列属于跃变型果实的是（　　）。

A. 香蕉　　B. 草莓　　C. 柑橘　　D. 葡萄

2. 下列属于非跃变型果实是（　　）。

A. 梨　　B. 猕猴桃　　C. 番茄　　D. 柠檬

3. 跃变型果实和非跃变型果实的区别在于（　　）。

A. 非跃变型果实乙烯生成速率较快

B. 对外源乙烯的反应不同，外源乙烯不能促进非跃变型果实的成熟

C. 跃变型果实中存在两个乙烯生成和调节系统，非跃变型果实只有一个系统

D. 对乙烯的敏感性不同

4. 番茄成熟抑制突变体 rin（ripening inhibitor）和不成熟突变体 nor（non-ripening）果实不能正常成熟的主要原因是（　　）。

A. 细胞壁水解酶活性降低　　B. 细胞壁水解酶活性增加

C. 淀粉酶活性降低　　D. 蔗糖合成酶活性降低

5. 玉米 vp2、vp5、vp7、vp14 突变体会发生胎萌现象，原因是在这些突变体中缺乏（　　）。

A. 脱落酸　　B. 赤霉素　　C. 细胞分裂素　　D. 乙烯

6. 休眠可由植物自身发育进程控制和外界环境条件控制所引起，后者称为（　　）。

A. 深休眠　　B. 生理休眠　　C. 强迫休眠　　D. 内因性休眠

7. 植物的休眠器官有（　　）。

A. 花，果实　　B. 果实，种子　　C. 种子，芽　　D. 花，种子

8. 与植物营养体进入休眠有关的主要条件有（　　）。

A. 日照长度　　B. 干旱　　C. 光强度　　D. 干热

9. 禾谷类种子与豆类种子相比，萌发时吸水（　　）。

A. 更多　　B. 更少　　C. 一样　　D. 无规律

10. 苹果等植物的种子，胚已发育完全，但在适宜的条件下仍不能萌发，必须要经过一段时间休眠后才能萌发，将此现象称为（　　）。

A. 强迫休眠　　B. 内因性休眠　　C. 外因性休眠　　D. 后熟过程

11. 人工用湿润沙土将种子分层堆埋在室外，经低温预冷处理，其作用是使植物种子（　　）。

A. 促进休眠　　B. 打破休眠　　C. 提高生活力　　D. 延长寿命

12. 未完成后熟的种子在低温层积过程中，ABA 和 GA 含量的变化为（　　）。

A. ABA 升高，GA 降低　　B. ABA 降低，GA 升高

C. ABA 和 GA 均降低　　D. ABA 和 GA 均升高

13. 用药剂处理可打破种子的休眠，促进其萌发，常用的有（　　）。

A. GA　　B. ABA　　C. 乙烯　　D. BR

14. 芽休眠的直接诱导因子是（　　）。

A. 光周期　　B. 低温　　C. 光强　　D. 干旱

15. 植物激素间的平衡在维持和打破芽休眠中起调控作用，其中起主要作用的是（　　）。

A. IAA 与 GA　　B. CTK 与 GA　　C. GA 与 ETH　　D. ABA 与 GA

16. 豌豆、蚕豆和菜豆等豆类种子发育过程中，最先累积的储藏物质是（　　）。

A. 蛋白质　　B. 淀粉　　C. 可溶性糖　　D. 油脂

17. 小麦、水稻和玉米等禾谷类种子在发育中，胚乳中的可溶性糖含量（　　）。

A. 迅速增加　　B. 迅速降低　　C. 维持不变　　D. 缓慢增加

18. 花生和油菜等油料种子发育过程中，最先累积的储藏物质是（　　）。

A. 蛋白质　　B. 淀粉　　C. 脂肪酸　　D. 油脂

19. 水稻种子成熟时，非汀作为某些物质的储备库与供应源，在种子萌发时将这些物质释放出来，供幼苗生长。这些物质包括（　　）。

A. 磷、钙和铁　　B. 磷、钙和锌　　C. 磷、镁和锰　　D. 磷、钙和镁

20. 在种子发育后期，一些具特殊生理功能的蛋白质基因表达，这类蛋白质为（　　）。

A. LEA 蛋白　　B. P 蛋白　　C. 收缩蛋白　　D. G 蛋白

21. 小麦种子从籽粒开始生长到种子成熟，IAA 含量的变化趋势是（　　）。

A. 持续升高　　B. 迅速增加，然后下降

C. 持续下降　　D. 迅速下降，然后升高

22. 同一品种的大豆在北方种植比在南方种植产量高，油质好的主要原因是（　　）。

A. 昼夜温差大　　B. 干旱　　C. 长日照　　D. 土壤水分

23. 参与控制果实成熟时呼吸跃变的主要物质是（　　）。

A. GA　　B. IAA　　C. ABA　　D. 乙烯

24. 推迟果实成熟、延长果实储藏时间的措施可采用（　　）。

A. 降低 CO_2 和 O_2 浓度　　B. 降低 O_2 浓度和温度

C. 提高 CO_2 和 O_2 浓度　　D. 提高 CO_2 浓度

25. 促使温带树木秋季落叶的信号是（　　）。

A. 气温下降　　B. 光强减弱　　C. 日照变短　　D. 秋季干燥

26. 控制脱落的激素主要是（　　）。

A. ABA 和乙烯　　B. IAA 和乙烯　　C. GA 和乙烯　　D. CTK 和乙烯

27. 种子的成熟干燥期的特征为（　　）。

A. 鲜重降低　　B. 糖类物质积累

C. ABA 含量增加　　　　　　　　D. LEA 蛋白积累

28. 跃变型果实与非跃变型果实的区别是（　　）。

A. 果实内乙烯生成的特性不同　　B. 果实内乙烯的产生量不同

C. 对外源乙烯的反应不同　　　　D. 都存在两个乙烯生成和调节系统

29. 调控果实成熟和衰老的内源激素有（　　）。

A. IAA 影响果实成熟的时间　　　B. CTK 影响成熟度

C. ABA 促进果实成熟　　　　　　D. GA 影响果实的成熟时间

30. 控制植物休眠的主要因素有（　　）。

A. ABA 合成增加，GA 合成减少，ABA/GA 值增高

B. ABA 合成减少，GA 合成增加，ABA/GA 值降低

C. 干旱和营养不足

D. 低温和短日照

31. 有利于马铃薯块茎增产的外界条件是（　　）。

A. 短日照　　B. 长日照　　C. 昼夜温差大　　D. 水分适宜

三、简答题

1. 简述油料种子成熟过程中主要储藏物质的变化，并阐明收获油料种子时应注意什么问题。

2. 简述环境条件对种子萌发的影响。

3. 简述 LEA 蛋白的功能。

4. 简述果实成熟的激素调控。

5. 简述反义 RNA 技术在培育耐储性果实品种中的应用。

6. 分析种子休眠的原因。

7. 简述植物激素与叶片脱落的关系。

四、分析论述题

1. 试述呼吸跃变与果实成熟的关系。

2. 果实成熟时主要发生哪些生理生化变化？这些变化与果实成熟的特征有何关系？

3. 试分析乙烯与果实成熟的关系。

4. 试述植物衰老的类型及衰老的调控。

【参考答案】

一、填空题

1. 胚和胚乳发育，营养物质积累，种子的成熟干燥。

2. 碳水化合物，脂肪，蛋白质，非汀。

3. 细胞分裂素，生长素，赤霉素，脱落酸。

4. 休眠。

5. 脱水。

6. 无融合生殖。

7. 单性结实。

8. 2,4-D 或赤霉素。

9. 成熟、衰老。

10. 维持在低水平。

11. 跃变时乙烯自我催化作用。

12. 柠檬酸，苹果酸，酒石酸。

13. 过氧化酶。

14. 越大。

15. 果胶和纤维素。

16. 果胶，多聚半乳糖醛酸，果胶酸，半乳糖醛酸。

17. 日照长度和温度。

18. 促进。

19. 种皮的限制，胚未发育完全，种子未完全成熟，萌发抑制物的存在。

20. 增强。

21. 减慢，延缓。

22. 超氧物歧化酶（SOD），过氧化氢酶（CAT），过氧化物酶（POD）。

23. 延缓，诱导。

二、选择题

1. A； 2. D； 3. C； 4. A；
5. A； 6. C； 7. C； 8. A；
9. A； 10. D； 11. B； 12. B；
13. A； 14. A； 15. D； 16. C；
17. B； 18. B； 19. D； 20. A；
21. B； 22. A； 23. D； 24. B；
25. C； 26. B； 27. A，B，D；
28. A，B，C； 29. A，B，C；
30. A，C，D； 31. A，C，D。

三、简答题

1. 成熟的油料种子中储藏物质主要是脂肪。种子成熟初期体内先积累碳水化合物，随种子成熟，碳水化合物逐渐被转化为脂肪。在形成脂肪的过程中，先形成饱和脂肪酸，然后在去饱和酶作用下，转变为不饱和脂肪酸。在种子成熟时首先形成游离脂肪酸，以后才逐渐形成脂肪。种子在充分成熟时才能完成这些物质的转化过程。因此，在收获油料种子时应注意种子的成熟程度，如果在油料种子还未完全成熟前收获，不但种子含油量低，而且油质差，这主要是脂肪的合成过程未完成所致。

2. (1) 水分：是种子萌发的首要条件，种子萌发的第一阶段是吸涨。干燥的种子必须吸收足够的水分才能恢复细胞的各种代谢功能。

(2) 温度：种子萌发过程伴随水解酶类的合成和分泌，消化种子内储存的营养物质，代谢活动增强，因此受温度影响，有温度三基点。

(3) 氧气：从种子吸涨早期开始即伴随着呼吸的增加，因此需要有足够的氧气供应才能保证有氧呼吸的进行。种子萌发过程中的呼吸途径主要是糖酵解和三羧酸循环，产生的中间代谢物和 ATP 作为胚细胞分裂和生长的物质与能量供应。一般种子在氧浓度为10%以上才能萌发，含脂肪较多的油料种子萌发时需要氧含量更高。

(4) 光照：需光种子的萌发需要光照，如莴苣种子。GA 可代替光照使需光种子在暗中萌发。

3. LEA 蛋白是种子胚胎发育后期高丰度表达的一类蛋白质。LEA 蛋白富含不带电荷的氨基酸，具高度热稳定性、高度亲水性。所以，在细胞中起稳定细胞膜结构、防止氧化等作用，可保护细胞的结构和代谢。参与种子休眠和种子抗脱水过程，使种子在后期脱水时不会受到破坏。在这一时期，种子中积累渗透调节物质，LEA 蛋白可作为渗透调节的物质，与植物抗逆性密切相关。

LEA 蛋白表达受发育阶段控制，一般伴随着种子或胚胎的成熟而形成，在种子萌发时很快消失，这是LEA蛋白在种子发育过程中呈现的特定表达模式。

4. 果实的成熟受多种植物内源激素的调控。乙烯是启动和促进果实成熟的主要激素。跃变型果实中存在两个乙烯生成和调节系统，系统Ⅰ负责跃变前果实中低速率的基础乙烯的生成，系统Ⅱ负责跃变时乙烯自我催化的大量生成。乙烯通过增强ACC合酶（ACS）和ACC氧化酶（ACO）的活性促进自身的生物合成，因此，跃变型果实有明显的乙烯大量产生。非跃变型果实成熟过程中只有系统Ⅰ生成乙烯，因此，非跃变型果实内乙烯生成速率较低，乙烯含量一直维持在低水平。

ABA也可促进果实成熟和衰老。外源ABA处理能刺激苹果和番茄果实中的乙烯生成。

生长素影响果实成熟的时间，一般生长素可延缓果实的成熟，但不影响果实的成熟程度。

细胞分裂素不影响成熟的时间，但可降低果实的成熟程度。

GA的作用与细胞分裂素相似。

5. 反义RNA技术是将目的基因反向构建在一启动子上，再转入植物体，形成转基因植物，这种植物产生与该基因的mRNA互补结合的RNA链，成为反义RNA，其结果使植物中相应的mRNA水平大大降低。这种反义RNA可专一抑制特定基因的表达，不影响其他基因表达。

乙烯是诱导果实成熟的激素。控制乙烯合成就可控制成熟。ACC是乙烯合成的前体，在ACC合酶（ACS）和ACC氧化酶（ACO）的催化下合成乙烯。抑制ACS和ACO就可以控制乙烯合成。ACS和ACO都由一个多基因家族编码。目前已有多种植物的ACS和ACO基因序列得以克隆，用反义RNA技术获得了转基因植株，转基因植物纯合后代的果实乙烯生成量被抑制，果实采后在室温保存时间明显增长，果实的耐储性增强。反义ACC合酶和ACC氧化酶基因的表达有效抑制了乙烯的生物合成，因此，反义RNA技术为培育耐储性强的果实品种开辟了广阔前景。

6. 许多作物的延存器官是种子，多数成熟种子会进入休眠。种子休眠的原因包括：①种胚外的种皮等保护组织的障碍，坚硬的种皮及其外面的蜡质或角质使其不易透水透气；②有的种子在外表成熟时，胚没有发育完全，需要在适当条件下继续发育后才能萌发；③种子未完全成熟，需要经过继续发生一些生理生化变化的后熟阶段；④种子中化学抑制物质的存在，如一些有机酸、次生代谢物等，经分解或淋洗除去后种子才能萌发。

7. (1) 叶片健康正常生长时，合成生长素向外运输，保持叶片和茎之间的生长素浓度梯度，离层区细胞处于非敏感状态。

(2) 衰老或环境信号干扰生长素的合成和运输，不能维持其浓度梯度；而此时乙烯含量增加，降低生长素活性；离区细胞对乙烯敏感性增加，进入器官脱离诱导相。

(3) 乙烯诱导离区细胞合成并分泌果胶酶、纤维素酶等水解细胞壁而导致器官脱落。

四、分析论述题

1. 呼吸跃变是指在果实成熟过程中，某些果实的呼吸速率逐渐降低，但在成熟末期突然升高而后又下降的现象。呼吸跃变的出现标志着果实达到成熟，也意味着果实即将进入衰老。果实可分为跃变型和非跃变型果实，跃变型果实成熟较迅速，非跃变型果实成熟较缓慢。

呼吸跃变产生的主要原因是内源乙烯含量增加的结果。乙烯是促进果实成熟的激素，外源乙烯处理可诱导和加速果实成熟，乙烯生物合成的抑制剂和乙烯作用的拮抗剂可抑制果实成熟。跃变型果实中存在两个乙烯生成和调节系统，其中系统Ⅰ负责跃变前果实中低速率的基础乙烯的生成，系统Ⅱ负责跃变时乙烯自我催化的大量生成，因此，跃变型果实有明显的乙烯大量产生。非跃变型果实乙烯生成速率较低，整个成熟过程中只有系统Ⅰ生成乙烯，因此，非跃变型果实内乙烯含量一直维持在很低水平。外源乙烯对非跃变型果实也有促进成熟和衰老的作用。

2. 果实成熟时的变化主要包括甜度增加，酸度降低，涩味消失，香味增加，果实呈现红、黄、橙等鲜艳的颜色，果实软化。其原因如下。

在果实成熟过程中，果肉细胞中储存的淀粉，在淀粉酶、转化酶和蔗糖合成酶的催化下水解转化为葡萄糖、果糖、蔗糖等，果实逐渐变甜。果实中柠檬酸、苹果酸和酒石酸等有机酸的合成减弱，部分有机酸转化为糖，果实的酸味降低。

单宁等具有涩味的物质在过氧化酶催化下被氧化或形成不溶性物质，果实涩味消失。各种酯类或醛类等芳香物质在果实成熟过程中大量形成，如香蕉含的乙酸戊酯，柑橘含的柠檬醛，苹果含的乙酸丁酯、乙酸乙酯等，使果实具有特殊的香味。

随着果实发育，叶绿素降解加快，合成逐渐减少，类胡萝卜素的合成增加，因此果皮呈现红、黄或橙色。在阳光照射和昼夜温差较大的情况下，花色素的合成加强，因此，果实向阳的部分颜色更加鲜艳。

随着果实的成熟，多种与细胞壁有关的水解酶活性提高，引起细胞壁结构成分发生变化。原果胶在原果胶酶作用下水解为果胶和纤维素，果实硬度变软。果胶在果胶酯酶（PE）和多聚半乳糖醛酸酶（PG）作用下继续降解。PE催化果胶水解为果胶酸，PG催化多聚半乳糖醛酸 α-1,4 糖苷键的水解。果胶酸无黏性，果肉细胞彼此分开。果胶酸在果胶酸酶作用下，可进一步水解成半乳糖醛酸和己糖及戊糖。

3. （1）乙烯是启动和促进果实成熟的激素，低水平乙烯即可诱导乙烯合成的关键酶，ACC合酶和ACC氧化酶的大量表达。

（2）乙烯诱导呼吸跃变，促进跃变型果实成熟。乙烯对非跃变型果实的成熟也有促进作用。跃变型果实和非跃变型果实的重要区别在于乙烯生成的特性不同和对乙烯的反应不同，跃变型果实中存在两个乙烯生成和调节系统，其中系统Ⅰ负责跃变前果实中低速率的基础乙烯的生成；系统Ⅱ负责跃变时乙烯自我催化的大量生成。非跃变型果实乙烯生成速率较低，整个成熟过程中只有系统Ⅰ生成乙烯。外用乙烯对非跃变型果实同样具有促进成熟作用。果实对乙烯的敏感性也随果实的发育而提高。

（3）乙烯可促进与成熟有关的许多酶的合成及酶活性的提高，从而促进果实成熟过程中的生理生化变化。在果实发育过程中，多聚半乳糖醛酸酶（PG）基因表达加强，酶活性提高。PG主要负责催化果胶降解，果肉细胞壁中层分开。同时，纤维素酶活跃，使纤维素链部分降解，其他如甘露糖酶、糖苷酶、木葡聚糖酶、半乳糖苷酶等都参与细胞壁的水解，使果实变软。

（4）乙烯可增强膜透性，加速气体交换，诱导呼吸酶的合成，促进呼吸速率的提高；同时，引起水解酶外渗，催化有机物迅速转化。

（5）乙烯促进离层细胞活跃，导致果实脱落。

4. 衰老分成四种类型：①整体衰老，许多一年生植物，在果实和种子形成后，植株衰老；②地上部分衰老，许多草本多年生植物和灌木，每年的一定时期地上部衰老死亡，地下部维持生命，下一年重新长出茎叶；③脱落衰老，落叶树木的叶片发生季节性衰老脱落；④渐进衰老，一些常绿树木的叶片分批轮换衰老脱落。

衰老的调控如下。

内源因素：体内营养物质的匮乏、自由基、活性氧的增加都会促进植物的衰老。内源激素调控衰老，乙烯是诱导衰老的主要激素，乙烯促进果实成熟，也促进叶片的衰老。细胞分裂素延缓衰老，GA也延缓衰老。ABA可抵消细胞分裂素和GA的作用，促进衰老。

环境因素：光是调控植物衰老的重要因子，植株或离体器官在光下不易衰老，在暗中则加速衰老。高温和低温都诱发自由基产生，加速叶片的衰老。水分胁迫刺激乙烯和ABA形成，促进衰老。多种环境胁迫可诱导植物体在还未成熟就发生衰老。

第十六章　植物的逆境生理

重点提示：逆境的概念和种类，以及植物抵抗逆境的方式（掌握）；植物对逆境适应的生理机制（掌握）；水分胁迫、盐分胁迫、低温胁迫和高温胁迫对植物的影响及植物的抵抗机制（掌握）。

【核心概念】

1. 胁迫（stress）——对植物生存或生长不利的环境因子的统称。

2. 生物胁迫（biotic stress）——病害、虫害和杂草等生物因子对植物生长发育的影响。

3. 非生物胁迫（abiotic stress）——干旱、盐害、低温和高温等环境因子对植物生长发育的影响。

4. 抗逆性（stress resistance）——植物对逆境的适应反应。

5. 驯化（acclimation）——植物对逆境逐步适应的过程。

6. 抗性锻炼（hardiness）——特定环境因子对植物抗逆性的诱导过程，称为抗性锻炼。

7. 避逆性（stress escape）——植物通过调整自身生育周期等以避开逆境。

8. 御逆性（stress avoidance）——植物通过特定的形态结构使其具有一定抵御环境胁迫的能力，在逆境条件下体内各种生理过程维持正常状态。

9. 耐逆性（stress tolerance）——植物通过自身的生理生化变化，阻止、降低、修复逆境造成的损伤，使植物在逆境条件下仍保持正常的生理活动。

10. 交叉适应（cross adaption）——植物经历了某种逆境后，对另一些逆境的抵抗能力有所提高，这种对不良环境之间的相互适应作用，称为交叉适应。

11. 渗透调节（osmoregulation）——植物通过主动增加溶质，提高细胞液浓度、降低其渗透势，保持一定压力势，以抵抗外界的渗透胁迫，这种现象称为渗透调节。

12. 渗透胁迫（osmotic stress）——植物与环境之间渗透势的不平衡导致的对植物的胁迫。

13. 活性氧（reactive oxygen species，ROS）——是指在化学反应性能方面比氧更活泼的含氧物质，如羟自由基（· OH)、烃氧基（RO·）、超氧阴离子自由基（O_2^-·）、超氧物自由基（HOO·和 ROO·）和单线态氧（$^1O_2$）等。

14. 逆境蛋白（stress protein）——植物在各种逆境胁迫下诱导形成的或含量增加的蛋白质。

15. 热激蛋白（heat shock protein，HSP）——在高于正常生长温度5～10℃以上时，植物体新合成的一类蛋白质。热激蛋白具有多种特点和生理功能。

16. 热激反应（heat shock response，HSR）——在高于正常生长温度5～10℃以上时，植物体大量合成热激蛋白的现象。

17. 冷诱导蛋白（cold induced protein）——植物经过低温诱导后体内新合成的蛋白质，新蛋白质的出现提高了植物的抗寒性。

18. 水分胁迫蛋白（water stress protein）——干旱诱导植物产生的特异蛋白。

19. 病原相关蛋白（pathogenesis related protein，PR）——病原菌侵染后诱导产生的与植物抗病性有关的一类蛋白质。

20. 干旱（drought）——又称为水分胁迫（water stress）植物水分散失超过水分吸收，植物体内出现水分亏缺的现象。

21. 抗旱性（drought resistance）——植物抵抗旱害的能力。

22. 大气干旱（atmosphere drought）——在大气相对湿度较低时，植物蒸腾作用强烈，植物失水量大于根系吸水量，而使植物受害的现象。

23. 土壤干旱（soil drought）——土壤中可利用的水分缺乏，根系吸水困难，植物体水分亏缺，使植物生长缓慢的现象。

24. 生理干旱（physiologic drought）——土壤不缺可利用水，但由于土温过低或土壤溶液浓度过大而妨碍根系吸水，造成植物体水分亏缺的现象。

25. 萎蔫（wilting）——在植物失水量大于根系吸水量、植物体水分亏缺时，植物叶片和幼嫩茎部分下垂的现象。

26. 暂时萎蔫（temporary wilting）——降低蒸腾速率能消除水分亏缺，萎蔫植株可恢复正常，这种萎蔫称为暂时萎蔫。

27. 永久萎蔫（permanent wilting）——蒸腾速率降低后仍不能使萎蔫植物恢复正常，这样的萎蔫称为永久萎蔫。永久萎蔫是由于土壤水势等于或低于植物根系水势，根系无法从土壤中吸水，只有增加土壤可利用水分，提高土壤水势，才能消除萎蔫。

28. 盐害（salt injury）——土壤盐分过多对植物造成的伤害作用。

29. 单盐毒害作用（toxicity of single salt）——植物在单盐溶液中不能正常生长甚至死亡的现象。

30. 离子区域化作用（ionic compartmentalization）——植物受盐胁迫时，一些盐生植物能够将盐离子从细胞质中输入到液泡中保存，这种现象称为离子区域化作用。

31. 冷害（chilling injury）——冰点以上低温对植物的危害。

32. 冻害（freezing injury）——冰点以下低温对植物的危害。

33. 胞外结冰（extracellular ice crystals formation）——在温度下降至零度

以下时，细胞间隙及细胞壁附近的水分结冰的现象。胞外结冰造成的伤害包括细胞脱水和胞壁、原生质承受冰晶的机械伤害。

34. 胞内结冰（intracellular ice crystals formation）——在温度迅速下降时，细胞内结冰，形成冰晶。冰晶的形成及融化会对细胞产生破坏作用。

35. 抗寒性（cold resistance）——植物对寒冷的适应能力，称为抗寒性。

36. 冷诱导基因（cold induced gene）——又称为冷响应基因（cold responsive gene）和冷调节基因（cold regulated gene），由低温诱导植物形成的一类逆境蛋白。它的产生与植物抗寒性的提高有关。

37. 热害（heat injury）——高温对植物的危害。

38. 抗热性（heat resistance）——植物对高温胁迫的适应。

39. 分子伴侣（chaperone）——是一类蛋白质，具有帮助其他蛋白质进行正确折叠、组装和转运；促进错误折叠的蛋白质的降解；在应急条件下稳定多肽，防止蛋白质失活；参与靶蛋白的调节等功能。

【知识要点】

对植物生存与生长不利的环境因子称为逆境，亦称为环境胁迫或胁迫。逆境可分为生物逆境和非生物逆境。植物对环境胁迫有一定的适应和抵抗能力，称之为植物的抗逆性。植物对逆境的适应方式大致可分为三种形式：避逆性、御逆性和耐逆性。植物经历了某种逆境后，能提高对另一些逆境的抵抗能力，这种对不良环境之间的相互适应作用，称为交叉适应。

植物响应逆境的生理及分子机制包括：调节自身的生长发育使其适应外界环境的变化；积累保护性物质、改变膜组分和结构；进行渗透调节；增强活性氧清除能力；激素平衡发生变化；诱导形成逆境蛋白等。

渗透调节是植物的一种适应渗透胁迫的生理生化机制，通过主动增加细胞内溶质，降低渗透势，促进细胞吸水，从而维持细胞的膨压。参与细胞渗透调节的物质主要有两大类，一类是无机离子，包括 K^+、Cl^- 和 Na^+ 等，主要储存于液泡中；另一类是有机物质，主要有可溶性糖、可溶性蛋白、脯氨酸、甜菜碱、甘油、山梨醇和甘露醇等，这些物质存在于细胞质中。

在逆境条件下，植物体内活性氧的产生增加，活性氧引发细胞膜中不饱和脂肪酸发生膜脂过氧化，活性氧对蛋白质和核酸有破坏作用，活性氧也作为信号分子参与胞内信号转导过程。

环境胁迫诱导植物体内产生逆境蛋白，如热激蛋白、水胁迫蛋白、冷胁迫蛋白、盐胁迫蛋白、病原相关蛋白和 LEA 蛋白。

植物处于逆境时，体内 ABA 含量大幅度升高，ABA 含量与植物抗逆性密切相关。ABA 也被称为胁迫激素。ABA 通过调节气孔运动，保持组织内的水分平衡，增强根的透性，提高水的通导性等，从而增加植物的抗逆性。

干旱对植物的直接效应是脱水，引起植物体水分亏缺。在干旱胁迫时，植物通过形态和生理上的改变来适应外界环境的改变。干旱对植物的伤害主要表现在：机械损伤；膜及膜系统受损及膜透性改变；体内各部分间水分重新分配；破坏正常的代谢过程，合成代谢减弱，水解代谢加强。

土壤盐分过多对植物造成的伤害作用称为盐害。一般将植物盐害分为原初盐害和次生盐害。原初盐害是指盐离子本身对植物产生的伤害，即离子胁迫、ROS代谢系统的平衡破坏、代谢紊乱导致的伤害。次生盐害包括土壤盐分过多引起的渗透胁迫和离子间的竞争而引起的营养亏缺。植物的抗盐机制分为避盐和耐盐。植物通过某些生理机制避免体内盐分过多，称为避盐，其途径有拒盐、排盐、稀盐和聚盐。植物通过生理过程或代谢反应的改变来适应细胞内的高盐环境称为耐盐，其主要方式有渗透调节、维持营养元素平衡、稳定膜系统及代谢调节等。

冰点以上的低温对植物产生的伤害称为冷害。冷害的原初部位是生物膜，植物抗冷细胞的生化机制主要是细胞膜蛋白质稳定、增强活性氧清除能力。冰点以下低温使植物组织结冰而引起的伤害称为冻害。植物组织结冰包括胞间结冰或胞内结冰。结冰引起细胞的机械伤害，细胞膜的损伤、蛋白质的变性失活和活性氧伤害。

由高温引起植物伤害的现象称为热害。植物在长期进化过程中形成了对高温逆境的适应和抵抗能力，可分为避热性、御热性和耐热性。在高于正常生长温度5～10℃以上时，生物体会大量合成一些新的蛋白质，称为热激蛋白（HSP），这种现象叫做热激反应（HSR）。植物热激蛋白具有多种特点和生理功能。

【试题精选】

一、填空题

1. 植物对逆境的抵抗和忍耐能力称为________。

2. 通过生理或代谢过程来适应细胞内的高盐环境的抗盐方式称为________。

3. 被称为胁迫激素的是________。

4. 植物的抗逆性强弱与体内激素有关，同一品种的植物经抗冷锻炼后，体内________的值升高。

5. 植物经过干旱或盐渍等处理后，对低温的抵抗能力也有提高，这种现象是________。

6. 植物对冰点以下低温的适应能力为________。

7. 植物受到盐胁迫时，光合速率________。

8. 细胞间结冰伤害的主要原因是________。

9. 干旱和短日照会引起植物体内水平增加的激素是________。

10. 植物处于逆境条件下，体内脱落酸含量________，抗逆性________。

11. 逆境条件下，膜脂中不饱和脂肪酸含量________，植物的抗冷性________。

12. 在逆境胁迫下，植物体内 ROS 水平________，导致膜脂过氧化________。

13. 植物体内清除 ROS 的酶系统主要包括________、________和________。

14. 由于脯氨酸的疏水端与蛋白质联结，亲水端与________结合，从而防止在渗透胁迫下________。

15. 油料种子与淀粉种子相比，耐热性________。

二、选择题（包括单项选择和多项选择题）

1. 在逆境条件下，植物体内水分代谢的变化特点是（　　）。

A. 各种逆境下水分状况有不同的变化

B. 植物吸水能力降低、蒸腾量大于吸水量，植物萎蔫

C. 仅在低温胁迫下植物吸水能力降低

D. 仅在盐害、干旱条件下植物吸水能力降低

2. 植物在受旱情况下，细胞中含量显著提高的氨基酸是（　　）。

A. 天冬氨酸　　B. 精氨酸　　C. 脯氨酸　　D. 谷氨酸

3. 下列不属于逆境蛋白的是（　　）。

A. 热激蛋白　　B. 冷响应蛋白　　C. 盐逆境蛋白　　D. 伸展蛋白

4. 膜脂中含有的脂肪酸碳链（　　），植物的抗逆性（　　）。

A. 越长，越强　　B. 越长，越弱　　C. 越短，越强　　D. 越长，越弱

5. 膜脂组分与植物抗逆性相关，一般来说，抗逆性较强的植物细胞膜脂中含量较高的是（　　）。

A. 糖脂　　B. 磷脂　　C. 胆固醇　　D. 饱和脂肪酸

6. 植物体内负责清除 H_2O_2 的主要酶是（　　）。

A. SOD 和 POD　　B. CAT、POD 和 GPX

C. SOD、CAT 和 POD　　D. POD、GPX 和 GR

7. 植物体内清除 ROS 的非酶系统主要包括（　　）。

A. 维生素、类胡萝卜素、还原型谷胱甘肽

B. 细胞色素 c、细胞色素 f

C. POD、GPX 和 GR

D. 叶绿素、类胡萝卜素、细胞色素 c

8. LEA 蛋白具有的功能是（　　）。

A. 促进种子萌发　　B. 稳定细胞膜结构

C. 促进氧化作用　　D. 促进种子脱水

9. 造成植物生理干旱的主要原因是由于（　　）。

A. 大气温度低　　B. 土壤水分含量低
C. 土壤盐浓度过高　　D. 叶片蒸腾作用太强

10. 干旱、低温和盐胁迫条件能够诱导积累的蛋白质是（　　）。
A. LEA 蛋白　　B. P 蛋白　　C. HSP　　D. G 蛋白

11. 植物适应干旱条件的形态特征之一是根/冠值（　　）。
A. 大　　B. 中等　　C. 小　　D. 不明显

12. 干旱影响植物正常生长的根本原因是（　　）。
A. 原生质脱水　　B. 代谢紊乱　　C. 机械损伤　　D. 膜透性改变

13. 抗冷性强的作物体内可溶性糖的含量在越冬时往往会（　　）。
A. 增多　　B. 变化不大　　C. 减少　　D. 先增多后减少

14. 造成盐害的主要原因为（　　）。
A. 渗透胁迫　　B. 光合速率小于呼吸
C. 膜透性改变　　D. 机械损伤

15. 经抗寒锻炼的植物体内会减少的植物激素是（　　）。
A. ABA、CTK　　B. ABA、乙烯　　C. GA、IAA　　D. ABA、GA

16. 干旱、高温、低温、冻害和盐渍等逆境条件对植物造成的共同伤害首先是（　　）。
A. 光合异常　　B. 水分胁迫　　C. 代谢紊乱　　D. 膜结构破坏

17. 在遭受冷害时，随着其冷害程度的增加，植物的相对膜透性会（　　）。
A. 不变　　B. 变大　　C. 变小　　D. 无规律地变化

18. 以下不是提高植物的抗旱性的正确途径是（　　）。
A. 锻炼　　B. 适当增施磷钾肥
C. 增施氮肥　　D. 合理使用生长延缓剂与抗蒸腾剂

19. 高温的直接伤害是（　　）。
A. 光合速率下降　　B. 呼吸作用速率升高
C. 蛋白质变性　　D. 光合速率小于呼吸速率

20. 植物经适当的低温处理（锻炼）后，其膜脂中含量升高的是（　　）。
A. 软脂酸　　B. 硬脂酸　　C. 油酸　　D. 亚麻酸

21. 以下说法不正确的是（　　）。
A. 在抗寒锻炼中膜结构稳定性的提高是产生抗寒力的关键性变化
B. 膜脂和膜蛋白的变化也与植物抗寒性密切相关
C. 磷脂与膜脂不饱和脂肪酸的含量也是随着抗寒力的增加而增加
D. 同一种植物，抗寒性强的品种其不饱和脂肪酸的含量低于抗寒性弱的品种

22. 耐热性强的植物原生质蛋白质具有的特点是（　　）。
A. 易发生不可逆的变性与凝聚　　B. 疏水键多，二硫键少
C. 疏水键和二硫键多　　D. 疏水键和二硫键少

23. 下列哪些环境胁迫可能造成生理干旱（　　）。

A. 低温　　B. 盐害　　C. 干热风　　D. 虫害

24. 在温度缓慢下降到冰点以下时，会引起（　　）。

A. 胞内结冰　　B. 胞间结冰

C. 细胞膜透性增加　　D. 细胞内渗透物质积累

25. 土壤盐分过多对植物造成伤害的原因是（　　）。

A. 离子胁迫　　B. 离子毒害　　C. 水分胁迫　　D. 营养过剩

26. 植物提高抗盐的机制包括（　　）。

A. 盐分在细胞内的区域化分配　　B. 降低代谢活性

C. 合成盐胁迫蛋白　　D. 增加渗透调节

27. 逆境条件下植物体内活性氧平衡失调，导致活性氧积累，从而引起细胞（　　）。

A. 膜脂过氧化增高　　B. 膜的透性增加

C. 维持膜脂成分　　D. 酶活性改变

三、简答题

1. 何谓生物胁迫和非生物胁迫？
2. 植物对逆境胁迫的响应主要包括哪些方面？
3. 简述植物对逆境的适应方式和特点。
4. 简述渗透调节作用。
5. 简述逆境蛋白产生的生理意义及功能。
6. 简述干旱对植物的伤害。
7. 为什么钾肥能增强植物抗旱性？
8. 在低温胁迫下，为何植物细胞内膜脂过氧化程度加剧？
9. 为什么细胞膜脂的不饱和脂肪酸含量与植物抗寒性有关？
10. 简述高温对植物的伤害。
11. 为什么说盐分胁迫与水分胁迫密切相关？
12. 简要说明水分胁迫与盐胁迫对植物影响的异同之处。
13. 简述与耐盐性相关的分子伴侣。
14. 简述冷害和冻害对植物细胞伤害的异同点。
15. 列举测定渗透调节物质的主要方法。
16. 简述抗氧化酶活性的测定。
17. 试设计实验比较两个玉米品种的抗旱性。

四、分析讨论题

1. 试论述植物体内的活性氧平衡。

2. 试述植物的抗旱机理。

3. 分析以下实验结果，从此结果中可得出什么结论？

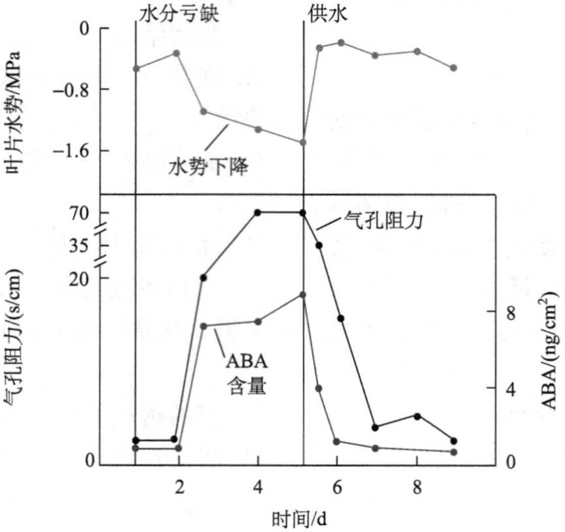

4. 试讨论植物耐盐机理，如何提高植物的抗盐性？

5. 论述盐分过多对植物的危害。

6. 讨论植物的交叉适应能力。

【参考答案】

一、填空题

1. 抗逆性。
2. 耐盐。
3. 脱落酸。
4. ABA/GA。
5. 交叉适应。
6. 抗冻性。
7. 下降。
8. 原生质过度脱水。
9. ABA。
10. 增加，增强。
11. 增加，增强。
12. 增加，增强。
13. SOD，CAT，POD。
14. 水分子，蛋白质脱水。
15. 较强。

二、选择题

1. B； 2. C； 3. D； 4. C；
5. B； 6. B； 7. A； 8. B；
9. C； 10. A； 11. A； 12. A；
13. A； 14. A； 15. C； 16. D；
17. B； 18. C； 19. C； 20. D；
21. D； 22. C； 23. A，B，C；
24. A，B，C； 25. A，B，C；
26. A，C，D； 27. A，B，D。

三、简答题

1. 对植物生存与生长不利的环境因子称为逆境，亦称为环境胁迫或胁迫。这些环境因子包括生物因子如病害、虫害、杂草等，也包括物理、化学等因子如干旱、低温、盐害、辐射等。由病害、虫害、杂草等生物因素对植物生长发育产生不利影响的胁迫，称为生物逆境。由干旱、低温、盐害、辐射等物理、化学等因素对植物生长发育产生不利影响的胁迫，称为非生物逆境。

2. 植物响应逆境的生理及分子机制包括：调节自身的生长发育使其适应外界环境的变化；积累保护性物质、改变膜组分和结构；进行渗透调节；增强活性氧清除能力；激素平衡发生变化；诱导形成逆境蛋白等。

3. 植物对逆境的适应方式有三种。

（1）避逆性：指植物通过对生育期的调整避开逆境，在相对适宜的环境中完成其生活史。例如，沙漠中的植物在雨季到来时迅速生长，短时间内完成整个生命周期。

（2）御逆性：指植物通过特定的形态结构使其具有一定的防御环境胁迫的能力，以保证在逆境条件下各种生理过程能维持正常状态。例如，根系发达、叶片小及输导系统发达等形态特征是耐旱植物的特点。

（3）耐逆性：指植物通过代谢反应来阻止或降低由逆境造成的损伤，提高自身的抗逆性。例如，植物遭受干旱或低温时，细胞内的渗透物质增加，以减少细胞的失水。

4. 渗透调节是植物适应渗透胁迫的一种机制，通过主动增加细胞内溶质，降低渗透势，促进细胞吸水，从而维持细胞的膨压。参与细胞渗透调节的物质主要有两大类，一类是无机离子，包括 K^+、Cl^-、Na^+ 等，主要储存于液泡中；另一类是有机物质，主要有可溶性糖、可溶性蛋白、脯氨酸、甜菜碱、甘油、山梨醇、甘露醇等，这些物质存在于细胞质中。

5. 逆境蛋白是在逆境胁迫下诱导产生的蛋白质，逆境蛋白的产生增强植物对逆境的适应性。逆境蛋白主要有四种。

（1）热激蛋白（HSP），具有分子伴侣的作用，与受热激伤害后变性蛋白质结合，维持或恢复蛋白质的空间构象和生物活性。协助蛋白质进行正确折叠、组装、膜间转运；促进错误折叠的蛋白质的降解等功能。热激蛋白也与水分胁迫和盐胁迫耐性有关。

（2）低温诱导蛋白，低温诱导蛋白是植物在温度逆境条件下诱导产生的一系列蛋白，以抗冻蛋白、脱水蛋白和热稳定蛋白为多。低温诱导蛋白质的形成，与植物抗寒性的提高有关，这些蛋白具有高亲水性，所以具有减少细胞失水和防止细胞脱水的作用。

（3）水分胁迫蛋白，主要包括渗调蛋白，它们在细胞质中调节和维持细胞的渗透势，有利于降低细胞的渗透势和防止细胞脱水，提高植物的抗盐性和抗旱性。

（4）病程相关蛋白（PR），与植物局部和系统诱导抗性有关，还能抑制真菌孢子的萌发，抑制菌丝生长，诱导与其他防卫系统有关的酶的合成，提高其抗病能力。

6. 干旱对植物最直接的影响是引起原生质脱水，原生质脱水是旱害的核心。干旱对植物的伤害主要有以下几个方面。

（1）机械损伤：干旱时细胞脱水，向内收缩，损伤原生质体的结构，如骤然复水，引起细胞质与壁的不协调膨胀，把原生质膜撕破，导致细胞、组织、器官甚至植株的死亡。

（2）膜系统受损：干旱破坏膜的结构，提高膜的透性，引起胞内物质的外渗。

（3）体内水分重新分配：干旱时植物组织间按水势大小竞争水分。一般幼叶向老叶吸水，促使老叶枯萎死亡。有些蒸腾强烈的幼叶向分生组织和其他幼嫩组织夺水。

（4）破坏正常代谢：干旱时光合作用显著下降，甚至趋于停止。呼吸作用先升后降，缺水条件下，呼吸作用在一段时间内增加，这是因为干旱使水解酶的活性加强，合成酶的活性降低，甚至完全停止，从而增加了呼吸基质。但到水分亏缺严重时，呼吸作用又会大大降低。蛋白质分解加强，蛋白质的合成过程削弱，脯氨酸大量积累。干旱时植株体内的 DNA、RNA 含量下降。

（5）植物激素的变化：干旱时促进生长

的激素减少，抑制或延缓生长的激素增加，最明显的是ABA含量增加。

7. 钾几乎参与植物生长发育中所有的生理和生化过程，钾在增强植物抗寒、抗旱和抗盐碱能力等方面都起着重要的作用。

钾可促进植物形成健康发达的根系，扩大根系在土壤中的吸收面积以及与土壤水分的接触位点，从而增加对水分的吸收。

钾可促进形成粗大的木质部导管系统，加速厚壁细胞的木质化和禾本科秆壁的厚度，增强抗逆能力。

钾能改善植物细胞的糖代谢，增加细胞的渗透浓度，保持气孔保卫细胞的紧张度，有利于气孔张开，有利于光合作用。供钾充足条件下，由于降低了细胞的渗透势，增加了土壤和根间的水势梯度从而有利于植物吸水。

8. (1) 膜脂过氧化是由自由基包括超氧阴离子自由基（O_2^-·）和羟自由基（·OH）等对生物膜上不饱和脂肪酸引发而产生对细胞有毒性的脂质过氧化物的过程。

(2) 在正常情况下，细胞内自由基的产生和消除处于平衡状态，不易导致膜脂过氧化。但在逆境下，如低温下细胞内自由基的产生增高。在低温下叶绿体和线粒体的电子传递不畅通时，常常会产生超氧阴离子自由基（O_2^-·）和羟自由基（·OH）等。

(3) 在低温下，消除自由基的两大系统受阻，酶系统包括SOD、CAT、POD等活性和非酶系统包括维生素C、维生素E、类胡萝卜素等含量都有所降低，两方面的共同作用使自由基在细胞内积累，从而导致膜脂过氧化加剧。

9. 脂肪酸是生物体的基本组成之一，分为饱和脂肪酸和不饱和脂肪酸两类，是细胞膜脂的主要成分，具有重要的生理功能。膜脂中不饱和脂肪酸的含量在植物抗寒性中起重要作用，不饱和脂肪酸含量高的植物抗寒性相应地较高。当植物受到低温胁迫时主要是通过提高不饱和脂肪酸含量、不饱和脂肪酸与饱和脂肪酸的比例来提高抗寒性。

(1) 膜脂不饱和脂肪酸含量增高，膜脂相变温度会降低，增加了膜的流动性，从而使植物的抗寒性相应提高。反之，冷敏感植物的膜脂相变可能是由于膜脂脂肪酸的不饱和程度较低，低温下膜脂由液晶相向凝胶相转变，造成细胞膜膜相分离，从而引起细胞代谢紊乱。

(2) 膜的流动性是维持膜正常功能的必要条件。低温可使膜从液晶态变为凝胶态，此时膜通透性增大，离子大量外渗，膜结合酶活性降低，呼吸受阻，能量供应不足。因此，膜的不饱和脂肪酸含量与抗寒性有关。

10. (1) 膜脂变化：高温下，构成膜的蛋白质与脂类之间的键断裂，使脂类脱离膜形成一些液化的囊泡，破坏了膜的结构，导致膜丧失选择透性与主动吸收的特性。膜脂液化程度取决于脂肪酸的饱和程度，饱和程度越高，液化温度越高，耐热性越强。

(2) 蛋白质变性：由于维持蛋白质空间构型的氢键和疏水键的键能较低，在高温下，氢键和疏水键断裂，破坏了蛋白质空间构型，失去二级与三级结构，蛋白质分子展开，失去活性。蛋白质的变性最初是可逆的，但在持续高温下很快转变为不可逆的凝聚状态。

(3) 水分代谢失调：高温常常引起叶片过度蒸腾失水，导致细胞脱水，出现一系列代谢失调。

(4) 代谢性饥饿：如果植物处于温度补偿点以上的较高温度下，呼吸大于光合，营养物质消耗加快，造成饥饿，高温持续时间过长必然导致死亡。

(5) 有毒物质积累：高温导致植物组织氧分压降低，无氧呼吸相对加强，积累乙醇和乙醛等有毒物质。此外，高温下蛋白质的分解大于合成，游离NH_3增多，对植物产生毒害。

(6) 蛋白质合成受阻：高温下细胞产生

水解酶类或溶酶体破裂释放水解酶类，加速蛋白质分解。高温下破坏了氧化磷酸化的偶联作用，不能合成ATP，使蛋白质无法合成。高温下破坏了核糖体与核酸的生物活性，从根本上降低了蛋白质的合成能力。

(7) 生理活性物质缺乏：高温抑制某些生化环节，致使植物生长所需的某些生理活性物质（维生素、核苷酸、生物素）不足，引起代谢紊乱。

11. 土壤中盐分过多对植物造成的伤害称为盐害，也可称为盐分胁迫。由于土壤中盐分过多，降低了土壤的水势，使植物吸水困难，严重时引起植物体内水分外渗，导致细胞水分亏缺，造成生理干旱，严重影响了植物细胞的一系列代谢反应。所以说，盐分胁迫与水分胁迫密切相关。

12. 相同之处：盐胁迫与水分胁迫都会引起植物体内氧代谢失调，即活性氧的产生加快，清除系统的功能降低，导致活性氧代谢失调，引起膜脂过氧化，使细胞的结构和功能受到损伤。

不同之处：盐胁迫植物的危害主要是渗透胁迫和离子毒害，造成生理干旱和营养缺乏，离子失调导致毒害作用，使得植物光合等生理过程受抑制；水分胁迫对植物的伤害主要是膜及膜系统受到损伤、对细胞器造成伤害、水分的分配异常、破坏正常代谢过程、激素和酶活性发生变化、呼吸作用及光合作用亦发生变化。

13. 与耐盐性相关的分子伴侣主要包括胚胎发育后期高丰度蛋白质（LEA蛋白）和热激蛋白（HSP）。

LEA蛋白是高亲水性的可溶性蛋白，有高度的热稳定性。LEA蛋白可作为渗透调节的物质，保护细胞的结构和代谢，参与种子抗脱水过程。在营养生长过程中被干旱、寒冷、盐渍和渗透胁迫等诱导表达。LEA蛋白与水分胁迫和盐胁迫耐性有关。

热激蛋白（HSP）是一类受高温或其他逆境诱导表达提高的蛋白质，具有帮助其他蛋白质进行正确折叠、组装、膜间转运；促进错误折叠的蛋白质的降解等功能。因此，热激蛋白也与水分胁迫和盐胁迫耐性有关。

14. 相同之处：都会引起膜透性增加；细胞脱水，代谢失调。

不同之处有以下几个方面。

(1) 冰点以上低温对植物的危害叫做冷害。冻害是指零下低温引起植物体内的组织结冰而造成的伤害。

(2) 植物受冷害后的一般症状是：出现伤斑、凹陷；组织柔软、萎蔫；木本芽枯顶枯、破皮流胶；花芽分化受破坏，结实率降低等。植物受冻一般伤害症状是：叶片呈烫伤状，细胞失去膨压，组织柔软叶色变褐，严重时导致死亡。

(3) 植物遭受冷害后会出现膜透性增加；细胞质黏度增加，细胞质流动受阻；根系吸收水分与矿质元素的机能减弱，水分代谢失调；光合作用下降，呼吸代谢失调；有机物水解大于合成等现象。

冻害主要是冰晶的伤害，引起细胞脱水和机械伤害。植物组织结冰可分为两种方式：胞外结冰与胞内结冰。胞外结冰又叫胞间结冰，是指在温度下降时，细胞间隙及细胞壁附近的水结冰。胞外结冰造成细胞脱水可从两方面作用于细胞：一方面是使细胞内溶液浓度升高，特别是盐的浓度增高，由此引起pH下降，从而造成盐胁迫或酸胁迫的伤害；另一方面是由于脱水而发生细胞塌陷，胞壁和原生质承受机械胁变，也会造成伤害。结冰的植物遇气温缓慢回升，对细胞的影响不会太大。若遇温度骤然回升，冰晶迅速融化，细胞壁易于恢复原状，而原生质尚来不及吸水膨胀，有可能被撕裂损伤。胞内结冰一般先在原生质后至液泡内结冰。胞内结冰对细胞的危害主要是机械伤害。冰晶形成以及融化时对质膜与细胞器以及整个细胞质产生破坏作用。胞内结冰对细胞伤害较严重，常给植物带来致命的损伤。

15.（1）脯氨酸：分光光度法，用磺基水杨酸提取植物体内的游离脯氨酸。在酸性条件下，脯氨酸与茚三酮反应生成稳定的红色缩合物；用甲苯萃取后，在波长520nm处测定。脯氨酸浓度的高低在一定范围内与其吸光度成正比。

（2）甜菜碱：比色法，碘与四价铵类化合物反应，形成水不溶性的高碘酸盐，该物质可溶于二氯乙烷，且在365nm波长下有最大吸收值。用胆碱作标准曲线。甜菜碱类化合物与胆碱被碘沉淀所需的pH范围不同。根据甘氨酸甜菜碱含量等于四价氨化合物的量减去胆碱的量计算甜菜碱含量。

（3）钾离子：火焰光度法，将植物材料高温灰化，用火焰光度计或原子吸收光谱仪测定。

16.（1）SOD（超氧化物歧化酶）。NBT光化还原法：在氧化物质存在下，核黄素可被光还原，被还原的核黄素极易再氧化而产生氧自由基（$O_2^-\cdot$），它将氮蓝四唑（NBT）还原为蓝色，后者在560nm处有最大吸收。SOD可清除$O_2^-\cdot$，从而抑制了NBT的还原。于是光还原反应后，反应液蓝色愈深，说明酶活性越低，反之酶活性越高。

（2）CAT（过氧化氢酶）。紫外吸收法：CAT催化分解H_2O_2生成氧和水，反应最适pH为7.0，最佳温度为37℃。在240nm吸光度变化可以衡量反应混合物中过氧化氢含量降低的程度。

（3）POD（过氧化物酶）。分光光度法：POD催化反应体系中的供氢体愈创木酚被氧化后，形成愈创木醌茶褐色产物。在470nm下测吸光度变化，计算过氧化物酶的活性。

17. 植物的抗旱性是指在干旱条件下，植物能够维持正常代谢水平和正常生长发育进程的能力。

（1）模拟干旱：配制不同浓度的PEG溶液（0，10%，20%，30%，40%）。

（2）将两个玉米品种的种子，消毒后种植在含不同PEG浓度的溶液中，观测记录其萌发率、地上生长速率和根系生长情况。

（3）在PEG处理下仍具有良好萌发且生长良好的品种，其抗旱性较强。

四、分析讨论题

1. 活性氧（ROS）是指在化学反应性能方面比氧更活泼的含氧物质，包括超氧化物自由基（HOO·和ROO·）、羟自由基（·OH）、烃氧基（RO·）、超氧阴离子自由基（$O_2^-\cdot$）、单线态氧（$^1O_2$）和过氧化氢（H_2O_2）等。

在细胞有氧代谢过程中，如光呼吸、脂肪酸氧化和衰老过程中都能自然产生ROS。ROS具有很强的氧化能力，对许多生物大分子有破坏作用。植物体内具有自由基清除系统，在正常情况下，细胞内活性氧的产生与清除处于一种动态平衡，不会对细胞造成伤害。但当植物受到逆境胁迫时，活性氧的产生与清除平衡遭到破坏，自由基产生和积累超过一定的阈值时，就会导致细胞受伤害。

植物体内清除ROS的系统可分为酶促保护系统和非酶促保护系统：酶促保护系统包括超氧化物歧化酶（SOD）、过氧化氢酶（CAT）、过氧化物酶（POD）等；非酶促保护系统包括还原型谷胱甘肽（GSH）、维生素、类胡萝卜素、铁氧还蛋白、类黄酮化合物等。

SOD主要负责清除植物体内的氧自由基，在SOD作用下，将$O_2^-\cdot$歧化成H_2O_2和O_2，CAT和POD进一步将H_2O_2催化生成H_2O，从而减少$O_2^-\cdot$和H_2O_2的积累。如果$O_2^-\cdot$和H_2O_2不能被及时清除，在Fe的催化下会生成毒性更强的·OH，对细胞产生伤害。细胞伤害主要发生在以下几方面：抑制植物的生长；损伤细胞结构与功能；诱发膜脂过氧化作用；损伤蛋白质和核酸。

植物中已分离出三种不同形式SOD：存

在于细胞质和叶绿体中的Cu，Zn-SOD，存在于少数植物叶绿体中的Fe-SOD和存在于线粒体中的Mn-SOD。前两者受氧化胁迫的调节。

通常情况下，对寿命较长的$O_2^-\cdot$和H_2O_2的清除，主要由SOD、CAT、POD等酶促保护系统参与。而对于·OH和$^1O_2$等寿命短的ROS主要由抗坏血酸、维生素E、胡萝卜素、类黄酮化合物等非酶促保护系统参与。

2. 植物的抗旱性是指在干旱条件下，植物能够维持正常代谢水平和正常生长发育进程的能力。抗旱性强的植物具有一些形态和生理特征。

植物抗旱的形态特征：抗旱性强的植物根系发达，根冠比较大，能更有效地利用土壤水分，特别是土壤深层的水分。叶片细胞小，叶脉密，表皮绒毛多，角质化程度高，可减少水分的散失。例如，沙漠灌木具有叶片小、气孔凹陷、叶表面柔毛密、叶卷曲等特点，以减少太阳辐射，降低蒸腾强度。

植物抗旱的生理特征如下。

(1) 细胞原生质具有较高的亲水性、黏性和弹性。细胞渗透势较低，吸水和保水能力强。束缚水含量高，自由水含量少，原生质黏性较大，细胞原生质具有强的抗脱水能力。蛋白质黏性增加能够提高细胞保水能力，同时弹性增高又可防止细胞失水时的机械损伤。在干旱条件下，细胞亲水能力高能防止细胞严重脱水。

(2) 抗旱植物保持较强同化能力。蛋白质、淀粉等物质的合成仍能维持在一定水平，核酸代谢方面相对稳定。水解酶活性变化不大，减少生物大分子的破坏，使原生质稳定，生命活动正常。

(3) 渗透调节物质和逆境相关激素增加，积累脯氨酸、甜菜碱和ABA等物质。脯氨酸和甜菜碱是渗透调节剂，又可保护膜系统。ABA是逆境激素，可使气孔关闭，减少蒸腾失水。脯氨酸与ABA的积累有利于植物抗旱。

(4) 有些植物可以通过对生育周期的调整逃避干旱的干扰，降低受旱害程度。

3. 实验结果显示：在水分胁迫条件下，叶片的水势明显下降，叶片细胞内ABA含量明显升高，气孔的阻力明显增加；供水后，叶片的水势急剧增加，叶片细胞内ABA含量快速下降，气孔的阻力明显降低。该结果说明，ABA对气孔运动有调节作用。水分胁迫促进了叶片细胞内ABA的合成，叶片内ABA水平升高，促进气孔关闭，从而减少叶片的蒸腾作用，维持叶片的水分平衡。

4. 植物通过生理或代谢过程来适应细胞内的高盐环境的现象叫植物的耐盐性。其主要表现在以下几个方面。

(1) 渗透调节：从外界吸收和积累无机离子和植物体内合成可溶性糖、甜菜碱、脯氨酸等渗透物质，通过细胞的渗透调节以适应由盐渍而产生的水分逆境，从而降低细胞渗透势和水势，防止细胞脱水。

(2) 使盐分在细胞内的区域化分配，盐分在液泡中积累可降低其对功能细胞器的伤害。

(3) 代谢稳定：某些植物在较高盐浓度中仍能保持酶活性的稳定，维持正常的代谢。抗盐植物在高盐下往往抑制某些酶的活性，活化另一些酶，特别是水解酶活性。

(4) 合成盐胁迫蛋白：在盐胁迫下植物体会新形成一些蛋白质，如渗调蛋白。

提高植物抗盐性的途径。

(1) 选育抗盐品种：选育盐胁迫蛋白高或原生质膜对盐的透性差高的品种。

(2) 种子处理：播种前以一定浓度盐溶液浸种，可增强作物的耐盐力。

(3) 植物激素处理：喷施IAA可促进作物生长，提高细胞的吸水能力，从而避免体内盐分过高。ABA能诱导气孔关闭，减少蒸腾作用和盐的被动吸收，提高作物的抗盐能力。

5. (1) 生理干旱：高浓度的盐分降低了

土壤水势，使植物吸水困难，甚至使体内水分外渗。一般受盐分影响的植物都表现出干旱症状，如植株矮小、叶面小、蒸腾弱等。

(2) 单盐毒害：盐分本身对植物产生的一种危害，是离子竞争性吸收造成的植物体内离子平衡失调。土壤中某种离子浓度过高就会使植物过多地吸收该离子而减少其他离子的吸收，造成某种离子在体内积累而使植物受害。

(3) 代谢紊乱：光合作用减弱。盐分过多使 Rubisco 和 PEPC 的活性降低，引起光合作用明显下降。呼吸作用不稳定，低盐浓度下促进呼吸可能是植物的一种适应反应，高盐浓度下抑制呼吸是受到高盐胁迫的一种表现。蛋白质含量下降，在盐分胁迫下，蛋白质合成受阻、分解加速。有毒物质积累等。

(4) 活性氧代谢改变：在盐胁迫条件下，植物体内活性氧代谢系统的平衡受到影响，体内积累较多的活性氧，同时，SOD、CAT、POD 和 GSH 等活性氧清除剂的结构活性受到破坏，导致植物清除活性氧的能力下降，导致膜脂过氧化加剧。膜脂过氧化产物对植物防御体系的破坏又加剧了膜脂的过氧化作用。此外，活性氧的增加引起 DNA 损伤，还可损伤光合系统的细胞器，使光合电子传递系统失活，引起光抑制。

6. 植物经历了某种逆境后，提高了对另一些逆境的抵抗能力，这就是植物的交叉适应。例如，植物经历过低温、高温等胁迫后，植物对水分胁迫的抵抗力有所提高；缺水、盐渍等处理可提高植物对低温和缺氧的抵抗能力，干旱或盐处理可提高植物的抗冷性。

植物的交叉适应是由于以下几点。

(1) 逆境胁迫诱导多种保护酶活性增加，参与植物的抗性反应。

(2) 多种逆境条件下，植物体内的脱落酸、乙烯等激素含量都有明显增加，从而提高对多种逆境的抵抗能力。

(3) 诱导逆境蛋白的产生，一种逆境可使植物产生多种逆境蛋白，多种逆境可使植物产生同样的逆境蛋白。

(4) 在逆境条件下，植物体内都会积累脯氨酸等渗透调节物质，通过渗透调节作用来提高对逆境的抵抗能力。

(5) 在多种逆境条件下，生物膜的结构和透性发生相似的变化，多种膜保护物质可能发生类似的反应，使细胞内自由基的产生和清除达到动态平衡。

(6) 在逆境胁迫下，植物的生长受到抑制，体内各种代谢发生相应变化，从而减弱了植物体对胁迫的敏感性，对另一种胁迫导致的危害有了更大的适应性。

第十七章　综合提高

重点提示：通过试题掌握章节间的联系，与其他相关学科的关联；提高对问题的综合分析能力。一般综合题只给出回答问题的思路、要点，不一定有详细答案，学生自己发挥。

【试题精选】

1. 试述植物生理学对我国经济建设的贡献。

2. 论述植物生理学对农业生产的指导作用。

3. 试述植物的生命活动对人类的贡献。

4. 列举植物生命活动的主要特征。

5. 根据你的理解，比较植物和动物生命活动的主要区别。

6. 说明植物细胞膜结构与环境变化的关系。

7. 原生质的胶体特性与植物对不良环境的适应性和抗性有何关系？

8. 举例阐明植物精细的亚细胞结构与植物生命活动的关系。

9. 举例说明细胞壁在植物细胞命运决定、细胞识别及信号传导中的作用。

10. 与动物细胞相比较，植物细胞在分裂和生长，以及形态建成方面有何特点？

11. 学习植物生理学后，你如何理解植物细胞信号转导的特异性、多样性和复杂性。

12. 比较植物对水分和对矿质离子的吸收以及相互关系。

13. 分析植物细胞水分状态与植物抗逆性的关系。

14. 讨论植物与环境间的水分关系以及植物对水分逆境的适应调节。

15. 分析气孔运动调控在植物生命活动中（或在植物适应环境变化中）的重要性。

16. 试述水在植物生长发育中的重要性并举例说明在农业生产中的应用。

17. 在全球水资源匮乏的情况下，从你所学植物生理学知识的角度考虑，如何提高农业生产中的水分利用率？

18. 分析光合作用、蒸腾作用、矿质元素吸收过程三者间的相互协调制约关系。

19. 比较矿质元素的运输与利用和同化物的运输与分配。

20. 比较植物的呼吸作用与光呼吸过程。

21. 列表比较光合作用与呼吸作用。

22. 列表比较叶绿体与线粒体。

23. 列表比较光合磷酸化与氧化磷酸化。

24. 设计实验证明植物的光合磷酸化和氧化磷酸化是由电子传递过程形成的跨膜质子电化学势梯度所推动的。

25. 从水分利用效率和光能利用率方面讨论如何提高作物产量。

26. 简要说明植物体内物质跨膜运输的方式并比较它们的异同。

27. 从结构和功能的统一来简要说明植物体内的能量转换过程。

28. 试分析大气 CO_2 浓度增加对农业生产的影响。

29. 分析强光对植物的影响及其原理。

30. 举两例分析植物激素在细胞分化、生长发育等方面的相互关系。

31. 用实验证明细胞壁中存在的扩张蛋白在生长素诱导的细胞伸长过程中起重要作用。

32. 试述植物矿质营养与内源激素代谢的关系。

33. 利用所学的乙烯生物合成及其调控方面的知识，谈谈你对蔬果保鲜技术的看法。

34. 举例说明植物激素在植物抗逆中的作用。

35. 用你所学植物生理学知识，分析耐储藏番茄的生物学原理有哪些？

36. 阐述植物的根、茎、叶在植物生命活动中的主要作用以及它们之间的相互关系。

37. 试述光对植物生长发育的影响。

38. 试述温度对植物生长发育的影响。

39. 试分析环境因素对植物成花的影响。

40. 某地引进一种作物新品种，营养生长较好，但不能正常开花，试分析可能的原因。

41. 试分析大田作物早衰的可能原因及控制措施。

42. 举例说明我国传统农业生产措施的生理基础。

43. 比较光敏色素和类胡萝卜素。

44. 简述植物体内存在的光受体、特点及其参与的生理过程。

45. 试述冬季温室栽培蔬菜的注意事项及其生理依据。

46. 举例说明植物生理学知识在设施农业中的运用。

47. 根据所学生理知识，讨论从远方引种需要考虑哪些因素才能成功。

48. 试举三例论述植物的生长发育是受基因表达调控的结果。

49. 试比较植物的营养生长和生殖生长以及二者的关系。

50. 如何用组织培养方法从烟草叶片获得完整植株？其理论依据是什么？

51. 用你所学的生理知识解决一个农业生产上的问题。

52. 以植物生理学的基础理论分析提高作物产量的途径。

53. 试述植物与环境的相互关系。

54. 对在10月播种的冬小麦进行不同灌溉处理，翌年3月取样测定多项生理指标，结果如下表，请对结果进行分析。

生理指标	冬季自然干旱	正常灌溉	过量灌溉
叶片叶绿素含量（叶绿素仪SPAD值）	57	62	60
光合速率/[μmol/(m^2·s)]	10	22	19
荧光参数ΦPSⅡ（PSⅡ实际量子产量）	0.18	0.2	0.21
荧光 F_v/F_m（PSⅡ最大量子产量）	0.65	0.8	0.76
气孔导度/[μmol/(m^2·s)]	110	420	550
蒸腾速率/[mol/(m^2·s)]	2.9	5.5	7.0
叶片脯氨酸含量/(μg/g)	620	240	480
根系活力（TTC法）/[μg/(g·h)]	10	60	8

55. 试述逆境胁迫下植物体内ABA的生理功能和作用机制。

56. 阐述乙烯在植物应答水分胁迫中的作用。

57. 举例说明植物次生代谢物在植物抵抗逆境中的作用。

58. 试述植物矿质营养与活性氧代谢及抗病性的关系。

59. 简要说明在植物生理学与分子生物学研究中以拟南芥为实验材料的优越性。

60. 举例说明如何应用分子生物学的基本原理和方法研究植物生理学的科学问题。

【参考答案】

1. 植物营养的理论对提高作物产量的贡献；光合作用的研究对作物的影响；同化物运输与分配在提高经济产量方面的贡献；植物生长调节剂的大量应用；植物组织培养对珍贵品种的种质保存，某些经济作物的快速繁殖；次生代谢物的研究和中药制品的发展；抗逆生理与干旱、低温、盐渍地区的农业；转基因植物的培育（抗虫棉、耐储藏番茄）等。

2. 植物生理学是合理农业的基础，植物矿质营养学说的创立为无机肥料的施用奠定了理论基础，化肥的施用促使世界粮食产量剧增；植物激素的发现导致了植物生长调节剂和除草剂的普遍应用，给农业生产带来革命性的变革；在光合作用与产量关系的理论指导下，植物生理学家与育种学家相结合，开创了以培育矮秆、耐肥、抗倒、叶片直立、株型紧凑的水稻、小麦品种为主要内容的“绿色革命”，使稻、麦产量获得了新的突破；植物细胞全能性理论的确立，应用组织培养、细胞及原生质体培养等高效快速的植物无性繁殖新技术，为植物基因工程的开展和新种质的创造提供了先决条件。

按照我国农业生产发展的趋势，植物生理学将继续在以下几个方面研究指导农业生产：①作物产量形成与高产理论；②环境生理与提高作物抗逆性；③设施农业中的作物生理学；④植物生理学与育种学相结合——

作物生理育种等。

3. 植物处于生物演化和生物圈中的关键环节，是人类生存的根本。①提供食物：种植业、养殖业、农副产品加工等的核心是植物生产；②医药保健：功能性食品、中草药、美容护肤品等；③生存环境：维持生物圈的运转，改善生态环境（温度、湿度、氧气、复氧离子、吸尘、解毒、灭菌、消减噪声、美化室内外环境）。

4. ①自养性：利用太阳能，将 CO_2、水和矿质合成有机物；②不移动性：不能像动物那样整体移动来逃避逆境，只有局部器官运动的适应性；③无限生长：根茎尖端保留分生组织，局部次生分生组织，可无限生长和次生生长，一年生和多年生习性；④繁殖方式：多样性，有性繁殖和无性繁殖；⑤细胞全能性：具有很强的细胞全能性，可利用各个部分进行组织培养、无性繁殖。

5. 主要区别列表如下。

植　物	动　物
细胞壁，构成保护、支撑系统。细胞之间有胞间连丝连贯	无细胞壁，细胞之间存在缝隙联络
贯穿周身的维管束联系植物整体，各部分间进行着物质和信息的交流	周身遍布骨骼、神经系统和血液循环系统
成熟植物细胞有中央大液泡，调节水分吸收、溶质积累，维持细胞膨压等	有的细胞有小的囊泡，有体液（血液、淋巴等）
植物细胞中有质体，在叶绿体中完成光合作用，具自养性	无叶绿体，异养性
植物可以从环境中富集、利用极简单的物质，反复充分利用	利用植物或动物合成的物质，消化吸收部分物质，并排出一些有机物
具不同的生长区域性，根、茎尖端可无限生长。边生长边分化	胚胎整体发育、完成器官分化，不能无限生长
发育、成熟、死亡，彼此相对独立。有特殊的生殖结构和多种繁殖方式	整体发育成熟，衰老
不能位移，可容忍环境很大的变化，能对环境发生敏感的响应，有复杂的信号传递系统	有高级的神经系统，能做出快速而准确的应激反应。运动是重要特征
明显的细胞全能性	细胞全能性表达相对弱

6. 植物细胞膜是细胞的保护屏障，还执行识别、物质运输等多种功能，而且对环境变化非常敏感，易受破坏。细胞膜由脂类与蛋白质组成。细胞膜不饱和脂肪酸含量、膜流动性与植物的抗逆性相关。例如，干旱下膜结构破坏，细胞透性加大，物质流失；低温下膜脂凝固受破坏。膜上的功能蛋白受环境影响，逆境下蛋白质变性或从膜上脱离，失去功能。在一定程度范围内，膜的动态变化适应环境。

7. 原生质胶体特性：①胶体颗粒具双电层和水膜，具有相当的稳定性，在环境变化时有调节适应能力，是提供生命活动的稳定场所；②胶体颗粒高度分散，扩大界面，细胞中的多种反应同时进行，保障了生命活动的高效有序性；③是亲水胶体，有一定流动性、黏性和弹性；既相对稳定又可调节适应。胶体的自由水含量影响胶体状态，有凝胶作用和吸涨作用，在生命过程中，原生质胶体处于溶胶和凝胶状态可逆变化，胶体状态决定了植物的生命活动和抗性。在幼苗生长时期，处于溶胶状态时，细胞代谢活跃，生命活动旺盛，但对逆境的抵抗能力较弱；处于凝胶状态时，如种子休眠时期，细胞代谢活动减弱，生命活动降低，但抗逆性明显增强。溶胶和凝胶两种状态可逆变化，都是植物正常生活所必需的，随外界条件和内部生理状态变化而变化，使植物具有高度的适应性。

8. 植物的任何功能都有其特殊结构基础，细胞是生命活动的基本单位，其精细的亚细胞结构执行复杂的生存功能。举例如细胞壁结构特点与功能的关系（见细胞一章）；细胞膜与生命活动（见细胞一章）；细胞核与遗传控制及其与胞质间的物质交换控制（见细胞一章）；叶绿体精细结构是光合作用的基本条件（见光合作用一章）；线粒体与呼吸作用（见呼吸作用一章）等。可任举一例进行分析。

9. 细胞壁是植物细胞的外被，细胞壁在植物生命活动过程中起着许多重要作用。已有越来越多的证据表明细胞壁参与了细胞命运决定、细胞识别与信号转导等过程。

例 1. 墨角藻的胚胎细胞命运的决定。

例 2. 雌蕊和柱头的识别涉及细胞壁中糖蛋白的作用。

例 3. 细胞壁多糖降解产生的具有生物活性的分子寡糖素是重要的信息分子，如诱导组织合成抗毒素或植保素，以抵御昆虫或微生物的侵袭。

10. 与动物细胞相比较，植物细胞最显著的特点是具有细胞壁，因此其生长、分裂、形态建成方面均有完全不同于动物细胞的特点：①植物细胞生长过程中，细胞壁对于细胞的生长速率、生长方向等都有重要的调控作用，细胞壁的松弛以及细胞壁微纤丝的特定排列等对植物细胞的生长有重要影响。②植物细胞的胞质分裂与动物细胞不同，动物细胞通过收缩环的缢缩将细胞质一分为二，而植物细胞则是通过在胞质分裂面形成细胞板将细胞质一分为二；在细胞分裂的纺锤体结构方面，动物细胞由中心体形成纺锤体的两极，而植物细胞无中心体结构。③植物细胞的形态建成是通过对细胞的生长过程的控制得以实现的，植物细胞通过对细胞不同生长方向上的促进或控制，最终形成形态各异的植物细胞。

11. 细胞不断接收各种信号，并做出多种多样的特定的生理响应。这源于细胞内有多种信号物质，各自有其特异性，并具有复杂的立体的信号网络，来传递不同的信号并发生信号间的交叉，进而引发各种快速的细胞反应和长期的生理效应。

（1）受体：在细胞膜、细胞内存在各种受体，如每种植物激素都有特定的受体，专一地接收激素信号。细胞中还有特定的光受体等，接受环境变化的信息。

（2）细胞内存在复杂的第二信使系统，包括 IP_3、DG、cAMP、Ca^{2+}、CAM、胞质 pH、cADPR，各种激酶等。以 Ca^{2+} 为例，不同的刺激引发胞质 Ca^{2+} 浓度、变化幅度、持续时间、变化趋势等特定的变化，使其具有高度的特异性和多样性，使不同的刺激沿各自的途径传递。

（3）Ca^{2+} 与其他第二信使又有级联反应和信号交叉，如激活 CAM 或 CDPK，Ca^{2+} 与胞质 pH 之间的信号交叉等，体现了细胞信号转导的复杂性。

12. 列表比较如下。

比较内容	水分吸收与运输	矿质吸收与利用
细胞吸收机制	渗透作用，吸涨作用，水孔蛋白的作用	简单扩散，易化扩散，ATP 酶质子泵执行的初级主动转运，次级主动运输
跨膜驱动力	水势梯度	ATP，跨膜的电化学势梯度
根系吸收方式与区域	被动，主动；根毛区	选择性吸收；根毛区
运输的动力	蒸腾，根压	主要随水运输
运输途径	质外体，共质体，二者交叉	自由空间，内部空间，跨膜
相互关系	既相互联系、又相对独立。水分带动矿质元素的吸收和运输，细胞对矿质元素的吸收影响细胞水势。但二者吸收机理不同	

13. 水是植物生命活动的基础，植物细胞中含大量水分，有自由水与束缚水两种状态，其比值决定原生质胶体状态，进而影响细胞的生命活动。在植物对逆境的响应中，水分也是变化最明显的。例如，干旱、低温等逆境条件下，植物的自由水含量下降，自由水/束缚水值降低，植物生命活动减弱，抗性增强；种子成熟过程中，逐渐脱水，原生质呈凝胶状态，抗性大大增强，可以忍耐各种不良环境。

14. 植物从土壤中吸水，在体内循环后经叶片蒸腾散失到大气中，形成土壤-植物-大气循环系统，这个系统对于植物的生存和环境的生态都是至关重要的。植物有巨大的根系分布在土壤中，具备强的吸水能力，用于植物代谢和生长所需，在适度干旱条件下，根系不断生长下扎，追逐水源，以获得生长所需水分；由于水分不足，植物地上部生长适当减缓，增强了植物的抗旱性；同时植物经叶片上的气孔将大量吸收的水散失，蒸腾作用的气孔调节是植物重要的抗逆机制，气孔保卫细胞对环境因素非常敏感，接收环境相关信息后会做出快速反应，特别在环境水分缺乏时，经膨压变化、ABA 等信息传递，迅速关闭气孔以减少植物体内水分的散失。

15. ①气孔的特点及气孔保卫细胞对环境的敏感性（参见水分一章）；②气孔的重要性：植物与环境间的水分和气体交换的通道，联系光合作用、呼吸作用、蒸腾作用，重点讨论气孔在 CO_2 进入和控制水分丢失的最优化平衡中的作用；③逆境响应：在多种环境变化时，气孔孔径的变化都是敏感的快速反应。举例说明气孔运动调节在植物对干旱的适应中的作用（参见水分和逆境两章）。

16. ①论述水在植物生命活动中的重要性（参见水分一章）；②说明缺水或水分过多对植物的危害：干旱、淹涝对作物的伤害（参见逆境一章）；③应用：如合理灌溉、蹲苗；控制细胞生长；种子储藏；提高植物抗旱性的措施等。

17. (1) 水分利用效率（WUE）概念：作物长期积累干物质和消耗水之比，对于作物群体，WUE＝干物质量/（蒸腾量＋蒸发量）。

(2) 水资源匮乏和作物水分利用率低的现状：地球上水虽然多但可为人类利用的淡水资源却非常少，而且分布不均，占人口总数 40％的 80 多个国家和地区严重缺水。我国人均水资源仅为世界平均水平的 1/4，且时空分布不均，东南多、西北少，夏季多、冬春季少；灌溉水利用率仅 40％左右，远低于发达国家的 70％～80％。

(3) 措施：培育优良抗性品种；农业措施有育苗移栽、覆盖减耕，改善土壤结构、科学施肥，施用抗蒸腾剂等；了解作物需水规律，科学控水，采用滴灌喷灌等科学灌溉方法。

(4) 提出你对如何在我国干旱地区发展节水农业，实现农业现代化的建议。

18. 分别说明光合作用、蒸腾作用和植物矿质营养的概念（参见光合、水分、矿质营养几章）。

植物进行光合作用的最重要底物 CO_2 经气孔进入叶肉细胞，植物蒸腾作用经气孔散失大量水分，是矛盾统一的关系，植物要保持这两个重要生理过程的最优化平衡。植物以气孔的特殊结构以及其精细的调控来实现这种控制，保卫细胞光合作用调节气孔运动，而影响水分的散失，蒸腾作用降低叶面温度，保障光合作用进行。

光合作用与矿质营养分别是植物的有机营养与无机营养过程，它们是相互依赖、相互促进的。蒸腾作用是植物水分吸收和运输的主要动力，也带动了矿质元素的吸收和运输；而无机离子和光合有机物也参与细胞水势的调节而控制水分的吸收和散失。

19. 列表如下。

比较内容	矿质元素吸收与利用	同化物运输与分配
吸收、合成部位	根系	叶片
运输途径、方向	经导管向地上部运输	经筛管运输，由源到库
运输动力机制	随水流运输到叶片利用	压力流动学说
分配与再分配	可再利用元素可反复利用	再分配再利用与经济产量
调控因素	根系生理状态影响吸收，蒸腾影响运输，叶片生长调节再利用	源的生产能力，筛管运输能力，库端信号，源与库的竞争

20. 列表如下。

比较内容	呼吸作用	光呼吸
代谢途径	糖酵解，TAC 循环，PPP 等	乙醇酸氧化的 C_2 循环
底物与酶	葡萄糖（主要），蛋白质，脂肪等 全套呼吸酶系统	乙醇酸。乙醇酸氧化酶等不同于呼吸作用的酶
发生部位	细胞质、线粒体	叶绿体、过氧化体、线粒体
条件	光、暗、生活细胞	光、绿色细胞
氧的调节	有氧呼吸，无氧呼吸	需氧，受 O_2/CO_2 调节
能量转化	将储存在有机物中的能量转化为可利用的活跃化学能，产生 ATP	不可避免地消耗了部分光合作用固定的能量，消耗 ATP
意义	为生命活动提供能量和物质合成原料	消耗过剩能量，保护光合器官，部分回收有机碳
二者联系	光呼吸中甘氨酸的氧化需要 NAD^+，与 TAC 循环发生竞争；而甘氨酸氧化生成的 NADH 可进入呼吸电子传递链，被氧化产生 ATP	

21. 列表比较如下。

比较内容	光合作用	呼吸作用
原料	CO_2 和 H_2O	有机物和 O_2
产物	碳水化合物和 O_2	CO_2 和 H_2O
进行部位	绿色细胞叶绿体	生活细胞线粒体，细胞质
条件	光照	光照和黑暗都进行
能量形式	光能-电子激发能-活跃化学能-稳定化学能	稳定化学能转换为活跃能 ATP——用于细胞生命活动
能量转换机制	光合磷酸化	氧化磷酸化
代谢类型	同化作用	异化作用
联系	二者互相提供底物；光合作用吸收原料和运输物质需呼吸作用提供能量；呼吸作用形成的中间产物及 ATP 可推动其他物质的合成，促进叶片生长，促进光合进行	

22. 列表如下。

比较内容	叶绿体	线粒体
结构	双层被膜；类囊体垛叠形成基粒，基质片层，类囊体膜上镶嵌电子传递体复合蛋白；基质	双层膜；内膜折叠形成嵴，其上镶嵌电子传递复合体；衬质
化学组成	磷脂、糖脂硫脂多、蛋白质、金属离子、色素	磷脂、糖脂硫脂较少、蛋白质、金属离子
功能	完成光合作用全过程：光能吸收、电子传递和光合磷酸化、碳同化	完成呼吸作用的三羧酸循环、电子传递和氧化磷酸化
能量形成	光合磷酸化	氧化磷酸化
能量转换	光能转换为储藏的稳定化学能	储藏的化学能转换为活跃化学能
物质转化	无机物 CO_2 和 H_2O 转化为碳水化合物被利用或储存	利用储存的有机化合物转化为 CO_2 和 H_2O

23. 列表如下。

比较内容	光合磷酸化	氧化磷酸化
发生部位	叶绿体的类囊体膜	线粒体内膜、嵴
偶联电子传递	光合作用中心色素受光激发释放高能电子，经一系列电子传递体将电子传递给 $NADP^+$，电子传递过程中建立了跨膜质子梯度	底物氧化脱下的氢经复合物Ⅰ、Ⅱ、Ⅲ、Ⅳ将电子传递给 O_2 形成水，质子转移到膜腔中，建立了跨膜质子梯度

续表

比较内容	光合磷酸化	氧化磷酸化
电子受体	$NADP^+$	NAD^+，FAD^+
形成 ATP 的机制	化学渗透假说，结合转化假说	化学渗透假说，结合转化假说
抑制剂	DCMU，DMBIB，百草枯等阻断电子传递；PCMB、寡霉素等抑制 ATP 合酶；DNP 等解偶联剂	鱼藤酮、抗霉素 A 等抑制电子传递；氰化物等抑制细胞色素氧化酶；寡霉素、DCC 等抑制 ATP 合酶；DNP 等解偶联剂

24. 实验 1：离体叶绿体悬浮液在照光情况下可以吸收光能，释放氧气，并进行光合磷酸化形成 ATP，如果在悬浮液中加入电子传递抑制剂如敌草隆（DCMU），则在电子传递被抑制的同时，磷酸化也被抑制，不能合成 ATP，证明磷酸化与电子传递是偶联的。

实验 2：测定光下和黑暗中，类囊体腔和叶绿体基质中 pH。光下形成跨类囊体膜的质子电化学势梯度。

实验 3：将叶绿体类囊体悬浮液放在 pH 4 的弱酸性溶液中平衡，使类囊体腔的 pH 下降至 4，然后加进 pH 8 和含有 ADP 和 Pi 的缓冲液，这样瞬间的 pH 变化使得类囊体膜内外产生瞬间的质子电化学势梯度，可推动 ATP 合成。此过程中既没有照光也没有电子传递。该实验可以证明跨类囊体膜的质子电化学势梯度可以推动磷酸化。

实验 4：在含有 ADP 和 Pi 的离体叶绿体悬浮液中加入增加膜对质子渗透性的试剂如 NH_4^+ 等，磷酸化被抑制，进一步证明跨膜的质子电化学势梯度是合成 ATP 所必需的。

用离体线粒体悬浮液可进行类似的实验证明氧化磷酸化过程也是由跨膜质子电化学势梯度推动的。

25. 水决定了植物的生存，在农业生产上常说“有收无收在于水”。水分利用率概念（参见本章 17 题）；根据不同作物的需水特点，把握水分临界期，科学利用水资源，促进光合作用。

光合作用是将无机物转化为有机物的唯一途径，是农业生产的根本。光能利用率概念；影响作物光能利用率的因素；采取的措施（参见光合作用一章）。

26. (1) 水分子跨膜运输：生物膜是半透膜，水分子主要进行跨膜渗透，水势梯度决定其方向和趋势，是顺水势梯度的被动过程。扩散速率还取决于细胞膜水导度。可经由膜分子间隙扩散，膜上由水孔蛋白组成的水通道调控水分子高效运转，但不改变运输方向和动力。

(2) 无机离子跨膜运输方式：离子通道——促进快速跨膜扩散，具有选择性和可调控性；离子载体——被动运输或次级主动运输（共运输），利用 PMF 驱动，有选择性和饱和现象；离子泵的运输——原初主动运输，非常专一。根据是否直接消耗 ATP 分为主动运输和被动运输。

(3) 有机物跨膜运输（质膜和细胞器膜）：糖、氨基酸、蛋白质等大分子物质经胞间连丝的运输；经各种转运体的共转运（次级主动运输），如细胞核膜上的核孔体；叶绿体膜上的 TPT；伴胞、转移细胞上的糖-质子共转运体；经胞间连丝的运输。大分子物质也可经胞间连丝在细胞间运输。

(4) 各种物质跨膜运输一般都有经胞间连丝的共质体运输和经特殊蛋白质介导协助运输；水分子的转运不消耗代谢能；其他物质的跨膜转运直接或间接消耗能量，质子运输决定了跨膜电势，即提供物质运输的根本动力。

27. 植物体内能量转换主要包括通过光合作用将日光能转换为储存的化学能和通过呼吸作用将储存的化学能转换为可利用的活跃化学能的过程。

重点叙述叶绿体和线粒体结构与能量转换功能的统一（参考光合作用与呼吸作用两章相关内容）。

28. 随着社会的发展，目前地球上的CO_2浓度逐渐增加，造成全球温度上升，即温室效应。一方面，CO_2浓度增加对于光合作用有一定的促进作用，特别是对C_3植物。另一方面，温度的上升对植物生长发育会有些不同的影响，如温度增高，中高纬度地区作物生长季节延长，复种指数提高；同时，地球上的水量、水分布等都会发生变化，这些都会直接影响农业生产。例如，气温升高，使海水变暖和膨胀，以及极地和高山冰雪的融化，海平面将上升，对于沿海滩涂的农业开发不利，甚至会淹没部分农田，也将增加盐渍土地范围。因此CO_2浓度增高对农业生产的影响总体而言是弊大于利的。

29. (1) 强光抑制植物生长：不同波长的光对植物生长的作用不同，蓝紫光和紫外光对植物伸长生长有抑制作用，Phot、Cry1、Cry2及UV-B受体都参与光对茎伸长生长的反应。光对生长的抑制作用主要是促进了生长素的氧化作用。

(2) 强光破坏植物的光系统，影响光合作用：当光强超过植物光合作用所需要时会对植物光合作用产生抑制作用，当光能超过不是很多时，植物具有光保护机制，如散热，活性氧清除等，光合速率没有明显影响，但当光能超过很多，植物体内活性氧积累，这些活性氧会破坏PSⅡ的中心多肽，使光合速率下降。

30. 植物体内同时存在数种激素，在植物生长发育过程中，任一生理过程往往都不是某一激素的单独作用，而是多种激素相互作用的结果。激素之间存在着相互协调或相互拮抗的关系。

例1：生长素和赤霉素对于促进植物胚芽鞘、下胚轴、茎段等的生长表现出协同作用。在这个过程中，赤霉素促进了木葡聚糖内糖基转移酶（XET）的活性，增加了细胞壁对扩张蛋白的通透性，使大量的扩张蛋白进入细胞壁；生长素激活质子泵，促进质子分泌，酸化细胞壁环境，活化扩张蛋白，促进细胞壁的松弛，细胞生长。

例2：在控制植物顶端优势方面，生长素抑制侧芽萌发，维持着顶端优势，而细胞分裂素则促进侧芽生长，消除顶端优势，二者表现为相互拮抗关系。

31. 选取植物下胚轴或胚芽鞘，加入到含有抗扩张蛋白的抗体的溶液中温育，以不加抗体的溶液做对照。随后将下胚轴转移到适宜浓度的生长素溶液中温育，一定时间后，检测下胚轴细胞壁松弛和伸长情况。加入抗体的样品由于扩张蛋白与抗体结合而失活，生长素处理不能使其细胞壁松弛和伸长，而不加抗体的样品则会由生长素和扩张蛋白的作用，细胞壁松弛而明显伸长。由此可以证明扩张蛋白在生长素诱导的细胞伸长过程中起重要作用。

32. (1) IAA：缺锌抑制色氨酸转化，阻碍IAA运输和促进IAA分解，从而植株茎生长受阻，易出现簇生病；钾离子抑制IAA氧化酶活性，从而提高组织中IAA含量；锰是IAA氧化酶的辅助因子，提高IAA氧化酶的活性；缺硼或缺钙使向日葵下胚轴IAA运输速率下降。

(2) CTK：氮水平显著制约植物地上部CTK的含量与活性；供磷水平过高或过低均导致CTK下降。外源钾离子明显增加CTK对黄瓜子叶生长的促进作用；CTK的作用可能需要Ca^{2+}的参与；缺硼可抑制CTK的合成。

(3) GA：钾对GA促进植株或器官的纵向生长具有增效作用；中断给马铃薯植株的

氮素供应时，茎中 GA 水平明显下降，同时，ABA 水平急剧升高。

(4) ABA 和乙烯：随施氮水平的提高，植株中游离态 ABA 与结合态 DPA 含量显著增加；缺磷时叶片中积累更多的 ABA，且缺磷植株对 ABA 的敏感性也增强；缺锌导致植株顶部 ABA 含量增加。磷酸吡多醛是 ACC 合酶辅基，ACC 氧化酶需 Fe 为辅基；Co 是乙烯生物合成抑制剂。

33. 乙烯是一种气体激素，乙烯生物合成是从甲硫氨酸开始的，甲硫氨酸与 ATP 反应形成 S-腺苷甲硫氨酸，经 ACC 合酶催化进一步形成 1-氨基环丙烷-1-羧酸（ACC），ACC 在 ACC 氧化酶的作用下，形成乙烯。温度，CO_2 浓度，化学物质（AVG，AOA 等），生理、病理因素等都影响乙烯的合成。

乙烯具有显著的诱导果实成熟的作用。很多果实成熟都伴随着乙烯的大量合成和呼吸高峰的出现，果胶分解，果肉软化，淀粉分解，可溶性糖积累等。这一过程标志着果实衰老的开始，过了这一时期，果实就变得容易腐烂，不耐储藏，因此通过对乙烯合成进行调控，可以有效地延缓果实成熟，达到保鲜的目的。化学调控方面可以用乙烯合成的抑制剂 AVG、CO_2 等延迟甚至完全抑制果实的成熟。基因技术方面：可将 ACC 合酶或 ACC 氧化酶的反义基因导入植物，降低这两种酶的合成，可以延缓果实的成熟，方便蔬果运输和储藏。

34. ABA 或乙烯作为植物逆境激素在植物响应逆境中起重要信号作用。

(1) ABA 传递干旱信号，调节气孔关闭、抑制生长、诱导抗旱基因表达等。

(2) 在淹水、干旱、盐害等胁迫下，乙烯含量增加。乙烯的产生可使植物克服或减轻环境胁迫带来的伤害，如促进器官衰老，引起枝叶脱落，减少蒸腾面积，有利于保持水分平衡；促进与酚类代谢有关的酶类的活性，提高植物对伤害的修复或对逆境的抵抗能力。

(3) BR 具有稳定生物膜的作用，并能活化 SOD、POD 等，消除活性氧对膜脂的破坏作用，从而提高植物的抗逆性。

35. 果蔬安全储藏中控制的关键是延迟果实的过度成熟，保持果实的品质。番茄是多浆果实，不耐储藏，且是呼吸跃变型果实，其成熟的关键是植物激素乙烯的产生，因此耐储藏番茄的主要原理是控制乙烯的生物合成。乙烯生物合成的关键酶是 ACC 合酶和 ACC 氧化酶，此外，乙烯的产生受多种内外因素的影响。目前采用的主要方法有：培育转基因植物，使之缺乏 ACC 合酶，不能合成乙烯，不易成熟变软，因而更耐储藏。然后可人工施加乙烯利，诱导成熟。

36. (1) 植物具有发达的根系，从土壤里吸取水分和无机营养，供叶片生长分化的需要。

(2) 叶片利用根系提供的水与无机营养，在光下进行光合作用，合成有机物，将日光能转变为化学能，供给植株生长。

根与叶各自感受地下环境和地上环境的刺激，互相传递信息，调节植物的生理过程、生长发育。

(3) 茎：支持、固着叶片，进行地上部分与地下部分间的物质运输和信息交流，使之成为整体，茎作为中间库，是物质的中转站。

37. (1) 光合作用的营养作用；强光对光合作用的抑制以及对植物生长的抑制。

(2) 光对植物生长的信号作用，种子萌发，幼苗生长的光形态建成。

(3) 光对植物成花的光周期诱导。

(4) 光对植物休眠、衰老、脱落的影响。

38. (1) 植物种子萌发和幼苗生长的温度三基点，生长的协调最适温度；昼夜温差对植物生长发育和代谢物的影响。

(2) 温度对植物各个生理过程和生化反应的影响，如光合作用、呼吸作用等。

（3）植物成花的低温诱导——春化作用。

（4）过低温或高温对植物的伤害以及植物的适应性。

39. 在诸多环境因素如光、温度、水分、矿质营养等条件中，在本质上影响大多数植物成花的因素主要是日照周期和温度。

（1）说明不同植物成花诱导对温度和光周期的特殊要求。

（2）叙述植物成花的春化作用。

（3）叙述植物成花的光周期诱导效应。

40. 该作物营养生长好，说明当地的土壤、矿质营养、水分、温度等条件基本满足植物生长需要。但是，植物的生殖生长需要满足一些特殊的条件，某些植物需要低温诱导，如冬小麦；某些植物需要适宜的光周期诱导，如短日植物大豆等；某些植物既需要一定的低温诱导，又要适宜的光周期条件。有时在引种地能满足日照条件时，季节变化而温度过低等，也导致植物不能正常开花。

41.（1）营养不足，补充施肥，特别是注意氮、磷、钾的比例或补充微量元素。

（2）源库关系失调，这是导致早衰的重要原因。要采取整枝、摘果等调节源库比例。

（3）根系发育停止或衰老，根系衰老会导致植株迅速衰老。分析根系衰老的原因，可能是营养缺乏、温度过高、病害等。

（4）逆境：根据实际气象情况分析是否遭遇高温、干旱等不良环境，采取适时浇水等措施。

42.（1）间种、套作、育苗移栽：充分利用时间空间，增加复种指数，有效提高光能利用率。

（2）小麦蹲苗：小麦苗期控制浇水，促进根系下扎生长，提高根冠比，保证地上部粗壮，避免倒伏。

（3）水稻落干烤田：提高土壤温度，增加氧气，减少土壤中的还原物质和有害物质对根系的伤害，促进根系生长。

（4）棉花整枝打杈：调节源库比例、营养生长与生殖生长的关系。

（5）玉米蹲棵：同化物再分配、再利用。

（6）果树修剪与疏花疏果：调节源库比例、营养生长与生殖生长关系。

43. 光敏色素是开链的四吡咯环化合物，是色素蛋白，包括 Pr 和 Pfr 两种形式，主要存在于细胞质、细胞核。主要功能：作为植物的感光受体，参与种子萌发、植物光形态建成、植物的测时、植物的光周期反应等。

类胡萝卜素包括叶黄素和胡萝卜素，主要存在于质体中。基本结构是四萜类化合物，主要功能是在叶绿体中作为天线色素起吸收、传递光能的作用，并对光反应中心起保护作用。

44.（1）光敏色素：吸收光波长为 600～750nm，Pr 型和 Pfr 型两种形式间的红光-远红光可逆反应，参与植物光形态建成、光周期反应等。

（2）蓝光/紫外光-A 受体：包括隐花色素、向光素（phototropin）等，吸收 320～500nm 波长的光，参与植物伸长生长，向光性反应，气孔运动等。

（3）紫外光-B 受体：吸收光波长为282～320nm，诱导类黄酮生成，具有保护作用。

（4）叶绿体色素：包括叶绿素和类胡萝卜素，吸收光谱为 640～660nm 和 430～450nm，主要参与光合作用。

45. 为避免冬季低温对植物的伤害，多在温室栽培蔬菜。首先注意植物品种的选择。再是控制条件：温室温度控制，一方面适当提高温度至协调最适温度，使幼苗快速健壮生长；另一方面注意昼夜温差，减少夜间呼吸消耗，补充光照，提高光合速率，白天不刮风时适当开窗通风并根据作物的光周期特性控制光照时间等。

46. 设施农业一般指：通过采用现代化农业工程技术，改变自然环境，为动植物生产提供相对可以控制的甚至绝对可以控制的温度、湿度、光照、水肥等环境条件，在一定程度上摆脱对自然环境的依赖从而进行有效生产的农业新产业。具有高投入、高技术含量、高品质、高产量、高效益等特点。

具体讨论温室的光、温度、水分、营养的控制中所涉及的植物生理学知识。温室中的 CO_2 施肥；延长光照或遮光处理调节光周期以控制植物的开花；如何进行化学控制和病虫害防治等。

47. 引种时一般是选用产量高、品质好的优良品种。但是否能在引入地区正常生长发育，并保持其优良特性，取决于多方面的因素。

在距离远、地区气候条件差异大的情况下：①要了解被引品种的光周期特性，是属于长日植物、短日植物还是日中性植物，要了解作物原产地与引种地生长季节的日照条件，不仅要有充足的光照满足光合作用需要，更要注意在不同纬度地区间引种时，日照长度是否符合植物成花诱导的光周期要求；②植物对温度的要求，要注意两地的温度差异，是否有足够长度的生长期，特别是需要低温春化的植物开花对低温是否有严格要求；③还应综合考虑水分、土壤、病虫害等其他环境条件；④要根据被引作物所收获的主要器官（种子、果实或营养体）的不同来确定所引品种。例如，在我国，将短日植物从北方引种到南方，会提前开花，如果所引植物是为了收获果实或种子，则应选择晚熟品种；而从南方引种到北方，则应选择早熟品种。例如，将长日植物从北方引种到南方，会延迟开花，如果所引植物的种植目的是收获种子，宜选择早熟品种；而从南方引种到北方时，应选择晚熟品种。

48. (1) 植物细胞分裂分化中的基因控制：从分生细胞开始分化时，分裂的细胞中分生细胞特征基因关闭、分化细胞特征基因表达；形成分化细胞结构和功能基因的表达等。

(2) 植物胚胎发育过程受基因表达控制，进行轴向和径向发育，分别进行不同的细胞分裂和分化，拟南芥突变体的研究证明胚胎中沿轴向分布的胚芽、子叶、胚轴和胚根的形成，需要多种基因的表达；同样，一些基因的突变也破坏基本组织的径向模式。

(3) 植物茎端的分化：茎尖的生长和分化是比根更复杂的动态过程。存在维持植物茎端分生组织功能的必需基因，如拟南芥中的 *STM*、*WUS*、*CLV* 等，其中 *STM* 抑制子叶原基中表达的基因 *AS1* 而维持茎顶端分生组织的活性，同时与叶的特化调控相关；*WUS* 的表达在维持中心区分生组织活性中起作用；*CLV* 限制 *WUS* 基因的表达区域，而限制中心区的大小。

(4) 植物花发育的 ABC 模型：花器官发育受花器官特征决定基因调控。目前提出的 ABC 模式（或 ABCDE 模式）将调控花发育的基因根据其功能分为 A 类、B 类、C 类等，分别控制花的萼片、花瓣、雄蕊和心皮的发育，基因突变则发生花表型的同源异形突变。

(5) 其他还可举例：如根的生长分化、根毛的分化也是多基因作用的结果。植物性别分化的遗传调控。种子发育过程中胚发育相关基因和胚乳发育相关基因的表达等。

49. 从发育时期、特点、对环境条件的要求来说明。①营养生长和生殖生长是植物生长周期中的两个阶段，幼年期植物进行营养生长，进入成熟期后开始生殖生长，但有的植物存在交叉；②形态结构发生变化，如叶形、叶序、生根能力等，各阶段由特定基因表达控制；③营养生长要求充足的光照、矿质营养和水分，适宜的温度等，而生殖生长除一般的环境条件外，需要特殊的光照、温度或其他信号诱导，多种内外因子结合启动开花相关基因，分生组织发生关键转变；④营养生长是生殖生长的基础，在一定的营养生长的基础上才有花芽分化，花芽分化标志着生殖生长的开始，开始生殖生长后，二者对营养等存在相互竞争，营养生长过旺也会推迟生殖生长，生殖生长为子代的营养生长所必需，营养生长与生殖生长既相互对立，也相互依赖。

50. 组织培养方法基本要点：①根据材料特点制备培养基；②取烟草叶片，进行叶片消毒，将外植体接种在含不同激素配比的培养基上；③在一定的光、温条件下，先诱导叶片脱分化形成愈伤组织；④调节激素配比，诱导愈伤组织分化形成根和芽；⑤小苗经锻炼后移植。

其理论依据是植物细胞全能性。

51. 说明存在的问题、解决的措施及理论依据。

存在问题如小麦倒伏、源库调节、棉花蕾铃脱落、果树大小年、调节根冠关系、植物引种育种、成花诱导的控制、生长调节剂的应用、提高植物抗性等。

以小麦倒伏为例，施氮肥过多、水分大、温度高时，小麦营养生长过旺，易发生倒伏。措施可适当控水蹲苗、施用CCC等控制地上部生长、促进根系生长、提高根/冠值，使生长健壮而不易倒伏。

52. (1) 说明作物产量构成分析；提高生物产量与经济产量，减少消耗。

(2) 分别说明如何提高作物光能利用率；如何提高作物水分利用效率；如何改善矿质营养；如何提高作物的抗逆性等，以增加作物产量。如何通过调节同化物运输与分配，植物生长调节剂的应用等提高作物经济产量和品质。

53. (1) 植物生长在复杂多变的自然环境中；植物的所有代谢生理过程需要适宜的环境条件；但植物经常会遭遇逆境，植物具有了响应、抵抗逆境的能力。举例说明植物如何适应逆境，如对干旱或盐碱的适应。

(2) 植物对环境的改善功能：在生态保护中的作用，对环境水、气循环的作用；植物对温度的调节；固土、固沙防风，水土保持；减少噪声、净化空气等；缓解逆境；环境美化，作为逆境指示植物等。

54. 分析：土壤水分状况影响小麦多项生理活动，干旱或过量浇水都使根系活力明显下降；作为植物对干旱的响应，气孔适度关闭，蒸腾速率下降以保存体内水分平衡，同时积累脯氨酸进行渗透调节，维持细胞的正常生理活动；冬春干旱使苗期光合速率下降，可能会影响产量，所以，在冬前应适当灌冻水，春季需要进行合理灌溉。

55. ABA是植物对逆境胁迫响应的信号成员之一。ABA通过对逆境信号的转导，启动植物体内的应激反应，提高植物抗御各种逆境因子胁迫的能力。

(1) 抗干旱：在水分胁迫下叶片内ABA含量迅速升高，诱导气孔关闭，减少水分蒸腾，提高植物的保水能力和对干旱的耐受性。

(2) 抗低温：提高植物体内保护酶的活性，降低膜脂过氧化程度，保护膜结构的完整性，增强植物抗氧化能力。

(3) 抗盐：盐胁迫下，ABA促进BADH和甜菜碱的合成从而调节水分和离子平衡，增加植物抗盐胁迫的能力。

(4) 提高植物的抗缺素能力：在营养缺失条件下，ABA的合成和运输加快，ABA在衰老叶片中积累，而促使其脱落，将有限的营养供给幼叶的生长。

(5) 病虫害：ABA抑制植物β-1,3-葡萄糖苷酶的活性，形成阻止病毒通过细胞质膜扩散的物理屏障，增强植物抗病虫能力。

ABA提高植物抗逆性的作用机制可归结为：在质膜上和细胞内有ABA的受体或结合位点，首先与受体结合，激活G蛋白，通过胞内第二信使（包括IP_3、Ca^{2+}、CADPR等）级联传递，引发磷酸化/去磷酸化反应传递信息，引起如气孔关闭等快速反应；再是基因和蛋白表达调控。已知150余种植物基因可受外源ABA的诱导。

56. 乙烯与植物抗水分胁迫的关系：水分胁迫下植物内源乙烯量增加，影响植物的抗旱能力；外源乙烯可通过暂时抑制植物的生长而提高其抗逆性。

乙烯对植物抗旱性的诱导：植物受到水分胁迫时，首先是对胁迫因素的类别和强度的感受，植物先感受到胁迫的强度，经信号转导，启动乙烯合成；再是感受乙烯信号并转导，产生乙烯反应和可见症状。干旱条件下，乙烯可能影响植物的呼吸作用和某些代谢活动，从而直接或间接地参与植物对伤害的修复或对逆境的抵抗过程。例如，水分亏缺的植物通过加速下部的老叶脱落以减少蒸腾，从而有利于水分平衡的保持；另外，增加的乙烯也可能会增加叶片气孔阻力，降低蒸腾作用。

乙烯对植物生理过程的调节机制之一是通过影响活性氧清除酶的活性，以调节各种活性氧在体内的平衡。在淹涝、缺氧条件下，乙烯诱导一些植物根的皮层细胞发生死亡解体而形成通气组织，并通过通气组织将氧气运送到根基部，以保证根代谢的需要。

57. 植物次生代谢物概念：由糖类等有机物次生代谢衍生的有机物。主要种类：按结构分为酚类、萜烯类和含氮化合物。

举例说明在抗逆中的作用：次生代谢物与植物的抗病、抗虫，植物化感作用以及各种非生物逆境有关。例如，木质素的保护作用和抗昆虫咬食；植保素的抗病菌侵染；酚类物质和萜类物质的化感作用，一些类黄酮、花色素苷等的防辐射作用；甜菜碱和脯氨酸作为渗透调节物质等。

58. 活性氧主要包括超氧阴离子自由基（$O_2^{-}\cdot$）、过氧化氢（H_2O_2）、氢氧自由基（$\cdot OH$）和单线态氧（$^1O_2$）。活性氧的适当积累能增强植物的抗病性：①活性氧对病原菌具有直接毒害作用；②诱导植保素的合成，抑制甚至杀死入侵病原菌；③参与细胞壁的木质化及结构蛋白的沉淀；④活性氧参与信号传递，在转录水平上激活和调控植物体内各种防御相关基因的表达；⑤启动膜质过氧化作用，在病原物侵染时产生过敏性坏死，形成局部坏死斑，从而阻止病原菌的进一步侵染和病害的扩展。

病原菌在侵染植株，植株体内积累活性氧的同时，活性氧清除系统也发生变化，以维持植株活性氧的相对平衡。活性氧清除系统包括保护酶系和抗氧化物质两部分。

矿质营养影响活性氧代谢。例如，追施铵态氮肥 $(NH_4)_2SO_4$ 与硝态氮肥 $Ca(NO_3)_2$，可不同程度地提高苹果植株的 SOD 和 POD 活性；氮钾配比适宜时，SOD 活性增加，POD 活性降低；缺钾则植物 POD 活性上升；钙能提高杂交水稻叶片中活性氧防御酶 SOD、POD、CAT 活性，降低活性氧伤害；缺镁使菜豆幼苗真叶中 SOD、POD、CAT 活性提高等。微量元素铁、锰、锌是 SOD 的组成成分，也影响着该酶的活性变化。

59. 作为模式植物材料。植株小，易于管理，生长周期短，可自交、杂交，结实量大，易被诱变，基因组小，重复序列少，已知其基因组全序列，容易进行基因转化。

60. 提出植物生理学中的科学问题，如研究植物激素的作用机理，探索植物细胞信号转导过程，如何提高植物抗逆性等。

方法：植物组织细胞培养、原生质体培养和融合；DNA 重组；利用拟南芥进行突变体筛选；转抗病、抗虫、抗除草剂基因植物；通过控制酶蛋白基因表达以及其活性来调控代谢、固氮等；控制次生代谢产物应用于药物的生产等。

附录一　自 测 试 题

自测试卷（1）

一、名词解释（每题 3 分，共 18 分）

1．蒸腾作用
2．光补偿点
3．根冠比
4．脱分化
5．识别
6．强迫休眠

二、填空题（每空 1 分，共 20 分）

1．植物细胞区别于动物细胞的结构特征主要有________、________和________。

2．植物细胞内的水势由________、________和________组成。

3．光合作用电子传递在________上进行，光合碳固定在________中进行。

4．为保证粮油种子安全储存，主要应该控制种子储藏的________。

5．胞间连丝将细胞间原生质连接而形成的连续系统称________。

6．筛管中运输的有机物主要是________，大量存在的无机离子是________。

7．控制植物生长的调节剂包括________和________两类。

8．植物细胞的发育分为细胞分裂期、________和________三个时期。

9．植物的运动主要分为________和________两大类。

10．冻害对植物造成的损伤分为________和________。

三、判断是非题（每题 1 分，共 20 分）

1．水是细胞生命活动的介质，也是细胞的组成成分。

2．细胞中的酶都很活跃，催化着各种生化反应。

3．植物细胞内外都存在钙离子和钙调素（CAM），并参与信号转导。

4．细胞在低浓度的蔗糖溶液中容易发生质壁分离。

5．植物根细胞吸收水分和无机盐都依靠主动吸收的方式。

6．一般用小液流法测定植物细胞的压力势。

7．在植物体内大量积累的元素就是植物的必需元素。

8．植物缺 N 和 Fe 时，表现在老的叶片变黄。

9. 叶绿素存在于叶绿体基质中。

10. 提取叶绿体色素时，一般加蒸馏水研磨后过滤。

11. C_4 植物的光饱和点比 C_3 植物高，而 CO_2 补偿点比 C_3 植物低。

12. 糖酵解产生的丙酮酸不能直接进入三羧酸循环。

13. 交替氧化酶是一种重要的线粒体外末端氧化酶。

14. 赤霉素的主要生理功能是能有效地促进细胞分裂。

15. 乙烯利能促进番茄果实成熟。

16. 日照越短，越有利于短日植物开花。

17. 长日植物引种到北方，会提前开花。

18. 植物的茎尖分生组织感受低温和光周期诱导后，发生质的变化而进入成花决定态。

19. 抗寒的植物，在低温下合成较多的不饱和脂肪酸。

20. 植物受到干旱时，大量积累脯氨酸。

四、实验题（每题 6 分，共 12 分）

1. 怎样证明 Mg 是植物的必需元素？

2. 用大麦种子做实验以验证赤霉素对种子萌发的影响，填下表中的处理结果，并加以说明。

对种子的处理	检测种子淀粉水解
完整种子吸涨	
带胚的半粒种子吸涨	
不带胚的半粒种子吸涨	
去糊粉层种子吸涨	
去胚种子吸涨＋赤霉素	

五、问答题（每题 10 分，共 30 分）

1. 从影响植物光合作用的因素分析如何提高作物光能利用率。

2. 同化物分配的规律是什么？举例说明同化物再分配的调节在农业生产上的重要性。

3. 讨论渗透调节在植物抗逆中的重要性。

自测试卷（2）

一、名词解释（每题 3 分，共 15 分）

1. 单盐毒害

2. 光合磷酸化

3. 第二信使

4. 光周期诱导

5. 向性运动

二、填空题（每空1分，共15分）

1. 植物细胞原生质胶体可以________和________状态转化。

2. 通常认为根压引起的吸水为________吸水，蒸腾拉力引起的吸水为________吸水，植物的吸水动力主要是________。

3. 光呼吸代谢经过________、________和________三种细胞器，光呼吸的底物是由________酶催化产生的________。

4. 植物器官生长的相关性主要有________、________、________等。

5. 短日植物南种北引，生育期________，若要引种成功，应引用________品种。

三、判断是非题（每题1分，共10分）

1. 水分临界期指植物对水分缺乏最敏感的时期。

2. 温度越高时细胞膜透性越大，就越有利于矿质元素的吸收。

3. 叶绿素提取液具有荧光现象，即在透射光下呈红色，而在反射光下呈绿色。

4. C_4 植物的光饱和点和 CO_2 补偿点比 C_3 植物高。

5. 呼吸作用的电子传递链定位在线粒体基质中。

6. 多酚氧化酶是线粒体外的一种末端氧化酶。

7. 适当降低温度和氧浓度可以延迟果实呼吸跃变出现。

8. 促进植物叶片脱落的激素主要是脱落酸。

9. 用红光处理需光莴苣种子，可促进种子萌发。

10. 短日植物大豆从东北引种到南方，其生育期缩短。

四、简答题（每题5分，共20分）

1. 如何进行植物的溶液培养？

2. 设计实验证明植物体内有机物的分配方向和规律。

3. 各举一例说明五类植物激素在生产上的应用。

4. 用自由基损伤学说解释植物的衰老过程。

五、综合分析题（每题10分，共40分）

1. 试分析植物如何保持与环境间的水分平衡。

2. 简述光系统Ⅱ的主要功能，分析其结构与功能的关系。

3. 试述生长素在叶片和果实发育中的作用。

4. 试解释植物交叉适应的实质所在。

自测试卷（3）

一、判断是非题（每题1分，共10分）

1. 组成细胞壁的纤维素等物质在高尔基体中合成。

2. 生物膜是物质出入的屏障，因此离子与分子不能随意出入。

3. 禾本科植物缺硅时易倒伏，抗病力减弱。

4. 植物吸收无机氮化合物后，即可在体内直接合成氨基酸。

5. 光合链中的PC是一种含Fe的电子传递体。

6. 无氧条件下，呼吸速率减慢，底物分解速度加快。

7. 植物体内运输的光合产物主要是磷酸丙糖。

8. 长日植物引种到北方，会提前开花。

9. Zn对花粉的萌发和花粉管生长有促进作用。

10. 在低温下，构成膜的脂类固化，质膜透性增加，细胞内含物外渗。

二、填空题（每空1分，共20分）

1. 水在植物体内以________和________状态存在。

2. 具有液泡的植物细胞的水势由________组成。

3. 植物的必需元素可分为________和________。

4. 植物吸收硝酸盐后，经过________和________还原，才能被利用。

5. 光合色素存在于叶绿体的________上。

6. 植物进行呼吸的主要底物是________，进行光呼吸的底物是________。

7. 植物体内有机物运输一般是由________到________。

8. 乙烯生物合成的前体是________，催化乙烯生物合成的关键酶是________和________。

9. 对植物开花的光周期诱导来说，光暗周期中的________比________更为重要。

10. 种子休眠的原因有________、________和________等。

三、选择题（每题1分，共10分）

1. 纤维素合酶位于（　　）。

A. 细胞质　　B. 高尔基体　　C. 质膜　　D. 细胞壁

2. 对光合作用最为有效的光照波长范围是（　　）。

A. 450～580nm　B. 580～640nm　C. 640～660nm　D. 650～700nm

3. 多数作物每合成1kg干物质通过蒸腾作用丧失的水分为（　　）。

A. 100～300kg　B. 300～500kg　C. 500～1000kg　D. 1000～1500kg

4. 在下列四组元素中选择一组，该组的三种元素都是必需元素（　　）。

A. 镁、硼、铁　B. 钾、钙、银　C. 氮、钴、磷　D. 氮、钾、硒

5. 筛选光能利用率高的小麦品种，其株型应为（　　）。

A. 高秆，叶片大而平展　B. 矮秆，叶片大而平展

C. 高秆，叶片小而直立　D. 矮秆，叶片小而直立

6. 下列不支持压力流动学说的实验观察是（　　）。

A. 具有开放筛管间的筛板孔　B. 筛管运输本身不需要能量

C. 在源端和库端存在膨压差　D. 在同一筛管中能同时发生双向运输

7. 下列关于植物组织培养的叙述中，错误的是（　　）。

A. 培养基中需添加蔗糖以提供营养

B. 培养基中需加入生长素和赤霉素诱导分化

C. 离体器官或组织的细胞都必须通过脱分化才能形成愈伤组织

D. 薄壁细胞一般更容易诱导产生愈伤组织

8. 需要春化的植物在经春化处理后，（　　）。

A. 一定能开花　B. 只能在一定条件下才能开花

C. 在长日照条件下一定能开花　D. 在短日照条件下一定能开花

9. 多年生树木在秋季落叶过程中起主要作用的激素是（　　）。

A. 脱落酸　B. 乙烯　C. 生长素　D. 细胞分裂素

10. 造成植物“生理干旱”的主要原因是（　　）。

A. 大气温度低　B. 土壤水分含量低

C. 土壤盐浓度过高　D. 叶片蒸腾作用太强

四、简答题（每题 6 分，共 30 分）

1. 举两例说明植物细胞内结构上的分室化在植物生命活动过程中的意义。

2. 试解释伴随光合作用，光呼吸的不可避免性及其生理意义。

3. 说明生长素的主要生理效应，并设计实验证明其中一项生理效应。

4. 有两种植物的种子，请选出需光萌发的种子，并证明其感光的受体。

5. 什么是植物的次生代谢物？植物次生代谢物的主要种类有哪些？列举三项次生代谢物的重要生理功能。

五、综合分析题（每题 15 分，共 30 分）

1. 植物怎样控制气孔的开闭？有什么重要的生理意义？

2. 试述盐胁迫对植物的伤害及植物抗盐的机制。

自测试卷（4）

一、名词解释（每题 2 分，共 20 分）

1. 信号转导
2. 水势
3. 主动运输
4. 抗氰呼吸
5. P 蛋白
6. 光合作用反应中心
7. 植物激素
8. 向性运动
9. 交叉适应
10. ABC 模型

二、填空题（每空 1 分，共 20 分）

1. 纤维素合成是在细胞的________上进行的，由________催化。

2. 植物细胞膜上的运输蛋白可以分为三类，分别是________、________和________。

3. 随着温度提高，植物叶片光合作用的 CO_2 补偿点________。

4. 在植物光合作用中，当 PSⅡ 被光优先激发时，________被磷酸化，向________移动。

5. 高等植物的生命周期可分为三个发育时期，即________、________和________。

6. 逆境下诱导形成的蛋白质统称为________蛋白。它具有多种类型，如________蛋白、________蛋白。

7. 在大麦种子萌发过程中，________中产生的赤霉素经胚乳运到________细胞，并在其中诱导________的表达。

8. 在气孔运动过程中，保卫细胞内起渗透调节作用的主要物质有________。

9. 决定植物自交不亲和性的分子基础是________。

10. 光敏色素有两种可以互相转化的形式，在红光下主要是以________形式存在。

三、选择题（每题 1 分，共 10 分）

1. 植物细胞壁中的木质素属于（　　）。

A. 多糖类化合物　　B. 酚类化合物

C. 脂肪酸类化合物　　D. 萜烯类化合物

2. 在土壤中硝酸盐供应充足的条件下，植物表现出缺氮症状，这可能是由于土壤中缺少（　　）。

A. Mo　　B. Mn　　C. Ni　　D. Zn

3. 促进气孔张开最有效的光是（　　）。

A. 蓝光　　B. 红光　　C. 绿光　　D. 红外光

4. 韧皮部伴细胞膜上的载体蛋白利用质子动力势将蔗糖逆着浓度梯度运输到筛管-伴胞复合物内，这个过程称为（　　）。

A. 原初主动运输　　B. 次级主动运输

C. 被动运输　　D. 协助扩散

5. 光系统Ⅱ和光系统Ⅰ的原初电子受体分别是（　　）。

A. Q_A、A_0　　B. Pheo、A_0　　C. A_0、Q_A　　D. P680、F_A

6. 在花粉壁中起识别作用的蛋白是（　　）。

A. 色素蛋白　　B. 磷蛋白　　C. 糖蛋白　　D. 脂蛋白

7. 以下蛋白中作为乙烯受体的是（　　）。

A. ETR1　　B. CTR　　C. EIN2　　D. EIN3

8. 参与植物向光性运动的光受体是（　　）。

A. PHYB　　B. PHYA　　C. CRY　　D. PHOT

9. 在叶片衰老过程中，最先解体的细胞器是（　　）。

A. 线粒体　　B. 高尔基体　　C. 叶绿体　　D. 细胞核

10. 生产上为了提高植物的根冠比，下列措施中有效的是（　　）。

A. 加强水分供应　　B. 提高温度

C. 增施氮肥　　D. 增施钾肥

四、简答题（每题8分，共24分）

1. 设计实验证明韧皮部装载存在质外体途径。

2. 举两例说明光周期理论在农业生产上的应用。

3. 植物生长物质都包括哪些种类?

五、论述题（每题13分，共26分）

1. 比较和分析植物光合电子传递三条途径的特点和生理意义。

2. 论述植物感知和传递干旱胁迫信号的途径。

自测试卷（5）

一、名词解释（每题2分，共20分）

1. 细胞骨架

2. 蒸腾系数

3. 光呼吸

4. 交替氧化酶

5. 源-库单位

6. 共运输

7. 植物激素受体

8. 衰老

9. 植物组织培养

10. 光敏素

二、填空题（每空 1 分，共 20 分）

1. 植物细胞壁中存在的富含羟脯氨酸的伸展蛋白的功能是________。

2. 将一植物细胞放入 $\Psi_s = -0.5$MPa 的溶液（体积相对细胞很大）中，当吸水达到平衡时，测得细胞的 $\Psi_s = -0.7$MPa，则该细胞的 Ψ_p 为________。

3. 在光下 Rubisco 活化酶使与 Rubisco 结合的________分离，随后 Rubisco 需要与________和________结合形成活化态的酶。

4. 豆科植物的共生固氮作用需要________、________和________三种元素参与。

5. 植物韧皮部伴细胞的类型有________、________和________。

6. 生长素极性运输过程中，介导生长素流入细胞的载体蛋白是________，介导生长素流出细胞的载体蛋白是________。

7. 种子休眠的原因主要有________、________和________。

8. 赤霉素促进细胞伸长生长，这是因为赤霉素能促进细胞壁中的________的活性。

9. 短日光周期下，进行暗期间断可以________短日植物的开花，而________长日植物的开花。

10. 经低温锻炼后，许多植物的膜脂中________明显增加。

三、选择题（每题 1 分，共 10 分）

1. 植物细胞中的微管按一定规律排列，形成微管列阵。其中在细胞板和初生壁形成过程中起重要作用的微管列阵是（　　）。

A. 间期周质微管列阵　　B. 早前期带微管列阵

C. 纺锤体微管列阵　　D. 成膜体微管列阵

2. 正常生长条件下，陆生草本植物叶片的水势范围大多为（　　）。

A. $-0.01 \sim 0.1$MPa　　B. $-0.1 \sim 1$MPa

C. $-1 \sim 10$MPa　　D. $-10 \sim 100$MPa

3. 当栽培植物的土壤中氮素不足时，植物表现出（　　）。

A. 老叶发黄　　　　B. 幼叶发黄

C. 老叶暗绿或发红　　　　D. 幼叶暗绿或发红

4. 光系统Ⅰ主要分布于叶绿体的（　　）。

A. 内膜上　　　　B. 类囊体垛叠区

C. 类囊体非垛叠区　　　　D. 类囊体腔

5. 植物光合碳同化过程中，形成的第一个糖是（　　）。

A. 甘油醛-3-磷酸　　　　B. 甘油酸-3-磷酸

C. 果糖-6-磷酸　　　　D. 蔗糖

6. 植物细胞呼吸酶中，对氧气亲和力最高的酶是（　　）。

A. 酚氧化酶　　　　B. 交替氧化酶

C. 细胞色素氧化酶　　　　D. 乙醇酸氧化酶

7. 根据生长素作用的酸生长理论，生长素促进细胞伸长生长是由于活化了细胞壁中的（　　）。

A. 扩张蛋白　　B. 过氧化物酶　　C. 糖苷酶　　D. 甲酯化酶

8. 下列元素中具有引导花粉管定向生长作用的是（　　）。

A. Zn　　B. Mn　　C. Ca　　D. Cu

9. 在根的向重力性生长中，感受重力的部位是（　　）。

A. 分生区　　B. 根冠　　C. 伸长区　　D. 根毛区

10. 以下基因中在拟南芥光周期诱导开花途径中起重要作用的是（　　）。

A. *PHYA*　　B. *CO*　　C. *FLC*　　D. *LFY*

四、简答题（每题 8 分，共 24 分）

1. 有哪些证据说明植物中存在两个串联的光反应系统？

2. 简述质膜 H^+-ATPase 在离子跨膜运输中的作用。

3. 简述拟南芥春化作用和 *FLC*（flowering locus C）基因之间的关系。

五、论述题（每题 13 分，共 26 分）

1. 论述光对气孔运动的调节作用。

2. 论述脱落酸在植物生长发育和抗逆过程中的生理作用。

自测试卷（6）

一、名词解释（每题 2.5 分，共 25 分）

1. G 蛋白

2. 水通道

3. 叶面营养

4. 光合链

5. 源-库单位
6. 极性运输
7. 生物钟
8. 春化作用
9. 生理休眠
10. 渗透胁迫

二、单项选择题（每题 1 分，共 15 分）

1. 纤维素合成酶复合体存在于（　　）。
A. 细胞壁　B. 质膜　C. 细胞质　D. 内质网
2. 引起保卫细胞水势变化的有机物是（　　）。
A. 丙酮酸　B. 脂肪酸　C. 苹果酸　D. 草酰乙酸
3. 植物细胞中的离子泵包括 H^+-ATP 酶和 Ca^{2+}-ATP 酶，它们存在于（　　）。
A. 质膜　B. 内膜系统　C. 液泡膜　D. 质膜和液泡膜
4. 能够反映植株体内氮素营养水平的氨基酸是（　　）。
A. 天冬酰胺　B. 甲硫氨酸　C. 色氨酸　D. 苏氨酸
5. Rubisco 的酶活性具有昼夜节奏的变化，其原因是（　　）。
A. 受生物钟调节　B. 受温度调节　C. 受光调节　D. 其他因素
6. 在其他条件适宜的情况下，适当提高温度，光合作用的 CO_2 补偿点、光补偿点和光饱和点（　　）。
A. 上升　B. 下降　C. 不变化　D. 变化无规律
7. 植物细胞呼吸链末端氧化系统的多酚氧化酶存在于（　　）。
A. 线粒体　B. 质体　C. 细胞质　D. 液泡
8. 植物光呼吸过程中，氧的吸收发生在（　　）。
A. 线粒体　B. 叶绿体和过氧化物体
C. 叶绿体　D. 细胞质
9. 促进植物向光弯曲最有效的光是（　　）。
A. 红光　B. 远红光　C. 黄光　D. 蓝紫光
10. 多数高等植物中 IAA 生物合成的主要途径是（　　）。
A. 色胺途径　B. 吲哚乙酰胺途径
C. 吲哚丙酮酸途径　D. 吲哚乙腈途径
11. 下列现象能反应植物生长季节周期性的是（　　）。
A. 气孔开闭　B. 树木年轮　C. 小叶运动　D. 种子萌发
12. 要使长日植物提前开花，可以采取（　　）。
A. 向北引种　B. 向南引种　C. 缩短日照长度　D. 降低温度

13. 花粉中的识别蛋白是（　　）。

A. 色素蛋白　　B. 脂蛋白　　C. 核蛋白　　D. 糖蛋白

14. 乙烯生物合成的前体是（　　）。

A. 色氨酸　　B. 甲硫氨酸　　C. 甲羟戊酸　　D. 苯丙氨酸

15. 植物在经过抗寒锻炼后，体内激素平衡会发生改变，其中值升高的是（　　）。

A. CTK/IAA　　B. IAA/ABA　　C. ABA/GA　　D. CTK/ABA

三、简答题（每题 8 分，共 24 分）

1. 简述载体运输的特性和运输离子的方式。
2. 简述光敏色素的两种形式及两者的相互转化。
3. 植物在逆境下可以合成哪些逆境蛋白？列举出四例说明其功能。

四、实验题（每题 10 分，共 10 分）

对番木瓜果实成熟过程中的酶活性测定结果如下图所示，分析所得实验结果，可以说明什么问题？

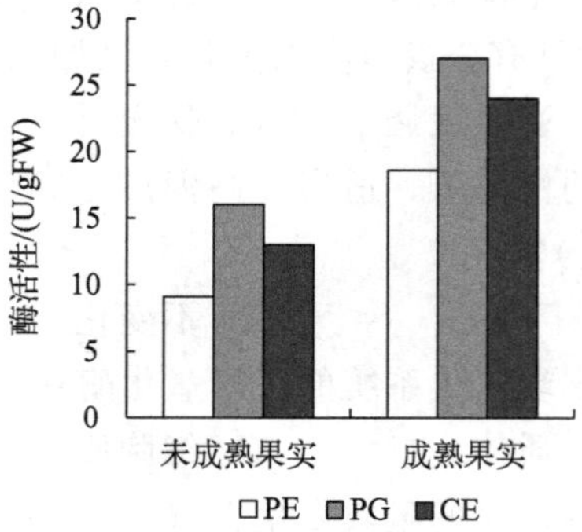

番木瓜果实成熟前后果胶酯酶（PE）、多聚半乳糖醛酸酶（PG）和纤维素酶（CE）活性的变化

五、分析讨论题（每题 13 分，共 26 分）

1. 讨论植物光合作用中能量的转化过程。
2. 讨论植物衰老的调控机制。

自测试卷（7）

一、名词解释（每题 2.5 分，共 25 分）

1. 微管列阵
2. 伤流

3. 次级主动运输
4. 生物固氮
5. 双光增益
6. 末端氧化酶
7. 韧皮部卸出
8. 生长素流出载体
9. 相生相克现象
10. 活性氧

二、单项选择题（每题 1 分，共 15 分）

1. 细胞信号转导过程中的次级信号也被称为（　　）。
A. 第一信使　　B. 第二信使　　C. 胞间信使　　D. 胞外信使
2. 植物根尖和茎尖分生组织细胞的吸水主要由（　　）决定。
A. 渗透势　　B. 压力势　　C. 衬质势　　D. 细胞代谢活动
3. 水分沿导管上升的主要动力是（　　）。
A. 吐水　　B. 内聚力　　C. 根压　　D. 蒸腾拉力
4. 下列元素中，与固氮酶复合物有关的是（　　）。
A. Mg　　B. Mo　　C. B　　D. Ca
5. CAM 途径固定 CO_2 的主要特点是（　　）。
A. 昼夜调节　　B. 空间调节　　C. 温度调节　　D. 水分调节
6. 离子通过离子通道的跨膜运输是（　　）。
A. 顺电化学势梯度进行　　B. 需消耗能量
C. 自由扩散　　D. 逆电化学势梯度进行
7. 植物抗氰呼吸的交替氧化酶分布于（　　）。
A. 细胞质　　B. 线粒体　　C. 叶绿体　　D. 内膜系统
8. P 蛋白的功能是（　　）。
A. 减少运输阻力　　B. 加快物质运输
C. 防止筛管中汁液的流失　　D. 提供能量
9. ABA 合成缺陷性突变体的胎萌现象说明 ABA 具有（　　）的作用。
A. 促进种子萌发　　B. 促进种子休眠
C. 控制种子储藏物质积累　　D. 促进种子成熟
10. 光敏色素有两个组成部分，它们是（　　）。
A. 酚和蛋白质　　B. 吡咯环与生色团
C. 吲哚和蛋白质　　D. 生色团和蛋白质
11. 感受光周期的部位是（　　）。
A. 根尖　　B. 茎尖生长点　　C. 叶片　　D. 花器官

12. 促进瓜类植物雄花分化的激素主要是（　　）。

A. 生长素　　B. 乙烯　　C. 赤霉素　　D. 脱落酸

13. 温度升高时，种子储藏的安全含水量（　　）。

A. 升高　　B. 降低　　C. 不变　　D. 无影响

14. 调控植物顶端优势和侧芽生长最主要的激素是（　　）。

A. IAA 和 ABA　　B. CTK 和 GA

C. CTK 和 ABA　　D. IAA 和 CTK

15. 造成植物盐害的主要原因是（　　）。

A. 渗透胁迫　　B. 膜透性改变　　C. 代谢紊乱　　D. 机械损伤

三、简答题（每题 8 分，共 24 分）

1. 简述植物进入休眠的生理变化。
2. 举例说明植物体内决定植物激素含量的主要因素。
3. 植物在逆境下可以合成哪些逆境蛋白？举出四例说明其功能。

四、实验题（每题 10 分，共 10 分）

设计实验证明某一植物的果实属于跃变型果实。

五、论述题（每题 13 分，共 26 分）

1. 根据所学知识，概括植物生殖生长所需的条件。
2. 讨论种子形成、种子萌发过程中有机物的变化及环境条件的影响。

自测试卷（8）

一、名词解释（每题 2 分，共 12 分）

1. 致电泵
2. 同化物分配
3. 偏上生长
4. 同源异型突变
5. 程序性细胞死亡
6. 植物生长调节剂

二、选择题（答案可以是 1～4 项，每题 1 分，共 20 分）

1. 下列酶中，属于植物体内重要的抗氧化酶是（　　）。

A. 过氧化物酶　　B. 超氧化物歧化酶

C. 多酚氧化酶　　D. 过氧化氢酶

2. 使种子健壮萌发的温度应（　　）。

A. 略低于种子萌发最适温度　　B. 略高于种子萌发最适温度
C. 为种子萌发最适温度　　D. 为种子萌发最低温度

3. 经质外体途径进行同化物装载的植物，源端筛管-伴胞复合体内的H^+浓度比筛管-伴胞复合体外的H^+浓度（　　）。
A. 高　　B. 低　　C. 相等　　D. 高或相等

4. 细胞膜电位形成的原因主要是（　　）。
A. 膜对不同离子的选择透性不同　　B. 膜上存在离子通道
C. 膜上存在致电泵　　D. 膜上有水孔蛋白

5. 叶绿体类囊体膜富于流动性，其原因是构成类囊体膜的脂肪酸中（　　）。
A. 饱和脂肪酸含量高　　B. 不饱和脂肪酸含量高
C. 脂类含量多　　D. 蛋白质含量多

6. 光下叶绿体类囊体腔内的pH往往比基质的pH（　　）。
A. 相等　　B. 高　　C. 低　　D. 无规律性

7. 在呼吸链中，细胞色素途径与交替途径的分支点是（　　）。
A. FMN　　B. NAD　　C. UQ　　D. Cytb

8. 水稻能适应淹水低氧条件，是因为缺氧时某种酶活性增强，该酶是（　　）。
A. 细胞色素氧化酶　　B. 抗坏血酸氧化酶
C. 乙醇酸氧化酶　　D. 酚氧化酶

9. 伸展蛋白是细胞壁中的一种糖蛋白，它富含（　　）。
A. 亮氨酸　　B. 组氨酸　　C. 羟脯氨酸　　D. 精氨酸

10. 植物体中磷的分布不均匀，下列器官中含磷量相对较少的是（　　）。
A. 茎生长点　　B. 果实　　C. 嫩叶　　D. 老叶

11. 可缓解植物暂时萎蔫的方法是（　　）。
A. 浇水　　B. 遮阴　　C. 施肥　　D. 增加光照

12. 对同化物运输有明显调节作用的激素是（　　）。
A. CTK　　B. IAA　　C. GA　　D. ETH

13. 在中国青海地区种植的小麦单产量高，原因是该地区（　　）。
A. 生育期长　　B. 气温高　　C. 昼夜温差大　　D. 湿度低

14. 钙泵亦称为Ca^{2+}-ATP酶，其活性依赖于结合下列离子中的（　　）。
A. Cl^-　　B. K^+　　C. Mg^{2+}　　D. Fe^{2+}

15. 下列不属于生长的过程是（　　）。
A. 叶片变大　　B. 向性运动　　C. 种子吸水膨胀　　D. 种子萌发

16. 硝酸还原酶中含有的矿质元素是（　　）。
A. Mg　　B. Fe　　C. Mn　　D. Mo

17. 由花器发育的4轮模式可知，如B类基因缺失，发育成的花器有（　　）。

A. 萼片和雄蕊　　B. 花瓣和雄蕊　　C. 萼片和心皮　　D. 雄蕊和心皮

18. 对大麦种子中 α-淀粉酶的合成有拮抗作用的植物激素是（　　）。

A. IAA 与 ABA　B. ABA 与 GA　　C. GA 与 IAA　　D. ABA 与 CTK

19. 在植物衰老过程中有某些蛋白质合成，这些蛋白质主要是（　　）。

A. 水解酶　　　B. Rubisco　　　C. LEA 蛋白　　D. 识别蛋白

20. 油料种子发育过程中，最先积累的储藏物质是（　　）。

A. 淀粉　　　　B. 脂类　　　　C. 蛋白质　　　D. 甘油

三、实验题（共 10 分）

设计实验证明 K^+ 在气孔运动中的重要作用。

四、简答题（每题 8 分，共 32 分）

1. 为什么质膜 H^+-ATPase 被称为高等植物生命过程的“主宰酶”?
2. 小叶脉中伴胞有哪些类型？它们在形态结构上各有哪些特征？
3. 说明光对植物氮代谢的影响。
4. 简要说明细胞膜脂组成与抗寒性的关系。

五、论述题（每题 13 分，共 26 分）

1. 试述植物体内活性氧清除系统及其作用机理。

2. 什么是光能分配的状态Ⅰ和状态Ⅱ，植物如何实现光能在两个光系统间的平衡分配?

自测试卷（9）

一、名词解释（每题 2 分，共 12 分）

1. 主动吸收
2. 呼吸跃变
3. 水分临界期
4. 三重反应
5. 光形态建成
6. 生长的温周期现象

二、选择题（每题 1 分，共 20 分）

1. 以下关于 LEA 蛋白的描述，不正确的是（　　）。

A. 被干旱诱导合成　　　　　　　B. 亲水性强

C. 耐热性强　　　　　　　　　　D. 可螯合金属离子

2. 经过低温锻炼后，植物组织内含量降低的是（　　）。

A. 可溶性糖　　B. 脯氨酸

C. 不饱和脂肪酸　　D. 自由水

3. 下列说法不正确的是（　　）。

A. PSⅠ存在于基质类囊体膜与基粒类囊体膜的非垛叠区

B. $Cytb_6f$ 复合体分布较均匀

C. ATPase 存在于基粒类囊体的垛叠区

D. PSⅡ主要存在于基粒片层的垛叠区

4. 光合作用中水光解释放氧所必需的两种矿质元素是（　　）。

A. Ca^{2+} 和 Fe^{2+}　　B. Mn^{2+} 和 Cl^-　　C. Fe^{2+} 和 Cl^-　　D. Mg^{2+} 和 Cl^-

5. 存在于线粒体内膜上的末端氧化酶是（　　）。

A. 细胞色素氧化酶、交替氧化酶　　B. 细胞色素氧化酶、酚氧化酶

C. 交替氧化酶、黄素氧化酶　　D. 交替氧化酶、酚氧化酶

6. 被子植物韧皮部筛管中特有的蛋白质是（　　）。

A. 伸展蛋白　　B. G 蛋白　　C. P 蛋白　　D. 糖蛋白

7. 如果外液的水势高于植物细胞的水势，这种溶液称为（　　）。

A. 等渗溶液　　B. 低渗溶液　　C. 平衡溶液　　D. 高渗溶液

8. 钙在活细胞中的分布是不均匀的，其中浓度较低的区域是（　　）。

A. 细胞质　　B. 液泡中　　C. 线粒体　　D. 细胞壁

9. 下列物质中，可以作为水稻缺氮生理指标的是（　　）。

A. 天冬酰胺　　B. 苹果酸　　C. 天冬氨酸　　D. 草酰乙酸

10. 要使短日菊花提前开花，可进行的处理是（　　）。

A. 延长日长　　B. 延长暗期　　C. 高温　　D. 低温

11. 标记葡萄糖的 C_1 和 C_6，分别测定呼吸放出的 CO_2 来源，若测出的 C_6/C_1 接近零，说明呼吸主要途径是（　　）。

A. EMP　　B. 磷酸戊糖途径

C. EMP-TAC 循环　　D. 以上都有

12. 在调节气孔开放方面相互拮抗的激素是（　　）。

A. GA 与 ABA　　B. IAA 与 ABA　　C. IAA 与乙烯　　D. GA 与乙烯

13. 引起植物向光运动最有效的光是（　　）。

A. 红光　　B. 远红光　　C. 蓝光　　D. 绿光

14. 在北半球，短日植物北种南引，生育期（　　）。

A. 缩短，宜引中晚熟品种　　B. 延长，宜引早熟品种

C. 缩短，宜引早熟品种　　D. 延长，宜引中晚熟品种

15. 花粉管向胚方向生长，所属运动是（　　）。

A. 向重力性　　B. 向化性　　C. 向心性　　D. 感性

16. 油菜“花而不实”的可能原因是（　　）。

A. 缺氧　　B. 缺硼　　C. 缺铁　　D. 缺氮

17. 耐热性强的植物原生质的蛋白质具有的特点是（　　）。

A. 易发生不可逆的变性与凝聚　　B. 疏水键多，二硫键少

C. 对热稳定，疏水键和二硫键多　　D. 对热稳定，疏水键和二硫键少

18. 花粉中有多种氨基酸，其中与花粉育性密切相关的是（　　）。

A. 谷氨酸　　B. 脯氨酸　　C. 羧脯氨酸　　D. 天冬氨酸

19. 在光合作用中，每释放一分子氧，同时传递的电子数为（　　）。

A. 1个　　B. 2个　　C. 4个　　D. 8个

20. 光合电子传递链中，可移动的电子载体是（　　）。

A. PQ 和 PC　　B. PQ 和 FeS_R　　C. PC 和 Cytf　　D. Fd 和 Q_A

三、实验设计题（共 10 分）

请设计实验证明植物根部能够感知土壤水分状况并向地上部传递信息。

四、简答题（每题 8 分，共 32 分）

1. 说明光对光合酶的调节及其意义。
2. 简述花器官发育的 ABC 模型。
3. 简述压力流动学说的要点和实验证据。
4. 温室或大棚生产中应注意什么问题?

五、论述题（每题 13 分，共 26 分）

1. 论述植物响应逆境的生理与分子机制。
2. 试述植物细胞钙分布特点、钙运输系统及钙在细胞信号转导中的作用。

Plant Physiology Test Ⅰ

Section 1 (20 points, 2 pts each)

1. The marked cells are ________.

A. plasmodesmata　　B. xylem　　C. phloem

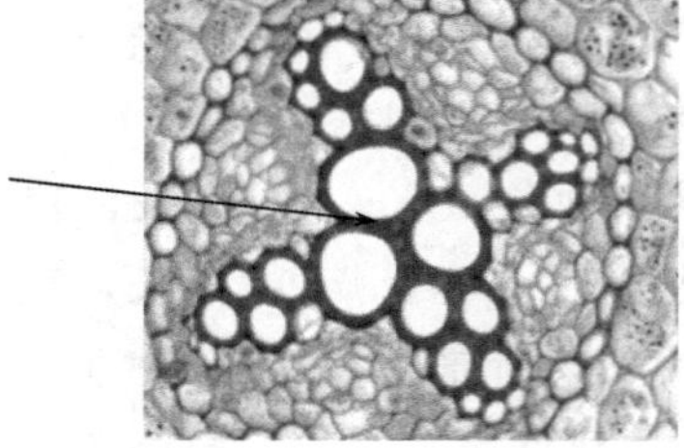

2. What are the beneficial elements? ________.

A. Sodium and silicon　　B. Cobalt and selenium

C. Aluminum and nickel　　D. All the above

3. Girdling is a process by which ________.

A. plants carry water upward

B. plants carry nutrients upward

C. plants carry nutrients downward

D. a tree is killed by interrupting the passage of phloem sap

E. a tree is killed by interrupting the passage of xylem sap

4. What pathway (s) via which (that) ion could be taken by plant roots? ________.

A. Apoplast　　B. Symplast

C. Symplast/apoplast combined pathway　　D. Either of above

5. The primary source of energy for life on earth is ________.

A. food　　B. water　　C. the sun　　D. ATP

E. electron flow　　F. the supermarket

6. Identify which of the following substances accumulates inside the thylakoid compartment (lumen) of chloroplasts during the light-dependent reactions: ________.

A. glucose　　B. chlorophy Ⅱ

C. hydrogen ions　　D. fatty acids

7. The carbon reactions proceed in the ________.

A. cytoplasm　　B. plasma membrane

C. stroma　　D. thylakoid membrane

8. Which of the following could occur in the dark? ________.

A. Splitting water molecule on the thylakoid　　B. Oxygen releasing

C. NDAPH formation　　D. ATP formation

E. CO_2 attached to RuBP

9. The electrochemical gradient is ________.

A. The total chemical potential gradient

B. The total electrical potential gradient

C. All the above

10. Some environmental stress factors such as high light intensity, drought, chilling, air pollutants and mineral nutrient deficiencies are harmful to plant, one of the reason is because they ________.

A. affect the composition, structure and integrity of cell membrane

B. decrease the water movement

C. increase the use of energy

Section 2 True or false (20 points, 1 pt each)

1. Symplast is the free space of the tissue, include cell walls and intercellular spaces. Match each cell component with its function.

2. Mitochondrion: site of oxygen-requiring ATP formation.

3. Chloroplast: photosynthesis.

4. Ribosome: initial modification of new polypeptide chains.

5. Endoplasmic reticulum: synthesis of polypeptide chains (proteins).

6. GA is synthesized in the embryo.

7. One species DNA differs from other in its base sequence.

8. Phytochrome responses can be distinguished by the amount of light required (light fluence): very low fluence response (VLFR), low fluence response (LFR) and high irradiance response (HIR).

9. Some plants, such as cactus, have a carbon-fixing adaptation to desert conditions. Their stomata close during the day and open at night to fix CO_2. They are CAM plants.

10. Aerobic respiration occurs in animals, but not in plants, which make ATP only by photosynthesis.

11. Glycolysis starts and ends in the plasma membrane.

12. Plant secondary growth (increase width of stems) is via lateral meristems.

13. All transport proteins can shunt substances across cell membranes, for passive transport protein, one is expanding energy to drive solutes across membrane against concentration gradients.

14. Cellulose synthase is located on the endoplasmic reticulum.

15. Phytochrome absorbs red and far-red light strongly, but it also absorbs blue light.

16. Blue light stimulates stomata opening and green light reverses that effect.

17. Ethylene can promote fruit ripening and hasten leaf abscission.

18. Ion transportation is the largest driving force for water loss from the plant.

19. Root pressure can be used as a universal explanation for the ascent of sap.

20. Chilling-sensitive plants tend to have a higher proportion of saturated fatty acids and a correspondingly higher transition temperature.

Section 3 (60 points)

1. Write an equation for the energy balance of a leaf including the major means of heat gain and loss. (3 points)

2. What is the hydroponic system? What are the requirements for a successful hydroponic system? (6 points)

3. Imagine that you could inject leaf cells with something to regulate the partition of triose-phosphates between starch and sucrose. What might you inject, where would you inject it, and what would be the effects? (6 points)

4. Describe the net balance of carbon, oxygen, phosphorus and nitrogen in the photorespiratory cycle. (9 points)

5. Give brief (one to a few words) descriptions of the following. (8 points)

(1) Secondary compound that binds proteins. (1 point)

(2) A phenolic compound that produces blue, purple, and red colors. (1 point)

(3) A highly toxic gas produced when tissues of certain plants are damaged. (1 point)

(4) The two inorganic forms of nitrogen commonly taken up by roots. (1 point)

(5) A micronutrient involved in nitrate reduction and nitrogen fixation. (1 point)

(6) A key regulatory enzyme in the shikimic acid pathway. (1 point)

(7) A group of secondary compounds that are particularly effective against vertebrate herbivores. (1 point)

(8) Process whereby the whole plant's resistance to herbivores increases as a result of herbivory on a part of the plant. (1 point)

6. If you need to treat the weeds in lawn with the herbicide, 2,4-D. The herbicide must enter the cells to have an effect. You have a choice of two different carriers (solutions of inert ingredients) in which to dissolve the 2,4-D in before spraying it on weeds. Carrier A has a pH of 7.5 and carrier B of 4.5. Which carrier would you choose and why? Explain in detail. (6 points)

7. Describe the hormonal changes that take place during seed development and germination and offer a rationale for these changes. (6 points)

8. Distinguish between growth, differentiation, and development. (6 points)

9. How does the ABC model for floral organ specification determine whether a whorl is destined to contain sepals, petals, stamens, or carpels? (6 points)

10. What is the difference between a constitutive and an inducible defense? Give one example of an inducible defensive compound. (4 points)

Bonus (10 points)

Two students set up experimental systems to analyze the activity of a purified preparation of spinach Rubisco. Student A incubated the enzyme with $^{14}CO_2$ and Mg^{2+}. After 10 minutes, she added Rubisco 1,5-bisphosphate. Student B incubated the enzyme firstly with Rubisco 1,5-bisphosphate and, after 10 minutes he added $^{14}CO_2$ and Mg^{2+}. Subsequently, both students withdrew aliquots of the reaction mixture every minute and determined the $^{14}CO_2$ fixed. What is the time progress curve for both approaches? How might this phenomenon be explained? (9 points)

Plant Physiology Test Ⅱ

Section 1 (20 points, 2 pts each)

1. Water and mineral nutrients are transported from root to shoot via ________.

A. plasmodesmata　　B. xylem　　C. phloem

2. The marked structure is called ________.

A. plasmodesmata　　B. xylem

C. phloem　　D. Casparian strip

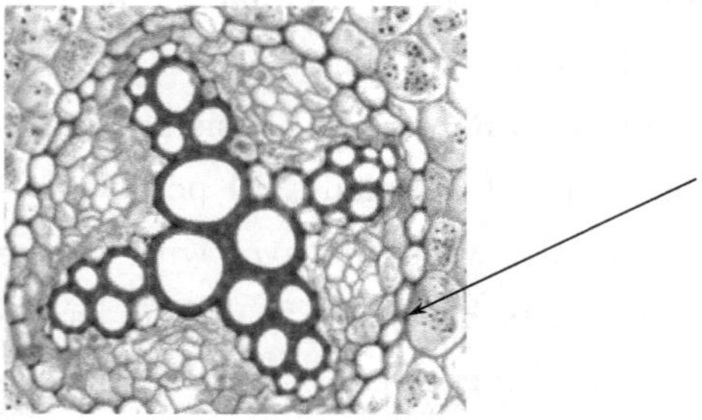

3. Diagnosis of nutritional disorder by visible symptoms needs to consider the following aspects: ________.

A. symptoms　　B. specificity

C. mobile and immobile elements

D. the patterns of chlorosis and necrosis

E. all of the above　　　　F. A, B and C

4. Symplast is ________.

A. the interconnected living mass of an organism, a continuous unit that is comprised of cells that are connected by plasmodesmata throughout the plant body

B. the free space of the tissue, include cell walls and intercellular spaces

C. all the tissues in plant including protoplasts and cell walls

5. In plant, light-dependent reactions proceed at the ________.

A. cytoplasm　　　　B. plasma membrane

C. stroma　　　　D. thylakoid membrane

6. Plant need which of the following to carry on photosynthesis? ________.

A. H_2O　　B. CO_2　　C. O_2　　D. Lipid

E. A and B

7. The oxygen released in photosynthesis comes from ________.

A. CO_2　　B. glucose　　C. water　　D. A and C

8. How many carbon atoms from CO_2 must enter the Calvin-Benson cycle to produce one glucose molecule? ________.

A. 1　　B. 3　　C. 6　　D. 12

9. Which of the following does not form during glycolysis? ________.

A. NADH　　B. ATP　　C. Pyruvate　　D. $FADH_2$

10. The fermentation pathways produce no more ATP beyond the small yield from glycolysis, but the remaining reactions ________.

A. regenerate ADP　　　　B. regenerate NAD^+

C. dump electrons on pyruvate　　　　D. dump electrons on oxygen

E. B and C　　　　F. A and D

Section 2　True or false (20 points, 1 pt each)

1. Cells of many protist, plants, and fungi, but not animals commonly have a cell wall.

Match the following cell components with its function.

2. Plasma membrane: separates the cell interior from environment, and control of substances moving in and out of cell.

3. Vacuole: toxic waste processing and storage.

4. Golgi apparatus: sorting and packaging of proteins.

5. Promoter is the DNA sequence that RNA polymerase attached to initiate transcription.

6. The expression of a given gene depends on the type of cell and its function, physiological condition and environmental signals.

7. An mRNA molecule is produced by translation. Matching the statement to the most appropriate function, process.

8. Metabolism: a process in which one generation replaces another.

9. Photosynthesis: a process found only in plants and autotrophic bacteria to transform sunlight to chemical energy.

10. Reproduction: the capacity to acquire, store, and use energy.

11. Dormancy is a period of growth inactivity in seeds, buds, bulbs, even when appropriate environmental conditions are met.

12. Abscisic acid causes buds to become dormant and apparently helps leaves respond to excessive loss of water.

13. Glycolysis involved reactions of energy-releasing and energy-requiring.

14. The main energy-releasing pathways all start with Krebs cycle, a stage of reactions that begin and end in the cytoplasm.

15. The electron transport chain enzymes are located on the inner mitochondrial membrane.

16. Development is a change in form as a result of growth and differentiation combined.

17. The distinction between short-day plant and long-day plant is based on the absolute length of day.

18. Phytochrome represses the transcription of numerous genes.

19. Absorption of far-red light by Pfr returns the pigment to the Pr form. Pr is considered the active form and initiates a signal transduction chain that leads to a physiological response.

20. Heat shock proteins are either not present or present at very low levels in non-stressed tissues.

Section 3 (60 points)

1. What are the primary functions of plant roots? (3 points)

2. Explain the mechanisms that regulate the ion xylem loading. (5 points)

3. What force (s) drive (s) the long-distance xylem translocation? (4 points)

4. Explain how and why leaf-level water use efficiency should be affected by

rising CO_2 levels in C_3 and C_4 plants. Include in your explanation how WUE differs between C_3 and C_4 plants currently and how that difference would change in a future, higher-CO_2 world. (6 points)

5. How do you distinguish between symptoms for deficiency of nutrients those are mobile and those are immobile. (6 points)

6. What is the net balance of carbohydrate formation in photosynthesis under steady state conditions for the (a) isolated chloroplast (triose phosphates) (3 points), (b) leaf cell (3 points) and (c) whole plant? (3 points)

7. Mesophyll cells and bundle sheath strands were rapidly isolated from leaves of C_4 species and subsequently used for the analysis of $^{14}CO_2$ fixation.

(1) Describe the expected kinetics of CO_2 fixation observed upon illumination in two samples. (5 points)

(2) What is the expected composition of photosynthetically assimilated products. (5 points)

8. How would the ATP yield of respiration be affected by inactivating the alternative oxidase? Explain. (5 points)

9. Describe how the enzyme-linked immunoassay that you used in lab to detect the hormone abscisic acid works. (6 points)

10. Distinguish between adaptation and acclimation. Give some examples of each. (6 points)

Bonus (10 points)

You conducted an experiment to determine the amount of phosphate absorbed by aged potato disks. The following results were obtained for the experimental conditions listed below.

Treatment	PO_4^{3-}/[μmol/(gFW · h)]
Control	6.0
+KCN	2.8
+DNP	2.6
0℃	0.2

(1) Describe the transport mechanism used by plant cells to absorb phosphate.

(2) Explain in detail the physiological basis for the effect of potassium cyanide (KCN), dinitrophenol (DNP) and cold on the rate of uptake of phosphate in the experiment above.

Plant Physiology Test Ⅲ

Section 1 (20 points, 2 pts each)

1. Which of the following would be found only in plant cells: ________.

A. chloroplast B. cell membrane

C. plasmodesma D. ribosome

E. A and B F. A and C

2. The function of Casparian strip in root endodermal cell walls is ________.

A. uptake ions from soil

B. forces solutes to move through the symplast of the endodermal cells

C. neither of above

D. both of above

3. What mineral deficiency could cause an abnormal development of vascular system, especially xylem? ________.

A. Boron B. Zn C. Nitrogen D. Sodium

4. What organisms are heterotrophs? ________.

A. Organism that makes its own organic compounds using an environmental energy source

B. Organism that can't makes its own organic compounds, feed by others

C. Both A and B D. Neither

5. In the light-dependent reactions, ________.

A. carbon dioxide is fixed B. ATP and NADPH form

C. CO_2 accepts electrons D. sugar phosphate form

6. When a photosystem absorbs light, ________.

A. sugar phosphates are produced

B. electrons are transferred to ATP

C. RuBP accepts electrons

D. light-dependent reactions begin

7. The internal membrane system of the chloroplast is called a ________.

A. thylakoid B. stroma C. mitochondria

D. plasma membrane E. A and B

8. ATP ________.

A. can be produced by photosynthesis

B. is released in aerobic respiration

C. is generated in anaerobic respiration

D. all of above

9. In certain organisms and under certain conditions, ________ can be used as an energy alternative to glucose.

A. lipids B. nucleic acids C. amino acids D. all of the above

10. Glycolysis and fermentation describe: ________.

A. reproduction B. genetic mutation

C. forms of evolution D. metabolic reactions

Section 2 True or false (20 points, 1 pt each)

Match the following cell components with its functions.

1. Cell wall: form a mechanical support in the cell, direct cell expansion.

2. Nucleus: physical separation and organization and housing of DNA.

3. Plasmodesma: a strand of cytoplasm that passes through openings in cell walls and connects the protoplasts of adjacent living plant cells.

4. Cytoskeleton: structural support, resists turgor pressure, protect.

5. Cellulose synthase is located on the cytoplasmic side of the plasma membrane.

6. Auxins hasten ripening of fruits and are used to ripen green fruits.

7. Cytokinins promote cell division and can be used to stimulate the growth of axillary buds.

8. GA usually functions as both a stimulant and an inhibitor depending on its concentration.

9. Germination of seed depends on the cessation of dormancy.

10. Plant development essentially involves growth (cell division and cell expansion) and differentiation (change from embryonic state into specialized state).

11. Environmental factors and hormonal changes that occur in autumn in the abscission zone of each deciduous leaf cause leaves to drop.

12. Pfr is the form of phytochrome, which has physiologically active.

13. When a phytochrome molecule (Pr) absorbs light at 730nm, it will be converted to Pfr.

14. In the last stage of aerobic respiration, hydrogen is the final acceptor of electrons that originally resided in glucose.

15. In alcoholic fermentation, acetaldehyde is the final acceptor of the electrons stripped from glucose.

16. Alcoholic fermentation and anaerobic respiration liberate the most ener-

gy in the form of ATP.

17. Blue light stimulates stomatal opening and red light reverses that effect.

18. Transcription factor is the DNA sequence that RNA polymerase attached to initiate transcription.

19. Plant constitutive defense is turned on only after plants are under attack.

20. A carrot root is transferred to a salt solution (1.2mol/L NaCl), the carrot cells will shrink.

Section 3 (60 points)

1. What are the forces (mechanisms) that drive xylem translocation? (6 points)

2. How to determine whether a plant has a mineral deficiency? (4 points)

3. How can you tell that the transport of the same ion is by one or two different transport proteins? (6 points)

4. A suspension of isolated chloroplasts was incubated with $^{14}CO_2$ in the presence of 0 and 1mmol/L orthophosphate. A sample was withdrawn after 3 minutes of illumination, ^{14}C-labeled products were separated by chromatography and radioactivity was estimated by liquid-scintillation counting. The results of the experiment are shown in the table below. Explain these results. (9 points)

Orthophosphate/(mmol/L)	^{14}C fixed	TP/PGA
0	10	0.8
1	60	5.5

TP is triose-phosphate, and PGA is 3-phosphoglycerate.

5. Describe the major similarities between mitochondrial oxidative phosphorylation and photophosphorylation in the chloroplast. (4 points)

6. Which secondary compound was likely a key requirement for the evolution of vascular plants on land? (4 points)

7. Auxins, gibberellins, and brassinosteroids all influence stem elongation. In which ways do responses of stems to these hormones differ? (6 points)

8. Explain the acid-growth hypothesis. (6 points)

9. In which ways does temperature influence physiological processes? Does temperature interact with other environmental factors? If so, which ones? (6 points)

10. Describe how plants may be injured by water stress. (9 points)

Bonus (10 points)

Describe the type of uptake processes that would most likely be operating for absorption of solutes from solutions of low (0～10mmol/L) and high (10～50mmol/L) concentrations as illustrated in the graph below.

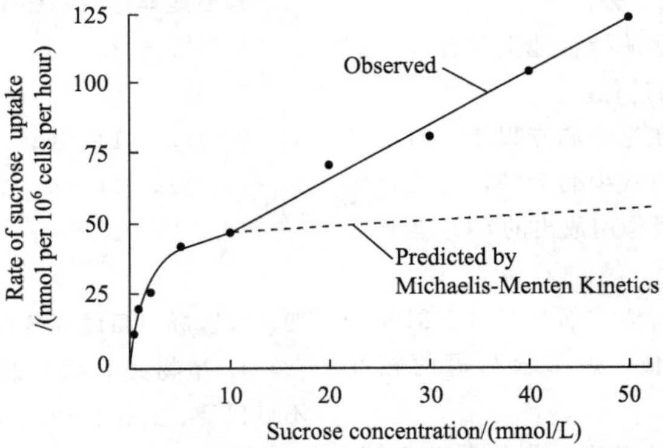

附录二　自测试题参考答案

自测试卷（1）参考答案及评分标准

一、名词解释（每题3分）

1. 蒸腾作用：水从植物地上部分以水蒸气状态向外界散失的过程。

2. 光补偿点：在光饱和点以下，植物光合强度随光照强度的减少而下降，至光合作用吸收的 CO_2 与呼吸作用放出的 CO_2 达到动态平衡时的光照强度。

3. 根冠比：作物地下部分与地上部分干重（或鲜重）的比值，表示根与冠的相互关系。

4. 脱分化：原已停止分裂的薄壁细胞，在适当条件下，又开始细胞分裂，回到分生状态，长成一团没有分化的薄壁细胞（愈伤组织）的过程。

5. 识别：一类细胞与另一类细胞在结合过程中，进行特殊的反应，互相从对方获得信息，此信息可通过物理或化学的信号来表达。

6. 强迫休眠：植物在生育期内遇到低温、干旱等不利条件时，生长被迫处于极其缓慢或短暂静止状态。

二、填空题（每空1分）

1. 细胞壁，叶绿体，中央大液泡。
2. 溶质势，压力势，衬质势。
3. 类囊体膜，叶绿体基质。
4. 安全含水量。
5. 共质体。
6. 蔗糖，K^+。
7. 生长延缓剂，生长抑制剂。
8. 伸长期，分化期。
9. 向性运动，感性运动。
10. 胞间结冰，胞内结冰。

三、判断是非题（每题1分）

1. √；　2. ×；　3. √；　4. ×；
5. ×；　6. ×；　7. ×；　8. ×；
9. ×；　10. ×；　11. √；　12. √；
13. ×；　14. ×；　15. √；　16. ×；
17. √；　18. ×；　19. √；　20. √。

四、实验题（每题6分）

1. 植物必需元素的三条标准：必要性、不可代替、直接作用。(2分)

用水培实验证明：配制完全营养液和缺Mg的营养液，培养番茄或玉米幼苗，观察生长情况，在完全营养液中幼苗生长正常；在缺镁溶液中幼苗出现缺素症，不能正常生长；补充Mg后症状减轻，而且其他元素不可代替；改善其他条件，不减轻缺素症状。(4分)

2.

对种子的处理	检测种子淀粉水解
完整种子吸涨	水解
带胚的半粒种子吸涨	水解
不带胚的半粒种子吸涨	不水解
去糊粉层种子吸涨	不水解
去胚种子吸涨+赤霉素	水解

实验结果分析：在大麦种子胚中产生了赤霉素，在糊粉层细胞中诱导产生 α-淀粉酶，使胚乳细胞中的淀粉水解，供种子萌发需要。(填表正确3分，分析3分)

五、问答题（每题10分）

1. 作物光能利用率概念：作物生育期

内，通过光合作用储存的化学能占投射到同面积上的日光能的百分比。(2分)

影响光合作用的因素，包括光、温度、CO_2、矿质元素、水分等对光合作用的影响。(4分)

提高光能利用率途径：原则是增加光合面积，延长光合时间，提高光合效率。具体措施如合理密植，间、套作和育苗移栽，遗传育种等。(4分)

2. 同化物分配规律：由源到库，优先供应生长中心，就近供应，同侧运输，同化物可再分配再利用。(5分)

植物体除了已构成像细胞壁这样的骨架物质已定型外，其他的各种细胞内含物，在器官或组织衰老时，都可能被转移到其他器官或组织中去，称为同化物的再分配和再利用。同化物的再分配与再利用，是植物在长期进化过程中形成的利用精华协调器官生长的优良习性，对于植物的整体生长发育具有重要意义。例如，小麦叶片衰老时，原有氮素85%，磷90%都转移至穗中，以保证下一代的生长。如果同化物再分配和再利用不能正常地进行，将影响到经济产量的形成。(5分)

3. 在逆境作用下，植物细胞通过改变溶质浓度，降低渗透势，维持其压力势不变的现象称渗透调节；(2分) 主要的渗透调节物质有：脯氨酸、甜菜碱、可溶性糖、无机离子等。渗透调节物质的特点是分子质量小，水溶性强；生理中性；无毒害作用；不易透过膜渗漏；合成迅速，并在一定区域内很快积累到足以引起渗透调节的量；(5分) 渗透调节的重要性：维持酶构象的稳定，维持细胞膨压，维持气孔开放，稳定光合速率，保持细胞在逆境下继续生长。(3分)

自测试卷(2)参考答案及评分标准

一、名词解释(每题3分)

1. 单盐毒害：将植物培养在某一单盐溶液中，甚至是有利的盐类(如KCl)，即使溶液浓度很低，对植物也会起毒害作用的现象。

2. 光合磷酸化：在光照条件下，在叶绿体内将ADP和Pi形成ATP的过程。由与光合电子传递偶联形成的跨类囊体膜的质子电动势驱动，经ATP合酶催化质子渗透完成。

3. 第二信使：由胞外信号激活或抑制、具有生理调节活性的细胞内因子称第二信使。植物细胞中的第二信使如Ca^{2+}/CaM、IP_3/DG、ROS等。

4. 光周期诱导：植物在达到一定的生理年龄时，经过足够天数的适宜光周期处理，以后即能保持刺激的效果而开花，这种诱导效应叫光周期诱导。

5. 向性运动：植物对外界单方向刺激发生反应所引起的定向生长运动。

二、填空题(每空1分)

1. 溶胶，凝胶。

2. 主动，被动，蒸腾拉力。

3. 叶绿体，过氧化物体，线粒体，RuBP加氧，乙醇酸。

4. 地上部分与地下部分，主茎与侧枝，营养生长与生殖生长。

5. 延长，早熟。

三、判断是非题(每题1分)

1. √； 2. ×； 3. ×； 4. ×；
5. ×； 6. √； 7. √； 8. ×；
9. √； 10. √。

四、简答题(每题5分)

1. 溶液培养是在含有全部或部分营养元素的溶液中培养植物的方法。(1分)

配制完全营养液：要含有植物生长必需的全部营养元素，要保持营养元素的有效性，

养分数量和比例保证植物生长需要，应是生理平衡溶液。(2分)

在进行溶液培养时要注意氧气的供应，pH的调节及定时更换培养液。(2分)

2. 植物体内有机物分配的方向总是由源到库；规律是优先向生长中的运输；就近运输；同侧运输。(2分)

用同位素示踪法。(3分)

3. 如IAA诱导生根，GA与啤酒生产，CTK在组培中的应用，乙烯催熟果实，ABA提高植物抗逆性或其他等。(每例1分)

4. 衰老和自由基概念；(1分) 氧化代谢失调，积累自由基、活性氧，清除系统活性降低；核酸蛋白质被氧化破坏，膜脂过氧化等引发衰老。(4分)

五、综合分析题（每题10分）

1. 植物根系从土壤中吸收水分，通过叶片气孔蒸腾大量散失，形成水分循环；(2分) 植物与环境间的水分平衡对植物的重要性和对生态环境的意义；(2分) 气孔蒸腾的调控机制，详细说明气孔保卫细胞的渗透调节控制气孔开闭。(6分)

2. 植物叶绿体类囊体膜上镶嵌光合电子传递链蛋白复合体；(1分) 其中的光系统Ⅱ利用光能氧化水，释放氧，还原质体醌；(4分) 其主要结构有聚光色素复合体，吸收、传递、聚集光能到反应中心，其反应中心色素P680被激发的电子传递给其原初电子受体——去镁叶绿素，再将能量传递给在基质一侧的质体醌，在类囊体腔一侧的放氧复合体是含锰的蛋白质，利用光能不断氧化还原，氧化分解水，释放电子和质子。(5分)

3. (1) 对叶发育的作用：生长素是控制叶原基分化的主要因子，叶原基产生于茎顶端生长素浓度最高的区域；生长素的极性运输决定了生长素分布的不均匀性。(5分)

(2) 对果实发育的影响：生长素促进果实发育，诱导单性结实。发育中的种子是果实正常发育所需生长素的主要来源，如除去种子会抑制果实的发育，外用生长素处理可恢复果实的正常生长。(5分)

4. 植物经历了某种逆境后，对另一些逆境的抵抗能力有所提高，这种对不良环境间的相互适应作用称为交叉适应。(2分)

交叉适应的基础是在多种逆境下ABA增加，诱导逆境蛋白；膜结构发生相似变化；多种保护酶活性变化，加强自由基的清除等。(4分)

ABA作为主要的胁迫激素，调节植物的代谢等，提高植物适应性和抗逆性。(4分)

自测试卷（3）参考答案及评分标准

一、判断是非题（每题1分）

1. ×；　2. ×；　3. √；　4. ×；
5. ×；　6. √；　7. ×；　8. √；
9. ×；　10. √。

二、填空题（每空1分）

1. 自由水，束缚水。
2. 渗透势、压力势。
3. 大量元素，微量元素。
4. 硝酸盐还原，亚硝酸盐。
5. 类囊体膜。
6. 葡萄糖，乙醇酸。
7. 源，库。
8. 甲硫氨酸，ACC合酶，ACC氧化酶。
9. 暗期，光期。
10. 种皮限制，胚未发育完全，抑制物质存在。

三、选择题（每题1分）

1. C；　2. D；　3. C；　4. A；
5. D；　6. D；　7. B；　8. B；
9. B；　10. C。

四、简答题（每题 6 分）

1. 植物细胞内由膜分隔，高度区域化但又分工协作，使生命活动高效、有序、完整地进行。（3 分）如叶绿体精细结构完成光合作用；在叶绿体、过氧化物体和线粒体中完成光呼吸；由细胞核、高尔基体、质膜等协同完成细胞壁物质的合成等。（3 分）

2. 光呼吸：植物的绿色细胞在光照下吸收氧气释放 CO_2 的过程，又称为光呼吸碳氧化循环。（2 分）Rubisco 的双重催化特性，光呼吸底物乙醇酸的产生不可避免；（2 分）生理意义：清除乙醇酸毒害，清除 H_2O_2，中间产物甘氨酸、丝氨酸等参与蛋白质合成，适当消耗过剩还原力的光保护机制。（2 分）

3. 主要生理效应：促进伸长生长、诱导维管束分化、促进不定根发生、维持顶端优势、影响果实发育等；（3 分）具体说明怎样用不同浓度生长素溶液做胚芽鞘伸长生长实验证明生长素促进生长。（3 分）（或用去顶加生长素实验证明其维持顶端优势，或组织培养方法证明其诱导维管束分化的效应，或做诱导无籽果实的实验。）

4. ①照光与不照光条件下做种子萌发实验，比较萌发率，照光萌发率高的为需光萌发的种子；（2 分）②比较不同波长光照射下种子的萌发率，证明最有效波长的光为红光，并且被远红光逆转；（2 分）③用不同强度的红光照射，发现很低强度、短时间红光即有效。可以说明其光受体是光敏色素，而不是其他色素介入的反应。（2 分）

5. 植物体内存在一些虽然与植物生长发育无直接关系，但对植物适应不良环境或抵御病原物侵害有重要作用的种类繁杂的有机物，称为次生代谢物。（2 分）植物次生代谢物可分为酚类、萜烯类和含氮化合物三大类。（2 分）例如，甜菜碱作为渗透调节物质；单宁类化合物可用于鞣制皮革、植物的防御；萜烯类化合物是香精、橡胶的原料等；类黄酮吸引昆虫有助于传粉等。（2 分）

五、综合分析题（每题 15 分）

1. 气孔保卫细胞结构和生理特点（3 分）；详细叙述气孔运动的渗透势调节机制，包括淀粉-糖的变化和 K^+-苹果酸调节（8 分），气孔是植物与环境间进行水分和气体交换的通道，其开闭运动直接控制植物的蒸腾、光合与呼吸作用等主要生理过程，是植物适应环境的重要调节途径。（4 分）

2. 盐害是指土壤盐分过多对植物造成的伤害。伤害包括：渗透胁迫，离子毒害，膜透性改变，代谢紊乱等。（6 分）

植物抗盐的机制如下。

渗透调节：盐胁迫下，植物从外界吸收和积累无机离子，或通过细胞代谢合成大量有机物质，如脯氨酸、甜菜碱等，降低细胞渗透势，防止细胞脱水，维持植物在水分平衡。

离子区域化：植物将吸收的盐离子运输到液泡中，避免对细胞质的伤害。

代谢调节：植物通过代谢产物与盐类结合，减少游离离子对原生质的破坏作用。

盐胁迫响应蛋白：盐胁迫下诱导一些蛋白质合成，增强植物的抗盐性。（9 分）

自测试卷（4）参考答案及评分标准

一、名词解释（每题 2 分）

1. 信号转导：指偶联各种信号（包括各种内、外源信号）与其所引起的特定生理效应之间的一系列分子反应机制，具体包括细胞感受、传导及放大各种刺激信号的分子机制，以及经传导和放大后的次级信号（第二信使）调控细胞生理生化活动的分子机理等。

2. 水势：指每偏摩尔体积水的化学势差。

3. 主动运输：植物细胞消耗能量逆电化学势梯度转运溶质的过程。

4. 抗氰呼吸：植物具有除细胞色素电子传递链之外的交替电子传递途径，因此在氰化物存在的情况下，仍然能够进行一定的呼吸作用，称为抗氰呼吸。

5. P蛋白：是在所有的双子叶植物以及许多单子叶植物中都存在的一类韧皮部特有的蛋白质，呈丝状，在筛管受伤后的堵漏过程中起重要作用。

6. 光合作用反应中心：发生光合作用原初反应的最小单位，由反应中心色素分子、原初电子供体、原初电子受体，以及维持这些电子传递体的微环境所必需的蛋白质等组成。

7. 植物激素：植物体内产生的、能从合成部位运输到靶组织、对生长发育有显著调节作用的微量生理活性有机物。

8. 向性运动：环境因素的单方向刺激所引起的植物器官的定向运动，如向光性运动。

9. 交叉适应：植物对各种逆境的适应性常常是相互关联的。植物在经历了某种逆境后，对另一些逆境的抵抗能力也会增强，这种现象称为植物的交叉适应。

10. ABC模型：是解释花器官发育基因调控机制的模型。该模型将花分生组织简化为四个同心区域，由外向内分别为1、2、3、4轮；将控制花器官发育的同源异型基因分为A、B、C三类，A类基因在1、2轮中表达，B类基因在2、3轮中表达，C类基因在3、4轮中表达；花器官原基的命运由原基所处轮中表达的同源异型基因决定：A组基因表达产生萼片；A、B组基因表达形成花瓣，B、C组基因表达形成雄蕊，C组基因表达形成心皮。

二、填空题（每空1分）

1. 质膜，纤维素合酶复合体。

2. 载体，通道，泵。

3. 提高。

4. LHCⅡ，类囊体非垛叠区。

5. 幼年期，成年期，生殖期。

6. 逆境，渗调，热激（举其他逆境蛋白也可）。

7. 胚，糊粉层，α-淀粉酶。

8. K^+、蔗糖、苹果酸等。

9. *S*等位基因编码的糖蛋白的识别作用。

10. Pfr。

三、选择题（每题1分）

1. B；　2. A；　3. A；　4. B；
5. B；　6. C；　7. A；　8. D；
9. C；　10. D。

四、简答题（每题8分）

1. 实验1：给植物叶片供应$^{14}CO_2$，光合一段时间后，在叶片质外体部分检测有无标记的糖的存在，则说明光合产物能从叶肉细胞共质体进入到质外体中，说明有可能存在质外体装载途径。(3分)

实验2：给植物叶片供应^{14}C标记的蔗糖，检测标记蔗糖能否进入筛管-伴胞复合物中，如果有则说明可能存在质外体装载途径。(3分)

实验3：在上述实验中，加入跨膜运输抑制剂，如果降低了韧皮部运输速率，则表明有质外体途径存在。(2分）结合以上几方面实验，可以证明韧皮部装载存在质外体途径。

2. 光周期理论在农业生产中有很多指导作用。

例1，指导引种：不同纬度地区引种时要考虑品种的光周期特性和引种地生长季节的日照条件，否则，可能使植物过早或过迟开花而造成减产，甚至颗粒无收。例如，大豆是短日植物，南种北引，开花期延迟，所以引种要引早熟品种。(4分)

例2，控制开花时间：例如，菊花是短日植物，在北方一般在10月开花。经短日处理可以提前至6～7月开花。(4分)

3. 植物生长物质包括：①植物激素，即植物内源产生的有机物，在极低浓度下对植物的生长发育产生显著影响，目前确定的有6

种，即生长素、赤霉素、细胞分裂素、乙烯、脱落酸、油菜素内酯；（4分）②植物生长调节剂，即人工合成或提取的用于农业和园艺生产的化合物，在低浓度下对植物生长发育产生显著的调节作用；（2分）③植物中其他具有重要的生理活性，但尚未被认定为激素的化学信号物质，如水杨酸，茉莉酸、寡糖素，系统素等。（2分）

五、论述题（每题13分）

1. 植物光合电子传递主要有三条途径：非环式途径、环式途径和假环式途径。

非环式途径：水经过光解后释放氧气和电子，电子经PSⅡ、PQ、$Cytb_6f$、PSⅠ、Fd，最终传递到$NADP^+$形成NADPH，在这过程中形成跨类囊体膜质子电化学势梯度，推动ATP合成。这条途径是最主要的光合电子传递途径，产生的NADPH和ATP用于碳同化。（5分）

环式电子传递途径：PSⅠ受光激发，由P700释放电子，经Fd、$Cytb_6f$复合体、PC，又回到P700，形成闭合的回路，这个过程不涉及水的光解，也没有NADPH的形成，但有跨膜质子梯度的形成，推动ATP合成。被认为是在某些特定生理或环境条件下满足植物对ATP额外需要的一条途径。（5分）

假环式途径：水经过光解后释放氧气和电子，电子经PSⅡ、PQ、$Cytb_6f$、PSⅠ、Fd，最终传递到O_2形成超氧阴离子自由基，在经SOD作用形成H_2O，在这个过程中只有跨类囊体膜质子电化学势梯度产生，可推动ATP合成，无NADPH产生。一般认为假环式电子传递是在高光强下，$NADP^+$缺乏时才发生的途径，可能与光保护有关。（3分）

2. （1）信号的感受：干旱胁迫时，植物细胞的膨压可能发生变化，这一变化可能会改变植物细胞壁与细胞膜的相互作用，引起细胞膜上一些蛋白质构象的变化，从而识别环境中的胁迫信号，并将逆境信号传递至胞内。（3分）

（2）胞内信号分子的产生：植物感受干旱信号后，胞内产生第二信号分子如Ca^{2+}、ROS、肌醇磷脂等，这些信号分子引起胞内Ca^{2+}浓度变化，蛋白激酶的激活等。（5分）

（3）启动下游磷酸化级联反应，激活转录因子，诱导干旱响应基因表达（如渗调物质合成基因，LEA蛋白基因，水通道蛋白基因等）。（3分）

（4）这些相关基因的产物用来保护植物，使植物在逆境下免受伤害。（2分）

自测试卷（5）参考答案及评分标准

一、名词解释（每题2分）

1. 细胞骨架：真核细胞中由蛋白质聚合而成的三维纤维状网架体系，包括微管、微丝和中间纤维。在细胞分裂、生长，物质运输，细胞壁合成等生命活动中具有重要作用。

2. 蒸腾系数：是指植物光合作用固定每摩尔的CO_2所需蒸腾散失的水的摩尔数，即蒸腾系数=蒸腾散失的水分的量/光合作用固定的CO_2的量。

3. 光呼吸：植物的绿色细胞在光照下吸收氧气释放CO_2的过程，又称为光呼吸碳氧化循环。因为光呼吸的底物乙醇酸和其氧化产物乙醛酸，及以后形成的甘氨酸皆为C_2化合物，也简称为C_2循环。

4. 交替氧化酶：交替途径的末端氧化酶，位于线粒体内膜，是一种含铁的酶，其活性受水杨基羟肟酸等的特异抑制。

5. 源-库单位：指一个源器官和直接接纳其输出同化物的库器官所组成的供求单位。

6. 共运输：也称为协同运输。指两种溶质被同时运输过膜的机制，根据两种溶质被运输的方向，分为同向共运输（symport）和反向共运输（antiport）。

7. 植物激素受体：能够特异识别植物激

素分子并与之结合，进而引起生物学效应的特殊蛋白质。

8. 衰老：指在植物个体发育的一定阶段，细胞、器官乃至整体的生理活动和功能发生不可逆的衰退过程。

9. 植物组织培养：在无菌条件下，在培养基中培养植物组织（或细胞）的技术。

10 光敏素：是一种含有开链四吡咯环的蓝色可溶蛋白质，是红光和远红光受体，有吸收红光和远红光两种形式，两者间可以相互逆转。介导植物对红光和远红光的反应。

二、填空题（每空 1 分）

1. 增加细胞壁的刚性、抵御伤害和病害。

2. 0.2MPa。

3. RuBP，CO_2，Mg^{2+}。

4. 钼，铁，钴。

5. 普通伴胞，转移细胞，中间细胞。

6. AUX1，PIN 复合物。

7. 胚未完成后熟，抑制物质存在，种皮限制。

8. 木葡聚糖内转糖基酶（XET）。

9. 抑制，促进。

10. 不饱和脂肪酸。

三、选择题（每题 1 分）

1. D； 2. B； 3. A； 4. C；
5. A； 6. C； 7. A； 8. C；
9. B； 10. B。

四、简答题（每题 8 分）

1.（1）红降现象：用波长大于 680nm 的远红光照射植物时，虽然光仍然被植物吸收，但光合速率急剧下降。（3 分）

（2）双光增益效应：在远红光照射的情况下，再补充少量红光（如 650nm 波长光），则量子产量大大增加，比两种波长单独照射的总和还要多，表现出双光增益效应。（5 分）

2. 质膜 H^+-ATPase 是单条肽链构成，水解 ATP 的部位位于膜内，其表达和活性受多种因素影响；（2 分）质膜 H^+-ATPase 水解 ATP 建立跨膜的 H^+ 浓度梯度和电势梯度（合称质子动力势）；（4 分）质子动力势为其他离子或溶质的跨膜运输提供动力。（2 分）

3. *FLC* 基因是在拟南芥中鉴定出的一个参与春化反应的关键基因，它编码一个具有同源异形框（MADS-box）的转录因子（2 分）；在未经春化的植物，*FLC* 大量表达，其产物抑制了促进开花的有关基因的表达；低温处理抑制了该基因的表达，（4 分）并使这种抑制状态得以稳定维持，从而解除对开花的抑制作用，促进植物开花。（2 分）

五、论述题（每题 13 分）

1. 光促进气孔张开（CAM 植物除外）。气孔运动对光的反应是两个不同系统的综合效果：一个依赖于保卫细胞的光合作用，另一个被蓝光所推动。（4 分）

气孔运动的蓝光受体可能是玉米黄素，接受蓝光信号后，通过特定信号转导途径（包括 Ca^{2+}）激活质膜 H^+-ATPase，建立跨膜质子电化学势梯度，膜超级化，激活保卫细胞内向型 K^+ 通道，K^+ 进入保卫细胞。（2 分）

光下保卫细胞进行光合作用，形成苹果酸，苹果酸离子作为 K^+ 的平衡离子，平衡 K^+ 的电性。有些植物是通过吸收 Cl^- 平衡 K^+ 电性。（2 分）光下保卫细胞光合作用积累蔗糖，或淀粉分解产生糖。（2 分）

K^+、苹果酸根离子、Cl^-、蔗糖等一起作为渗透调节物质，降低保卫细胞渗透势，保卫细胞吸水膨胀，气孔张开。（3 分）

2. 脱落酸（ABA）是植物五大类激素之一，在植物生长发育及逆境适应过程中的主要作用如下。

（1）ABA 与种子发育：在种子发育的中后期，细胞停止分裂，储藏物质积累，种子脱水。在这一阶段 ABA 水平大大提高。ABA

促进了晚期胚胎丰富蛋白（LEA）的形成，增强了胚胎耐干燥性，保护细胞膜不受脱水的伤害。ABA也是促进储藏物质积累的一个重要因素。（3分）

（2）ABA促进休眠：休眠是植物适应不良环境的一个重要手段。ABA对于休眠有重要作用。秋季短日下，叶片合成脱落酸量增加，使芽进入休眠状态以便越冬。种子中的ABA和GA含量比值是控制种子休眠与萌发的主要因素。（3分）

（3）ABA与逆境：ABA称为逆境激素，对环境因素反应强烈。在抗旱、寒、盐过程都有重要作用。ABA通过参与气孔运动调节蒸腾作用、诱导逆境蛋白产生等，提高植物的抗逆性。（5分）

（4）ABA具有抑制整株植物或离体器官生长的作用。（1分）

（5）ABA具有促进叶片衰老的作用。（1分）

自测试卷（6）参考答案及评分标准

一、名词解释（每题2.5分）

1. G蛋白：是细胞的一类具有重要生理调节功能的蛋白质，其生理调节功能有赖于与三磷酸鸟苷（GTP）的结合并具有GTP水解酶的活性。

2. 水通道：细胞膜上存在水孔蛋白（aquaporin）组成的对水具有特异通透性的孔道。被水孔蛋白的磷酸化所调节，促进了水的跨膜运动，但不改变水运动的方向。

3. 叶面营养：植物除了根系以外，地上部分（茎、叶等器官）也具有一定的吸收矿质元素的功能。将一些速效性肥料直接喷施于植物地上部分以供植物吸收，这种施肥方法又称为根外施肥。

4. 光合链：在光合膜上排列着一系列电子传递体，由光驱动使H_2O或其他电子供体的激发电子按氧化还原电位传递，使$NADP^+$还原，同时释放分子态氧，并在传递电子过程中偶联形成ATP。按各组分的氧化还原电位排列，形成一条Z形电子传递轨道。

5. 源-库单位：指一个源器官和直接接纳其输出同化物的库器官所组成的供求单位。

6. 极性运输：物质在植物体内单一方向的运输模式，如生长素在植物体内进行的从顶端向基部的向基性极性运输。

7. 生物钟：植物体内源性的、周期接近24h的节奏运动，如某些植物叶片的开合、花朵开放等。

8. 春化作用：低温促使植物开花的作用称为春化作用。

9. 生理休眠：是由于种子自身内在的生理原因造成的休眠，即使给予充足的水分、氧气与适宜的温度等生长条件，它们也不能萌发生长，称为生理休眠。

10. 渗透胁迫：植物与环境之间渗透势的不平衡导致的对植物的胁迫。

二、单项选择题（每题1分）

1. B；　2. C；　3. D；　4. A；
5. C；　6. A；　7. C；　8. B；
9. D；　10. C；11. B；　12. A；
13. D；14. B；15. C。

三、简答题（每题8分）

1. 载体运输通过膜上离子载体进行。其特性是具有选择性、可顺电化学势梯度进行跨膜运输（被动运输），也可逆电化学势梯度进行跨膜运输（主动运输）。（6分）

运输方式：单向转运体、同向共转运体和反向共转运体。（2分）

2. 光敏色素有两种可互相转化的构象形式：红光吸收型Pr和远红光吸收型Pfr。光敏色素Pr型在660～665nm处有最大吸收，Pfr型在725～730nm处有最大吸收。Pr型是光敏色素的钝化形式，呈蓝绿色；Pfr 型是光敏色素生理活跃形式，呈黄绿色。照射白光或红光后，Pr 型转化为 Pfr 型；相反，照射远红光使 Pfr 型转化为 Pr 型，在暗中 Pfr 型也可自发地逆转为 Pr 型。在两种形式发生光转换时，发色团双键位置转移，与发色团结合的蛋白质部位的构型也发生相应的变化，发色团在蛋白质中也发生了移动。

3. 逆境蛋白包括：渗调蛋白、热激蛋白、病程相关蛋白、冷激蛋白等。(4 分)

渗调蛋白：降低细胞的渗透势和防止细胞脱水，提高植物的抗盐性和抗旱性。(1 分)

热激蛋白：与热激伤害后的变性蛋白质结合，维持它们的可溶性状态或使其恢复原有的空间构象和生物活性；与酶结合，提高酶的热失活温度。(1 分)

病程相关蛋白：抑制真菌孢子萌发和菌丝生长，诱导防卫系统有关酶的合成，提高抗病性。(1 分)

冷激蛋白：具有高亲水性，减少细胞失水。(1 分)

四、实验题（每题 10 分）

结果说明：果实的成熟与细胞内果胶酯酶（PE）、多聚半乳糖醛酸酶（PG）和纤维素酶（CE）活性有关。PE、PG 和 CE 是细胞壁水解酶，随着果实的成熟，PE、PG 和 CE 活性提高，引起细胞壁结构物质发生水解，促进果实软化，从而促进果实成熟。(5 分)

构成细胞中胶层的果胶物质包括原果胶、果胶、果胶酸，原果胶是果胶与纤维素缩合而成的化合物，不溶于水，未成熟的果实细胞初生壁中含大量的原果胶。原果胶含量越多，果实硬度越大。在果实成熟过程中，原果胶在原果胶酶作用下水解为果胶和纤维素，果胶在 PE 和 PG 作用下发生降解。PE 催化果胶水解为果胶酸，PG 催化多聚半乳糖醛酸 α-1,4 键的水解。果胶酸无黏性，果肉细胞彼此分开，果实软化。(5 分)

五、分析讨论题（每题 13 分）

1. 植物进行光合作用的光能被光合色素吸收，光合色素主要有叶绿素、类胡萝卜素和藻胆素。叶绿素和类胡萝卜素为高等植物的光合色素。吸收的光能被传递到光反应中心，在光反应中心进行光化学反应，将光能转变为化学能。光反应中心上进行原初光化学反应或原初电荷分离的是叶绿素 a。(4 分)

植物体内存在两个光反应中心：PSⅡ和 PSⅠ。这两个光反应中心串联起来推动电子传递，从水中夺取电子并将电子最终传递给 $NADP^+$（还原为 NADPH），形成非循环电子传递（Z 链）。PSⅡ具有水光解，放出氧气的重要功能。PSⅡ和 PSⅠ在空间上是分离的，PSⅡ主要位于基粒类囊体的垛叠区，而 PSⅠ主要位于基质类囊体的非垛叠区。在两个光系统间有质醌（PQ）、质蓝素（PC）和细胞色素 b_6f 复合体进行电子的传递。质醌、细胞色素 b_6f 复合体还在质子的跨膜转移中起重要的作用。(6 分)

在电子传递过程中形成的跨类囊体膜的质子动力势是光合磷酸化合成 ATP 的能量来源。ATP 合酶利用质子流进行 ATP 的合成。(3 分)

2. 衰老是主动发育过程，受内外因素调控。

(1) 营养物质的匮乏诱导衰老。在开花结实后，由于大量养分从营养器官运入生殖器官，致使营养器官衰老。(4 分)

(2) 自由基、活性氧对衰老调控：正常情况下，在植物体内存在自由基清除剂，如超氧物歧化酶（SOD）、过氧化氢酶（CAT）和过氧化物酶（POD），维生素 E、维生素 C 和谷胱甘肽等。植物体内自由基清除剂可随时清除体内产生的自由基，但一旦植物体内抵御氧化伤害的机制效率下降，或产生活性氧的能力增加，二者失去平衡，自由基积累，就会加速衰老。植物体内生物大分子的降解会导致 ROS 的释放。ROS 对植物产生多方面氧化伤害作用，促进许多重要酶，如 rubisco 和谷氨酰胺合成酶等的降解；诱导脂质过氧化反应，影响膜的结构和功能；加速乙烯的生成；参与衰老基因表达的信号转导过程等，从而促进植物的衰老。(4 分)

(3) 激素对衰老的调控如下。

乙烯是诱导衰老的主要激素，乙烯的存在加速叶片的衰老，但乙烯不是诱导衰老的启动因子，乙烯不引起幼嫩叶片的衰老，叶片只有发育到一定阶段后才对乙烯信号产生反应。

细胞分裂素延缓衰老。细胞分裂素延缓叶绿素和蛋白质降解，维持 Rubisco 和 PEPC 的活性，保护膜的完整性，维持 SOD 和 CAT 的活性；同时，细胞分裂素可刺激多胺的形成，多胺抑制 ACC 合成酶的形成，从而减少乙烯的生成，可清除自由基。

GA 能阻止叶绿素和蛋白质降解，并清除自由基，从而延缓衰老。ABA 可抵消细胞分裂素和 GA 的作用，促进衰老。(3 分)

(4) 胁迫对衰老的影响如下。

病原菌侵染、水分胁迫、由臭氧和 UV-B 诱导的氧化胁迫等可诱导植物体在还未成熟就发生衰老。(2 分)

自测试卷 (7) 参考答案及评分标准

一、名词解释 (每题 2.5 分)

1. 微管列阵：微管在植物细胞中按一定的规律排列，组成列阵。随细胞发育时期变化，而具有相应与所在时期的独特功能。各个时期的微管列阵都是高度动态的。

2. 伤流：将幼苗在靠近地面的茎基部位切断，在切面的木质部会有液体流出成滴，液流可持续数小时或更久。其液流称为伤流液。

3. 次级主动运输：由 H^+-ATP 酶活动所建立的跨膜质子电化学势梯度所驱动的其他无机离子或小分子有机物质的跨膜运输过程。

4. 生物固氮：微生物或其他生物将大气中的分子态氮同化为含氮化合物的过程。

5. 双光增益：在引起红降的光照（如 700nm）的同时，再外加一个短波的光照（如 680nm），则量子效率可以提高并且有增益，称之为双光增益。

6. 末端氧化酶：处于生物氧化一系列反应中最末端的将电子直接传给氧的酶。除了线粒体内膜上的细胞色素氧化酶和交替氧化酶之外，植物中还有存在于细胞质中的酚氧化酶、抗坏血酸氧化酶和乙醇酸氧化酶等。

7. 韧皮部卸出：指韧皮部中运输的同化物在库端被运出韧皮部并被邻近生长或储存组织所吸收的过程。

8. 生长素流出载体：是一类跨膜运输蛋白，参与调控生长素流出细胞的运输。

9. 相生相克现象：也称为化感作用，指植物通过向环境释放化学物质而产生促进或抑制周围植物生长的效应。

10. 活性氧：是指在化学反应性能方面比氧更活泼的含氧物质，如羟自由基（·OH）、烃氧基（RO·）、超氧阴离子自由基（O_2^{-}·）、超氧化物自由基（HOO·和 ROO·）、单线态氧（$^1O_2$）等。

二、单项选择题 (每题 1 分)

1. B； 2. C； 3. D； 4. B；
5. A； 6. A； 7. B； 8. C；
9. B； 10. D； 11. C； 12. C；
13. B； 14. D； 15. A。

三、简答题 (每题 8 分)

1. (1) 物质代谢的变化：代谢过程降低，呼吸速率下降。休眠器官储存大量糖、淀粉、脂肪或蛋白质等物质，脂肪的积累不仅作为一种储藏物质，而且有重要的保护作用，使休眠芽顺利度过严寒的冬季。核酸和蛋白质的生物合成受阻。(4 分)

（2）激素平衡变化：内源激素的相对含量和平衡关系发生变化，ABA含量增加，IAA和GA含量降低。ABA是诱导种子休眠和抑制萌发的重要物质。ABA/GA值高，诱导休眠。（4分）

2. 体内激素含量与激素的合成、降解、运输、存在形式等因素有关。（4分）

以IAA为例如下。

（1）IAA的生物合成：主要发生在细胞分裂和生长旺盛的部位，最主要的合成途径是以色氨酸为前体的吲哚丙酮酸途径。

（2）IAA的降解：IAA易被光氧化、酶促脱羧降解和酶促非脱羧降解途径降解。

（3）IAA的代谢：可以以游离态IAA形式存在，也可与糖苷、氨基酸等结合为结合态IAA。

（4）IAA的运输：IAA的运输决定了特定组织中的生长素的含量。游离态IAA是唯一的具有极性运输特点的植物激素，结合态IAA可进行非极性的远距离运输。

（5）IAA合成前体：矿质元素Zn影响生长素前体色氨酸的合成。（4分）

3. 逆境蛋白包括：渗调蛋白、热激蛋白、病程相关蛋白、冷激蛋白等。

渗调蛋白：降低细胞的渗透势和防止细胞脱水，提高植物的抗盐性和抗旱性。

热激蛋白：与热激伤害后的变性蛋白质结合，维持它们的可溶性状态或使其恢复原有的空间构象和生物活性；与酶结合，提高酶的热失活温度。

病程相关蛋白：抑制真菌孢子萌发和菌丝生长，诱导防卫系统有关酶的合成，提高抗病性。

冷激蛋白：具有高亲水性，减少细胞失水。

四、实验题（每题10分）

跃变型和非跃变型果实的不同：有无呼吸高峰和对乙烯的反应。（2分）

在果实成熟前，将果实放于一密闭容器中，在一定时间内，经气相色谱仪测定分析容器内的CO_2含量的变化，判断是否有呼吸高峰出现。（3分）

将未成熟的果实用乙烯利处理，放于一密闭容器中，一定时间内，经气相色谱仪测定容器内的乙烯含量的变化，判断是否由外源乙烯诱导了内源乙烯的大量生成。（3分）

出现呼吸高峰，并有大量乙烯生成的果实，可以证明是跃变型果实。（2分）

五、论述题（每题13分）

1. 植物经过一定时期的营养生长后进入生殖生长期，这种转变从根本上改变了分生组织细胞的发育命运。植物进入生殖生长期需要一定的内、外条件。

内部条件如下。

（1）生理状态。大多数植物在开花前都要达到一定的生理状态，然后才能在适宜的外界条件下开花，这种生理状态就是花熟状态。幼年期的植物不能开花，即使处在适宜开花的外界条件下。植物达到花熟状态后，就能感受环境信号刺激，包括低温和光周期诱导，发生一系列诱导反应，随后分生组织进入一个相对稳定的状态，具备了分化花或花序的能力，再在发育信号指令和适宜的条件下就可以启动花的发生，进而开始花的发育过程。（4分）

（2）体内的营养状况调节花芽的分化。营养是花芽分化和花器官形成的物质基础，碳水化合物对花芽的形成尤为重要，花器官形成也需要大量的蛋白质，精氨酸和精胺、含磷化合物和核酸等都与花芽分化有关。（2分）

（3）内源激素调控花芽分化。GA抑制多种果树的花芽分化；细胞分裂素、ABA和乙烯则促进果树的花芽分化；IAA的作用比较复杂，低浓度起促进作用而高浓度抑制。（2分）

外部条件如下。

(1) 光照和温度。低温春化和适宜的光周期是许多植物成花诱导的必需环境条件。此外在植物花芽分化期，光照时间长，光照强，有机物合成多，有利于开花。在一定的温度范围内，随温度升高花芽分化加快。温度主要影响光合作用、呼吸作用和物质的转化及运输等过程，从而间接影响花芽的分化。(4分)

(2) 水肥条件。在水、肥条件适宜、氮肥适量条件下，配合施用磷、钾肥，并注意补充锰、钼等微量元素，有利于花芽分化。(1分)

2. (1) 种子形成过程中有机物的变化。蛋白质合成增加，发育早期合成与胚分化有关的蛋白质，发育中期合成和积累储藏蛋白，发育后期合成与种子休眠和种子抗脱水有关的蛋白质，即胚胎发育后期高丰度表达的蛋白质（LEA蛋白）。糖、脂肪的变化：蔗糖和还原糖减少，淀粉、脂肪增加。淀粉种子中形成非汀。(4分)

(2) 环境条件对种子形成的影响。(3分)

光照：影响光合产物的积累、蛋白质含量。

温度：影响物质运输、呼吸消耗。

相对湿度：影响物质运输、合成酶活性。

土壤含水量：破坏体内水分平衡。

(3) 种子萌发过程中有机物的变化。

淀粉、脂肪水解：淀粉水解为蔗糖、葡萄糖，脂肪水解为甘油和脂肪酸。

蛋白质分解：分解为游离氨基酸。

非汀分解：释放磷、钙、镁。(3分)

(4) 环境条件对种子萌发的影响。

水分：种子萌发的首要条件。

温度：影响水解酶活性，影响营养物质的代谢活性。

氧气：影响呼吸作用，从而影响物质代谢、物质运输。一般种子在氧浓度为10%以上才能萌发，含脂肪较多的油料种子萌发时需要氧含量更高。

光照：需光种子的萌发需要光照。GA可代替光照使需光种子在暗中萌发。(3分)

自测试卷（8）参考答案及评分标准

一、名词解释（每题2分）

1. 致电泵：植物细胞中最典型的离子泵是H^+-ATP酶，将H^+从膜的一侧运向另一侧，结果使膜两侧的电荷分布不均，因此也称为致电泵。

2. 同化物分配：植物体中光合同化物有规律地向各库器官输送的模式称为分配。

3. 偏上生长：指器官的上部生长速度快于下部的现象。乙烯对茎和叶柄都有偏上生长的作用，从而造成茎的横向生长和叶片下垂。

4. 同源异型突变：花的某一重要器官位置发生了被另一器官替代的突变，如花瓣部位被雄蕊替代，这种遗传变异现象称为花发育的同源异型突变。

5. 程序性细胞死亡：由基因控制的、细胞自主性的有序死亡过程。

6. 植物生长调节剂：指人工合成的、具有类似于植物激素生理效应的化合物，如2,4-D、萘乙酸、6-BA、激动素、乙烯利等。

二、选择题（每题1分）

1. A，B，D； 2. A； 3. B；
4. A，B，C； 5. B； 6. C；
7. C； 8. C； 9. C； 10. D；
11. A； 12. A，B； 13. C；
14. C； 15. C； 16. B，D；
17. C； 18. B； 19. A； 20. A。

三、实验题（每题10分）

以蚕豆叶片为材料，撕取叶片表皮，将小块的表皮条漂浮在不同浓度的KCl溶液中，以无钾的蒸馏水为对照，可以观察到：在无钾的对照溶液中，气孔不易开放，只有溶液中含有一定浓度 K^+ 时，气孔才会张开，无论白天、晚上；（5分）而且在一定浓度范围内，气孔开度与 K^+ 浓度呈正相关。（5分）

四、简答题（每题8分）

1. 在植物细胞中，位于质膜上的 H^+-ATPase 消耗 ATP 将 H^+ 从膜内运输到膜外，建立跨膜的质子电化学势梯度，此跨膜质子电化学势梯度是推动各种离子和小分子代谢产物进行跨膜运输的动力。如果这些 H^+-ATP 酶停止工作，则其他大部分离子跨膜运输过程都将会受阻。因此，植物细胞膜上的 H^+-ATP 酶被称为“主宰酶”。（8分）

2. 伴细胞有三种类型：普通伴胞，转移细胞，中间细胞。（2分）

普通伴胞只在与筛管分子之间的壁上有大量胞间连丝，在其他部位很少有胞间连丝。一般为质外体装载。（2分）

转移细胞也仅在与筛管分子间的壁上具有大量胞间连丝，转移细胞具有另一个显著特征，即细胞壁向内形成许多指状内突，这种内突扩大了细胞表面积，增加了细胞跨膜运输溶质的能力，特别有利于质外体装载。（2分）

中间细胞的主要特征是与维管束鞘细胞间有大量的胞间连丝，有利于共质体装载。（2分）

3. （1）光合作用可直接为硝酸、亚硝酸还原和氨的同化提供还原力 NAD（P）H、Fd_{red} 和 ATP。（3分）

（2）光合作用制造同化物，促进呼吸作用，间接为硝酸盐的还原提供能量，也为氮代谢提供碳骨架。（3分）

（3）硝酸还原酶与亚硝酸还原酶是诱导酶，其活性不但被硝酸诱导，也被光诱导。（2分）

4. 膜的流动性是膜正常功能的必要条件（3分）。低温可使膜从液晶态变为凝胶态，细胞膜脂中不饱和脂肪酸含量的增加和脂肪酸的不饱和度增加，会降低膜脂分子间排列的有序性，从而增加膜的流动性，相变温度降低，提高植物抗寒性。（4分）因此，膜的不饱和脂肪酸含量与抗寒性有关。（1分）

五、论述题（每题13分）

1. 植物体内存在清除自由基、活性氧的防御系统，包括保护酶系统（抗氧化酶类）和非酶保护体系（抗氧化物质）。（3分）

（1）保护酶系统：①超氧化物歧化酶（SOD）是存在于植物细胞中最重要的清除自由基的酶类之一。它能催化生物体内分子氧活化的第一个中间物 $O_2^-\cdot$ 发生歧化反应，生成 O_2 和 H_2O。SOD 主要分布在叶绿体、线粒体和细胞质中，以便及时清除代谢过程产生的 $O_2^-\cdot$ 。②过氧化物酶（POD），叶绿体产生的 $O_2^-\cdot$ 经 SOD 催化形成的 H_2O_2 可使卡尔文循环的酶失活，丧失光合能力。叶绿体中 H_2O_2 的清除是由抗坏血酸过氧化物酶（ASA-POD）来完成的。③过氧化氢酶（CAT），CAT 催化 H_2O_2 分解成 H_2O 和 O_2，CAT 在细胞内主要存在于过氧化物体中，负责过氧化物体中产生的 H_2O_2 的清除。

SOD、POD、CAT 三者相互协调，有效地清除代谢过程产生的活性氧，使生物体内活性氧维持在一个低水平上，从而防止了活性氧引起的膜脂过氧化及其他伤害过程，因此将上述三种酶称为保护酶系统。（5分）

（2）非酶促性的活性氧清除剂——抗氧化剂：植物体内还有多种能与活性氧作用的抗氧化剂，如维生素 E、抗坏血酸（维生素 C）、谷胱甘肽（GSH）、类胡萝卜素、甘露醇等。

植物体内最重要的 $^1O_2$ 淬灭剂是类胡萝卜素，它既可通过与三线态叶绿素作用防止 $^1O_2$ 的产生，也可将已经产生的 $^1O_2$ 转变成基态氧分子，因而能保护叶绿素免受光氧化的伤害。

维生素 E 也是 $^1O_2$ 的淬灭剂，能防止 $^1O_2$ 对类囊体膜的伤害。GSH 能够清除 H_2O_2，能使脂质过氧化中产生的自由基（R·）恢复常态，同时也能清除脂类过氧化物（ROOH），避免损害。维生素 C 在植物体内的含量较高，它也是活性氧的重要清除剂。（5 分）

此外，植物的一些次生代谢物如多酚、单宁、黄酮类物质也能有效地清除 $O_2^{-}\cdot$。

2. 在高等植物中，光合作用是通过两个独立的、在空间上分离的光系统进行的，两个光系统具有各自的天线系统进行光能的吸收、传递，引发光化学反应形成电子传递。但这两个光系统在功能上是相互联系的，电子传递通过两个光系统串联才能完成。光能在两个光系统之间均衡分配才会使光合作用效率提高。（3 分）

植物具有调节光能在两个光系统间分配比例的能力。实验表明：若用主要被 PSⅠ吸收的光（>700nm）照射时，吸收的激发能向 PSⅡ的分配比例增加，称为“状态Ⅰ”；若用主要为 PSⅡ吸收的光（650nm）照射则激发能向 PSⅠ的分配比例增加，称为“状态Ⅱ”。（3 分）

目前一般用“天线移动”的假说解释激发能的分配机制：当 PSⅡ被光能优先激发时，PQ 被还原，而使 LHCⅡ激酶活化，引起捕光天线色素蛋白 LHCⅡ磷酸化，磷酸化的 LHCⅡ从 PSⅡ分布的基粒类囊体的垛叠区向 PSⅠ分布的非垛叠区移动，因此扩大了 PSⅠ的捕光面积，使吸收的光能更多地向 PSⅠ分配，因而导致状态Ⅰ转变为状态Ⅱ，有利于光能向 PSⅠ分配；反之，当 PSⅠ被光能优先激发，PQ 被氧化，而使 LHCⅡ磷酸酯酶活化，引起 LHCⅡ脱磷酸化，脱磷酸化的 LHCⅡ则向基粒类囊体垛叠区移动，其结果是扩大了 PSⅡ的捕光面积，使吸收的光能更多地向 PSⅡ分配。（7 分）

自测试卷（9）参考答案及评分标准

一、名词解释（每题 2 分）

1. 主动吸收：植物细胞利用呼吸释放的能量逆电化学势梯度吸收矿质的过程。

2. 呼吸跃变：某些果实成熟时呼吸速率表现出的特殊变化，即初期呼吸速率降低，至成熟末期突然升高而后下降，这一现象称为呼吸跃变。呼吸跃变的出现标志着果实达到成熟可食的程度。

3. 水分临界期：指植物对水分缺乏非常敏感的时期。作物的水分临界期一般都是从营养生长转向生殖生长的时期。

4. 三重反应：指乙烯对植物生长具有的抑制茎的伸长生长、促进茎或根的增粗和使茎横向生长（即使茎失去负向地性生长）的现象。

5. 光形态建成：一种低能量的、依赖光控制植物生长、发育和分化的过程。

6. 生长的温周期现象：植物对季节或昼夜温度变化的生长反应。

二、选择题（每题 1 分）

1. D；　2. D；　3. C；　4. B；
5. A；　6. C；　7. B；　8. A；
9. A；　10. B；　11. B；　12. B；
13. C；　14. A；　15. B；　16. B；
17. D；　18. B；　19. C；　20. A。

三、实验设计题（每题 10 分）

分根实验：将植物的根分为两部分，一部分保持正常水分供应，另一部分给予干旱胁迫，此时植物地上部分并不发生水分亏缺，但叶片气孔发生关闭。（7 分）若去掉受干旱胁迫的一部分根，气孔恢复开放，表明受干旱胁迫的一部分根感受到胁迫信号，并将信息传递给地上部分，引起地上部分气孔关闭。（3 分）

四、简答题（每题8分）

1. C_3 循环中的 Rubisco、PGAK、GAPDH、FBPase、Ru5PK 都是光调节酶。光下这些酶活性提高，暗中活性降低或丧失，同时酶的基因表达受光调节。（3 分）

光对酶活性的调节可分为两种方式，一种是通过环境介质 pH 和离子浓度的调节，即光驱动的电子传递使 H^+ 向类囊体腔转移，Mg^{2+} 则从类囊体腔转移至基质，引体叶绿体基质的 pH 从 7 上升到 8，Mg^{2+} 浓度增加。较高的 pH 与 Mg^{2+} 浓度时 Rubisco 等光合酶活化。另一种方式是通过 Fd-Td（铁氧还蛋白-硫氧还蛋白）系统调节，这个系统由铁氧还蛋白、铁氧还蛋白-硫氧还蛋白还原酶以及硫氧还蛋白组成，硫氧还蛋白中的硫氢基氧化态（—S—S—）与还原态（—SH）在光、暗下发生可逆变化，当 PSI 受光激发时，酶中的—S—S—被铁氧还蛋白-硫氧还蛋白还原酶催化还原成为—SH，导致酶活化。（5 分）

2. 通过对拟南芥和金鱼草突变体的遗传学研究产生了花器官特征决定的 ABC 模型。在这一模型中，有 A，B，C 3 类基因参与了 4 种花器官特征的决定（2 分）。每类基因均在相邻的两轮花器官中起作用，即 A 类基因在 1、2 轮表达，B 类基因在 2、3 轮表达，C 类基因在 3、4 轮表达，因此在 1、4 轮中 A 和 C 分别单独决定萼片和心皮的形成，而 A 和 B 及 B 和 C 两组基因分别决定 2、3 轮花瓣和雄蕊的特征。（4 分）这一模型同时还表明，A 型和 C 型基因之间是相互阻遏（抑制）的，即 A 型基因抑制 C 型基因在 1、2 轮表达，C 型基因抑制 A 型基因在 3、4 轮中起作用。（2 分）

3. 压力流动学说是解释韧皮部运输机理的学说，该学说认为同化物在筛管内以集流的方式运输，运输的动力是筛管两端的压力势梯度。在源端，同化物不断向 SE-CC 复合体装载，渗透势降低，吸水，膨压增加，而在库端同化物不断从 SE-CC 复合体卸出，渗透势提高，水分流出，膨压下降，从而在源库间形成压力势差。（4 分）

支持的实验证据有：①筛管具有正压力，连接源库两端的筛管内存在有足以推动同化物由源到库流动的压力梯度；②在体内正常状况下筛孔是一个开放的通道；③筛管内物质运输速率对运输过程中的能量供应不敏感；④同一筛管内没有双向运输发生。（4 分）

4. 温室或大棚生产的一个问题是 CO_2 供应不足，可通过开窗通气或使用 CO_2 发生器等方法提高 CO_2 浓度；（3 分）另外，室内温度要及时控制，冬季温度低时要注意加热，而夏季温度太高时要及时开窗通气或适当遮盖，降低温度；（3 分）注意昼夜温差的调节。（2 分）

五、论述题（每题13分）

1. （1）生长发育调节：在逆境下植物通过调节生长发育来适应外界环境的变化。例如，在干旱胁迫下，降低叶片的生长速率、老叶脱落等来减少叶面积，降低蒸腾失水。（2 分）

（2）植物激素调节：逆境下植物体内激素含量和活性发生变化，从而影响生理过程，使植物对逆境的适应性增强，如逆境下 ABA 含量增高，通过调节气孔关闭保持水分平衡，增强水的通导性等增强植物的抗逆性。（2 分）

（3）代谢调节：在逆境下，植物可以通过改变其代谢途径以提高其抗逆性。例如，逆境胁迫显著影响体内的碳代谢途径，低温下积累糖等。（2 分）

（4）渗透调节：在一定的胁迫范围内，植物可通过自身细胞的渗透调节作用表现出抵抗外界渗透胁迫的能力。（2 分）

（5）膜保护物质与活性氧平衡：在逆境下，细胞内活性氧增多，导致膜脂过氧化、膜透性增加。植物体内存在着清除自由基的多种途径，如超氧化物歧化酶、过氧化氢酶、谷胱甘肽还原酶肽等。逆境诱导这些酶活性增加，清除自由基，保持生物膜不受或少受破坏，维持正常生理功能。此外逆境下不饱和脂肪酸含量增加也有助于提高植物的抗逆性。(2 分)

(6) 逆境下的信号传导机制与逆境蛋白产生：植物感知逆境信号，通过膜上受体等转换机制将信号传递给胞内第二信使，如 Ca^{2+}、IP_3 等，再启动下游转录因子，诱导逆境响应蛋白基因表达，产生逆境蛋白，如热激蛋白、冷诱导蛋白、水分胁迫蛋白等，提高植物的抗逆性。(3 分)

2. 植物细胞中钙的分布是不均匀的。在细胞壁、液泡、内质网中有大量游离钙，而在细胞基质中游离钙浓度低且是变化的，未受刺激时植物细胞基质中 Ca^{2+} 浓度为10^{-7}～10^{-6}mol/L，而当受到某种刺激后，胞质游离钙浓度迅速提高可达 10^{-5}mol/L。(4 分)

胞质游离钙浓度的快速变化是由存在于质膜和液泡膜上的钙运输系统负责的。在质膜和液泡膜上存在着钙通道、钙泵和钙转运体。当细胞受到某种刺激时，膜上的钙通道激活，钙离子从钙库流入细胞基质，由于跨膜存在的巨大钙离子浓度梯度，钙离子通过通道进入细胞质是非常快的。当刺激解除后，通过钙泵或 Ca^{2+}/H^+ 反向运转体将 Ca^{2+} 运输到胞外或液泡中，钙泵利用 ATP 释放能量逆 Ca^{2+} 浓度梯度运输 Ca^{2+}，而 Ca^{2+}/H^+ 反向运转体则利用跨膜 H^+ 电化学势梯度将 Ca^{2+} 运出细胞基质。(4 分)

Ca^{2+} 在植物细胞的多种信号转导过程中起重要作用。几乎所有不同的胞外刺激都能引起胞内游离钙浓度的变化。Ca^{2+} 通过与钙结合蛋白（如 CaM）的结合调节细胞的各种生理功能，如细胞骨架动态、酶活性、基因表达等。不同的外界刺激引起胞内 Ca^{2+} 浓度变化的时间、幅度、频率、区域化分布各不相同，因而 Ca^{2+} 可以介导各种刺激与生理反应。(5 分)

Test Ⅰ【Answer key】

Section 1 (20 points, 2 pts each)

1. B; 2. D; 3. D; 4. D;
5. C; 6. C; 7. C; 8. E;
9. C; 10. A.

Section 2 True or false (20 points, 1 pts each)

1. F; 2. T; 3. T; 4. F;
5. F; 6. T; 7. F; 8. T;
9. T; 10. F; 11. F; 12. T;
13. T; 14. F; 15. T; 16. T;
17. T; 18. F; 19. F; 20. T.

Section 3 (60 points)

1. At constant temperature: heat gain = heat loss,

Radiation input + convection/conduction + condensation = radiation output + convection/conduction + evaporation. (3 points)

2. A hydroponic system is the technique of growing plants with their roots immersed in a nutrient solution without soil. There are four requirements that are needed for this system to work well. These include, ① a constant and right solute concentration; ② the correct pH level; ③ the plants need enough oxygen supply to the root system; ④ the plants need enough light. (6 points)

3. The key here is to understand that cytosolic Pi levels regulate the rate of triose-P export from the chloroplast. Higher cytosolic Pi causes higher triose-P export. So, if you injected Pi into the cytosol, you would expect more triose-P export, more sucrose synthesis, and less starch synthesis. (6 points)

4. Rubisco catalyzes the combination of two moles of RuBP with two moles of atmos-

pheric O_2, yielding two moles of 2-phosphoglycolate and two moles of 3-phosphoglycerate. While the latter compound proceeds to the Calvin cycle, phosphoglycolate phosphatase treleases two moles of phosphate from 2-phosphoglycolate. The operation of a short $O_2^-\bullet$ cycle in peroxisomes provides an additional mole of O_2 to the photorespiratory cycle for the conversion of two moles of glycolate to 2 moles of glyoxylate. This series of reactions with two-carbon compounds shift to the generation of three-carbon compounds after decarboxylation in the mitochondria. Finally, the phosphorylation of glycerate incorporates one mole of phosphate released in the photorespiratory cycle and concurrently generates one mole of 3-phosphoglycerate.

Nitrogen cycles between inorganic and organic compounds without alteration of the net amount; i. e., it only flows inside the photorespiratory cycle. (9 points)

5. ① tannins; ② anthocyanins; ③ hydrogen cyanide; ④ ammonium, NH_4^+; and nitrate, NO_3^-; ⑤ molybdenum, Mo; ⑥ phenylalanine ammonia lyase, PAL; ⑦ alkaloids; ⑧ systemic acquired resistance. (1 points for each)

6. Carrier B with a pH of 4.5 would be much more effective for treating the weeds because this would cause the 2,4-D (an acid) to be largely in its molecular form. In its molecular form, the 2,4-D is uncharged and thus able to pass through the cuticle and plasma membranes of the leaf cells to exert its effect. (6 points)

7. CKs are highest and GAs, IAAs are low during the early stages of development when active cell division is required. Auxin and GA levels increase during the period of active cell enlargement. ABA levels are highest late in seed development, presumably to prevent precocious germination. During germination of cereal grains, GAs move from the scutellum into the aleurone, where they stimulate the de novo synthesis of amylases and other enzymes required to digest the endosperm and mobilize the products to support the nutritional needs of the developing embryo. IAA levels increase to stimulate cellular enlargement in the young seedling. (6 points)

8. Growth is a quantitative term, related to changes in size and mass. Growth can be assessed by a variety of quantitative measures, depending on the phenomenon of interest. Differentiation refers to differences other than size that arise among cells, tissues, and organs. Differentiation occurs when a dividing cell gives rise to two daughter cells destined to assume different anatomical characteristics and functions. Development is an umbrella term, refers to the sum of all of the changes that an organism goes through in its life cycle—from germination of the seed through growth, maturation, flowering, seed formation, and senescence. (6 points)

9. The influence of organ-identity genes on the development of the *Arabidopsis* flower can best be understood by viewing the floral meristem as three overlapping developmental fields, designated A, B, and C. Field A includes the sepals and petals (whorls 1 and 2), field B includes the petals and stamens (whorls 2 and 3), and field C includes the stamens and central carpels (whorls 3 and 4). This view has given rise to what is referred to as the ABC model for floral organ specification, in which a particular gene or pair of genes is associated with each developmental field. According to

this model, expression of *AP1* alone specification, sepals; *AP1* in combination with *AP3* and *PI* specifies petals; *AP*3 and *PI* in combination with *AG* specifies stamens; and *AG* alone specifies the carpels. Expression of *AP2* is apparently required throughout the meristem, in part to suppress, in combination with a sixth, unknown gene, the expression of *AG* in those whorls that are destined to become sepals and petals. (6 points)

10. Consitutive defenses are made at roughly the same level regardless of herbivory. Inducible defenses typically increase in response to herbivory. An example is nicotine, the synthesis of which increase in tobacco plants following episodes of herbivory. (4 points)

Bonus (10 points)

Rubisco is a typical hysteretic enzyme (i. e., its rate of activation is slow relative to its rate of catalysis). The catalytic activity, as carboxylase or oxygenase, can be assayed only after the transformation of the inactive form to an active form. A CO_2 molecule, distinct from the substrate used in the carboxylation reaction, reacts slowly with an e-amino group of the active site lysyl residue and the carbamate is rapidly stabilized by Mg^{2+}. Upon carbamylation, rubisco is functional in cleaving the C_2-C_3 bond of ribulose 1,5-bisphosphate with CO_2 or O_2. But ribulose 1,5-bisphosphate is tightly bound to the uncarbamylated rubisco (K_d ca. 20nmol/L) and, more important, much less than for the carbamylated enzyme (K_m ca. 20μmol/L). Thus, rubisco is decarbamylated in the presence of ribulose 1,5-bisphosphate. Therefore, Student A observes a time progress curve in which the activity is initially high but decays progressively until it becomes nil. By contrast, the enzyme is totally inactive in the experiment performed by Student B.

Test Ⅱ【Answer key】

Section 1 (20 points, 2 pts each)

1. B; 2. D; 3. E; 4. A;
5. D; 6. E; 7. C; 8. C;
9. D; 10. E.

Section 2 True or false (20 points, 1 pts each)

1. T; 2. T; 3. T; 4. T;
5. T; 6. T; 7. F; 8. F;
9. T; 10. F; 11. T; 12. T;
13. T; 14. F; 15. T; 16. T;
17. F; 18. T; 19. F; 20. T.

Section 3 (60 points)

1. Roots are used for anchorage, conduction, and storage. Also, they absorb water and mineral ions. (3 points)

2. At the beginning, solutes move into the plant through either the apoplastic or symplastic pathway into the xylem. The Casparian strip hinders the solutes from diffusing through the endodermis so transport proteins start to move the solutes into the xylem. This allows for selectivity among the nutrients being transported. (5 points)

3. Water is conducted upward through the plant primarily in the xylem. The principal driving force for water movement in the xylem is transpiration and the resulting tension in the water column. Water lost by transpiration is replenished by the absorption of water from the soil through the root system. At the root site, the high concentration of ions accumulated in

the stele make that the water potential drop therefore the water will move from the soil and cortical cells into the stele. This process builds up root pressure. So long as the root continues to accumulate ions in the xylem, water will continue to rise in the vessels. When the bulk flow goes through the xylem, the rate of volume flow depends on the radius of the tube, the viscosity of the liquid and of the pressure gradient. Also the rate of transpiration at the other hand affects the flow of nutrients through the xylem. (4 points)

4. Water use efficiency (WUE) is higher in C_4 than C_3 because the CO_2 concentrating mechanism of C_4 allows higher photosynthesis and lower stomatal conductance and transpiration. As CO_2 rises, the photosynthesis of C_4 plants will not be stimulated because it's already saturated at current CO_2 levels, while the photosynthesis of C_3 plants will increase. High CO_2 also causes a reduction in stomatal conductance, so this will reduce transpiration. The combination of higher photosynthesis and lower transpiration will increase WUE more in C_3 than C_4 as CO_2 rises. (6 points)

5. Immobile nutrients refers to those are translocated in small or no amounts are considered to be immobile. This will not allow the nutrients from the more mature plants to translocate to the new growth. The new growth is therefore more sensitive and is thus affected by the deficiency. In regards to mobile nutrients, these can be redistributed via phloem and therefore are easily translocated to the newer growth. The deficiency is then seen in more mature growths.

Nitrogen, phosphorus and potassium are plant mobile nutrients which can move around from locations of where they are stored to places where they are needed. Deficiencies of plant mobile nutrients are seen first in older plants unlike other deficiencies where they are seen in younger plants. Plant mobile nutrients are nutrients that retranslocate within the plant from sources (old leaves) to sink (new leaves) during deficiencies. Calcium would be an example of nonmobile nutrients. (6 points)

6. (1) CO_2 assimilated in the chloroplast is exported to the cytoplasm as triose-phosphates (i. e. , glyceraldehyde-3-phosphate and dihydroxyacetone-phosphate). To maintain the photosynthetic rate at steady state, an inflow of phosphate sustains the outflow of fixed carbon as triose-phosphate. (3 points)

(2) In the leaf cell, the carbon assimilated is exported to storage tissues (e. g. , tuber, grain) as sucrose. In the synthesis of the disaccharide, sucrose from hexoses, one water molecule is lost in the formation of the glycosidic linkage. (3 points)

(3) The final destination of sucrose in plants is a storage tissue (e. g. , tuber, grain) in which the sucrose moieties are incorporated into polysaccharides (e. g. , starch). Again, one water molecule is lost for every glycosidic linkage formed. (3 points)

7. (1) The separation of mesophyll cells from bundle sheath strands interrupts the transport of metabolites that links these cells. As a consequence, the rate of CO_2 fixation will be determined exclusively by the enzyme responsible for this function in each cell; i. e. , PEP-carboxylase (PEPCase) and rubisco, respectively. Both the affinity and the turnover rate of PEPCase for HCO_3^- are much higher than those of rubisco for CO_2; i. e. , K_m (PEPCase) $\ll K_m$ (rubisco) and V_{max} (PEPCase) $\ll V_{max}$ (rubisco). As a consequence,

carbon fixation takes places faster in mesophyll cells than in bundle sheath strands. (5 points)

(2) The concerted action of PEPCase and NADP-malate dehydrogenase in mesophyll cells yields oxaloacetate and malic acid; these two products are commonly termed "organic acids". On the other hand, rubisco in bundle sheath strands catalyzes the formation of 3-phosphoglycerate which rapidly is converted to glyceraldehyde-3-phosphate. The high activity of triose-phosphate isomerase distributes the fixed carbon between glyceraldehyde-3-phosphate and dihydroxyacetone-phosphate which collectively are named "triose-phosphates". Hence, mesophyll cells and bundle sheath strands will produce organic acids and triose-phosphates, respectively as primary photosynthetic products. (5 points)

8. The alternative oxidase siphons off electrons before the cytochrome oxidase and thereby prevents some of the H^+ pumping that would otherwise occur. Thus there is a smaller p. m. f. formed when the alternative oxidase and consequently less ATP production. Inactivating the alternative oxidase should increase ATP production. (5 points)

9. The assay uses the competitive antibody binding method to measure concentration of ABA. Each assay well is coated with monoclonal antibodies to ABA. You add equal amounts of the plant extract containing ABA and ABA-linked alkaline phosphatase (tracer). A competitive binding reaction is set up between the constant amount of tracer and the unknown amount of ABA in the plant extract. The hormone in the extract competes with the tracer for antibody binding sites. The unbound tracer is washed away before adding a substrate that turns yellow when the alkaline phosphatase on the tracer reacts with it. Thus the yellow color produced when the enzyme of the tracer reacts with the substrate is inversely proportional to the amount of the hormone in the sample. In other words the more color produced in the well, the less ABA there was in the sample. (6 points)

10. Both are means of achieving tolerance to a particular stress. Adaptation refers to heritable modifications in structure or function that increase the fitness of the organism in the stressful environment. The morphological and physiological modifications associated with crassulacean acid metabolism (CAM) plants are examples of adaptation. Acclimation refers to nonheritable physiological modifications that occur over the life of an individual. These modifications are induced by gradual exposure to the stress, such as chilling temperatures of slow drying, which enable the plant to maintain homeostasis and ultimately to survive and reproduce in the stressful environment. The capacity to acclimate is a genetic trait, but the specific changes brought about in response to stress are not themselves passed on to the next generation. The ability of biennial plants and winter cultivars of cereal grains to survive over winter is an example of acclimation to low temperature. (6 points)

Bonus (10 points)

(1) Phosphate enters the cell via a co-transport mechanism with H^+ from previously formed H^+ gradient produced by outwardly directed H^+-translocating ATPase.

(2) KCN blocks electron transport in the mitochondria which prevents ATP synthesis. Lack of ATP prevents the H^+-translocating ATPase from creating the H^+ gradient necessa-

ry for phosphate transport DNP uncouples electron transport from ATP synthesis, cutting off the supply of ATP with the same effect as CN^-. Cold temperatures slow down enzymatic reactions of the TAC cycle and glycolysis, interfering with the supply of NADH for the electron transport chain (ETC). The ETC then doesn't create the H^+ gradient needed to synthesize ATP for fueling H^+-translocating ATPases which create the H^+ gradient required for co-transport of phosphate.

Test Ⅲ 【Answer key】

Section 1 (20 points, 2 pts each)

1\. F; 2. B; 3. A; 4. B;
5\. B; 6. D; 7. A; 8. D;
9\. D; 10. D.

Section 2 True or false (20 points, 1 pts each)

1\. F; 2. T; 3. T; 4. F;
5\. T; 6. F; 7. T; 8. F;
9\. T; 10. T; 11. T; 12. T;
13\. F; 14. T; 15. T; 16. F;
17\. F; 18. F; 19. F; 20. T.

Section 3 (60 points)

1\. The main force that drives long distance xylem translocation involves water movement from the soil to the plants. At the root, high concentrations of ions build up, the water potential drops, and the water begins to move from the soil into the plant cells. This in turn will cause the root pressure to increase. Once inside the plant, the water continues movement due to cation exchange and reabsorption. And finally, transpiration occurs which involves evaporation of the surface or the leaf and stem into the air. (6 points)

2\. Mineral deficiency can be determined by analysis of the nutrient levels in both the plant and soil. If a deficiency is present, visible symptoms will occur such as color change and stunt in growth. (4 points)

3\. Kinetic analysis determines the concentration of the solute that is being measured. Low K_m value would represent that a carrier system is the process and high K_m values would suggest that diffusion is the transportation. A change in K_m reflects expression of different gene families; therefore, a change in V_{max} without change in K_m means a simple addition of transporters already present. (6 points)

4\. The Pi translocator, located in the inner membrane of chloroplasts, facilitates the exchange of cytoplasmic orthophosphate for chloroplastic triose-phosphate. This process prevents the accumulation of primary photosynthetic compounds inside the chloroplast and, in so doing, accelerates the rate of carbon fixation, so the proportion of reduced products (triose-phosphate) relative to 3-phosphoglycerate increases. As a consequence, both carbon assimilation and the TP/PGA ratio were low in the absence of orthophosphate in the incubation medium. (9 points)

5\. Both use electron transport to generate a proton motive force, which in turn is used to drive a H^+-ATP synthase. Both use a double membrane system to allow the formation of a proton motive force. (4 points)

6\. Lignin, which reinforces the cell walls, was likely required for the development of vascular plants because it makes tracheary elements strong enough to support tall plants and withstand the tensions that develop during transpiration. (4 points)

7. Auxins, GAs, and BRs all have the capacity to stimulate stem elongation. GAs cause hyperelongation of intact stems, especially of rosette species and in cold requiring species. IAAs regulate cell enlargement in excised segments of young stems and coleoptiles (oat coleoptile). Auxins promote elongation growth primarily by increasing cell wall extensibility. BRs stimulate shoot elongation, promotes both cell expansion and cell division in shoots. BRs inhibit root growth and development. In the shoot BRs and auxins have synergistic effects on growth. While auxins induce a rapid growth response, the effect of BRs is much slower. (6 points)

8. In 1970, D. Rayle and R. Cleland proposed a simple but rather provocative theory to explain auxin-stimulated increases in cell wall extensibility. They suggested that auxin causes acidification of the cell wall environment by stimulating cells to excrete protons. There the lower pH activates one or more wall-loosening enzymes, which have an acidic pH optimum. At about the same time, A. Hager published a similar proposal but went further to suggest that auxin stimulated proton excretion by activating a plasma membrane-bound ATPase proton pump. The combined Cleland-Hager proposals are known as the acid-growth hypothesis. (6 points)

9. The influence of temperature of the metabolism and growth of plants, with particular reference to the influence of temperature in the natural environment; the influence of temperature on development, in particular the phenomenon of vernalization as it affects flowering behavior, and temperature influences of bud and seed dormancy; temperature influences the geographic distribution of plants. Temperature interacts with other environmental factors such as light. There are many examples of interactions between temperature and photoperiod, particularly with respect to flowering behavior. In most cases the interaction results in relatively subtle changes in the length of the critical photoperiod or a tendency toward daylength neutrality or an inability to flower altogether at high or low temperature extremes. (6 points)

10. Water stress leads to membrane damage: damage resulting from water stress is related to the detrimental effects of desiccation on protoplasm. The integrity of membranes and proteins is also affected by desiccation, which in turn leads to metabolic dysfunctions. Numerous studies have shown that cytosolic and organellar proteins may undergo substantial loss of activity or even complete denaturation when dehydrated.

Photosynthesis is particularly sensitive to water stress: photosynthesis can be affected by water stress in two ways. First, closure of the stomata normally cuts off access of the chloroplasts to the atmospheric supply of carbon dioxide. Second, there are direct effects of low cellular water potential of the structural integrity of the photosynthetic machinery. (9 points)

Bonus (10 points)

At low concentrations the likely uptake process is secondary active transport utilizing the energy of an existing proton gradient to move the sucrose into the cell with a carrier protein operating as a symport. This uptake has classic Michaelis-Menten kinetics showing saturation of carriers at higher concentrations and can be inhibited by metabolic poisons that cut off the supply of ATP.

Uptake from high concentrations (10～50mmol/L) is thought to occur through carrier proteins in a process of facilitated diffusion. This uptake would not saturate at higher concentrations as seen in the graph and is not inhibited by metabolic poisons.